四川省“十四五”职业教育省级规划教材立项建设教材
职业教育信息技术产教融合新型活页式教材

工业机器人操作与编程

主　编 ◎ 姜安乐　杨金鹏
副主编 ◎ 谈小川　母　凤　文清平　赵金伟　陈　林
参　编 ◎ 沈誉晗　程　浩　李锐涛　罗　俊　冯　英
方全双　赵红琳
主　审 ◎ 罗光伟　黄继春

西南交通大学出版社
·成　都·

图书在版编目（CIP）数据

工业机器人操作与编程 / 姜安乐，杨金鹏主编. 成都 ：西南交通大学出版社，2024. 9. -- ISBN 978-7-5774-0101-0

Ⅰ. TP242.2

中国国家版本馆 CIP 数据核字第 2024TG5830 号

Gongye Jiqiren Caozuo yu Biancheng

工业机器人操作与编程

主　编 / 姜安乐　杨金鹏

策划编辑 / 李芳芳　李华宇

责任编辑 / 李华宇

封面设计 / GT 工作室

西南交通大学出版社出版发行

（四川省成都市金牛区二环路北一段 111 号西南交通大学创新大厦 21 楼　610031）

营销部电话：028-87600564　　028-87600533

网址：http://www.xnjdcbs.com

印刷：四川玖艺呈现印刷有限公司

成品尺寸　185 mm × 260 mm

印张　22.75　　字数　541 千

版次　2024 年 9 月第 1 版　　印次　2024 年 9 月第 1 次

书号　ISBN 978-7-5774-0101-0

定价　68.00 元

课件咨询电话：028-81435775

前言
PREFACE

工业机器人是高端制造装备的重要组成部分，技术附加值高，应用范围广，是我国先进制造业的重要支撑技术和信息化社会的重要生产装备，对未来生产和社会发展具有十分重要的意义。习近平总书记在2014年两院院士大会上指出，“机器人革命”有望成为“第三次工业革命”的一个切入点和重要增长点，将影响全球制造业格局，而且我国将成为全球最大的机器人市场。2021年12月，工业和信息化部等十五部门印发《“十四五”机器人产业发展规划》。该文件指出，机器人被誉为“制造业皇冠顶端的明珠”，其研发、制造、应用是衡量一个国家科技创新和高端制造业水平的重要标志。当前，机器人产业蓬勃发展，正极大改变着人类生产和生活方式，为经济社会发展注入强劲动能。

工业机器人是机电技术集大成者，包含机械设计、机构优化、运动控制、编程仿真、电气接线、通信联调等各种应用技能。要想真正成为一名合格的工业机器人专业人才，仅学习工业机器人的相关知识远远不够，还需要更多的基础技术、工艺知识、设备联调技能，以及丰富的应用经验和周边设备使用能力。而这一培养过程必须通过系统的专业学习，这是短期培训班、技能速成班无法实现的。所以，对于职业院校，建设工业机器人专业教育是必要的，培养急需的工业机器人专业人才也是大势所趋。为了让学生熟练掌握工业机器人操作、编程及日常维护的知识与实践技能，快速投入工作岗位，编写团队根据企业实际的岗位需求，结合职业教育的特性，精心编写了本书。

本书的编写理念是“以学生为中心，以学习成果为导向，促进自主学习”，具有以下特点。

一是坚持立德树人教育理念。

本书不仅讲述工业机器人操作与编程知识，还突出工业机器人操作、编程日常维护能力的培养。在项目设计中，让学生深度了解我国工业机器人行业，热爱工业机器人操作、日常维护职业岗位，培养学生专业、规范、敬业、严谨的职业态度和职业意识；在学习任务的设计中培养学生团结协作、勇于探索、善于沟通与表达的职业素养，以及耐心细致、精益求精、精雕细琢的工匠精神。

二是基于岗位职业能力设计本书结构。

“岗位职业能力”是响应“工作任务-职业能力”的组织体例而提出的一种教材结构开发方案。这种方案的基本思路是从某门课程所对应的岗位（群）中分析出职业能力，形成职业能力任务，进而以此作为教材的基本结构，以安排技术理论知识、技术实践知识和促进学习与发展的知识。校企双方通过研究工业机器人操作与编程设计相关岗位及典型工作任务清单，设计出教材工作项目及相应学习任务。

三是突出教学内容的实用性和实践性。

坚持以工业机器人操作、编程、维护等的职业能力为本位，以企业工作应用为目的，以必需、够用为度，满足工业机器人操作、编程、维护等的职业岗位需要，并与1+X工业机器人操作与运维职业技能等级证书的标准和全国职业技能大赛的工业机器人应用技术赛项（中职）内容接轨，达到“岗课赛证”融通。

从工业机器人操作、编程、维护等岗位出发，总结出该岗位的典型工作任务，归纳出完成典型工作任务所必须掌握的专业技术能力，形成支撑这些专业技术能力所需要的知识、能力、素质，以及认识工业机器人、工业机器人基本操作、涂胶码垛工作站系统集成与调试、视觉分拣芯片工作站集成与调试、工业机器人日常维护5个项目15个任务，涵盖了初级、中级工业机器人操作与运维职业技能等级证书所要求的操作技能、理论测评，融入了全国职业技能大赛“工业机器人应用技术赛项（中职）”的内容。每个任务包含任务目标、任务导学、学一学、做一做、评一评、巩固与提高等6个栏目。每个学习项目以解决问题为出发点，紧扣智能制造设备技术应用大赛任务内容，由浅入深，让学生了解、体验工业机器人工程实践，丰富学生的工程实践知识、经验和技术应用，拓宽专业视野，形成良好的职业素养，提升学生的实践创新能力。

本书由北川羌族自治县七一职业中学姜安乐和四川信息职业技术学院杨金鹏任主编；广州易城教育科技有限公司赵金伟，北川羌族自治县七一职业中学陈林、谈小川，四川省剑阁职业高级中学校母凤、四川信息职业技术学院文清平任副主编；四川工程职业技术大学罗光伟教授、四川电子机械职业技术学院黄继春教授任主审。项目1由北川羌族自治县七一职业中学沈誉晗、李锐涛和四川电子机械职业技术学院赵红琳编写，项目2由姜安乐和杨金鹏编写，项目3、项目4由北川羌族自治县七一职业中学罗俊、冯英、方全双编写，项目5由四川信息职业技术学院文清平、程浩和母凤编写。

由于编者水平有限，加之编写时间仓促，书中难免有不足之处，恳请广大读者批评指正。

编　者

2024年5月

数字资源索引

续表

序号	资源名称	资源类型	页码
27	拾取吸盘工具编程	视频	141
28	涂胶编程与调试	视频	163
29	任务 3.2 巩固与提高	在线测试	169
30	求商求余指令应用	视频	172
31	数组的应用	视频	175
32	FOR 循环的应用	视频	180
33	中断程序的应用	视频	185
34	码垛程序的调试	视频	196
35	任务 3.3 巩固与提高	在线测试	202
36	离线编程环境的搭建	视频	203
37	涂胶离线编程	视频	210
38	码垛离线编程	视频	218
39	任务 3.4 巩固与提高	在线测试	228
40	视觉系统认识	视频	233
41	任务 4.1 巩固与提高	在线测试	241
42	检测芯片颜色	视频	244
43	检测芯片形状	视频	252
44	任务 4.2 巩固与提高	在线测试	261
45	赋值指令	视频	262
46	PLC 编程	视频	267
47	芯片分拣运行程序	视频	285
48	任务 4.3 巩固与提高	在线测试	292
49	转速计数器更新	视频	305
50	更换电池组	视频	313
51	任务 5.1 巩固与提高	在线测试	320
52	ABB 机器人电缆连接	视频	321
53	查看日志	视频	336
54	任务 5.2 巩固与提高	在线测试	355

目录
CONTENTS

项目 1 认识工业机器人

项目导入

在生产实践中，若要熟练使用工业机器人，必须先对工业机器人本体、控制器及外设组件、示教器等进行认识。本项目主要是让学生认识并掌握工业机器人本体构造、外设接口、控制柜、示教器及机器人关键技术参数。

任务 1.1 认识工业机器人本体

【任务目标】

知识目标：

（1）掌握工业机器人分类及技术指标。

（2）掌握工业机器人的机构组成及各部分的功能。

（3）了解工业机器人的运动控制。

技能目标：

（1）能够正确识别工业机器人各个轴的传动机构。

（2）能够正确判别工业机器人的点位运动和连续路径运动。

素质目标：

（1）具备动手、观察、分析问题、解决问题的能力。

（2）具备查阅资料和自学的能力。

（3）具备信息接收能力、处理能力和创新能力。

【任务导学】

（1）什么是工业机器人？____

____

____

（2）查阅资料，描述工业机器人如何分类及各自的特点。____________________

____

____

____

（3）查阅资料，描述工业机器人各个轴常见的传动机构。____

（4）查阅资料，在工业机器人选型时，主要考虑业机器人哪些技术参数？____

【学一学】

学习活动 1　什么是工业机器人

随着社会的快速发展，社会的分工越来越精细，特别是现代化生产中，有的人每天重复同一件枯燥无味的事情时，会感到自己在不断异化，各种职业病开始出现。由此，人们开始强烈希望用某种机器来代替自己工作，于是出现了机器人，开始代替人来完成那些枯燥、单调、危险的工作。机器人是自动控制机器（Robot）的俗称。自动控制机器包括一切模拟人类行为或思想与模拟其他生物的机械（如机器狗、机器猫等）。国际标准化组织认定工业机器人是一种能自动控制，可重复编程，多功能、多自由度的操作机，能搬运材料、工件或操持工具来完成各种作业的机器。从广义上讲，工业机器人是一种在计算机控制下的可编程的自动机器。它一般具有 4 个基本特征：① 特定机械机构；② 通用性强；③ 不同程度的智能；④ 独立性。

学习活动 2　工业机器人的分类及应用

1. 工业机器人的分类

关于工业机器人分类，国际上没有制定统一的标准，可按负载重量、控制方式、自由度、结构、应用领域等进行划分。

1）按机器人的技术等级划分

（1）示教再现机器人：第一代工业机器人能够按照人类预先示教的轨迹、行为、顺序和速度重复作业，示教可由操作员手把手进行或通过示教器完成（见图 1-1-1 和图 1-1-2）。

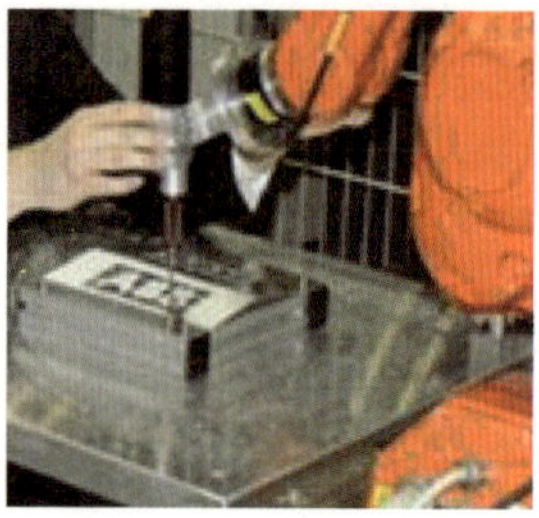

图 1-1-1　手把手示教

图 1-1-2　示教器示教

（2）感知机器人：第二代工业机器人具有环境感知装置，能在一定程度上适应环境的变化，目前已经进入应用阶段（见图 1-1-3）。

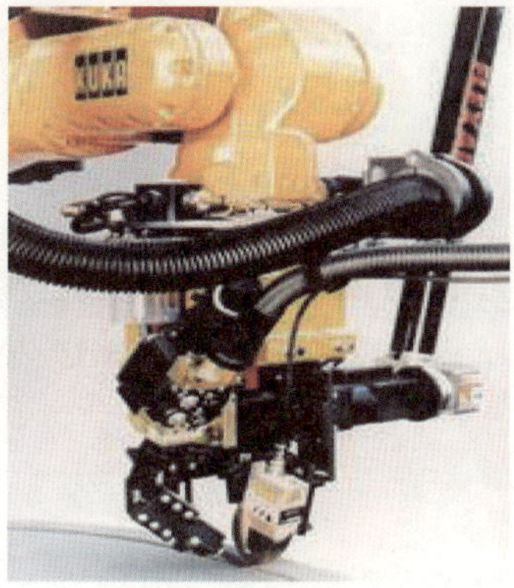

图 1-1-3　配备视觉系统的工业机器人

（3）智能机器人：第三代工业机器人具有发现问题且能自主地解决问题的能力，尚处于实验研究阶段。

2）按机器人的机构特征划分

（1）直角坐标机器人：具有空间上相互垂直的多个直线移动轴，通过直角坐标方向的 3 个独立自由度确定其手部的空间位置，其动作空间为一长方体（见图 1-1-4）。

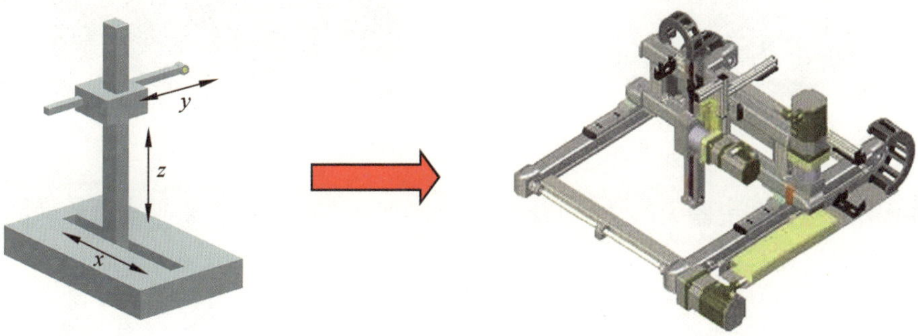

图 1-1-4　直角坐标机器人

（2）柱面坐标机器人：主要由旋转基座、垂直移动和水平移动轴构成，具有一个回转和两个平移自由度，其动作空间呈圆柱形（见图 1-1-5）。

图 1-1-5　柱面坐标机器人

（3）球面坐标机器人：空间位置分别由旋转、摆动和平移 3 个自由度确定，动作空间形成球面的一部分（见图 1-1-6）。

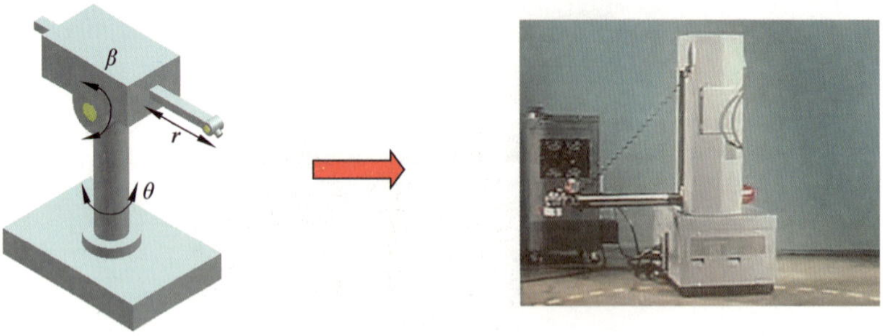

图 1-1-6　球面坐标机器人

（4）垂直多关节机器人：模拟人手臂功能，由垂直于地面的腰部旋转轴、带动小臂旋转的肘部旋转轴以及小臂前端的手腕等组成，手腕通常有 2～3 个自由度，其动作空间近似一个球体（见图 1-1-7）。

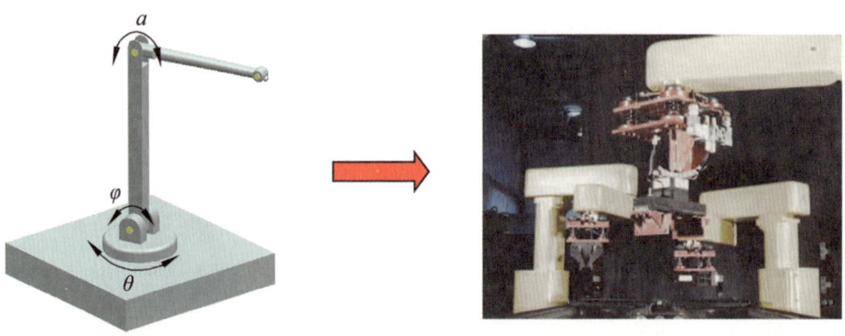

图 1-1-7　垂直多关节机器人

（5）水平多关节机器人：结构上具有串联配置的两个能够在水平面内旋转的手臂，自由度可依据用途选择 2～4 个，动作空间为一圆柱体（见图 1-1-8）。

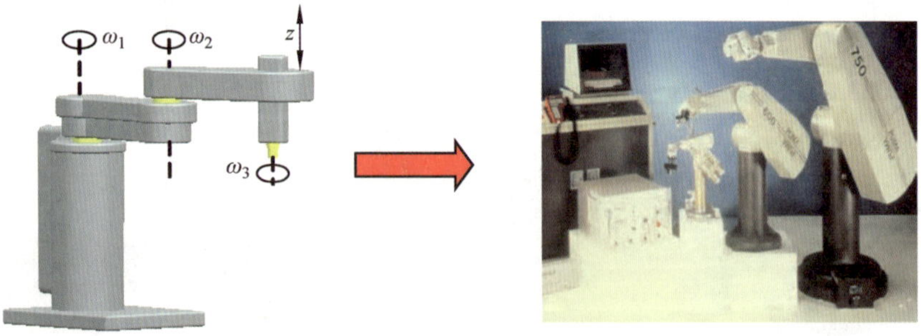

图 1-1-8　水平多关节机器人

2. 工业机器人的应用

按作业任务将工业机器人分为装配、码垛、焊接、搬运、涂装机器人。

（1）机器人装配（见图 1-1-9）：被广泛应用于各种电器的制造行业及流水线产品的组装作业，具有高效、精确、不间断工作的特点。

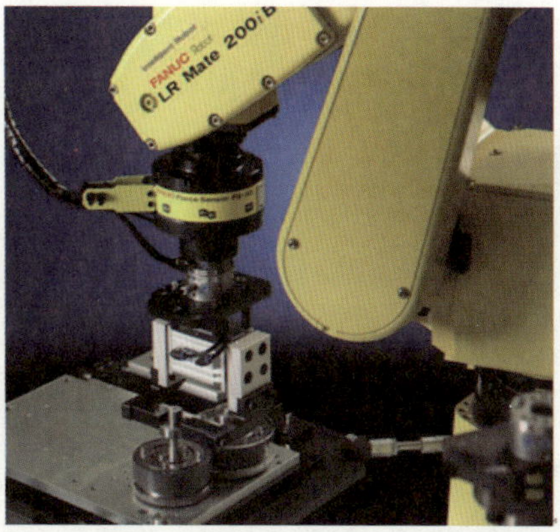

机器人装配

图 1-1-9　机器人装配

（2）机器人码垛（见图 1-1-10）：被广泛应用于化工、饮料、零食、啤酒、塑料等生产企业，对纸箱、袋装、罐装、啤酒箱、瓶装等各种形状的包装成品都适用。

机器人码垛

图 1-1-10　机器人码垛

（3）机器人焊接（见图 1-1-11）：最早应用在装配生产线上，开拓了一种柔性自动化生产方式，实现了在一条焊接机器人生产线上同时自动生产若干种焊件。

机器人焊接

图 1-1-11　机器人焊接

（4）机器人搬运（见图 1-1-12）：被广泛应用于机床上下料、冲压机自动化生产线、自动装配流水线、码垛搬运、集装箱等的自动搬运。

机器人搬运

图 1-1-12　机器人搬运

学习活动 3　认识工业机器人本体

工业机器人产业链主要分为上游核心零部件(主要是机器人三大核心零部件——伺服电机、减速器和控制系统，相当于机器人的“大脑”)、中游机器人本体（机器人的“身体”）和下游系统集成商三个层面。

工业机器人

本体介绍

工业机器人由 4 部分组成：一是执行机构，与任务直接相关，起到执行的作用，像人的手；二是控制系统，像大脑一样信息处理，起到控制、指挥、协调的作用；三是驱动系统，类似于人的肌肉，起到消耗能量得到动力的作用；四是检测系统，类似于人的视觉、触觉等，作用是反馈任务执行过程中的信息。本学习活动重点介绍机器人本体。

机器人本体（或称操作机）是工业机器人的机械主体，是用来完成各种作业的执行机构。它主要由机械臂、驱动装置、传动单元及内部传感器等部分组成。工业机器人机械结构如图 1-1-13 所示。

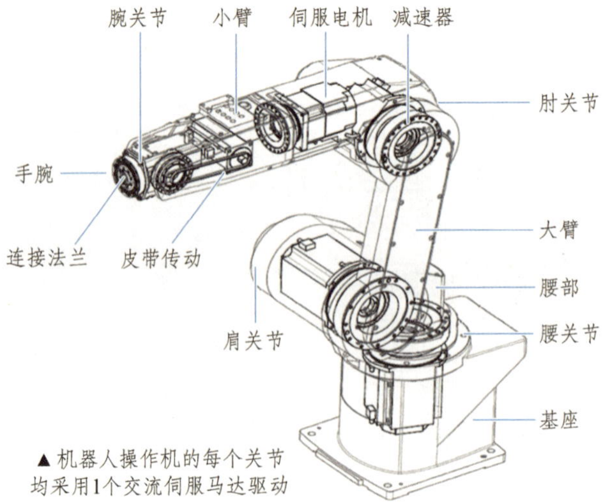

图 1-1-13　工业机器人机械结构

机器人操作机最后一个轴的机械接口通常为一连接法兰，可接装不同的机械操作装置（末端执行器）。末端执行器通常是指机器人直接用于抓取和握紧（或吸附）工件或夹持专用工具（如吸盘、夹紧爪、焊枪工具，见图 1-1-14 ~ 图 1-1-16）进行操作的部件。它具有模仿人手动作的功能并安装于机器人手臂的前端。

图 1-1-14　吸盘

图 1-1-15　夹紧爪

图 1-1-16　焊枪

1. 认识机械臂

关节型工业机器人的机械臂是由关节连在一起的许多机械连杆的集合体。实质上是一个拟人手臂的空间开链式机构，一端固定在基座上，另一端可自由运动。由关节-连杆结构构成的机械臂大体可分为基座、腰部、臂部（大臂和小臂）和手腕 4 部分。

（1）基座：基座是机器人的基础部分，起支撑作用。

（2）腰部（又称立柱）：腰部是工业机器人支撑手臂的部件，其作用是带动臂部回转运动，与臂部运动结合，把腕部传递到需要的工作位置。腰部关节的特点是机械强度大，动作范围大（一般可达 ± 170°）。腰部关节相对腕关节来说载荷更大，因此电机也会选用功率更大的，但最大速度就要小很多了。

需要注意的是，腰关节并不是工业机器人最大载荷的关节，一般肩关节的载荷会比腰关节更大，机器人厂家也会选用更大功率的电机和减速器。

（3）手臂（又称主轴）：手臂是连接机身和手腕的部分，工业机器人的臂部由两个臂杆和两个关节组成，分别是小臂、肘关节、大臂和肩关节。臂部的自由度以及大臂小臂的臂长决定机器人手部在空间的位置和运动范围、转角范围。因此，臂部运动也称为机器人的主运动部件。

（4）手腕（又称次轴）：手腕是连接末端执行器和手臂的部分，主要用于改变末端执行器的空间姿态。

2. 机器人运动轴的命名

通常机器人运动轴按其功能可划分为机器人轴、基座轴和工装轴（见图 1-1-17）。基座轴和工装轴统称外部轴。

工业机器人种类很多，不同品牌机器人，其轴的命名不一样。本教材以库卡（KUKA）和阿西布朗勃法瑞（ABB）工业机器人为例。KUKA 以 A1、A2、A3、A4、A5、A6 对各个运动轴进行命名（见图 1-1-18），ABB 机器人以轴 1、轴 2、轴 3、轴 4、轴 5、轴 6 对各运动轴进行命名（见图 1-1-19）。

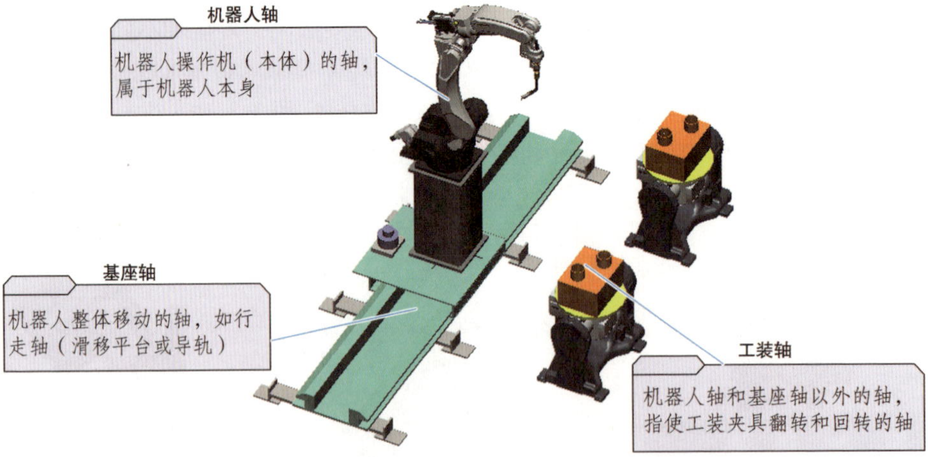

图 1-1-17　机器人系统中各运动轴的定义

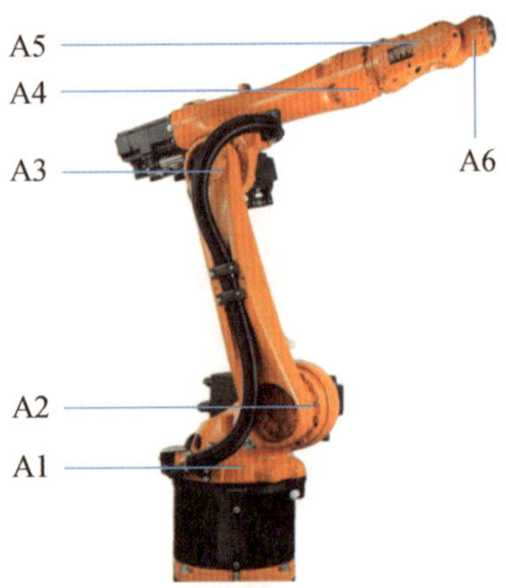

图 1-1-18　KUKA 机器人

图 1-1-19　ABB 机器人

A1、A2 和 A3（或轴 1、轴 2 和轴 3）三轴称为基本轴或主轴，用以保证末端执行器达到工作空间的任意位置。

A4、A5 和 A6（或轴 4、轴 5 和轴 6）三轴称为腕部轴或次轴，用以实现末端执行器的任意空间姿态。

3. 认识驱动装置

驱动装置是驱使工业机器人机械臂运动的机构。它按照控制系统发出的指令信号，借助于动力元件使机器人产生动作，相当于人的肌肉、筋络。机器人常用的驱动方式主要有液压驱动、气压驱动和电气驱动三种基本类型。

目前，除个别运动精度不高、重负载或有防爆要求的机器人采用液压、气压驱动外，工业机器人大多采用电气驱动，而其中属交流伺服电机应用最广，且驱动器布置大都采用一个关节一个驱动器。

4. 认识传动单元

目前工业机器人广泛采用的机械传动单元是减速器，应用在关节型机器人上的减速器主要有两类：RV（旋转矢量）减速器和谐波减速器（见图 1-1-20）。一般将 RV 减速器放置在基座、腰部、大臂等重负载的位置（主要用于 20 kg 以上的机器人关节）；将谐波减速器放置在小臂、腕部或手部等轻负载的位置(主要用于 20 kg 以下的机器关节)。此外，机器人还采用齿轮传动、链条（带）传动、直线运动单元等。

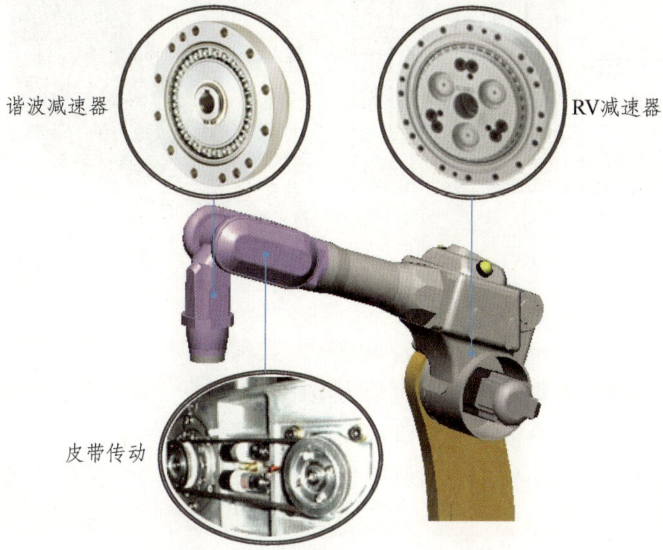

图 1-1-20　机器人关节传动单元

1）谐波减速器

谐波减速器通常由三个基本构件组成，包括一个有内齿的刚轮、一 个工作时可产生径向弹性变形并带有外齿的柔轮和一个装在柔轮内部、呈椭圆形、外圈带有柔性滚动轴承的波发生器(见图 1-1-21)。这三个基本结构可任意固定一个，其余一个为主动件一个为从动件。

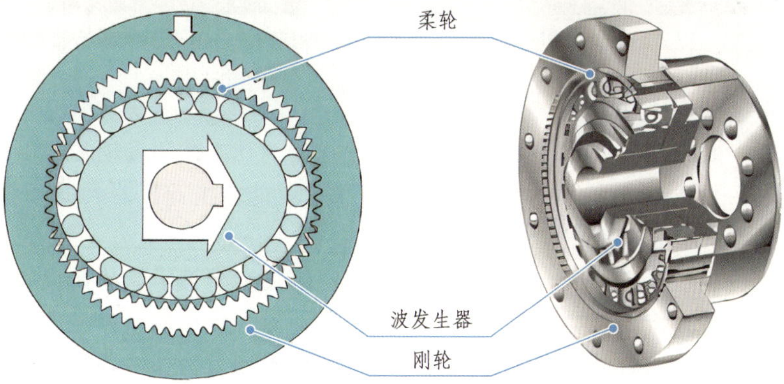

图 1-1-21　谐波减速器原理图

2）RV 减速器

RV 减速器（见图 1-1-22）主要由太阳轮（中心轮）、行星轮、转臂（曲柄轴）、转臂轴承、摆线轮（RV 齿轮）、针齿、刚性盘与输出盘等零部件组成。它具有较高的疲劳强度和刚度以及较长的寿命，回差精度稳定。高精度机器人传动多采用 RV 减速器。

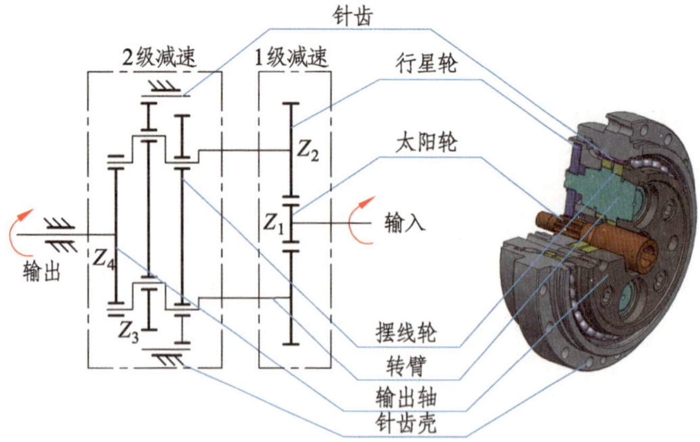

图 1-1-22　RV 减速器原理图

3）认识机器人机械本体接口

机器人机械本体主要集成伺服电机动力电缆（R1.MP）、编码器电缆（R1.SMB）、气源（最大压力 0.5 MPa）等接口。接口连接器位于机器人手臂外壳和本体基座上（见图 1-1-23）。IRB120 第四运动轴上包含集成气源接口和集成信号接口（R3.CP/CS）（见图 1-1-24）。

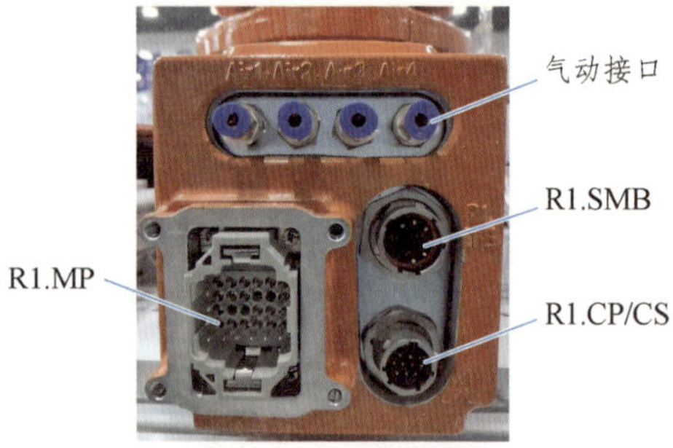

图 1-1-23　IRB120 本体基座接口

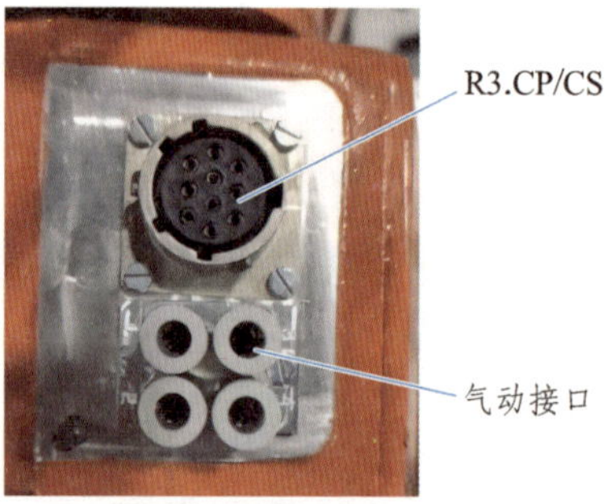

图 1-1-24　IRB120 第四运动轴臂壳接口

4）工业机器人技术参数

工业机器人的种类和型号繁多，结构精密且复杂，其本体的各项参数更是繁复。而在一般工作中，我们只需要了解以下几项技术参数，就能对工业机器人进行基本的选型。

（1）机器人的负载（承载能力）。

机器人的负载是指机器人在工作范围内的任何位置上能够承受的最大载重。简单来说，如果需要机器人将一个物体从一台机器上搬运到另一台机器上，就必须得计算机器人的负载。机器人的负载计算需要将机器人末端执行器和需要抓取物品的重量相加，并找出两者的重心。负载值必须要保证机器人在任意位置都能做到关节额定最大速度。

（2）机器人的轴数（自由度）。

机器人的轴数决定了机器人的自由度。如果只进行一些简单的应用，例如传送带与栈板上物料的搬运。那么 4 轴机器人就可以满足需求。如果需要机器人在狭小的空间内工作，且需要避开很多机器设备的干涉，其机械臂需有要扭转和反转等动作，那么 6 轴或者 7 轴机器人就是比较好的选择。机器人轴数的选择通常决定于机器人具体应用。

机器人的轴数（自由度）直接影响机器人的机动性。机器人的轴数（自由度）越多，机器人的灵活性相应增加，功能也相应增加，它是衡量机器人适应性和灵活性的重要指标。但是轴数（自由度）越高，控制越复杂，而且随着关节的增加，调试的复杂程度也会相应增加，系统潜在的机械共振点也不成比例地增加。

（3）机器人的工作空间。

机器人的工作空间是指机器人的 6 轴法兰盘能够到达的空间位置。机器人的工作空间的形状和大小是十分重要的，不同的机器人的运动空间都不相同。机器人在执行某作业时可能会因为存在手部不能到达的作业死区（Dead Zone）而不能完成任务，所以在选择机器人的型号时，应该注意其工作空间与周边设备是否匹配。

（4）机器人的工作精度。

机器人的工作精度我们一般称之为机器人重复精度。它是指如果机器人动作重复多次，机械手到达同样位置的精确程度，它与驱动器的分辨率以及反馈装置有关。重复定位精度比单次精度更重要。机器人定位精度一般会不够精确，通常会显示一个固定的误差，这个误差是可以预测的，因此可以通过编程予以校正。重复精度限定的是一个随机误差的范围，它通过一定次数的重复运行来测定。在 2D 视图中，误差范围通常为一个圆形区域，所以使用“±”+“数值”的表示方法。例如 ABB IRB 120 机器人，它的重复定位精度为 ± 0.01 mm。

（5）最大速度。

最大速度是指在各轴联动的情况下，机器人手腕中心所能达到的最大线速度。最大的关节速度（角速度或线速度）并不是一个独立的值。对于更长距离的运动，最大速度往往被伺服电动机的总线电压或最大允许的电动机转速所限制。对于大型机器人，典型的末端执行器峰值速度可高达 20 m/s。工作时速度越高，工作效率越高。但是，速度高就要花费更多的时间去升速或降速，对工业机器人的最大加速度或最大减速度的要求更高。

（6）机器人的安装方式。

机器人安装方式一般是根据厂家的工作需求决定的。一般在机器人选购前，需要先跟机器人厂家确定安装方式。工业机器人常见的有 5 种安装方式。

① 落地式安装。

落地式安装是使用最多的一种安装方式。它以机器人为中心，辅助机械设备在其周围做环状布置，进行设备件的工件转送，集高效生产、稳定运行、节约空间等优势于一体，适合于狭窄空间场合的作业，如图 1-1-25 所示。

图 1-1-25　落地式安装

② 壁挂式安装。

壁挂式安装一般是把机器人安装在墙壁上，从而节省了地面空间。壁挂式安装多用在整车厂的车间，多用于喷涂、装配等，如图 1-1-26 所示。

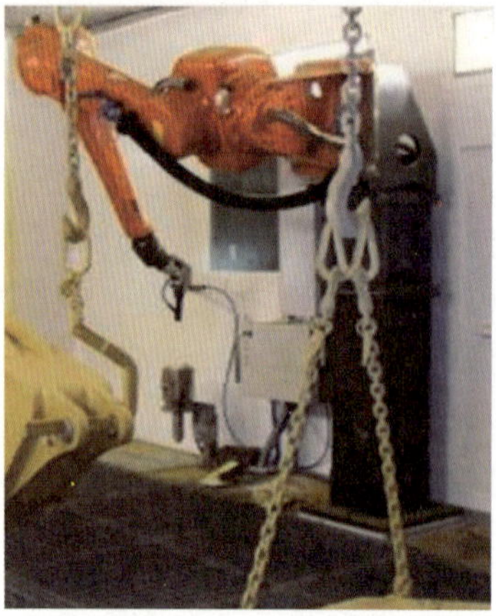

图 1-1-26　壁挂式安装

③ 倒置式安装。

倒置式安装具有普通机器人同样的机械和控制系统，和落地式机器人拥有同样实现复杂动作的功能。区别于落地式，其可增加行走轴在机床上方，拥有节约地面空间的优点，如图 1-1-27 所示。

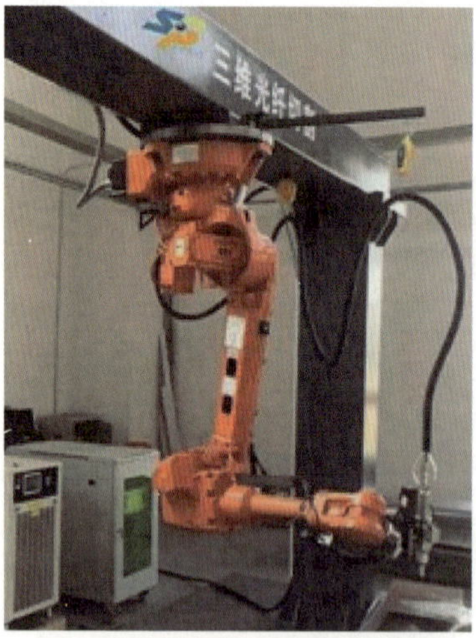

图 1-1-27　倒置式安装

④ 倾斜式安装。

在现实生产中，工业现场环境比较复杂，有些情况下需要机器人倾斜（倾斜角 > 30°）安装。这时候，就需在对机器人选型时确定此款机器人是否能够倾斜安装。部分品牌的机器人倾斜安装后需要在机器人系统内进行调整。

⑤ 行走轴安装。

行走轴安装方式需要机器人配置 7 轴导轨，利用行走导轨来进行工件的转送。增加了行走轴的机器人有效地扩大了动作范围，使得该系统具有高效的扩展性，如图 1-1-28 所示。

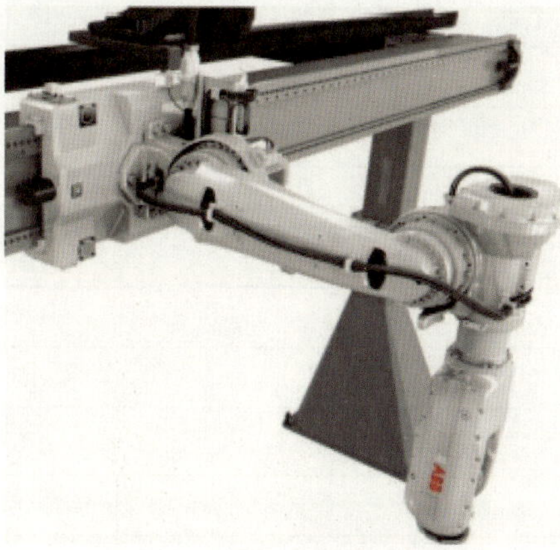

图 1-1-28　行走轴安装

（7）机器人的防护等级。

机器人在用于食品加工、制药、实验仪器和医疗仪器等工作或处于易燃易爆环境时，机器人需要的防护等级会有所不同，一般会按照应用的规范选择有相应防护等级的机器人。防护等级多以“IP× ×”来表述，“× ×”代表 2 位用来明确防护等级的数字。第一位数字表明设备抗微尘的范围，或者是人们在密封环境中免受危害的程度。代表防止固体异物进入的等级，最高级别是 6；第二位数字表明设备防水的程度。代表防止进水的等级，最高级别是 8。比如“IP56”就是代表机器人防尘等级为 5 级，防水等级为 6 级。详细等级说明见机器人产品说明书。

【做一做】

表 1-1-1　课中测试

小组编号：	小组成员：	
课　中　做 1. 工业机器人主要技术参数（查阅 ABB 机器人 IRB120 使用说明书）		
序号	参数	参数说明
1	控制轴数	
2	负载能力	
3	重复定位精度	
4	工作范围	
5	最大速度	
6	质量	
7	周围条件	
8	功率	

续表

2. 现场认识 IRB120 工业机器人的机械结构

轴名	机械传动装置名称	作用
轴 1		
轴 2		
轴 3		
轴 4		
轴 5		
轴 6		

3. 工业机器人本体接口（电气接口和气路接口）

<table>
<tr><th>序号</th><th>图片</th><th>接口名称</th><th>作用及用途</th></tr>
<tr><td>1</td><td rowspan="4">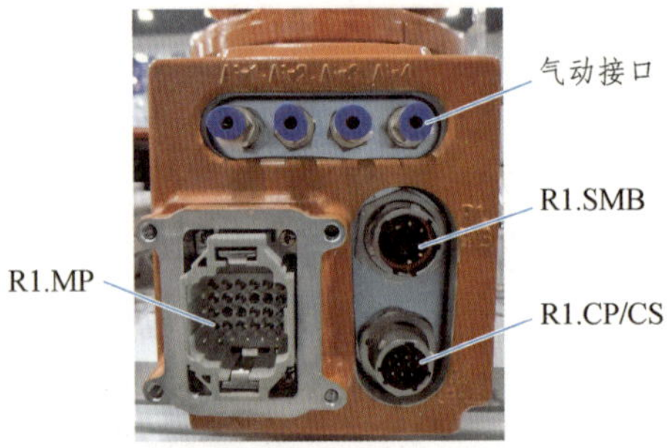

注意：位置在机器人基座上</td><td></td><td></td></tr>
<tr><td>2</td><td></td><td></td></tr>
<tr><td>3</td><td></td><td></td></tr>
<tr><td>4</td><td></td><td></td></tr>
<tr><td>5</td><td rowspan="2">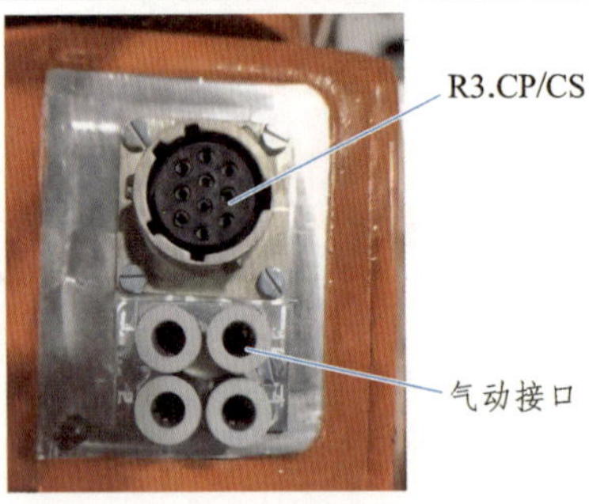

注意：位置在第四运动轴上</td><td></td><td></td></tr>
<tr><td>6</td><td></td><td></td></tr>
</table>

4. 课中记录

【评一评】

1. 学习过程自我评价

表 1-1-2　学习过程自评表

班级		姓名		学号		日期	年　月　日			
评价指标						权重/%	等级评定			
							A	B	C	D
信息检索	能有效利用网络资源、工作手册查找有效信息					5				
	能用自己的语言有条理地解释、表述所用知识					5				
	能将查找到的信息有效地转换到工作中					5				
感知工作	是否熟悉工作岗位、认同工作价值					5				
	在工作中，是否获得满足感					5				
参与状态	教师、同学之间是否相互尊重、理解、平等					5				
	教师、同学之间是否保持多向及丰富、适宜的信息交流					5				
	探究学习，自主学习不流于形式，能处理好合作学习和独立思考的关系，做到有效学习					5				
学习方法	能提出有意义的问题或发表个人见解；能按要求正确操作；能够倾听、协作、分享					5				
	能积极参与，在产品加工过程中不断学习，能提高综合运用信息技术的能力					5				
	工作计划、操作技能是否符合规范要求					5				
	是否获得进一步发展的能力					5				
工作过程	遵守管理规程，操作过程符合现场管理要求					5				
	平时上课能按时出勤，每天能及时完成工作任务					5				
	善于多角度思考问题，能主动发现，提出有价值的问题					5				
思维状态	能发现问题、提出问题、分析问题、解决问题、创新问题					5				
自评反馈	能按时按质完成工作任务					5				
	能较好地掌握专业知识点					5				
	具有较强的信息分析能力和理解能力					5				
	具有较为全面严谨的思维能力并能条理明晰地表述成文					5				
自评等级										
有益的经验与做法										
总结反思建议	（通过本任务学习，你获得哪些新知识，下次再做类似任务，你应当有哪些改进？）									
等级评定：A. 好　B. 较好　C. 一般　D. 有待提高										

2. 学习过程三方评价

表 1-1-3　学习活动过程三方评价表

<table>
<tr><td>班级</td><td></td><td>姓名</td><td></td><td>学号</td><td></td><td>日期</td><td>年　月　日</td></tr>
<tr><td colspan="4">评价内容（满分 100 分）</td><td colspan="2">学生自评/分</td><td>同学互评/分</td><td>教师评价/分</td><td>总评/分</td></tr>
<tr><td rowspan="4">专业技能（60 分）</td><td colspan="3">任务学习完成进度（30 分）</td><td colspan="2"></td><td></td><td></td><td rowspan="8">A（86～100）
B（76～85）
C（60～75）
D（60 以下）</td></tr>
<tr><td colspan="3">对理论知识的掌握程度（10 分）</td><td colspan="2"></td><td></td><td></td></tr>
<tr><td colspan="3">理论知识的应用能力（10 分）</td><td colspan="2"></td><td></td><td></td></tr>
<tr><td colspan="3">改进能力（10 分）</td><td colspan="2"></td><td></td><td></td></tr>
<tr><td rowspan="4">综合素质（40 分）</td><td colspan="3">遵守现场操作的职业规范（10 分）</td><td colspan="2"></td><td></td><td></td></tr>
<tr><td colspan="3">信息获取的途径（10 分）</td><td colspan="2"></td><td></td><td></td></tr>
<tr><td colspan="3">按时完成学习和工作任务（10 分）</td><td colspan="2"></td><td></td><td></td></tr>
<tr><td colspan="3">团队合作精神（10 分）</td><td colspan="2"></td><td></td><td></td></tr>
<tr><td colspan="4">总分</td><td colspan="5"></td></tr>
<tr><td colspan="5">综合得分
（学生自评 10%、同学互评 10%、教师评价 80%）</td><td colspan="4"></td></tr>
<tr><td>小结建议</td><td colspan="8"></td></tr>
</table>

3. 现场测试考核评价

表 1-1-4　现场测试考核评价表

<table>
<tr><td>班级</td><td></td><td>姓名</td><td></td><td>学号</td><td></td><td>日期</td><td>年　月　日</td></tr>
<tr><td>序号</td><td colspan="3">评价要点</td><td colspan="2">配分/分</td><td>得分/分</td><td>总评/分</td></tr>
<tr><td>1</td><td colspan="3">能查阅资料，正确填写任务导学所提问题</td><td colspan="2">10</td><td></td><td rowspan="7">A（86～100）
B（76～85）
C（60～75）
D（60 以下）</td></tr>
<tr><td>2</td><td colspan="3">学习任务 1.1，正确理解填写“做一做”，错 1 处扣 2 分</td><td colspan="2">50</td><td></td></tr>
<tr><td>3</td><td colspan="3">能根据工作要求，对小组成员进行合理分工</td><td colspan="2">5</td><td></td></tr>
<tr><td>4</td><td colspan="3">能列出工业机器人选型主要技术参数</td><td colspan="2">10</td><td></td></tr>
<tr><td>5</td><td colspan="3">能遵守劳动纪律，以积极的态度接受工作任务</td><td colspan="2">5</td><td></td></tr>
<tr><td>6</td><td colspan="3">能积极参与小组讨论、团队间互相合作</td><td colspan="2">10</td><td></td></tr>
<tr><td>7</td><td colspan="3">能及时完成老师布置的任务</td><td colspan="2">10</td><td></td></tr>
<tr><td colspan="4">总分</td><td colspan="2">100</td><td colspan="2"></td></tr>
<tr><td colspan="5">综合得分
（学生自评 10%、同学互评 10%、教师评价 80%）</td><td colspan="3"></td></tr>
<tr><td>小结建议</td><td colspan="7"></td></tr>
</table>

【巩固与提高】

在线测试

任务 1.2　认识工业机器人控制系统

【任务目标】

知识目标：

（1）掌握机器人控制器上各个功能按钮及接口的作用。
（2）掌握机器人本体接口的作用。
（3）掌握机器人本体与控制器硬件接口组件连接。

技能目标：

（1）能识别机器人控制器上各个功能按钮及接口。
（2）能识别机器人本体接口。
（3）能正确连接机器人本体与控制器硬件接口。

素质目标：

（1）具有良好的职业道德、职业责任感和不断学习的精神。
（2）具有不断开拓创新的意识。
（3）具有查阅资料和自学能力。
（4）具有信息接收能力、处理能力和创新能力。
（5）遵守现场操作的职业规范，具备安全、整洁、规范实施工作任务的能力。
（6）以积极的态度对待训练任务，具有团队交流和协作能力。

【任务导学】

（1）工业机器人采用什么电源供电？________________________________

（2）查阅资料，工业机器人采用什么驱动系统？________________________________

（3）查阅资料，工业机器人计数器采用什么编码器？编码器采用什么电源？________________________________

（4）查阅资料，工业机器人电气控制柜上有哪些接口？各自的作用是什么？

____

____

____

【学一学】

学习活动 1　认识机器人控制器

IRB 120 是 ABB Robotics 最新一代 6 轴工业机器人中的一员，有效载荷达 30 kN，专为使用基于机器人的柔性自动化的制造行业（例如 3C 行业，即计算机、通信、消费电子行业）而设计。该机器人为开放式结构，特别适合于柔性应用，并且可以与外部系统进行广泛通信。其主要由机器人本体、控制器和示教器组成。

IRB 120 控制器分为标准型和紧凑型，本平台采用的是紧凑型控制器，其结构布局有按钮控制面板、电缆接口面板、电源接口面板及外设通信面板，如图 1-2-1 所示。

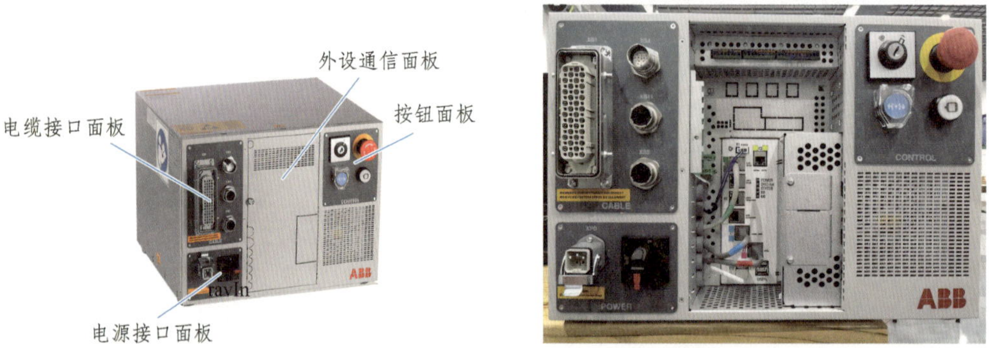

图 1-2-1　IRB 120 紧凑型控制器结构布局

控制器结构及布局各功能说明：

（1）按钮控制面板包括模式选择按钮、急停按钮、制动闸按钮、上电/复位按钮。各个按钮功能见表 1-2-1。

表 1-2-1　按钮控制面板功能说明

图示	功能说明
	模式选择按钮：用于切换机器人工作模式，有示教模式和自动模式两种，钥匙口指向右边为示教模式，指向左边为自动模式
	急停按钮：在任何工作模式下，按下急停按钮，机器人立即停止运动，下次启动时除了解除急停按钮外需要配合上电/复位按钮才能让机器人重新运动。急停按钮位于控制柜和示教器上。 当出现下列情况时应立即按下任意紧急停止按钮： （1）操纵器运行时，机器人操纵器区域内有工作人员； （2）操纵器伤害了工作人员或损伤了机器设备

续表

图示	功能说明
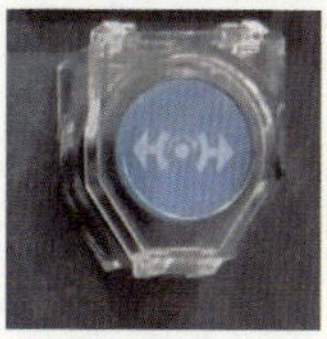	制动闸按钮：机器人通电状态下，按住内部制动闸释放面板上的对应按钮不动，即可释放特定机器人轴的制动闸；释放该按钮后，制动闸将恢复工作。 内部制动闸释放单元配有可控制每个轴上的制动闸的按钮。根据机器人型号的不同，按钮的数量有所不同。按钮的编号与轴的编号一致。 （1）IRB 120、IRB 140、IRB 1410 及 IRB 360 型号机器人有一个按钮； （2）IRB 14000 Yumi 有两个按钮； （3）ABB 机器人其他型号，每个轴都有一个按钮。 注意：释放制动闸前，移动较大型号需要使用高架起重机或危险类似设备稳固支承机器人手臂；对于较小的机器人型号可手动移动机器人手臂
	上电/复位按钮：发生故障时，使用该按钮对控制器内部状态进行复位；在自动模式下，按下该按钮，机器人电机上电，按键灯常亮

（2）电缆接口面板包括电机动力电缆接口、示教器电缆接口、外部轴电缆接口、编码器电缆接口。各个接口功能见表 1-2-2。

表 1-2-2　电缆接口面板功能说明

图示	功能说明
	XS1：电机动力电缆接口，连接机器人驱动器接口
	XS4：示教器电缆接口，连接机器人示教器
	XS41：外部轴电缆接口，连接外部轴电缆信号时使用
	XS2：编码器电缆接口，连接外部编码器接口

（3）电源接口面板主要有电源开关和 XP0 接口。各个接口功能见表 1-2-3。

表 1-2-3　电源接口面板功能说明

图示	功能说明
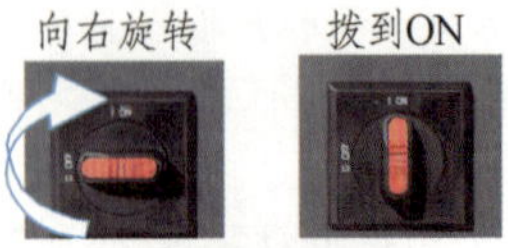	电源开关：控制器电源开关，ON：开；OFF：关。 开机操作时只要将机器人控制器上的总电源旋钮从【OFF】扭转到【ON】即可
	XP0：电源电缆接口，用于给控制器供电

（4）外设通信面板功能见表 1-2-4。

表 1-2-4　外设通信面板功能说明

图示	功能说明
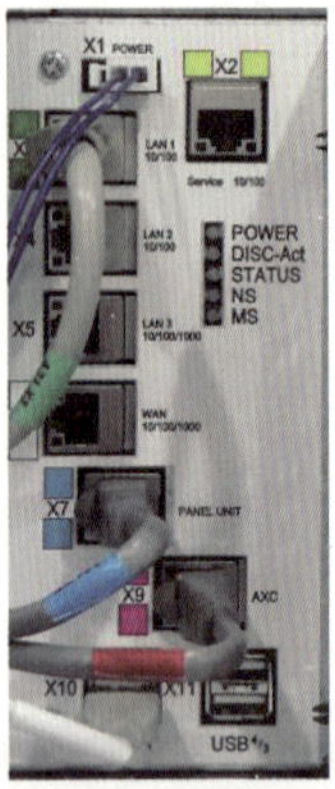	外接设备接口：主要用于外接设备 PLC、视觉系统、通过以太网连接实现数据传输，USB 接口主要是用于外接存储设备，实现数据的导出及导入

（5）IRB 120 紧凑型控制柜整体结构布局见表 1-2-5。

表 1-2-5　紧凑型控制柜整体结构布局说明

图示	说明
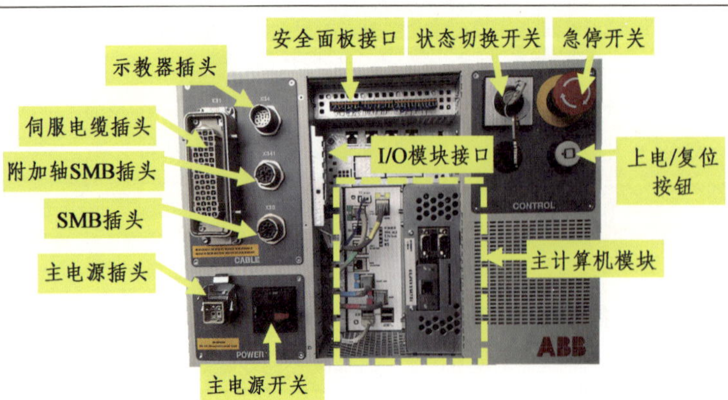	紧凑型控制柜的正面的插头接口、按钮和开关分布

续表

<table>
<tr><th>图示</th><th>说明</th></tr>
<tr><td>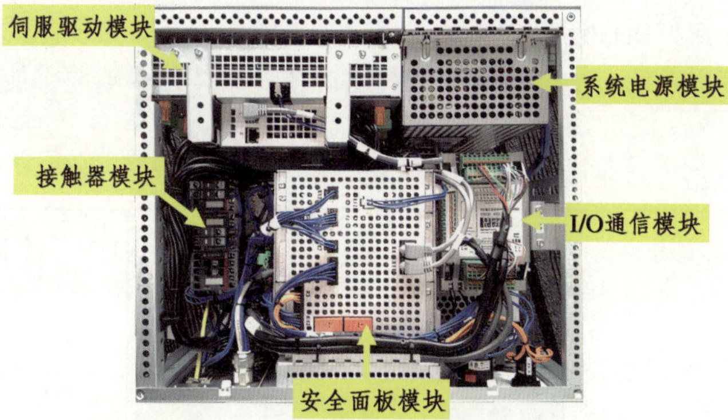</td><td>打开控制柜上方的盖子，查看内部的模块分布</td></tr>
<tr><td>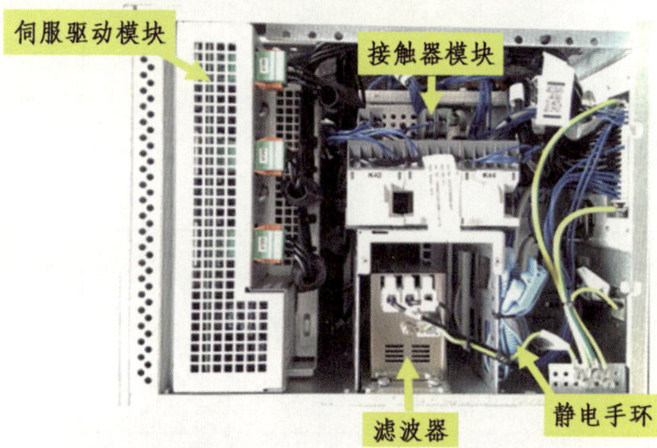</td><td>从左侧打开盖子，查看内部的模块分布</td></tr>
<tr><td>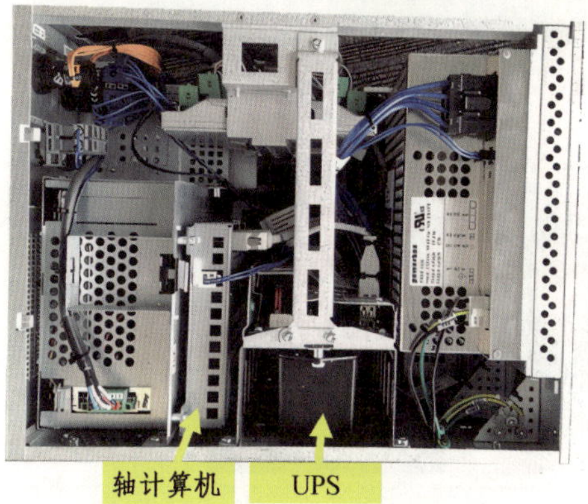</td><td>从右侧打开盖子，查看内部的模块</td></tr>
<tr><td>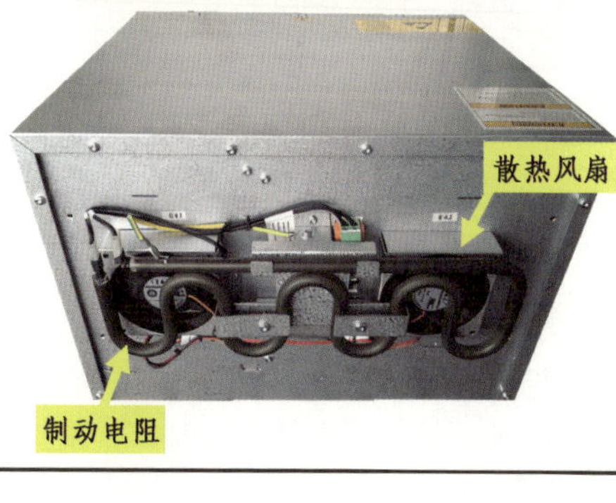</td><td>从后面打开盖子，查看内部的模块分布</td></tr>
</table>

学习活动 2　机器人本体与控制器硬件接口组件连接

机器人本体与控制器硬件接口组件连接主要是完成各类电缆的安装，电缆主要有机器人电机动力电缆线、编码器电缆线、示教器电缆线和电源线。具体连接电缆功能说明及连接情况表 1-2-6。

表 1-2-6　连接电缆功能说明及连接情况

序号	图示	电缆名称	作用	控制器连接点	机器人本体连接点
1		电机动力电缆线	用于将机器人电机的驱动电力和控制装置与机器人控制器连接。给伺服电机提供动力电源	XS1	R1.MP
2		编码器电缆线	用于给伺服编码器提供电源和伺服电机的角位移和速度反馈	XS2	R1.SM
3		示教器电缆线	用于控制器与示教器连接	XS4	示教器
4		电源线	AC220 V/50Hz 电源线	XP0	接外部电源

控制器与机器人本体硬件接口组件连接完成后效果：

【安全事项】

1. 供电前，应熟知紧急停止按钮的位置及操作方法，供电过程中注意观察，机器人出现异常启动时，可立即按下任意紧急停止按钮。

注：控制器、示教器和工作站总控台均有紧急停止按钮。

2. 观察机器人运行区域是否有人员停留，如有须脱离机器人运行区域。

3. 观察机器人运行区域，预判机器人若失控运行是否能伤及设备，并对区域内设备做好妥善安排。

4. 供电前须知晓机器人发生火灾时应使用二氧化碳灭火器，并确认现场备有此种灭火器。

【技术说明】

1. ABB 工业机器人的控制柜供电有单相 220 V 和三相 380 V 两种类型，供电前应明确工业机器人供电类型。

2. 供电前应检查急停按钮，确定处于弹起状态。

3. 一般系统启动需要几分钟时间，如长时间无法启动系统，应进行断电检查。

【做一做】

表 1-2-7　课中测试

小组编号：	小组成员：

课 中 做

1. 对照工业机器人控制柜控制面板实物，写出名称及功能（查阅 ABB 机器人 IRB120 使用说明书）

图示	名称及功能说明

2. 现场认识 IRB120 工业机器人控制接口，写出名称及功能

图示	接口名称及功能说明

3. 机器人本体与控制器连接，用连线方式连接（电气接口和气路接口）

机器人本体连接点	控制器连接点
XS1	示教器
XS2	外部电源
XS4	R1.SM
XP0	R1.MP

4. 课中记录：

【评一评】

1. 学习过程自我评价

表 1-2-8　学习过程自评表

<table>
<tr><td>班级</td><td></td><td>姓名</td><td></td><td>学号</td><td></td><td>日期</td><td colspan="4">年　月　日</td></tr>
<tr><td rowspan="2">评价指标</td><td colspan="5" rowspan="2"></td><td rowspan="2">权重/%</td><td colspan="4">等级评定</td></tr>
<tr><td>A</td><td>B</td><td>C</td><td>D</td></tr>
<tr><td rowspan="3">信息检索</td><td colspan="5">能有效利用网络资源、工作手册查找有效信息</td><td>5</td><td></td><td></td><td></td><td></td></tr>
<tr><td colspan="5">能用自己的语言有条理地解释、表述所用知识</td><td>5</td><td></td><td></td><td></td><td></td></tr>
<tr><td colspan="5">能将查找到的信息有效地转换到工作中</td><td>5</td><td></td><td></td><td></td><td></td></tr>
<tr><td rowspan="2">感知工作</td><td colspan="5">是否熟悉工作岗位、认同工作价值</td><td>5</td><td></td><td></td><td></td><td></td></tr>
<tr><td colspan="5">在工作中，是否获得满足感</td><td>5</td><td></td><td></td><td></td><td></td></tr>
<tr><td rowspan="3">参与状态</td><td colspan="5">教师、同学之间是否相互尊重、理解、平等</td><td>5</td><td></td><td></td><td></td><td></td></tr>
<tr><td colspan="5">教师、同学之间是否保持多向及丰富、适宜的信息交流</td><td>5</td><td></td><td></td><td></td><td></td></tr>
<tr><td colspan="5">探究学习，自主学习不流于形式，能处理好合作学习和独立思考的关系，做到有效学习</td><td>5</td><td></td><td></td><td></td><td></td></tr>
<tr><td rowspan="4">学习方法</td><td colspan="5">能提出有意义的问题或发表个人见解；能按要求正确操作；能够倾听、协作、分享</td><td>5</td><td></td><td></td><td></td><td></td></tr>
<tr><td colspan="5">能积极参与，在产品加工过程中不断学习，能提高综合运用信息技术的能力</td><td>5</td><td></td><td></td><td></td><td></td></tr>
<tr><td colspan="5">工作计划、操作技能是否符合规范要求</td><td>5</td><td></td><td></td><td></td><td></td></tr>
<tr><td colspan="5">是否获得进一步发展的能力</td><td>5</td><td></td><td></td><td></td><td></td></tr>
<tr><td rowspan="3">工作过程</td><td colspan="5">遵守管理规程，操作过程符合现场管理要求</td><td>5</td><td></td><td></td><td></td><td></td></tr>
<tr><td colspan="5">平时上课能按时出勤，每天能及时完成工作任务</td><td>5</td><td></td><td></td><td></td><td></td></tr>
<tr><td colspan="5">善于多角度思考问题，能主动发现，提出有价值的问题</td><td>5</td><td></td><td></td><td></td><td></td></tr>
<tr><td>思维状态</td><td colspan="5">能发现问题、提出问题、分析问题、解决问题、创新问题</td><td>5</td><td></td><td></td><td></td><td></td></tr>
<tr><td rowspan="4">自评反馈</td><td colspan="5">能按时按质完成工作任务</td><td>5</td><td></td><td></td><td></td><td></td></tr>
<tr><td colspan="5">能较好地掌握专业知识点</td><td>5</td><td></td><td></td><td></td><td></td></tr>
<tr><td colspan="5">具有较强的信息分析能力和理解能力</td><td>5</td><td></td><td></td><td></td><td></td></tr>
<tr><td colspan="5">具有较为全面严谨的思维能力并能条理明晰地表述成文</td><td>5</td><td></td><td></td><td></td><td></td></tr>
<tr><td colspan="6">自评等级</td><td colspan="5"></td></tr>
<tr><td>有益的经验与做法</td><td colspan="10"></td></tr>
<tr><td>总结反思建议</td><td colspan="10">（通过本任务学习，你获得哪些新知识，下次再做类似任务，你应当有哪些改进？）</td></tr>
<tr><td colspan="11">等级评定：A. 好　B. 较好　C. 一般　D. 有待提高</td></tr>
</table>

2. 学习过程三方评价

表 1-2-9　学习活动过程三方评价表

<table>
<tr><td>班级</td><td></td><td>姓名</td><td></td><td>学号</td><td></td><td>日期</td><td colspan="2">年　月　日</td></tr>
<tr><td colspan="4">评价内容（满分 100 分）</td><td colspan="2">学生自评/分</td><td>同学互评/分</td><td>教师评价/分</td><td>总评/分</td></tr>
<tr><td rowspan="4">专业技能（60 分）</td><td colspan="3">任务学习完成进度（30 分）</td><td colspan="2"></td><td></td><td></td><td rowspan="8">A（86~100）
B（76~85）
C（60~75）
D（60 以下）</td></tr>
<tr><td colspan="3">对理论知识的掌握程度（10 分）</td><td colspan="2"></td><td></td><td></td></tr>
<tr><td colspan="3">理论知识的应用能力（10 分）</td><td colspan="2"></td><td></td><td></td></tr>
<tr><td colspan="3">改进能力（10 分）</td><td colspan="2"></td><td></td><td></td></tr>
<tr><td rowspan="4">综合素质（40 分）</td><td colspan="3">遵守现场操作的职业规范（10 分）</td><td colspan="2"></td><td></td><td></td></tr>
<tr><td colspan="3">信息获取的途径（10 分）</td><td colspan="2"></td><td></td><td></td></tr>
<tr><td colspan="3">按时完成学习和工作任务（10 分）</td><td colspan="2"></td><td></td><td></td></tr>
<tr><td colspan="3">团队合作精神（10 分）</td><td colspan="2"></td><td></td><td></td></tr>
<tr><td colspan="4">总分</td><td colspan="5"></td></tr>
<tr><td colspan="6">综合得分
（学生自评 10%、同学互评 10%、教师评价 80%）</td><td colspan="3"></td></tr>
<tr><td>小结建议</td><td colspan="8"></td></tr>
</table>

3. 现场测试考核评价

表 1-2-10　现场测试考核评价表

<table>
<tr><td>班级</td><td></td><td>姓名</td><td></td><td>学号</td><td></td><td>日期</td><td>年　月　日</td></tr>
<tr><td>序号</td><td colspan="4">评价要点</td><td>配分/分</td><td>得分/分</td><td>总评/分</td></tr>
<tr><td>1</td><td colspan="4">能查阅资料，正确填写任务导学所提问题</td><td>10</td><td></td><td rowspan="7">A（86~100）
B（76~85）
C（60~75）
D（60 以下）</td></tr>
<tr><td>2</td><td colspan="4">学习任务 1.2，正确理解填写“做一做”，错 1 处扣 2 分</td><td>50</td><td></td></tr>
<tr><td>3</td><td colspan="4">能根据工作要求，对小组成员进行合理分工</td><td>5</td><td></td></tr>
<tr><td>4</td><td colspan="4">能列出工业机器人选型主要技术参数</td><td>10</td><td></td></tr>
<tr><td>5</td><td colspan="4">能遵守劳动纪律，以积极的态度接受工作任务</td><td>5</td><td></td></tr>
<tr><td>6</td><td colspan="4">能积极参与小组讨论、团队间互相合作</td><td>10</td><td></td></tr>
<tr><td>7</td><td colspan="4">能及时完成老师布置的任务</td><td>10</td><td></td></tr>
<tr><td colspan="5">总分</td><td>100</td><td colspan="2"></td></tr>
<tr><td colspan="6">综合得分
（学生自评 10%、同学互评 10%、教师评价 80%）</td><td colspan="2"></td></tr>
<tr><td>小结建议</td><td colspan="7"></td></tr>
</table>

【巩固与提高】

在线测试

任务 1.3　认识示教器

【任务目标】

知识目标：

（1）掌握示教器整体布局。
（2）掌握示教器的使能器按钮功能。
（3）掌握示教器的实体按键功能。
（4）掌握示教语言、示教、查看日志设置方法。

技能目标：

（1）会使用示教器的使能器按钮。
（2）会用示教器的实体按键。
（3）会设置示教语言、示教、查看日志设置。

素质目标：

（1）具有良好的职业道德、职业责任感和不断学习的精神。
（2）具有不断开拓创新的意识。
（3）具有查阅资料和自学的能力。
（4）具有信息接收能力、处理能力和创新能力。
（5）遵守现场操作的职业规范，具备安全、整洁、规范实施工作任务的能力。
（6）以积极的态度对待训练任务，具有团队交流和协作能力。

【任务导学】

（1）工业机器人示教器的作用是什么？________________________________

____

____

（2）工业机器人示教器使能器按钮的作用是什么？____________________

____

____

____

（3）查阅资料，工业机器人示教器上有哪些按键？____________________

____

____

（4）查阅资料，工业机器人示教器遥杆的作用是什么？

____

____

____

【学一学】

示教器用于执行与操作机器人系统相关的许多任务，如运行程序、手动操纵机器人运动、修改机器人程序等，也可用于备份与恢复、配置机器人、查看机器人系统信息等。

认识示教器

学习活动 1　认识示教器整体布局

示教器是进行机器人手动操纵、程序编写、参数设置及监控用的手持装置，也是常用的控制装置。示教器整体布局见表 1-3-1。

表 1-3-1　示教器整体布局

图示	功能说明
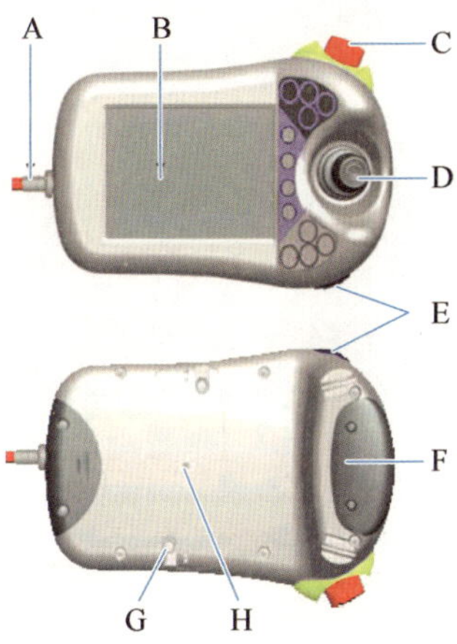	A 连接电缆：连接电缆指信号线。 B 触摸屏：又称为触控屏、触控面板，是一种可接收触头等输入信号的感应式液晶显示装置。当接触了屏幕上的图形按钮时，屏幕上的触觉反馈系统可根据预先编程的程序驱动各种连接装置，可用以取代机械式的按钮面板，并借由液晶显示画面制造出生动的影音效果。 C 急停开关：也可以称为紧急停止按钮，业内简称急停按钮。顾名思义，急停按钮就是当发生紧急情况的时候，人们可以通过快速按下此按钮来达到保护的措施。 D 手动操作摇杆：也称操纵杆，用来手动操作机器人。机器人的操纵杆好比汽车的油门，操纵杆的操纵幅度与机器人的运动速度相关。操纵杆的操纵幅度大，机器人运行速度快；操纵杆的操纵幅度小，机器人运行速度慢。 E 数据备份用 USB 接口：USB 是一个外部总线标准，用于规范计算机与外部设备的连接和通信，常用于数据备份。 F 使能器按钮：使能器按钮是工业机器人为保证操作人员人身安全而设置的。只有在按下使能器按钮，并保持在“电动机开启”的状态时，才可对机器人进行手动的操作与程序的调试。 H 示教器复位按钮：复位按钮是主板上的插接线的插接对象之一，按下时它发生短路，松开后又恢复开路，瞬间的短路就会让计算机重启，简单地说就是一个重启按钮。 G 触摸屏用笔（触控笔）：是一种小的笔形工具，用来输入指令到计算机屏幕、移动设备、绘图板等具有触摸屏的设备。用户可以通过触控笔单击触控屏幕来选取文件或绘画
示教器的安全说明： 示教器是一种高品质的手持式终端，它配备了高灵敏度的一流电子设备。为避免操作不当引起的故障或损害。操作时的注意事项：	

续表

1. 小心操作。不要摔打、抛掷或重击，这样会导致破损或故障。在不使用该设备时，将它挂到专门存放它的支架上，以防意外掉到地上。 2. 示教器的使用和存放应避免被人踩踏电缆。 3. 切勿使用锋利的物体（例如螺钉、刀具或笔尖）操作触摸屏。这样可能会使触摸屏受损。应用手指或触摸笔去操作示教器触摸屏。 4. 定期清洁触摸屏。灰尘和小颗粒可能会挡住屏幕造成故障。 5. 切勿使用溶剂、洗涤剂或擦洗海绵清洁示教器，使用软布蘸少量水或中性清洁剂清洁。 6. 没有连接 USB 设备时务必盖上 USB 端口的保护盖。如果端口暴露到灰尘中，那么它会中断或发生故障。

学习活动 2　认识示教器的使能器按钮

ABB FlexPendant 示教器是一款高品质手持式终端，它配备了高灵敏度的先进电子设备。示教器上有一个使能器按钮，它是为了在操作机器人时，保证操作人员安全而设置的。只有在按下使能器按钮并保持电机开启的状态时，才可对机器人进行手动的操作与程序的调试。当发生危险时，人会本能地将使能器按钮松开或按紧，则机器人会马上停下来，保证人员的安全。示教器的使能器按钮功能见表 1-3-2。

表 1-3-2　示教器的使能器按钮功能

图示	功能说明
 	1. 如何手持示教器？ 对于惯用右手的人来说，左手握示教器，四指按在使能器按钮上，右手进行屏幕和按钮的操作是很舒服的握持姿态
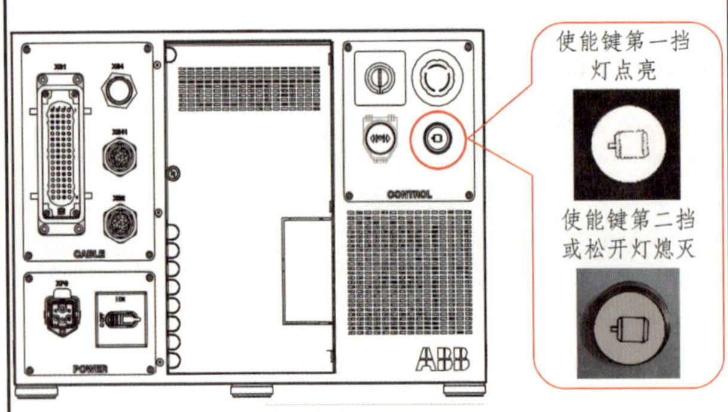	2. 示教器的使能器作用。 （1）使能器按钮是工业机器人为保证操作人员人身安全而设置的。 （2）使能器按钮分了两挡，在手动状态下第一挡按下去，机器人将处于电动机开启状态。这时控制器的“电机开启”灯将会点亮。 （3）第二挡按下去以后，机器人又处于防护装置停止状态。这时控制器的“电机开启”灯是熄灭状态。 （4）只有在按下使能器按钮，并保持在“电机开启”状态时，才可对机器人进行手动的操作与程序的调试。 （5）当发生危险时，人会本能地将使能器按钮松开或按紧，则机器人会马上停下来，保证安全

学习活动 3　认识示教器的实体按键

工业机器人示教器的实体按键有预设按钮、切换信号状态、机器人运动模式切换按键、程序运行模式按键，见表 1-3-3。

表 1-3-3　示教器的实体按键功能

图示	功能说明
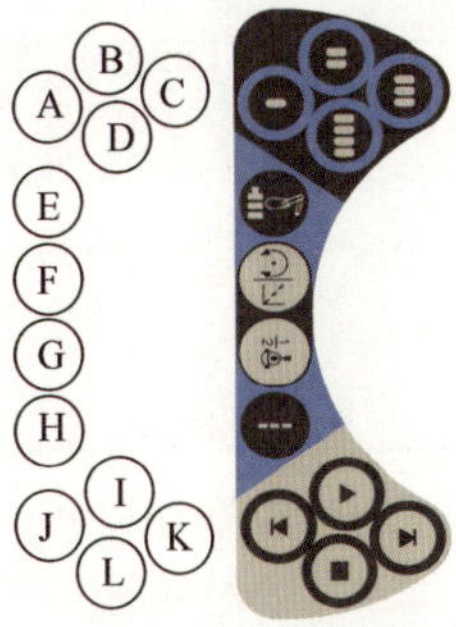	A～D：自定义功能按键； E：外部轴切换； F：重定位/线性模式切换； G：1～3 轴/4～6 轴切换； H：切换增量按钮； I：执行程序按钮； J：步退执行程序按钮； L：停止程序按钮； K：步进执行程序按钮

学习活动 4　示教器使用环境设置操作

1. 示教器的语言设置

示教器出厂时，默认的显示语言为英语，为了方便操作，下面介绍如何把显示语言设定为中文，操作方法见表 1-3-4。

表 1-3-4　示教器的语言设置

图示	说明
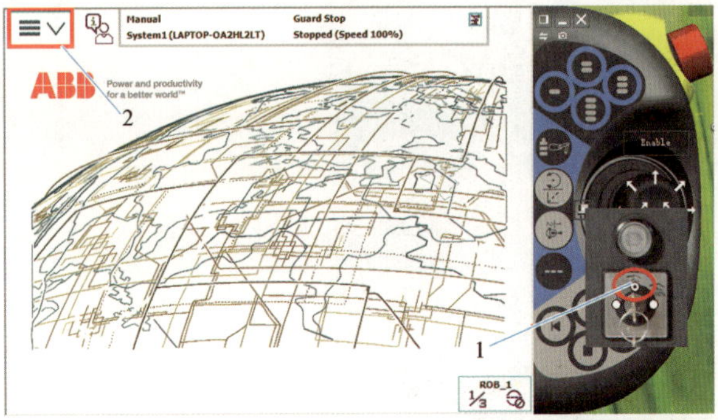	1. 将机器人控制器设为“手动模式”，然后点击“主菜单”
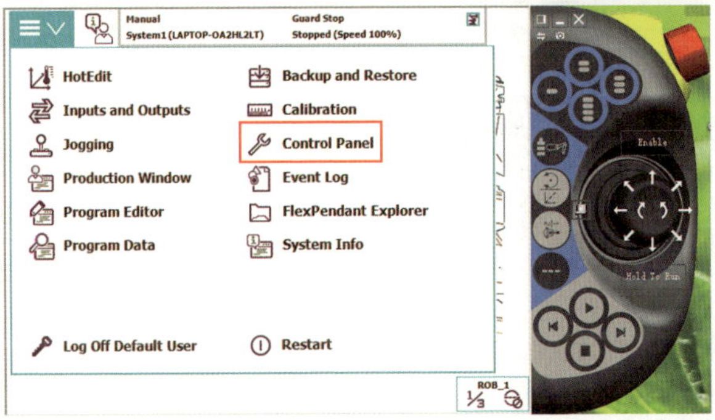	2. 点击“Control Panel”

续表

图示	说明
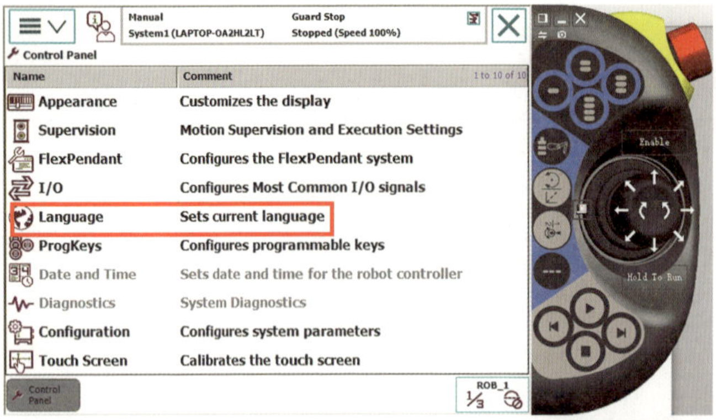	3. 点击“Language”
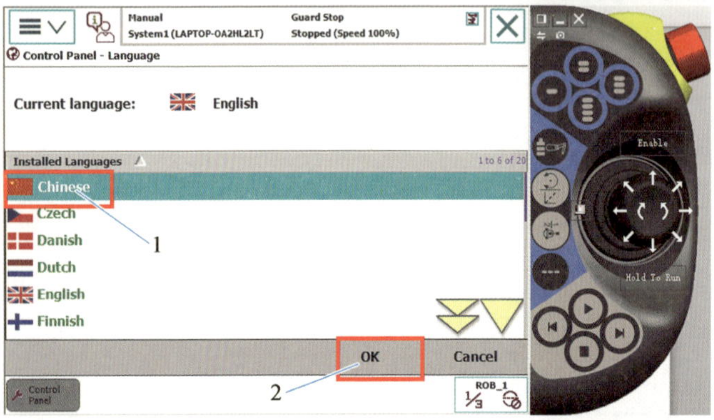	4. 选择“Chinese”后，点击“OK”
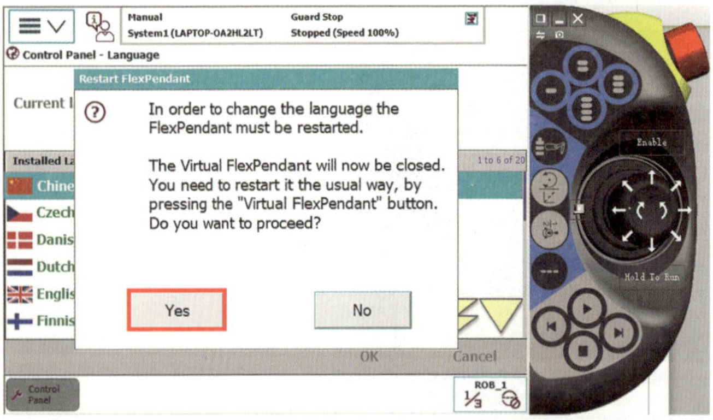	5. 点击“Yes”，系统将重启。重启后，系统自动切换到中文模式

2. 示教器的时间设置

设定机器人系统的时间

为了方便进行文件的管理和故障的查阅与管理，在进行各种操作之前要将示教器的时间设定为本地时区的时间，具体操作见表 1-3-5。

表 1-3-5　示教器的时间设置

<table>
<tr><th>图示</th><th>说明</th></tr>
<tr><td>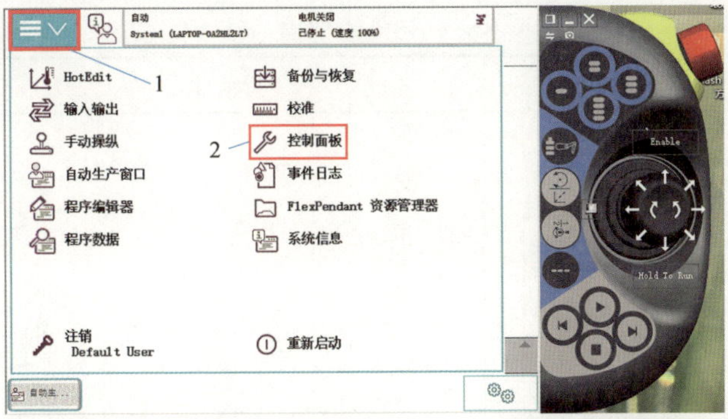
</td><td>1. 在手动模式下，点击菜单栏，然后点击控制面板</td></tr>
<tr><td>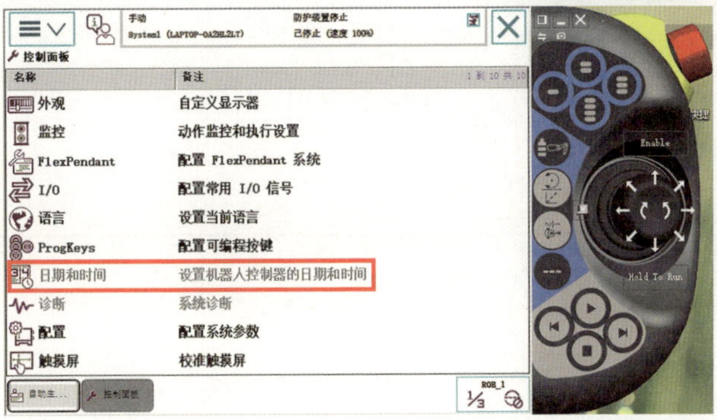
</td><td>2. 进入控制面板后点击“日期和时间　设定机器人控制器的日期和时间”</td></tr>
<tr><td>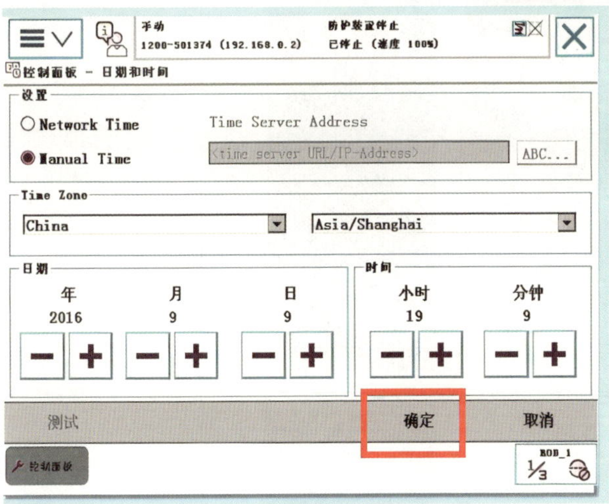
</td><td>3. 对日期和时间进行设定。日期和时间修改完成后单击“确定”</td></tr>
</table>

通过以上三步，示教器的系统时间就设定完毕。值得一提的是，时间的设定在虚拟示教器下无法设置。

3. 机器人常用信息和事件日志查看

在操作机器人过程中，可以通过机器人的状态栏显示机器人相关信息，如机器人的状态（手动、全速自动和自动）、机器人的系统信息、

查看日志

机器人的电机状态、程序运行状态及当前机器人轴或外轴的状态。

（1）ABB 示教器界面的组成以及状态栏的信息介绍见表 1-3-6。

表 1-3-6　ABB 示教器界面的组成以及状态栏的信息介绍

图示	功能说明
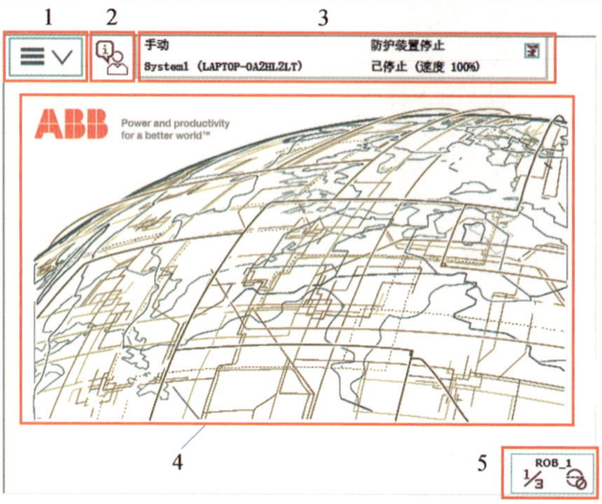	1—主菜单键 2—任务栏 3—状态栏：主要显示机器人手动、全速手动或自动状态其中一种；机器人的电机开启或电机停止状态；机器人系统信息；机器人程序运行状态 4—显示界面 5—快捷栏

（2）机器人常用信息和事件日志查看操作见表 1-3-7。

表 1-3-7　机器人常用信息和事件日志查看操作

图示	说明
	1. 机器人状态显示
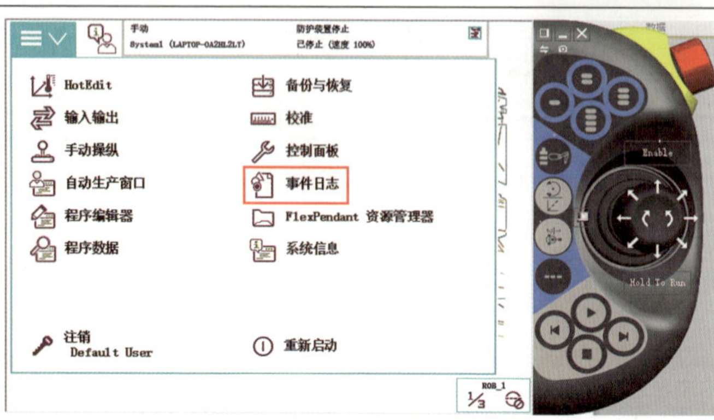	2. 点击主菜单栏下的“事件日志”，可以显示事件日志画面

续表

<table>
<tr><th>图示</th><th>说明</th></tr>
<tr><td>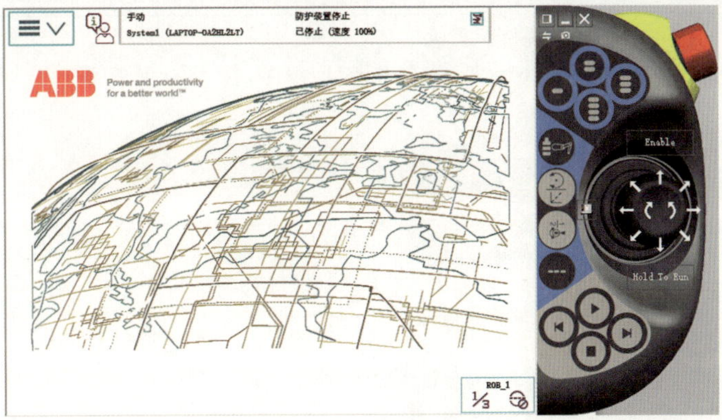
</td><td>3. 点击窗口上面的状态栏任意位置，也可以显示事件日志画面</td></tr>
<tr><td>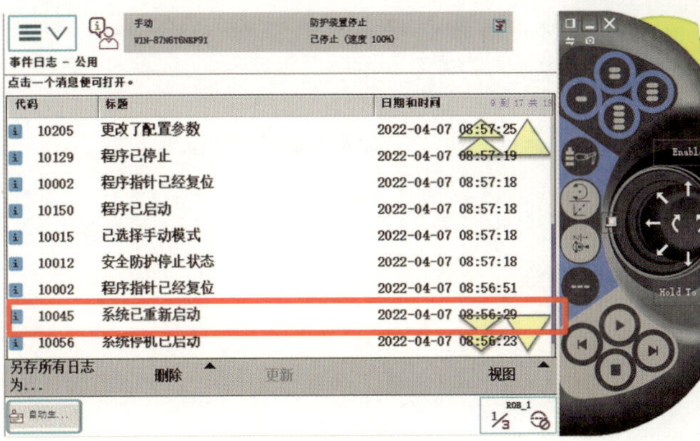
</td><td>4. 单击窗口上面的【状态栏】任意位置，就可以查看机器人的事件日志。如果希望查看某个事件消息的详细信息，只需要点击就可以查看</td></tr>
<tr><td>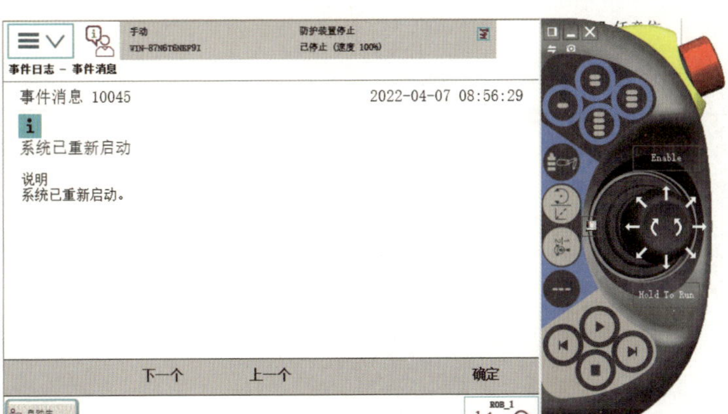
</td><td>5. 例如查看 10045 事件消息</td></tr>
</table>

【做一做】

表 1-3-8　课中测试

小组编号：	小组成员：

课　中　做

1. 对照工业机器人示教器实物，写出名称（查阅 ABB 机器人 IRB 120 使用说明书）

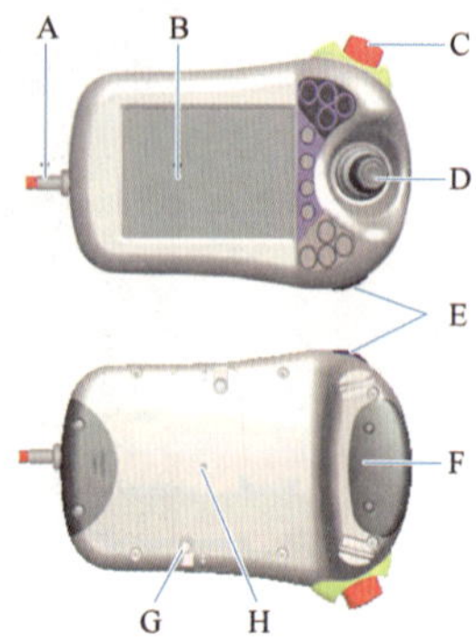

A：　　　　B：　　　　C：　　　　D：

E：　　　　G：　　　　F：　　　　H：

2. 在手动模式下操作示教器的使能按钮，观察示教器，按下第一挡使能按钮会显示“(　　　　)”，松开或按下第二挡使能按钮会显示“(　　　　)”

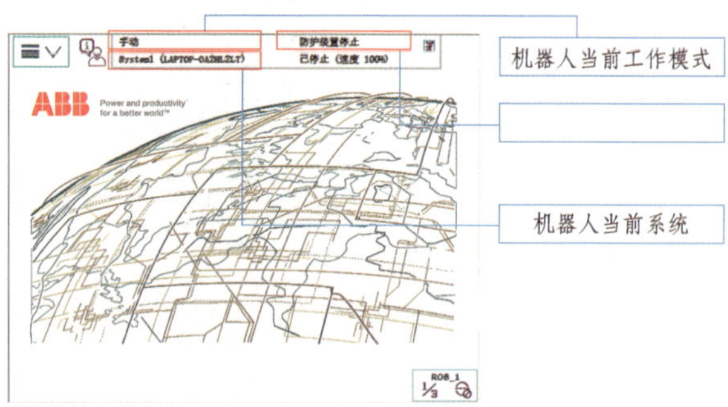

3. 认识示教器实体按键，用连线方式连接（电气接口和气路接口）

急停按钮

自定义功能按键

外部轴切换

重定位/线性模式切换

1～3 轴/4～6 轴切换

切换增量按钮

执行程序按钮

步退执行程序按钮

停止程序按钮

步进执行程序按钮

4. 课中记录

【评一评】

1. 学习过程自我评价

表 1-3-9　学习过程自评表

班级		姓名		学号		日期	年　月　日			
评价指标						权重/%	等级评定			
							A	B	C	D
信息检索	能有效利用网络资源、工作手册查找有效信息					5				
	能用自己的语言有条理地解释、表述所用知识					5				
	能将查找到的信息有效地转换到工作中					5				
感知工作	是否熟悉工作岗位、认同工作价值					5				
	在工作中，是否获得满足感					5				
参与状态	教师、同学之间是否相互尊重、理解、平等					5				
	教师、同学之间是否保持多向丰富、适宜的信息交流					5				
	探究学习，自主学习不流于形式，能处理好合作学习和独立思考的关系，做到有效学习					5				
学习方法	能提出有意义的问题或发表个人见解；能按要求正确操作；能够倾听、协作、分享					5				
	能积极参与，在产品加工过程中不断学习，能提高综合运用信息技术的能力					5				
	工作计划、操作技能是否符合规范要求					5				
	是否获得进一步发展的能力					5				
工作过程	遵守管理规程，操作过程符合现场管理要求					5				
	平时上课能按时出勤，每天能及时完成工作任务					5				
	善于多角度思考问题，能主动发现，提出有价值的问题					5				
思维状态	能发现问题、提出问题、分析问题、解决问题、创新问题					5				
自评反馈	能按时按质完成工作任务					5				
	能较好地掌握专业知识点					5				
	具有较强的信息分析能力和理解能力					5				
	具有较为全面严谨的思维能力并能条理明晰地表述成文					5				
自评等级										
有益的经验与做法										
总结反思建议	（通过本任务学习，你获得哪些新知识，下次再做类似任务，你应当有哪些改进？）									
等级评定：A. 好　B. 较好　C. 一般　D. 有待提高										

2. 学习过程三方评价

表 1-3-10　学习活动过程三方评价表

<table>
<tr><td>班级</td><td></td><td>姓名</td><td></td><td>学号</td><td></td><td>日期</td><td colspan="2">年　月　日</td></tr>
<tr><td colspan="4">评价内容（满分 100 分）</td><td colspan="2">学生自评/分</td><td>同学互评/分</td><td>教师评价/分</td><td>总评/分</td></tr>
<tr><td rowspan="4">专业技能（60 分）</td><td colspan="3">任务学习完成进度（30 分）</td><td colspan="2"></td><td></td><td></td><td rowspan="8">A（86～100）
B（76～85）
C（60～75）
D（60 以下）</td></tr>
<tr><td colspan="3">对理论知识的掌握程度（10 分）</td><td colspan="2"></td><td></td><td></td></tr>
<tr><td colspan="3">理论知识的应用能力(10 分)</td><td colspan="2"></td><td></td><td></td></tr>
<tr><td colspan="3">改进能力（10 分）</td><td colspan="2"></td><td></td><td></td></tr>
<tr><td rowspan="4">综合素质（40 分）</td><td colspan="3">遵守现场操作的职业规范（10 分）</td><td colspan="2"></td><td></td><td></td></tr>
<tr><td colspan="3">信息获取的途径（10 分）</td><td colspan="2"></td><td></td><td></td></tr>
<tr><td colspan="3">按时完成学习和工作任务（10 分）</td><td colspan="2"></td><td></td><td></td></tr>
<tr><td colspan="3">团队合作精神（10 分）</td><td colspan="2"></td><td></td><td></td></tr>
<tr><td colspan="4">总分</td><td colspan="5"></td></tr>
<tr><td colspan="6">综合得分
（学生自评 10%、同学互评 10%、教师评价 80%）</td><td colspan="3"></td></tr>
<tr><td>小结建议</td><td colspan="8"></td></tr>
</table>

3. 现场测试考核评价

表 1-3-11　现场测试考核评价表

<table>
<tr><td>班级</td><td></td><td>姓名</td><td></td><td>学号</td><td></td><td>日期</td><td>年　月　日</td></tr>
<tr><td>序号</td><td colspan="3">评价要点</td><td colspan="2">配分/分</td><td>得分/分</td><td>总评/分</td></tr>
<tr><td>1</td><td colspan="3">能查阅资料，正确填写任务导学所提问题</td><td colspan="2">10</td><td></td><td rowspan="7">A（86～100）
B（76～85）
C（60～75）
D（60 以下）</td></tr>
<tr><td>2</td><td colspan="3">学习任务 1.3，正确理解填写“做一做”，错 1 处扣 2 分</td><td colspan="2">50</td><td></td></tr>
<tr><td>3</td><td colspan="3">能根据工作要求，对小组成员进行合理分工</td><td colspan="2">5</td><td></td></tr>
<tr><td>4</td><td colspan="3">能列出工业机器人选型主要技术参数</td><td colspan="2">10</td><td></td></tr>
<tr><td>5</td><td colspan="3">能遵守劳动纪律，以积极的态度接受工作任务</td><td colspan="2">5</td><td></td></tr>
<tr><td>6</td><td colspan="3">能积极参与小组讨论、团队间互相合作</td><td colspan="2">10</td><td></td></tr>
<tr><td>7</td><td colspan="3">能及时完成老师布置的任务</td><td colspan="2">10</td><td></td></tr>
<tr><td colspan="4">总分</td><td colspan="2">100</td><td colspan="2"></td></tr>
<tr><td colspan="5">综合得分
（学生自评 10%、同学互评 10%、教师评价 80%）</td><td colspan="3"></td></tr>
<tr><td>小结建议</td><td colspan="7"></td></tr>
</table>

【巩固与提高】

在线测试

项目 2 工业机器人基本操作

项目导入

在生产实践中，若要熟练使用 ABB 工业机器人，则必须要熟悉各种运动模式的操作、机器人相关坐标的设定、机器人 I/O 通信。本项目主要让学生熟练操作机器人，熟悉工具坐标、工件坐标、有效载荷等设置，以及机器人的通信地址、输入输出信号、模拟信号、组输出输入信号等设置。

任务 2.1 工业机器人的运行模式及操作

【任务目标】

知识目标：

（1）掌握机器人的运动模式。

（2）掌握单轴运动、线性运动操作方法。

技能目标：

（1）会单轴运动操作机器人。

（2）会线性运动操作机器人。

素质目标：

（1）具有良好的职业道德、职业责任感和不断学习的精神。

（2）具有不断开拓创新的意识。

（3）具备查阅资料和自学的能力。

（4）具备信息接收能力、处理能力和创新能力。

（5）遵守现场操作的职业规范，具备安全、整洁、规范实施工作任务的能力。

（6）以积极的态度对待训练任务，具有团队交流和协作能力。

【任务导学】

（1）工业机器人有几种运动模式？分别是什么运动模式？____________________

____

____

（2）查阅资料，工业机器人在什么情况下采用单轴运动或线性运动？______

（3）查阅资料，描述工业机器人在什么情况下需要计数器更新操作？______

【学一学】

工业机器人的运动可以是步进，也可以是连续的；可以是关节独立的，也可以是多关节协调的。这些运动均通过示教器来实现。ABB 机器人手动操作的模式一共有 3 种：单轴运动、线性运动、重定位运动。下面介绍如何手动操纵机器人进行这 3 种运动。

手动操作机器人

学习活动 1　单轴运动

一般工业机器人有 6 个伺服电动机，分别驱动机器人的 6 个关节轴，每次手动操纵 1 个关节轴的运动，就称为单轴运动。机器人各轴均可实现单独正向或反向运动。机器人大范围运动，且不要求 TCP 姿态的，机械单元移出危险位置，机器人移出奇点，定位机器人轴，以便进行校准，一般选择单轴运动。机器人外轴运动必须为单轴运动。机器人各轴运动趋势见表 2-1-1。

表 2-1-1　机器人各轴运动趋势

轴类型	轴名称				动作说明	动作图示
	ABB	FANUC	YASKAWA	KUKA		
主轴（基本轴）	轴 1	J1	S 轴	A1	本体左右回转	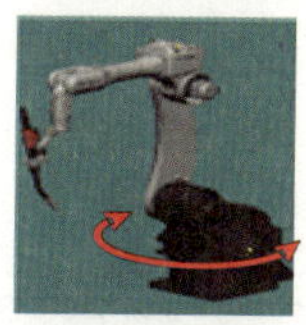
	轴 2	J2	L 轴	A2	大臂上下运动	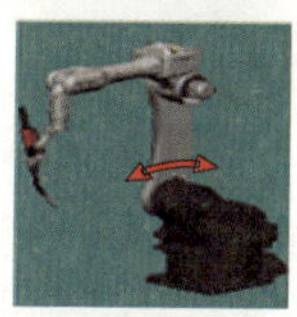
	轴 3	J3	U 轴	A3	小臂前后运动	

续表

轴类型	轴名称				动作说明	动作图示
	ABB	FANUC	YASKAWA	KUKA		
次轴（腕部轴）	轴 4	J4	R 轴	A4	手腕回旋运动	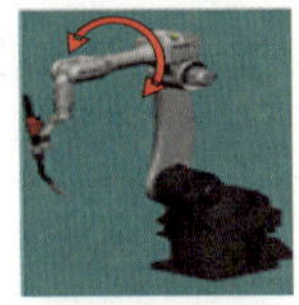
	轴 5	J5	B 轴	A5	手腕弯曲运动	
	轴 6	J6	T 轴	A6	手腕扭曲运动	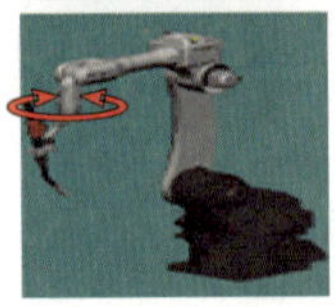

以 ABB 工业机器人单轴运动操作为例，具体操作见表 2-1-2。

表 2-1-2　单轴运动操作

图示	说明
	1. 将控制柜上机器人状态钥匙切换成中间的手动限速状态
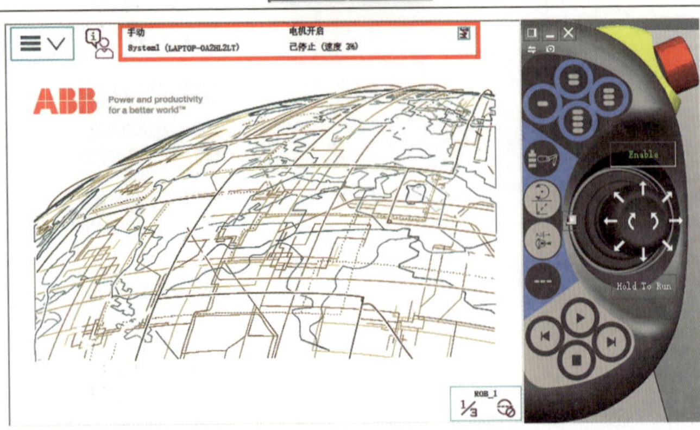	2. 在状态栏中，确认机器人的状态已切换为“手动”

续表

<table>
<tr><th>图示</th><th>说明</th></tr>
<tr><td>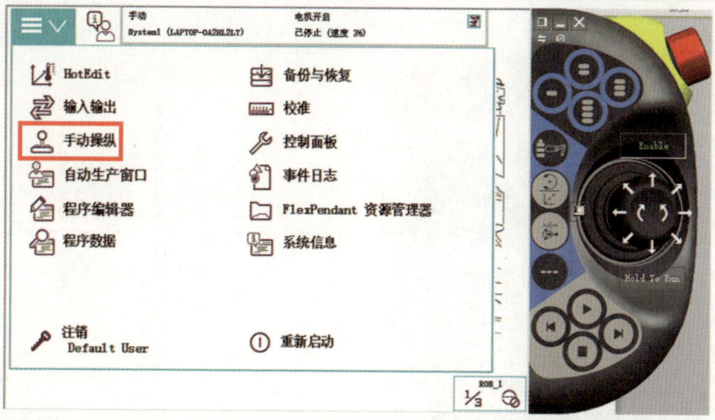
</td><td>3. 在主菜单下拉菜单中选择“手动操纵”</td></tr>
<tr><td>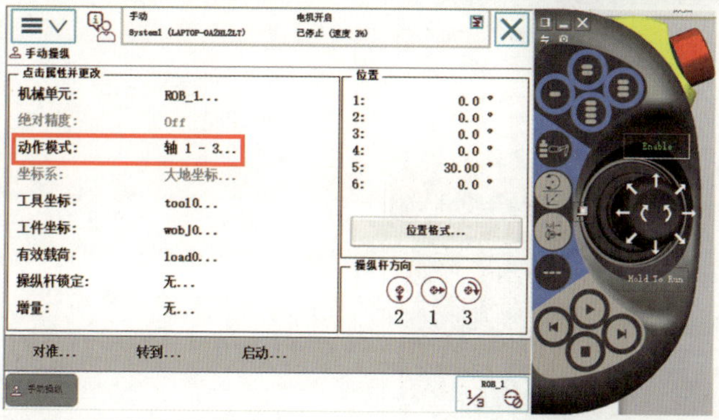
</td><td>4. 单击“动作模式”</td></tr>
<tr><td>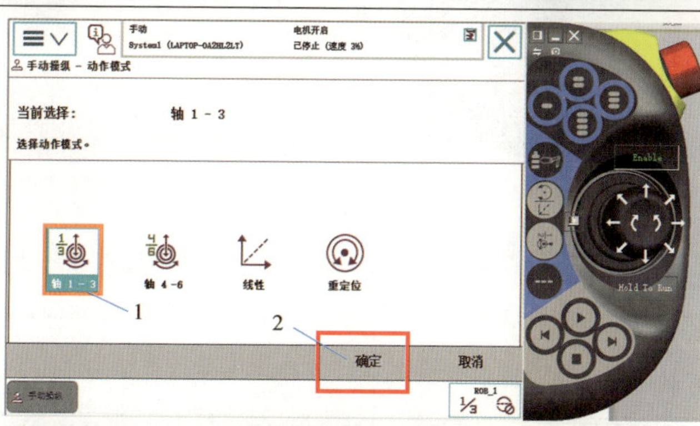
</td><td>5. 选中“轴 1-3”，然后单击“确定”</td></tr>
<tr><td>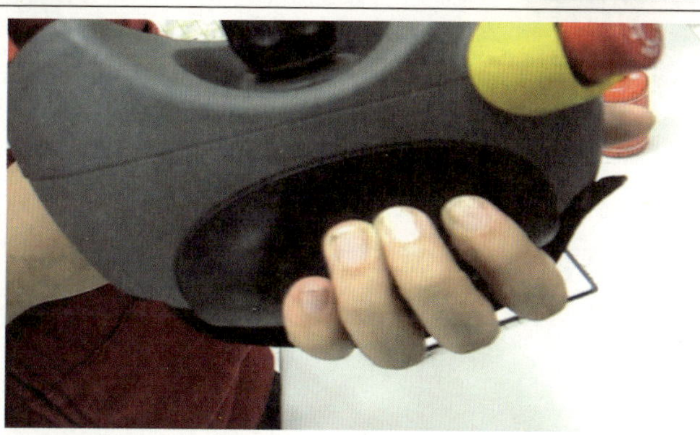</td><td>6. 用左手按下使能按钮，进入“电机开启”状态</td></tr>
</table>

续表

图示	说明
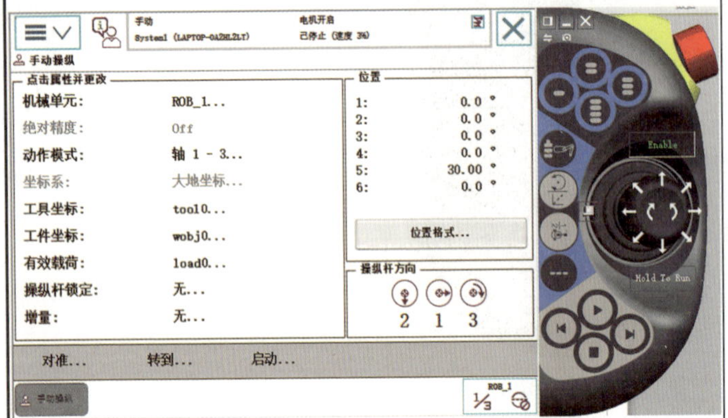	7. 在状态栏中，确认“电机开启”
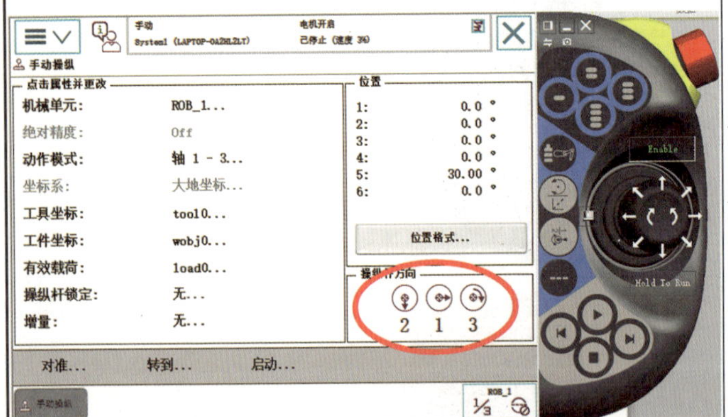	8. 图红圈显示“轴 1-3”的操纵杆方向。箭头代表各个轴运动时的正方向。然后操作操纵杆，机器人的 1、2、3 轴就会动作，操纵杆的操作幅度越大，机器人的动作速度越快。同样选择“轴 4-6”操作操纵杆，机器人的 4、5、6 轴就会动作
操纵杆的使用技巧：可以将机器人的操纵杆比作汽车的节气门，操纵杆的操作幅度是与机器人运动速度相关的。操纵杆幅度较小，则机器人的运动速度较慢；操纵杆幅度较大，则机器人的运动速度较大。在操作时，应尽量以小幅度操作使机器人慢慢运动，以确保安全	

学习活动 2　线性运动的手动操纵

工业机器人的线性运动是指安装在机器人第六轴法兰盘上工具的 TCP 在空间中做线性运动。坐标线性运动时要指定坐标系，坐标系包括大地坐标、基坐标、工具坐标、工件坐标。工具坐标指定了 TCP 点的位置，坐标系指定了 TCP 点在哪个坐标系中运行，工件坐标指定 TCP 点在哪个工件坐标系中运行。当坐标系选择了工件坐标时，工件坐标才生效。

线性运动的操作步骤见表 2-1-3。

表 2-1-3　线性运动的操作步骤

<table>
<tr><th>图示</th><th>说明</th></tr>
<tr><td>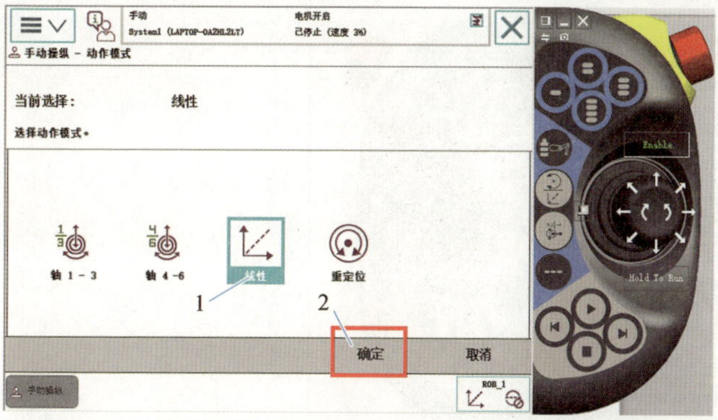
</td><td>1. 在“手动操纵-动作模式”界面中选择“线性”，然后单击“确定”</td></tr>
<tr><td>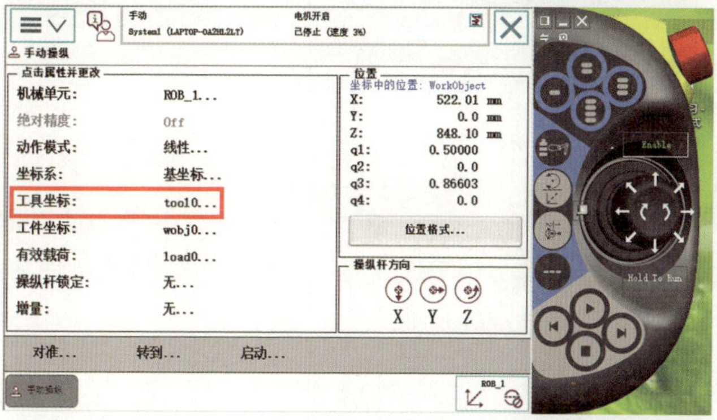
</td><td>2. 单击“工具坐标”。机器人的线性运动要在“工具坐标”中指定对应的工具</td></tr>
<tr><td>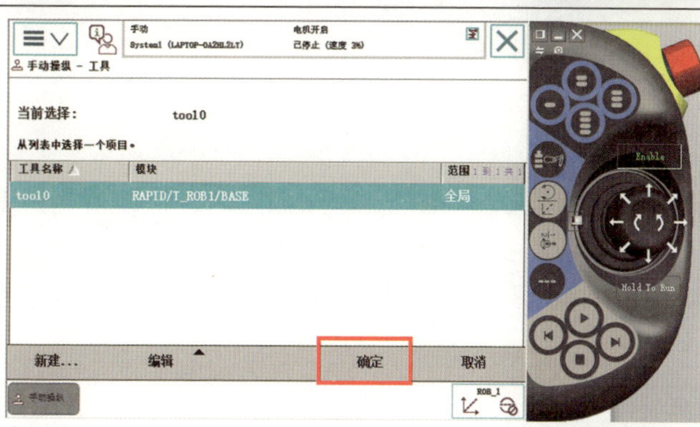
</td><td>3. 选中对应的工具（工具数据的建立参见程序数据内容）。这里先选择默认的工具坐标“tool0”，然后点击“确定”</td></tr>
<tr><td>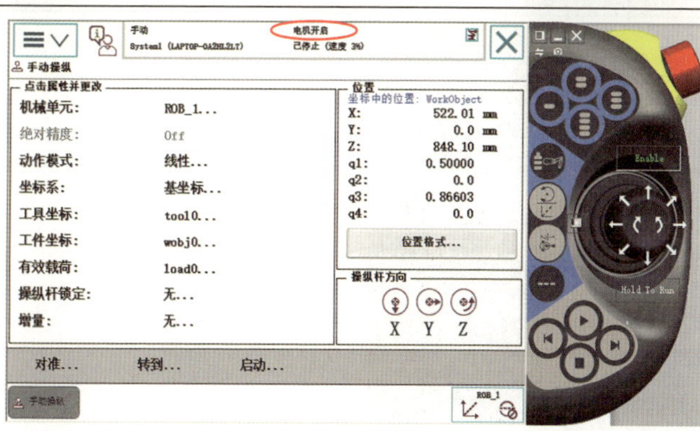
</td><td>4. 用左手按下使能按钮，进入“电机开启”状态，在状态栏中确认“电机开启”</td></tr>
</table>

续表

图示	说明
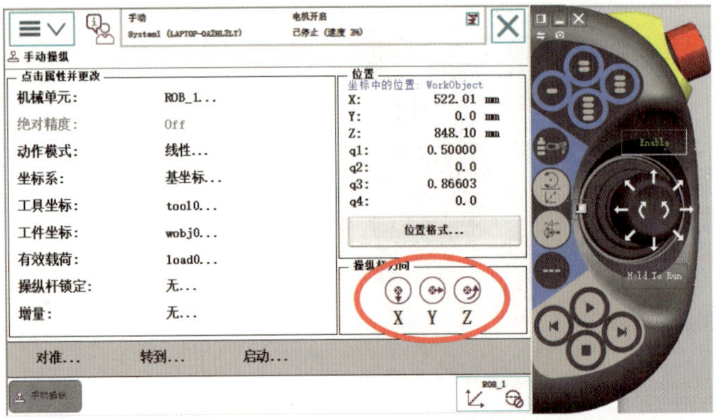	5. 此处显示轴 X、Y、Z 的操纵杆方向。黄箭头代表正方向
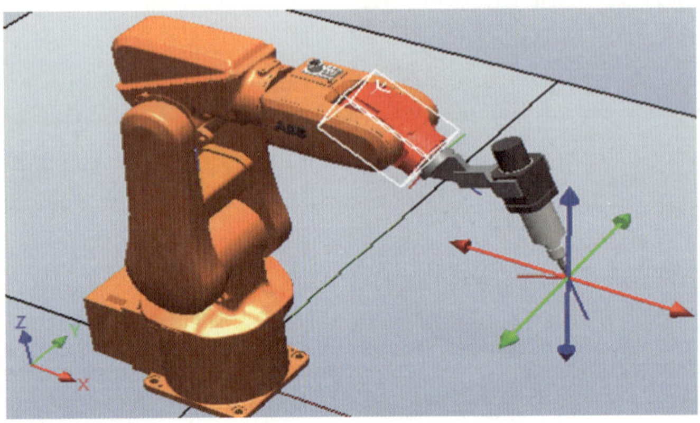	6. 操作示教器上的操纵杆，工具的 TCP 点在空间中做线性运动

学习活动 3　重定位运动

机器人的重定位运动是指安装在机器人第六轴法兰盘上的工具 TCP 绕着坐标系的坐标轴旋转（X，Y，Z）运动。重定位运动时，必须先选择工具坐标。

重定位运动的操作步骤见表 2-1-3。

表 2-1-3　重定位运动的操作步骤

图示	说明
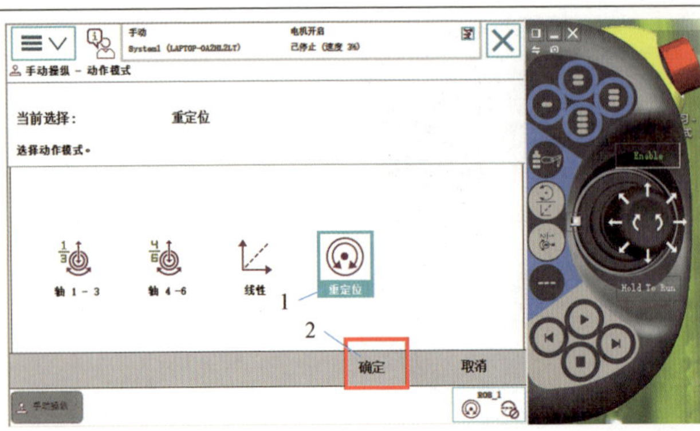	1. 在“手动操纵-动作模式”界面中，选中“重定位”，然后单击“确定”

续表

图示	说明
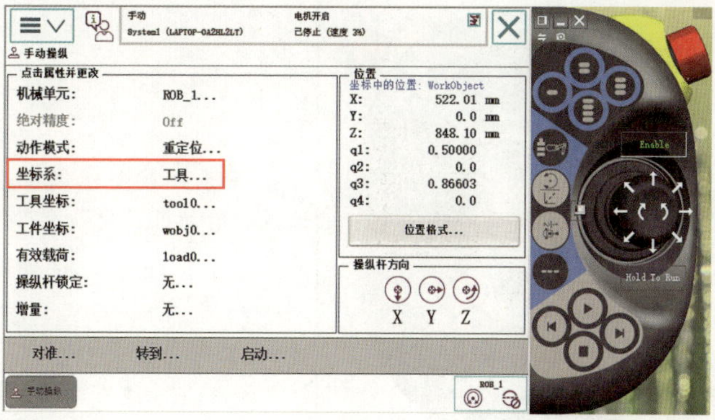	2. 单击“坐标系”
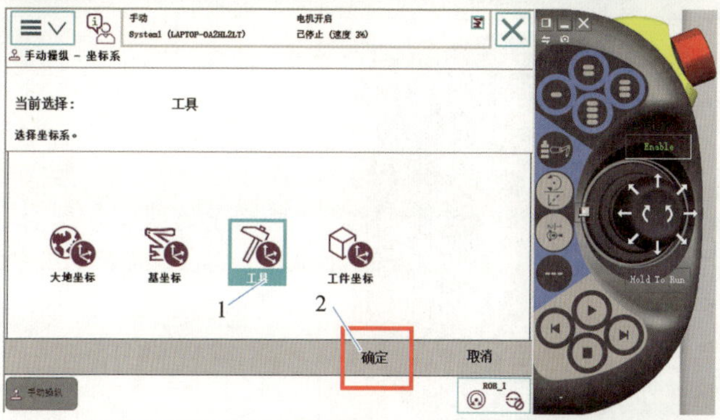	3. 选中“工具”，然后单击“确定”
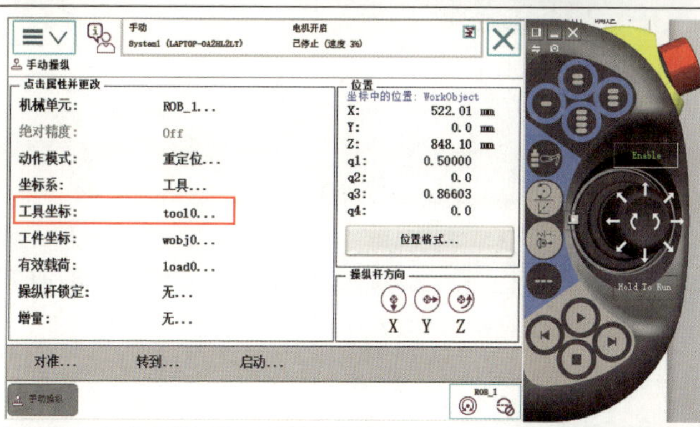	4. 单击“工具坐标”
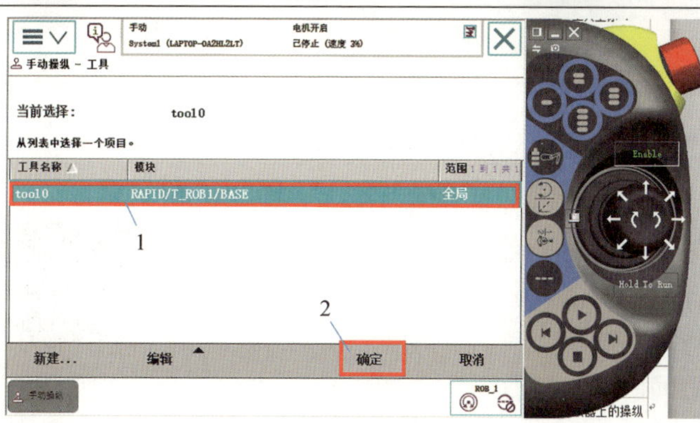	5. 选中正在使用的工具，然后单击“确定”

续表

<table>
<tr><th>图示</th><th>说明</th></tr>
<tr><td>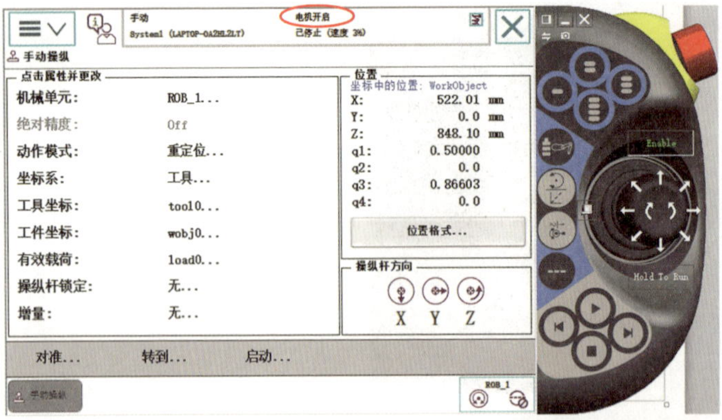
</td><td>6. 用左手按下使能按钮，进入“电动机开启”状态，在状态栏中确认“电机开启”</td></tr>
<tr><td>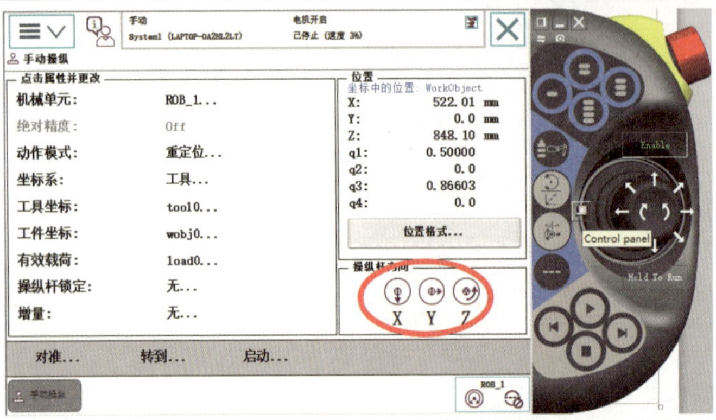
</td><td>7. 此处显示 X、Y、Z 的操纵杆方向。箭头代表正方向</td></tr>
<tr><td>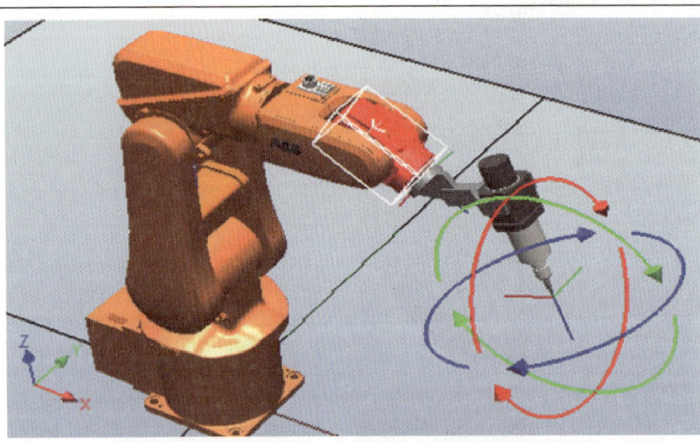</td><td>8. 操纵示教器上的操纵杆，机器人绕着工具 TCP 点做姿态调整的运动</td></tr>
</table>

学习活动 4　ABB 机器人的转数计数器更新操作

ABB 机器人六个关节轴都有一个机械原点的位置。在以下的情况需要对机械原点的位置进行转数计数器的更新操作。

（1）更换伺服电动机转数计数器电池后。

（2）当转数计数器发生故障修复后。

（3）转数计数器与测量板之间断开过以后。

计数器更新操作

（4）断电后机器人关节轴发生了移动。

（5）当系统报警提示“10036 转数计数器未更新”时。

转数计数器更新的步骤：

将机器人六个轴转到机械原点刻度位置，各关节轴运动的顺序为轴 4—5—6—1—2—3，见表 2-1-4。

表 2-1-4　转数计数器更新的步骤

图示	说明
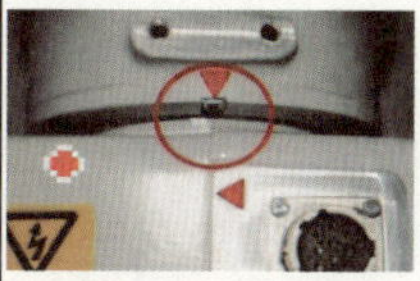 第4轴同步标记位 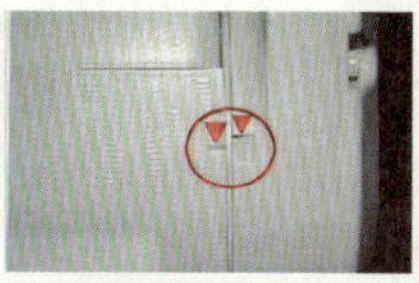 第5轴同步标记位 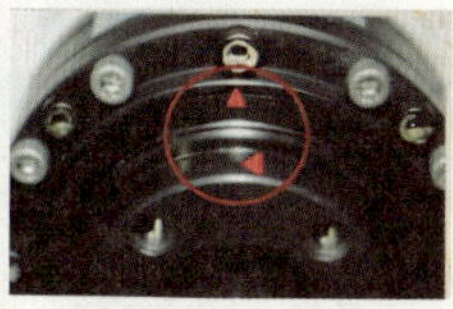 第6轴同步标记位 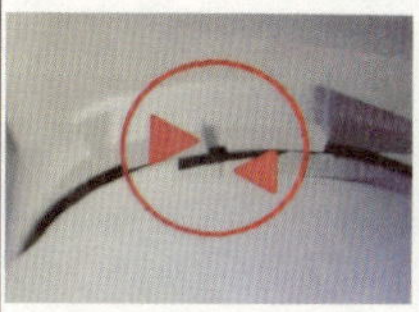 第3轴同步标记位 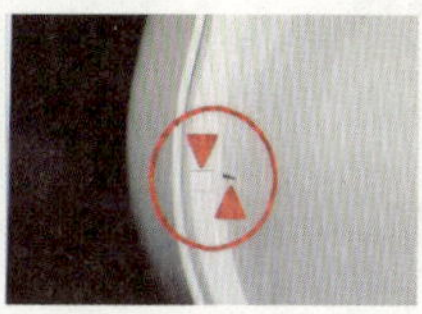 第2轴同步标记位 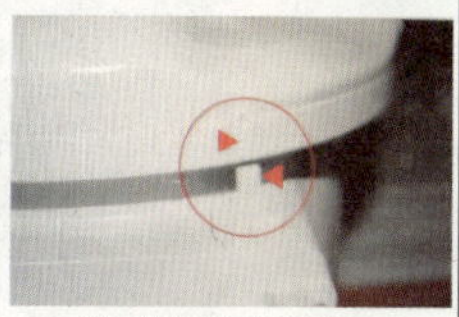 第1轴同步标记位	1. 左图是机器人六个关节轴的机械原点刻度示意图（注意：各个型号的机器人机械原点刻度位置会有所不同，请参考 ABB 随机光盘说明）。 使用手动操纵让机器人各关节轴运动到机械原点刻度位置的顺序是：4—5—6—1—2—3。 如在手动操纵菜单中，选择“轴 4-6”动作模式，先将关节 4 运动到机械原点的刻度位置
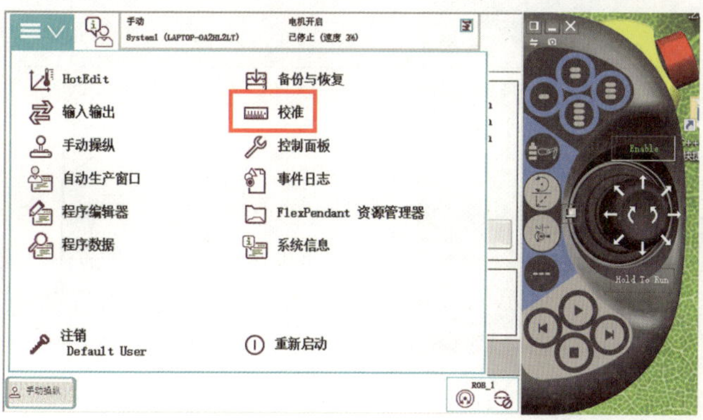	2. 将各个关节轴运动到原点的刻度位置后，在 ABB 菜单中，选择“校准”
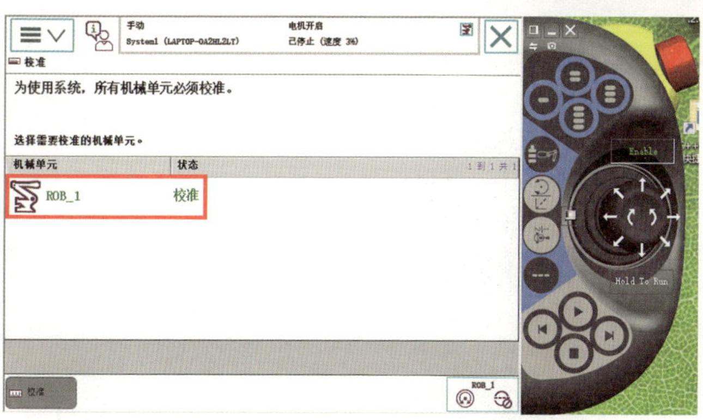	3. 单击“ROB_1 校准”

续表

<table>
<tr><th>图示</th><th>说明</th></tr>
<tr><td>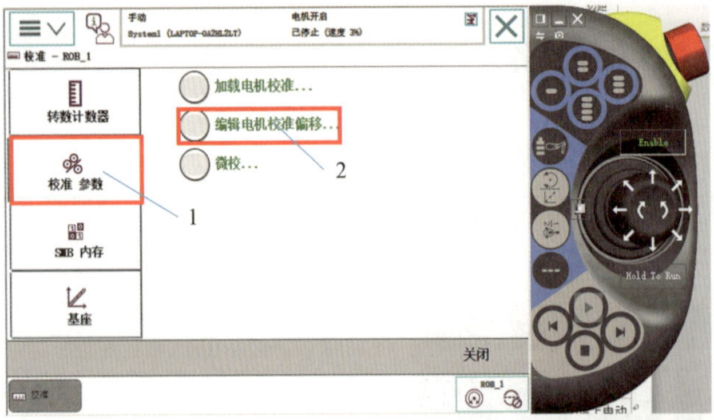
</td><td>4. 选择“校准参数”后，再选择“编辑电机校准偏移...”</td></tr>
<tr><td>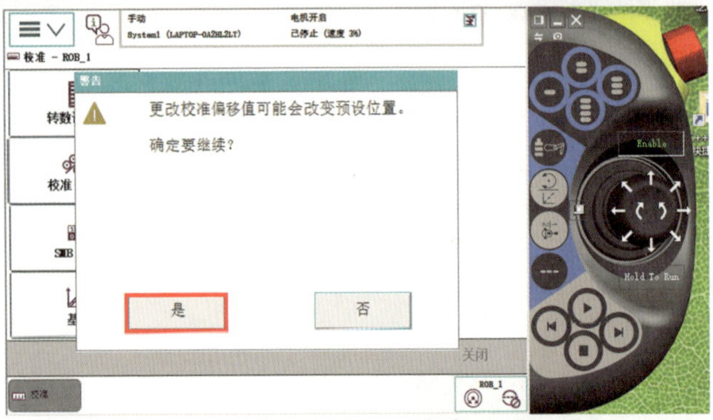
</td><td>5. 单击“是”</td></tr>
<tr><td>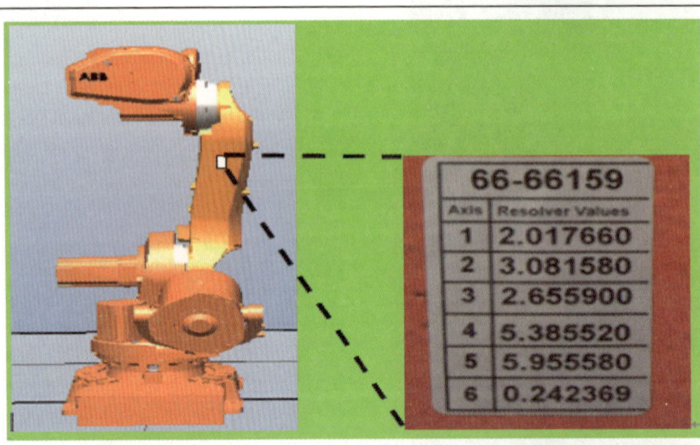
</td><td>6. 将机器人本体上电动机校准偏移记录下来（位于机器人机身）</td></tr>
<tr><td>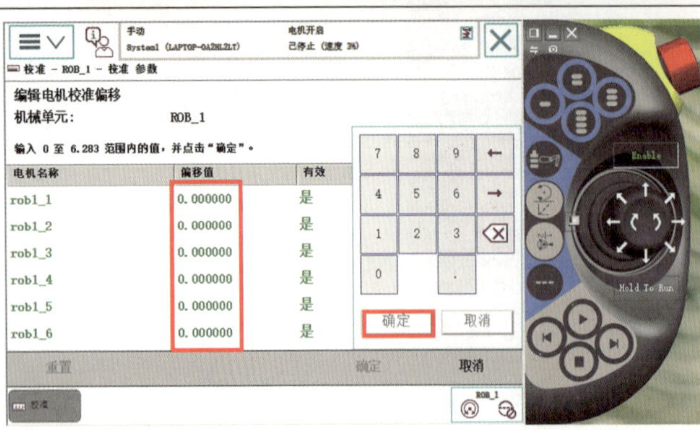
</td><td>7. 弹出“编辑电机校准偏移”界面，将六个轴的偏移参数和机器人本体上标签上的数据进行对比，如果不一致，那么将机器人本体标签上的数据手动输入进去；如果示教器中显示的数值与机器人本体上的数值一致，则不需要修改，直接点“确定”就行</td></tr>
</table>

续表

图示	说明
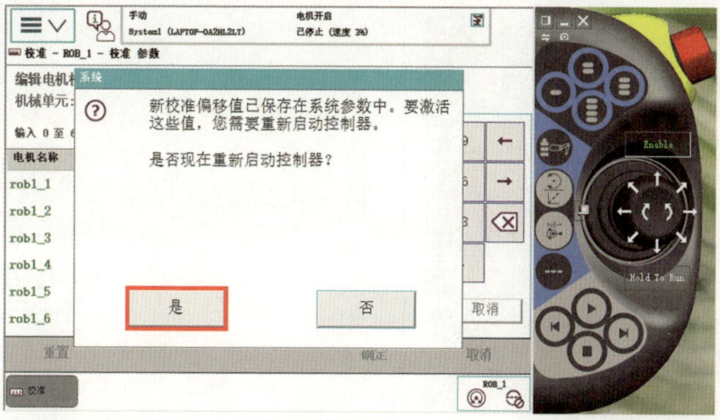	8. 确定修改后，在弹出的重启对话框中单击“是”
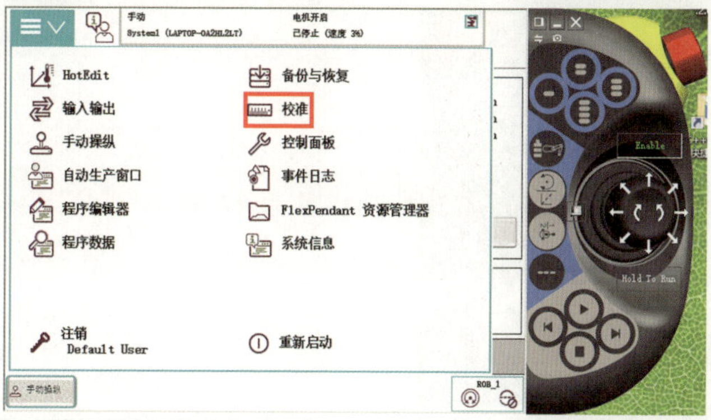	9. 重启后，再在 ABB 菜单中选择“校准”
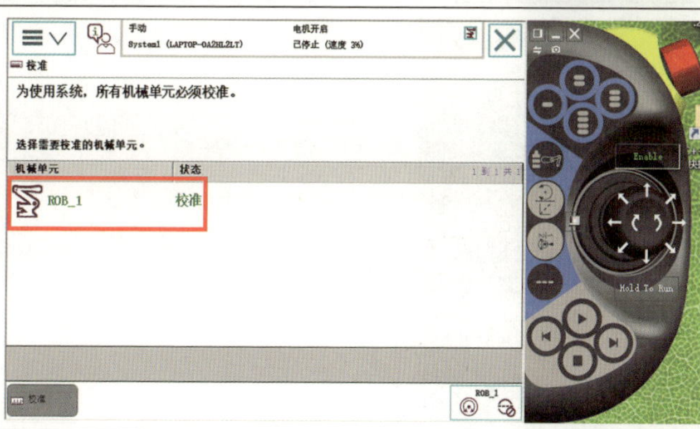	10. 单击“ROB_1 校准”
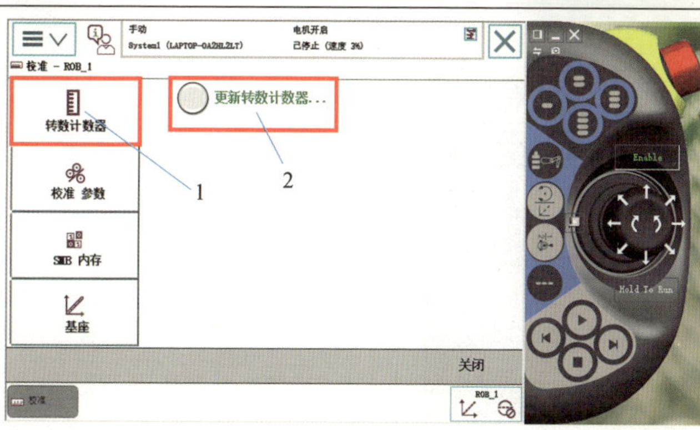	11. 选择“更新转数计数器…”

续表

图示	说明
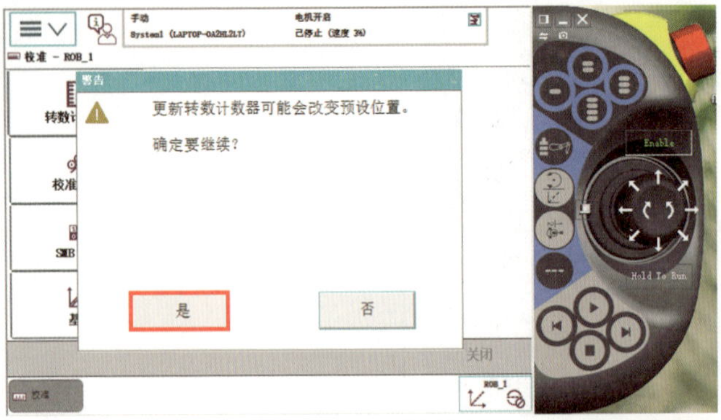	12. 单击“是”
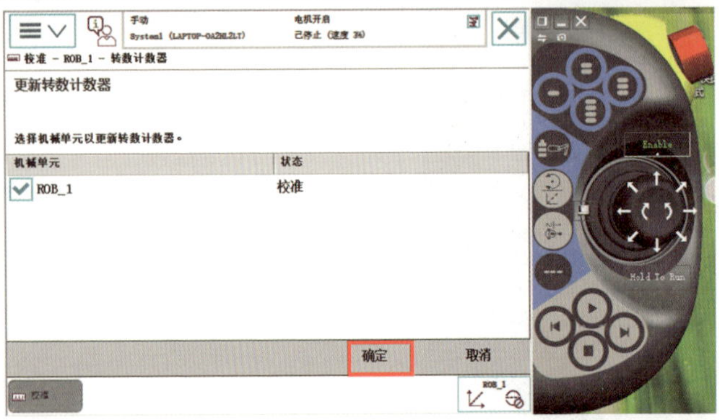	13. 单击“确定”
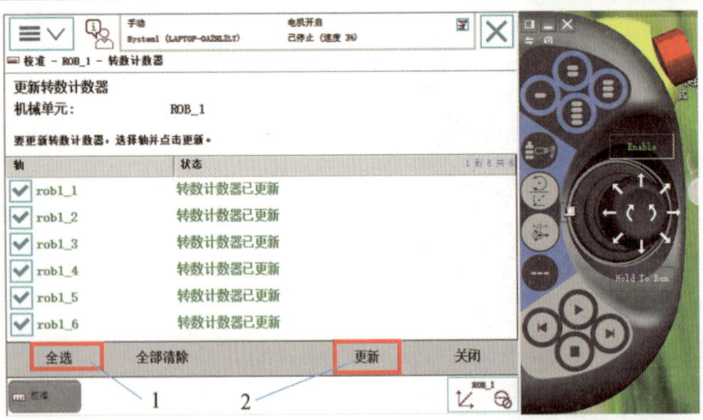	14. 单击“全选”，然后单击“更新”（如果机器人由于安装位置的关系，无法六个轴同时到达机械原点刻度位置，则可以逐一对关节轴进行转数计数器更新）
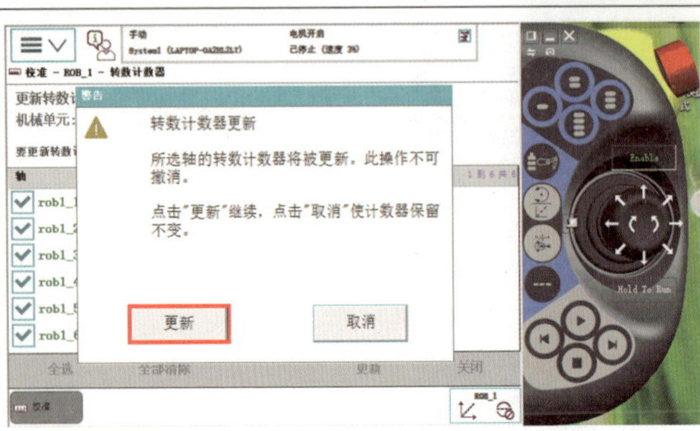	15. 单击“更新”

续表

图示	说明
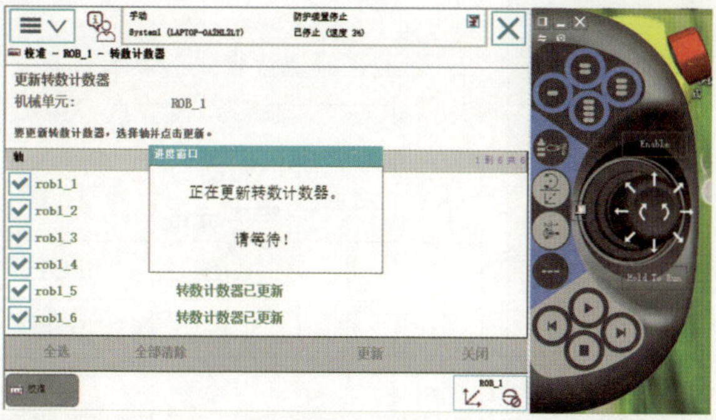	16. 操作完成后转数计数器更新完成

学习活动 5　ABB 机器人的快捷按钮

手动快捷按钮可以实现机器人轴/外轴的切换、线性运动/重定位运动的切换、单轴 1-3/4-6 轴运动的切换及增量开关的切换，如图 2-1-1 所示。

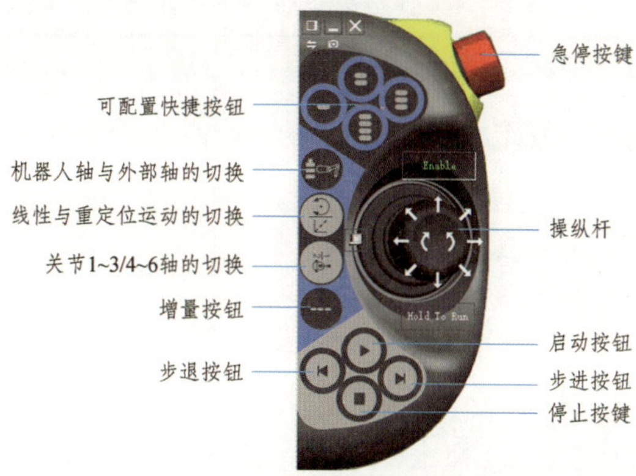

图 2-1-1　手动快捷按钮

（1）增量的使用方法见表 2-1-5。增量模式用来控制机器人的运动。在增量模式下，操纵杆每位移一次，机器人就移动一步。如果操纵杆持续一秒或数秒钟，机器人就会持续移动。

表 2-1-5　增量的使用方法

图示	说明
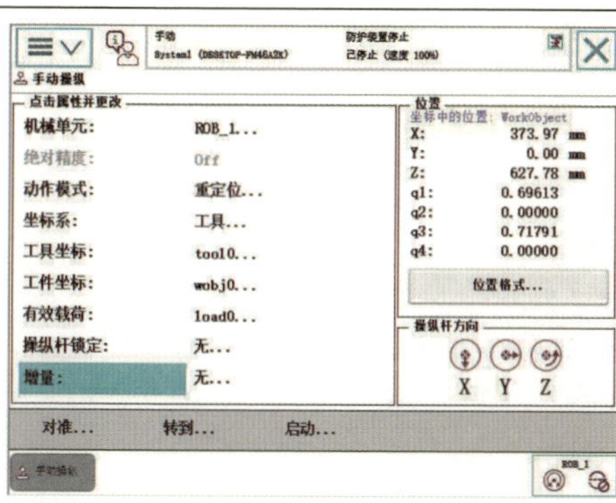	1. 选中“增量”

续表

<table>
<tr><th>图示</th><th>说明</th></tr>
<tr><td>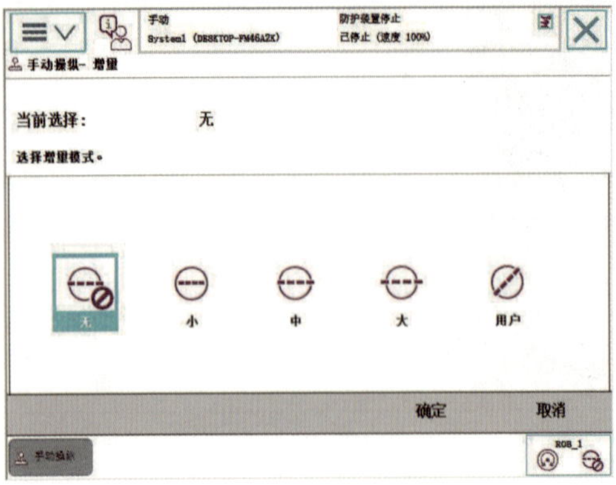
</td><td>2. 弹出选择增量模式的界面，根据需要选择增量的移动距离，然后点“确定”
<table>
<tr><th>序号</th><th>增量</th><th>移动距离/mm</th><th>角度/（°）</th></tr>
<tr><td>1</td><td>小</td><td>0.05</td><td>0.005</td></tr>
<tr><td>2</td><td>中</td><td>1</td><td>0.02</td></tr>
<tr><td>3</td><td>大</td><td>5</td><td>0.2</td></tr>
<tr><td>4</td><td>用户</td><td>自定义</td><td>自定义</td></tr>
</table></td></tr>
</table>

（2）快捷菜单按钮的使用方法见表 2-1-6。

表 2-1-6　快捷菜单按钮的使用方法

<table>
<tr><th>图示</th><th>说明</th></tr>
<tr><td>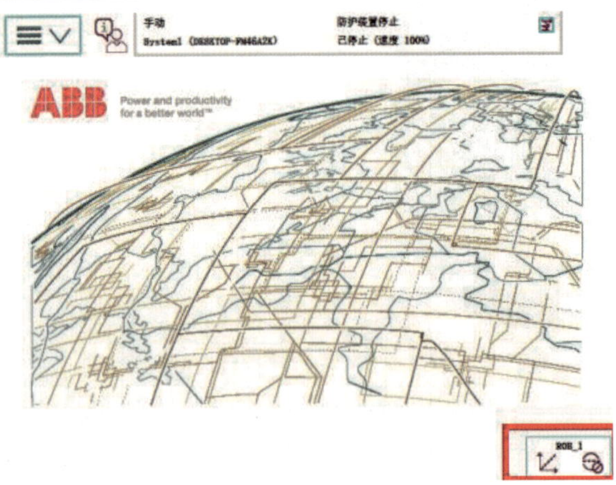
</td><td>1. 单击屏幕右下角的快捷菜单按钮</td></tr>
<tr><td>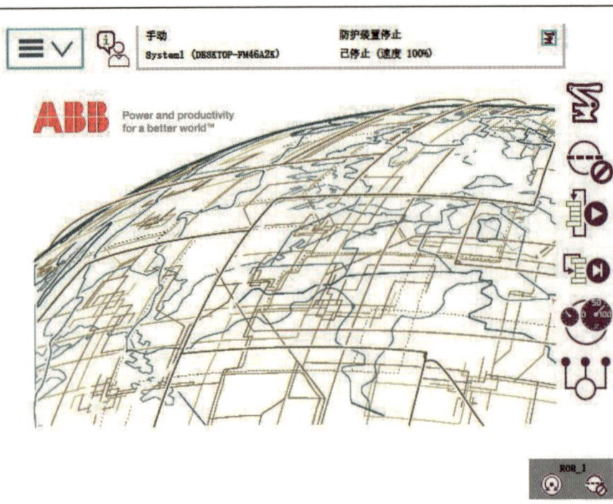
</td><td>2. 单击手动操作  按钮，弹出选项</td></tr>
</table>

续表

图示	说明
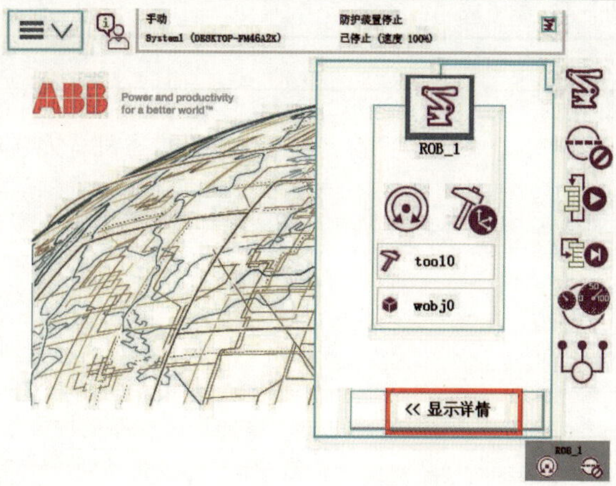	3. 单击“显示详情”展开菜单，可以对当前的“工具数据”“工件坐标”“操纵杆速度”“增量开/关”“碰撞监控开/关”“坐标系选择”“动作模式选择”进行设置
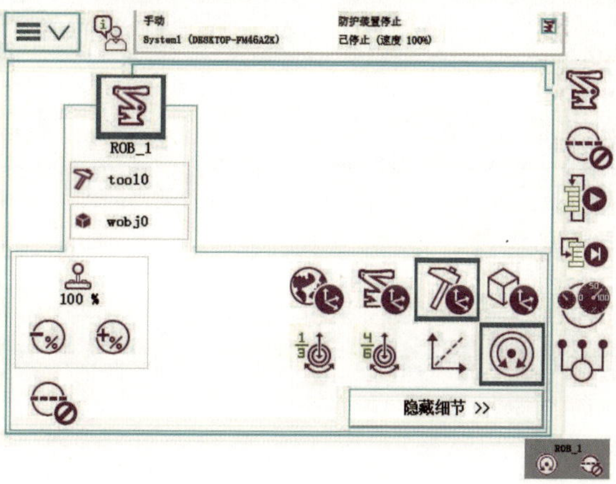	4. 单击“增量模式”按钮，选择需要的增量，如果是自定义增量值，可以选择“用户模式”，然后单击“显示值”就可以进行增量值的自定义了。 运动模式：用于选择程序的运行模式，可以在“单周”和“连续”之间切换。 步进模式：用于选择逐步执行程序的方式。 速度：用于设置当前模式下的执行速度，显示相对于最大运行速度的百分比。 任务：用于启用/停用任务，安装Multiasking 选项后可以包含多个任务，否则仅包含一个任务

【做一做】

表 2-1-7 课中测试

小组编号：	小组成员：

课 中 做

1. 学生分组练习机器人单轴运动操作，观察各个轴运动方向，感受摇杆弧度与机器人移动速度。
2. 学生分组练习机器人线性运动操作，观察 X、Y、Z 运动方向，感受摇杆弧度与机器人移动速度。
3. 学生分组练习机器人转数计数器更新操作。
4. 认识快捷按钮。

快捷按钮	名称及功能

5. 课中记录

【评一评】

1. 学习过程自我评价

表 2-1-8 学习过程自评表

<table>
<tr><td>班级</td><td></td><td>姓名</td><td></td><td>学号</td><td></td><td>日期</td><td colspan="4">年 月 日</td></tr>
<tr><td rowspan="2">评价指标</td><td colspan="5" rowspan="2"></td><td rowspan="2">权重/%</td><td colspan="4">等级评定</td></tr>
<tr><td>A</td><td>B</td><td>C</td><td>D</td></tr>
<tr><td rowspan="3">信息检索</td><td colspan="5">能有效利用网络资源、工作手册查找有效信息</td><td>5</td><td></td><td></td><td></td><td></td></tr>
<tr><td colspan="5">能用自己的语言有条理地解释、表述所用知识</td><td>5</td><td></td><td></td><td></td><td></td></tr>
<tr><td colspan="5">能将查找到的信息有效地转换到工作中</td><td>5</td><td></td><td></td><td></td><td></td></tr>
<tr><td rowspan="2">感知工作</td><td colspan="5">是否熟悉工作岗位、认同工作价值</td><td>5</td><td></td><td></td><td></td><td></td></tr>
<tr><td colspan="5">在工作中，是否获得满足感</td><td>5</td><td></td><td></td><td></td><td></td></tr>
<tr><td rowspan="3">参与状态</td><td colspan="5">教师、同学之间是否相互尊重、理解、平等</td><td>5</td><td></td><td></td><td></td><td></td></tr>
<tr><td colspan="5">教师、同学之间是否保持多向丰富、适宜的信息交流</td><td>5</td><td></td><td></td><td></td><td></td></tr>
<tr><td colspan="5">探究学习，自主学习不流于形式，能处理好合作学习和独立思考的关系，做到有效学习</td><td>5</td><td></td><td></td><td></td><td></td></tr>
<tr><td rowspan="4">学习方法</td><td colspan="5">能提出有意义的问题或发表个人见解；能按要求正确操作；能够倾听、协作、分享</td><td>5</td><td></td><td></td><td></td><td></td></tr>
<tr><td colspan="5">能积极参与，在产品加工过程中不断学习，能提高综合运用信息技术的能力</td><td>5</td><td></td><td></td><td></td><td></td></tr>
<tr><td colspan="5">工作计划、操作技能是否符合规范要求</td><td>5</td><td></td><td></td><td></td><td></td></tr>
<tr><td colspan="5">是否获得进一步发展的能力</td><td>5</td><td></td><td></td><td></td><td></td></tr>
<tr><td rowspan="3">工作过程</td><td colspan="5">遵守管理规程，操作过程符合现场管理要求</td><td>5</td><td></td><td></td><td></td><td></td></tr>
<tr><td colspan="5">平时上课能按时出勤，每天能及时完成工作任务</td><td>5</td><td></td><td></td><td></td><td></td></tr>
<tr><td colspan="5">善于多角度思考问题，能主动发现，提出有价值的问题</td><td>5</td><td></td><td></td><td></td><td></td></tr>
<tr><td>思维状态</td><td colspan="5">能发现问题、提出问题、分析问题、解决问题、创新问题</td><td>5</td><td></td><td></td><td></td><td></td></tr>
<tr><td rowspan="4">自评反馈</td><td colspan="5">能按时按质完成工作任务</td><td>5</td><td></td><td></td><td></td><td></td></tr>
<tr><td colspan="5">能较好地掌握专业知识点</td><td>5</td><td></td><td></td><td></td><td></td></tr>
<tr><td colspan="5">具有较强的信息分析能力和理解能力</td><td>5</td><td></td><td></td><td></td><td></td></tr>
<tr><td colspan="5">具有较为全面严谨的思维能力并能条理明晰地表述成文</td><td>5</td><td></td><td></td><td></td><td></td></tr>
<tr><td colspan="6">自评等级</td><td colspan="5"></td></tr>
<tr><td>有益的经验与做法</td><td colspan="10"></td></tr>
<tr><td>总结反思建议</td><td colspan="10">（通过本任务学习，你获得哪些新知识，下次再做类似任务，你应当有哪些改进？）</td></tr>
<tr><td colspan="11">等级评定：A. 好　B. 较好　C. 一般　D. 有待提高</td></tr>
</table>

2. 学习过程三方评价

表 2-1-9　学习活动过程三方评价表

<table>
<tr><td>班级</td><td></td><td>姓名</td><td></td><td>学号</td><td></td><td>日期</td><td>年　月　日</td></tr>
<tr><td colspan="4">评价内容（满分 100 分）</td><td colspan="2">学生自评/分</td><td>同学互评/分</td><td>教师评价/分</td><td>总评/分</td></tr>
<tr><td rowspan="4">专业技能（60 分）</td><td colspan="3">任务学习完成进度(30 分)</td><td colspan="2"></td><td></td><td></td><td rowspan="8">A（86～100）
B（76～85）
C（60～75）
D（60 以下）</td></tr>
<tr><td colspan="3">对理论知识的掌握程度（10 分）</td><td colspan="2"></td><td></td><td></td></tr>
<tr><td colspan="3">理论知识的应用能力（10 分）</td><td colspan="2"></td><td></td><td></td></tr>
<tr><td colspan="3">改进能力（10 分）</td><td colspan="2"></td><td></td><td></td></tr>
<tr><td rowspan="4">综合素质（40 分）</td><td colspan="3">遵守现场操作的职业规范（10 分）</td><td colspan="2"></td><td></td><td></td></tr>
<tr><td colspan="3">信息获取的途径(10 分)</td><td colspan="2"></td><td></td><td></td></tr>
<tr><td colspan="3">按时完成学习和工作任务（10 分）</td><td colspan="2"></td><td></td><td></td></tr>
<tr><td colspan="3">团队合作精神（10 分）</td><td colspan="2"></td><td></td><td></td></tr>
<tr><td colspan="4">总分</td><td colspan="5"></td></tr>
<tr><td colspan="6">综合得分
（学生自评 10%、同学互评 10%、教师评价 80%）</td><td colspan="3"></td></tr>
<tr><td>小结建议</td><td colspan="8"></td></tr>
</table>

3. 现场测试考核评价

表 2-1-10　现场测试考核评价表

<table>
<tr><td>班级</td><td></td><td>姓名</td><td></td><td>学号</td><td></td><td>日期</td><td>年　月　日</td></tr>
<tr><td>序号</td><td colspan="4">评价要点</td><td>配分/分</td><td>得分/分</td><td>总评/分</td></tr>
<tr><td>1</td><td colspan="4">能查阅资料，正确填写任务导学所提问题</td><td>10</td><td></td><td rowspan="7">A（86～100）
B（76～85）
C（60～75）
D（60 以下）</td></tr>
<tr><td>2</td><td colspan="4">学习任务 2.1，正确理解填写“做一做”，错 1 处扣 2 分</td><td>50</td><td></td></tr>
<tr><td>3</td><td colspan="4">能根据工作要求，对小组成员进行合理分工</td><td>5</td><td></td></tr>
<tr><td>4</td><td colspan="4">能列出工业机器人选型主要技术参数</td><td>10</td><td></td></tr>
<tr><td>5</td><td colspan="4">能遵守劳动纪律，以积极的态度接受工作任务</td><td>5</td><td></td></tr>
<tr><td>6</td><td colspan="4">能积极参与小组讨论、团队间互相合作</td><td>10</td><td></td></tr>
<tr><td>7</td><td colspan="4">能及时完成老师布置的任务</td><td>10</td><td></td></tr>
<tr><td colspan="5">总分</td><td>100</td><td colspan="2"></td></tr>
<tr><td colspan="6">综合得分
（学生自评 10%、同学互评 10%、教师评价 80%）</td><td colspan="2"></td></tr>
<tr><td>小结建议</td><td colspan="7"></td></tr>
</table>

【巩固与提高】

在线测试

任务 2.2　工业机器人坐标系设定

【任务目标】

知识目标：

（1）掌握工具坐标系 tooldata 的设定原理与验证方法。
（2）掌握工件坐标系 wobjdata 的设定原理与验证方法。
（3）掌握有效载荷 loaddatd 的设定方法。

技能目标：

（1）会工具坐标系 tooldata 的设定与验证。
（2）会工件坐标系 wobjdata 的设定与验证。
（3）会有效载荷 loaddatd 的设定。

素质目标：

（1）具有良好的职业道德、职业责任感和不断学习的精神。
（2）具有不断开拓创新的意识。
（3）具有查阅资料和自学的能力。
（4）具有信息接收能力、处理能力和创新能力。
（5）遵守现场操作的职业规范，具备安全、整洁、规范实施工作任务的能力。
（6）以积极的态度对待训练任务，具有团队交流和协作能力。

【任务导学】

（1）查阅资料，描述工具坐标 tooldata 设定原理。

（2）在什么运动模式下验证工具坐标系？如何验证？

（3）在什么运动模式下验证工件坐标系？如何验证？

【学一学】

工具坐标 tooldata 的建立

学习活动 1　工具坐标系 tooldata 的设定与验证

1. 工具数据 tooldata

工具数据 tooldata 用于描述定义安装在机器人第六轴上的工具的 TCP（Tool Center Point，工具中心位置）、质量、重心等参数。一般不同的机器人应配置不同的工具，比如弧焊的机器人就使用弧焊枪作为工具，TCP 便设置在焊枪枪口处；而用于搬运板材的机器人就会使用吸盘式的夹具作为工具，TCP 一般设置在吸盘板中心；夹具时可以设定 TCP 在夹具夹紧产品中心。

ABB 机器人在手腕处都有一个预定义工具坐标系，该坐标系被称为 tool0。用户自定义的工具坐标数据是根据 tool0 的偏移位置所得出的位置数据。

2. 工具坐标系原点 TCP 建立原理

（1）在机器人工作范围内找一个精确的固定点作为参考点，尖锐固定点最佳。

（2）在工具上确定一个参考点作为 TCP 位置（最好是工具工作参照点）。

（3）用手动操纵机器人的方法，移动工具上的参考点，以四种以上不同的机器人姿态尽可能与固定点碰上重合。

（4）机器人通过三个位置点以上的位置数据计算求得工具坐标系原点 TCP 的数据，将 TCP 的数据就保存在指定 tooldata 工具中，为以后编写程序调用。

3. 工业机器人的 TCP 数据设定方法

（1）在工业机器人工作范围内找一个非常精确的固定点作为参考点。

（2）在工业机器人已安装的工具上确定一个参考点（最好是工具的中心点）。

（3）用手动操纵工业机器人的方法移动工具上的参考点，以四种以上不同的机器人姿态尽可能与固定点刚好碰上。为了获得更准确的 TCP，使用六点法进行操作，第四点是用工具的参考点垂直于固定点，第五点是工具参考点从固定点向将要设定为 TCP 的 X 方向移动，第六点是工具参考点从固定点向将要设定为 TCP 的 Z 方向移动。

（4）机器人通过上述各点的位置数据计算求得 TCP 的数据，然后 TCP 的数据保存在 tooldata 这个程序数据中，可被程序调用。

执行程序时，工业机器人将 TCP 移至编程位置。如果要更改工具以及工具坐标，工业机器人的移动将随之更改，以便新的 TCP 到达目标。所有机器人在手腕处都有一个预定义工具坐标，该坐标被称为 tool0。可将一个或多个新工具坐标定义为 too10 的偏移值。

工业机器人的 tooldata 可以通过三个方式建立，分别是四点法、五点法、六点法。四点法不改变 tool0 的坐标方向，五点法改变 tool0 的 Z 方向，六点法改变 tool0 的 X 和 Z 方向（在焊接方面最为常用）。在获取前三个点的姿态位置时，其姿态位置相差越大，最终获取的 TCP 精度越高。

下面以四点法为例，介绍 tooldata 数据的建立步骤（工业机器人的工作模式必须为手动模式），见表 2-2-1。

表 2-2-1　tooldata 数据的建立步骤

图示	说明
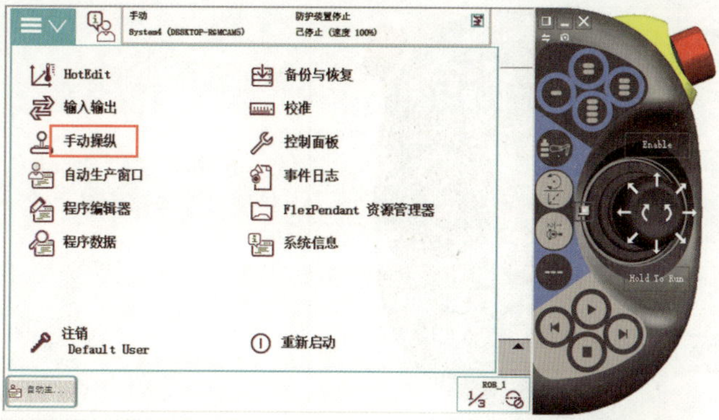	1. 在主菜单中单击“手动操纵”
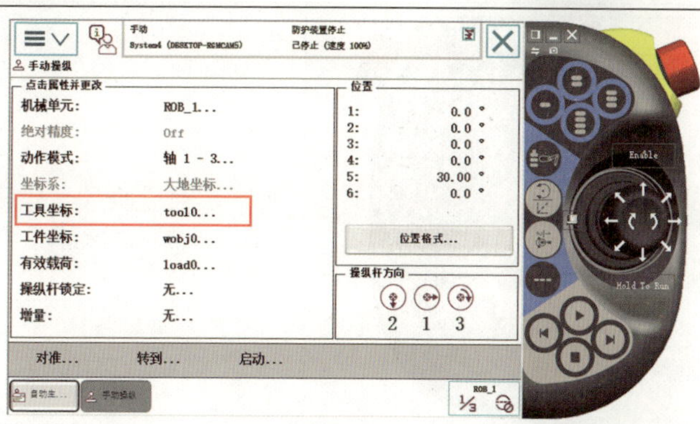	2. 在手动操纵界面内，单击“工具坐标”
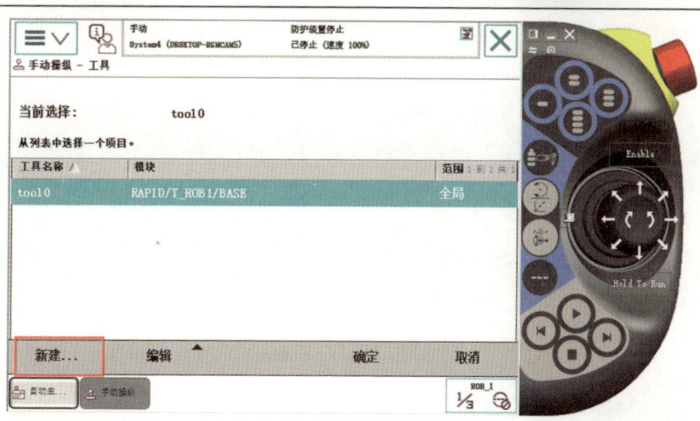	3. 单击右下角“新建...”
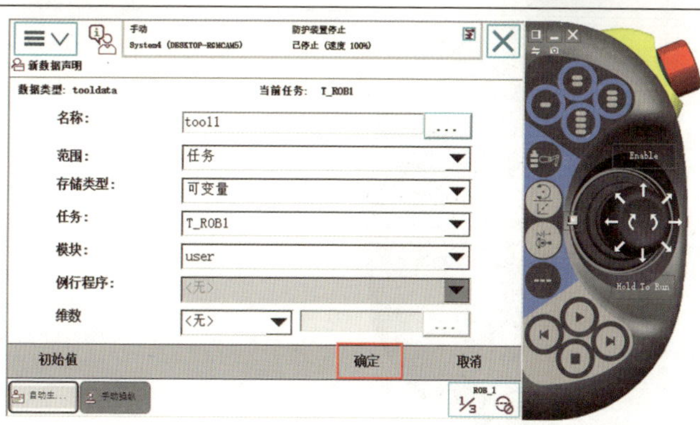	4. 对工具坐标数据属性进行设定，然后单击“确定”

续表

<table>
<tr><th>图示</th><th>说明</th></tr>
<tr><td>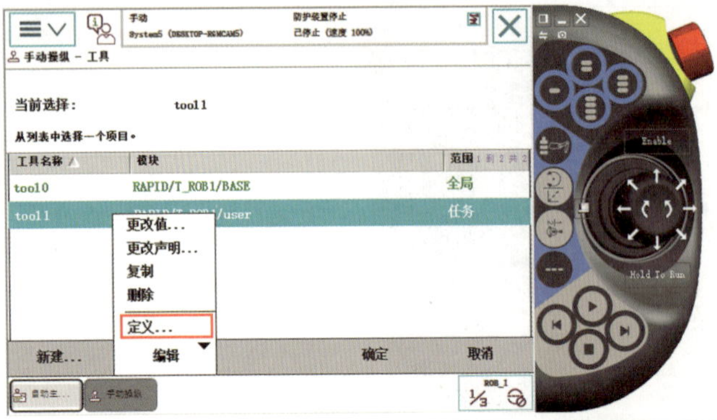
</td><td>5. 选中新建的“tool1”，单击“编辑”菜单中的“定义...”选项</td></tr>
<tr><td>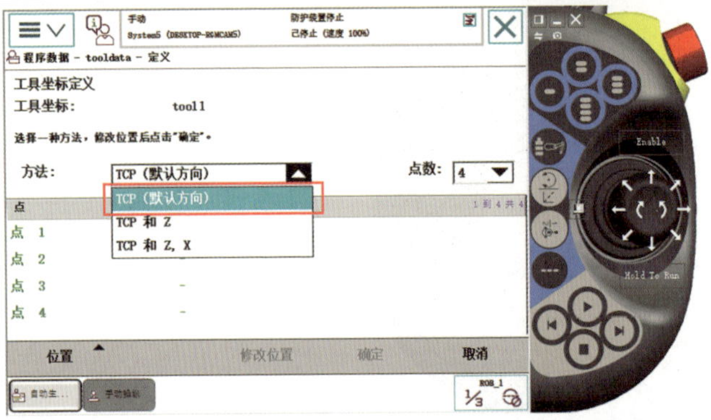
</td><td>6. 选择“TPC（默认方向）”，使用四点法设定 TCP</td></tr>
<tr><td>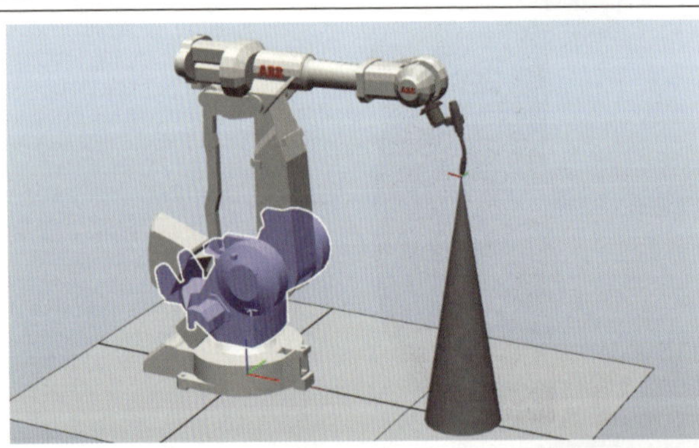</td><td>7. 选择合适的手动操纵模式。用操纵杆使工业机器人工具参考点靠上固定点作为第一个点</td></tr>
<tr><td>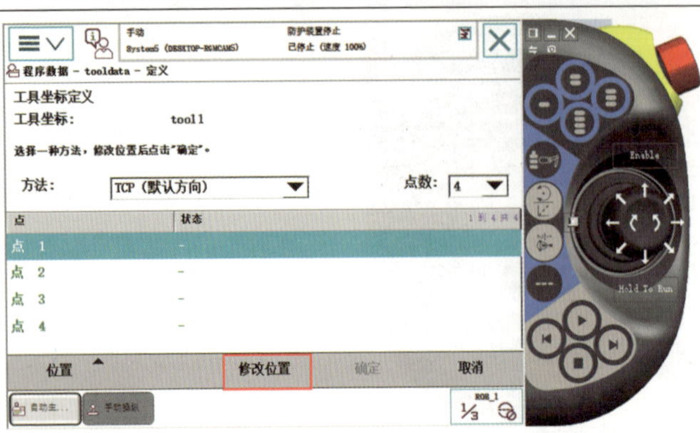
</td><td>8. 选择“点 1”，单击“修改位置”将点 1 位置记录为当前点位置</td></tr>
</table>

续表

图示	说明
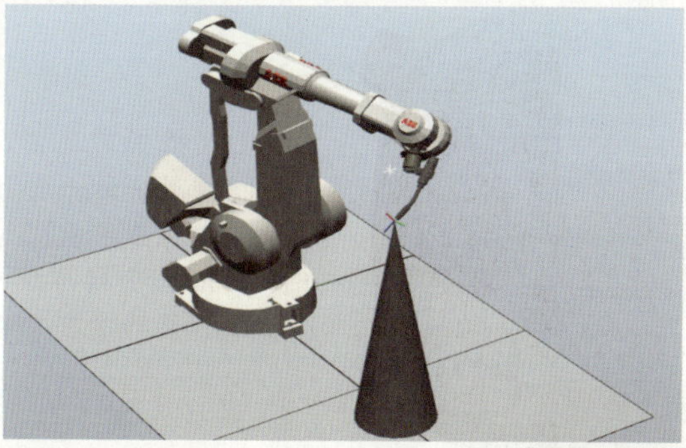	9. 改变工具参考点姿态靠近固定点
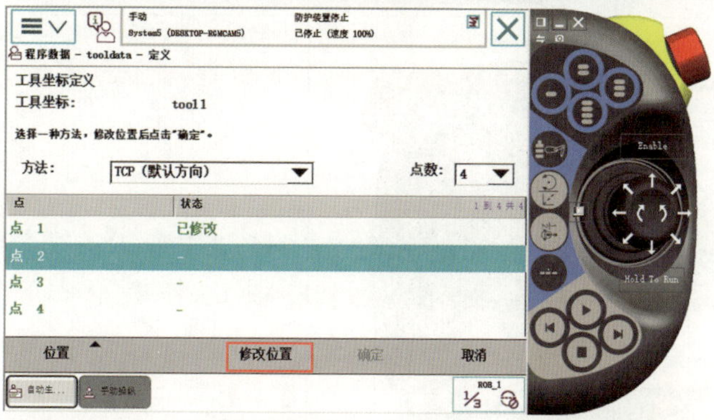	10. 工具点位置确定好后，换到工具坐标定义界面，单击“修改位置”，将点 2 位置记录下来（两点设置方式步骤一样）
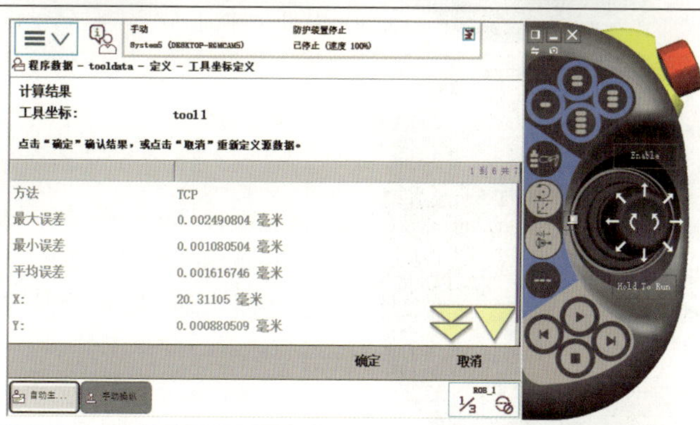	11. 位置设置完成后点击“确定”
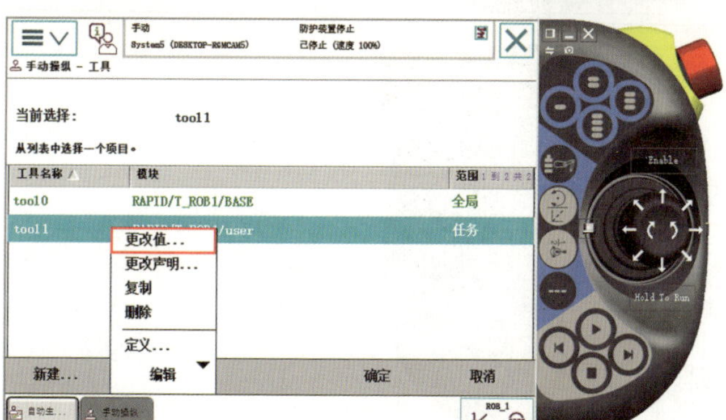	12. 选中 tool1 然后在“编辑”菜单中“更改值”

续表

<table>
<tr><th>图示</th><th>说明</th></tr>
<tr><td>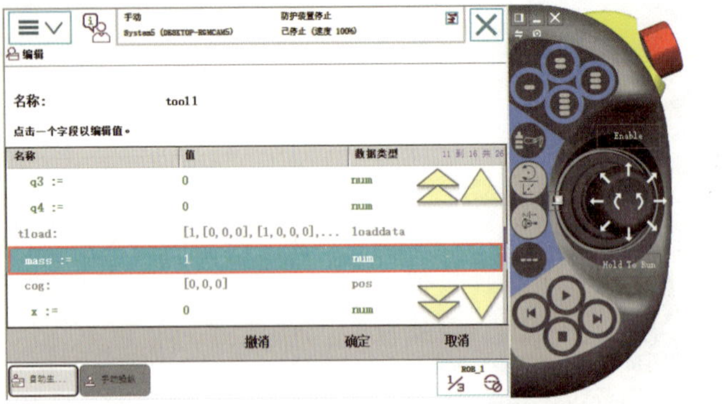
</td><td>13. 根据实际情况设定工具的质量 mass（单位为 kg）和重心位置数据（工具重心基于 tool0 的偏移值，单位为 mm），然后单击“确定”</td></tr>
<tr><td>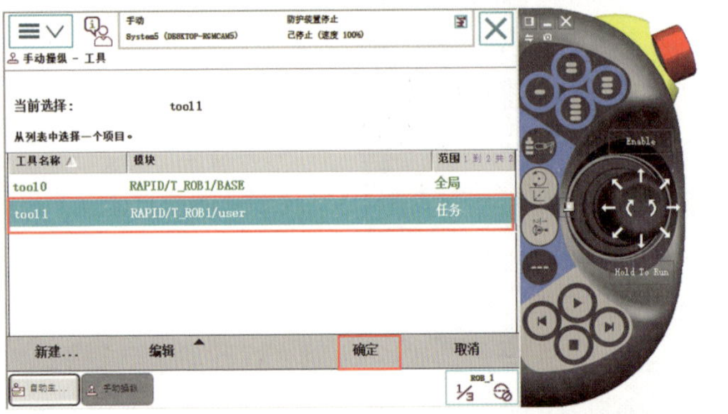
</td><td>14. 选中 tool1，单击“确定”</td></tr>
<tr><td>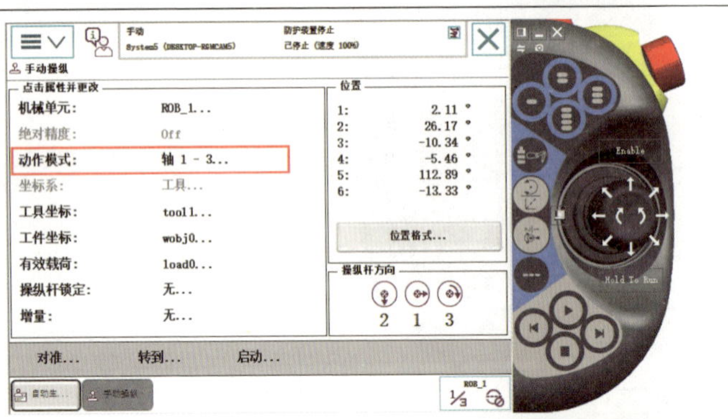
</td><td>15. 动作模式选定为“重定位”。坐标系统选定为“工具”。工具坐标选定为“tool1”</td></tr>
<tr><td>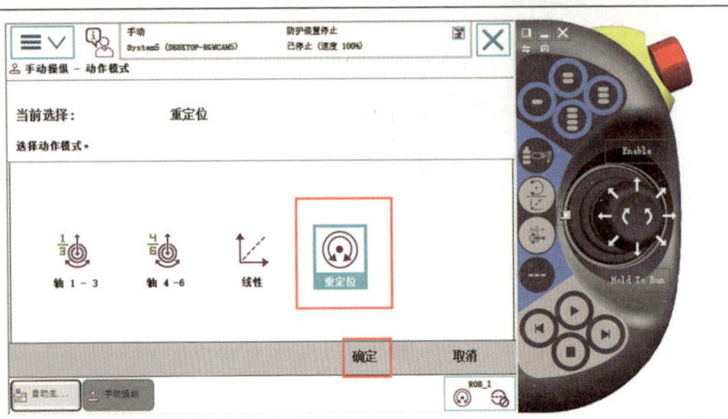
</td><td>16. 单击“确定”，然后进行调试</td></tr>
</table>

4. 验证操作

这里操作机器人分别绕着工具坐标系的 X、Y、Z 轴做旋转运动，观察工具 TCP 点和外部固定尖点的距离变化。利用重定位时机器人工具 TCP 点基本不变，然后改变机器人的姿态，验证机器人在不同的姿态时工具 TCP 精确度是否满足要求，以及 TCP 的质点大小范围；也印证了为什么在建立工具坐标系时，机器人要尽可能地用不同差别的姿态，将机器人要建立的工具 TCP 点和外部固定尖点重合，不同姿态点数越多，计算越精确。验证时机器人只要分别绕着坐标系的 X、Y、Z 轴做旋转运动，工具 TCP 和外部固定尖点偏差不要超过实际需要的精度即可。具体操作步骤见表 2-2-2。

表 2-2-2 验证操作

图示	说明
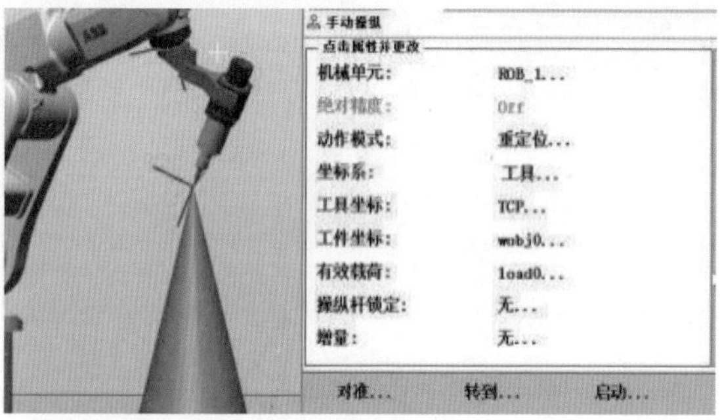	1. 坐标系选择工具坐标系，工具坐标选择刚创建好的 TCP，手动操纵摇杆左右运动，观察工具坐标是否在参考点上沿着 Y 轴旋转
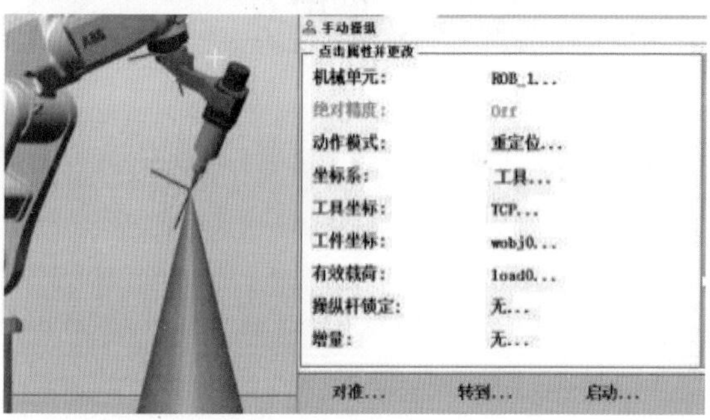	2. 坐标系选择工具坐标系，工具坐标选择刚创建好的 TCP，手动操纵摇杆上下运动，观察工具坐标是否在参考点上沿着 X 轴旋转
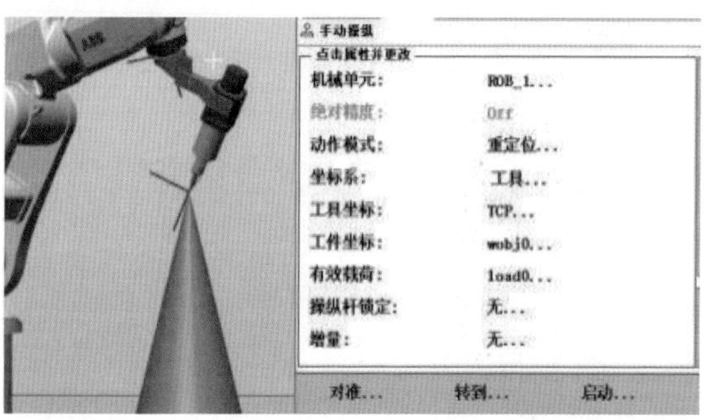	3. 坐标系选择工具坐标系，工具坐标选择刚创建好的 TCP，手动操纵摇杆顺逆时针旋转，观察工具坐标是否在参考点上沿着 Z 轴

学习活动 2　工件坐标系 wobjdata 的设定与验证

工件坐标
wobjdata 的建立

1. 工件坐标

工件坐标对应工件，它定义工件相对于大地坐标（或其他坐标）的位置。对机器人进行编程，在工件坐标中创建目标和路径，重新定位工作站中的工件时，只需要更改工件坐标的位置，所有的路径即可随之更新。如图 2-2-1 所示，需要在两个一样的红色物料边缘进行涂胶，那么只需要编辑好一个路径，然后更新工件坐标即可。

2. 工件坐标创建原理

在对象的平面上，只要定义三个点，就可以建立一个工件坐标。X1 点确定工件坐标原点，X1，X2 确定工件坐标 X 正方向，Y1 确定工件坐标 Y 正方向，最后 Z 的正方向根据右手定则得出，如图 2-1-2 所示。

图 2-2-1　两个一样的红色物料

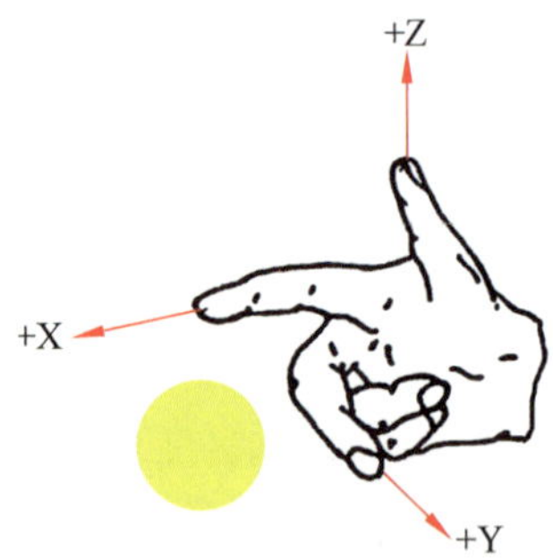

图 2-1-2　右手定制

3. 工件坐标系建立操作步骤（见表 2-2-3）

表 2-2-3　工件坐标系建立操作步骤

图示	说明
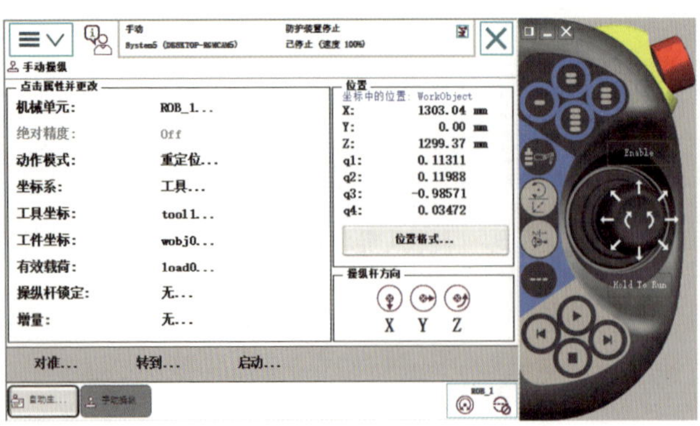	1. 手动操纵界面中，选择“工件坐标”（工具坐标需要选择当前使用工具的坐标系）

续表

图示	说明
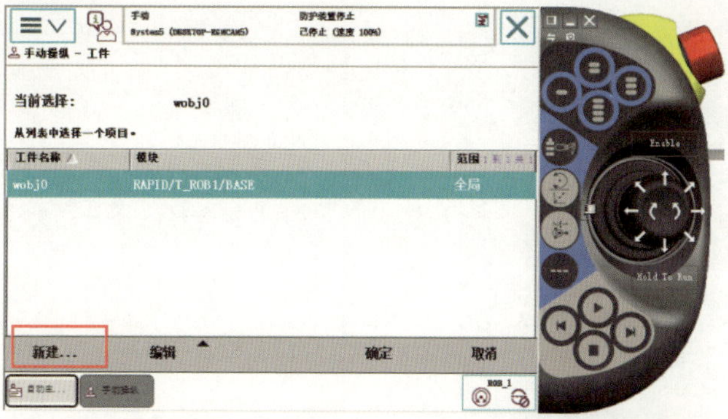	2. 单击右下角“新建...”
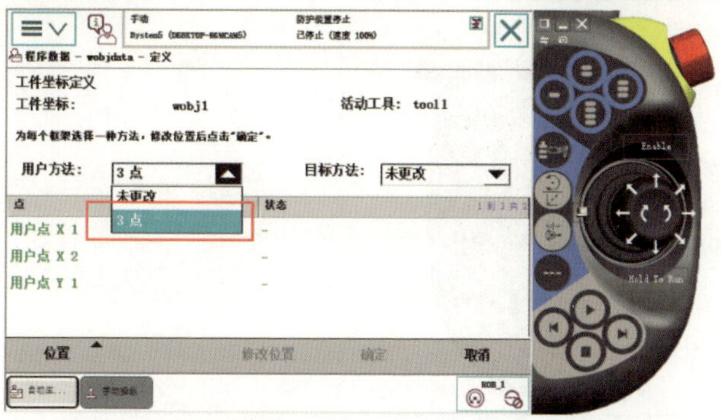	3. 将“用户方法”设定为“3点”
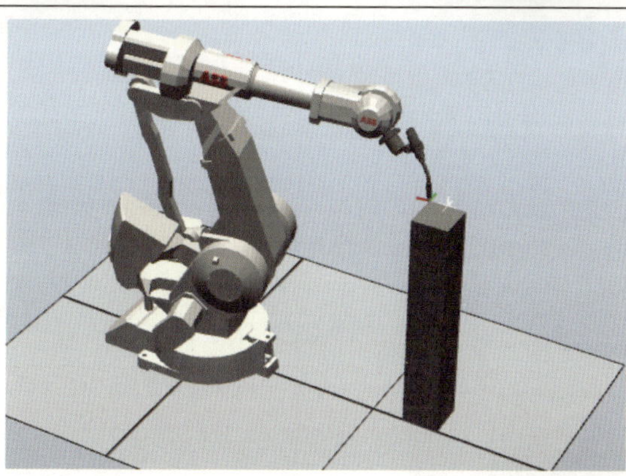	4. 手动操纵机器人的工具参考点，靠近定义工件坐标的X1点
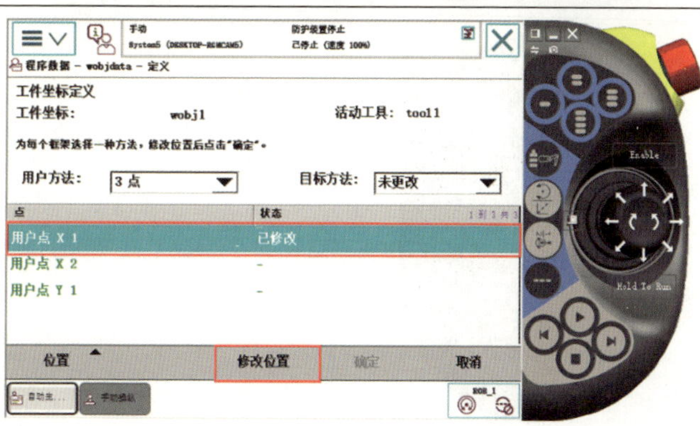	5. 单击“修改位置”，将X1点记录下来

续表

图示	说明
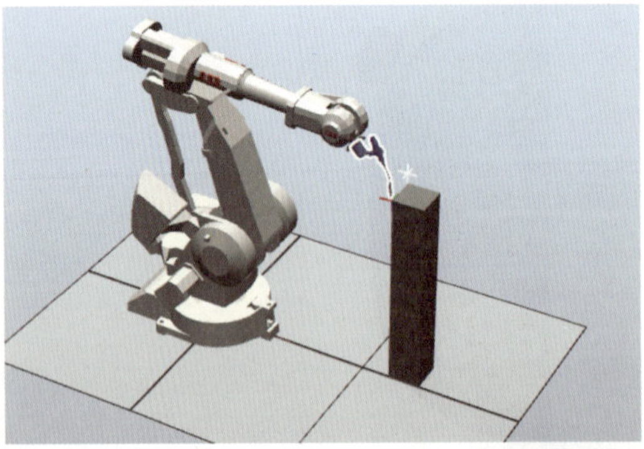	6. 手动操纵机器人的工具参考点，靠近定义工件坐标的X2点
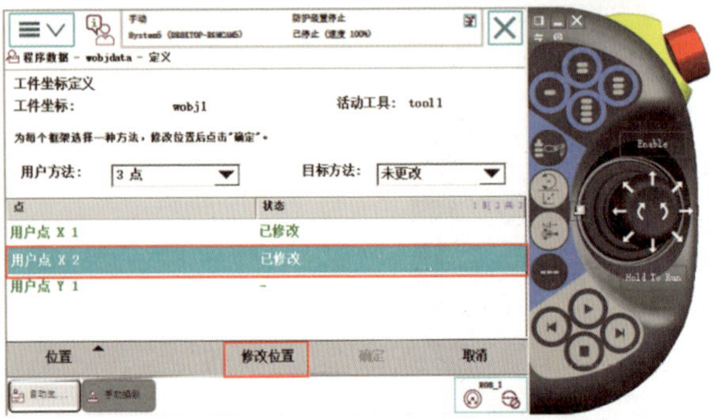	7. 单击“修改位置”，将X2点记录下来
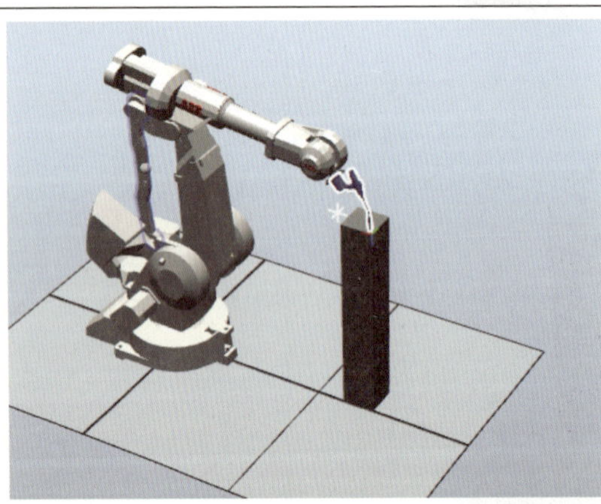	8. 手动操纵机器人的工具参考点，靠近定义工件坐标的Y1点
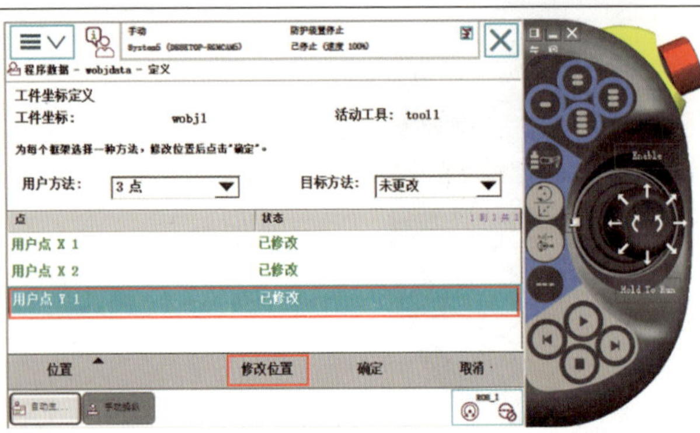	9. 单击“修改位置”，将Y2点记录下来，单击“确定”

续表

图示	说明
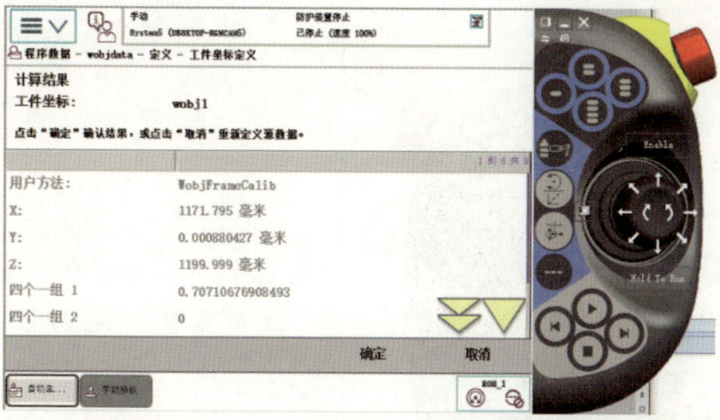	10. 对自动生成的工件坐标数据进行确认，然后单击"确定"
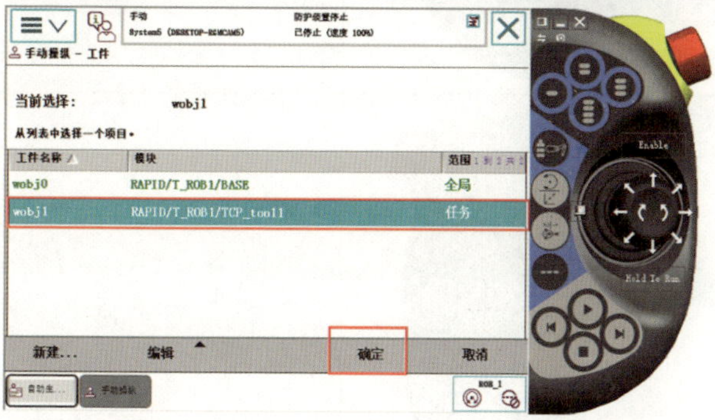	11. 选中"wobj1"后，单击"确定"

4. 验证操作（见表 2-2-4）

表 2-2-4 验证操作

图示	说明
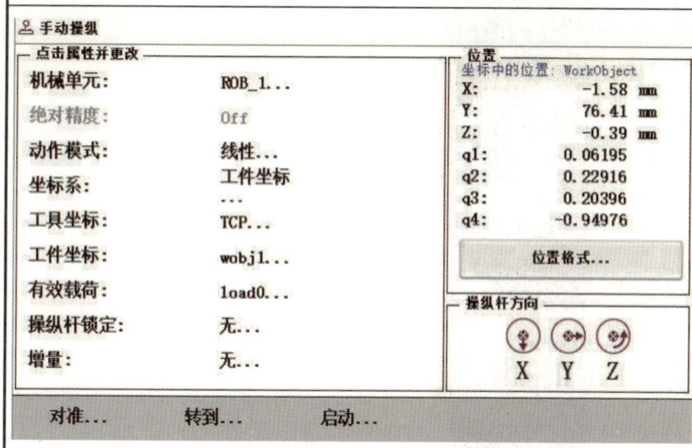	调整动作模式为"线性"，坐标系选择"工件坐标"，体验新的工件坐标。观察 X、Y、Z 是否沿着新的工件坐标运动

学习活动 3　有效载荷 loaddata 的设定

有效载荷 loaddata 的设定

有效载荷 loaddata 的设定见表 2-2-5。

表 2-2-5　有效载荷 loaddata 的设定

图示	说明
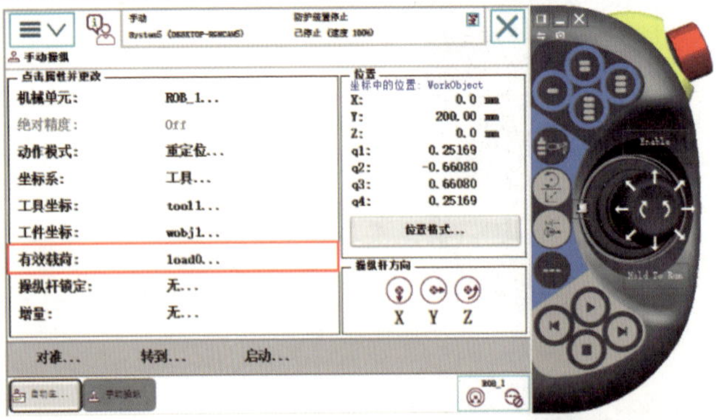	1. 在“手动操纵”界面中选择“有效载荷”
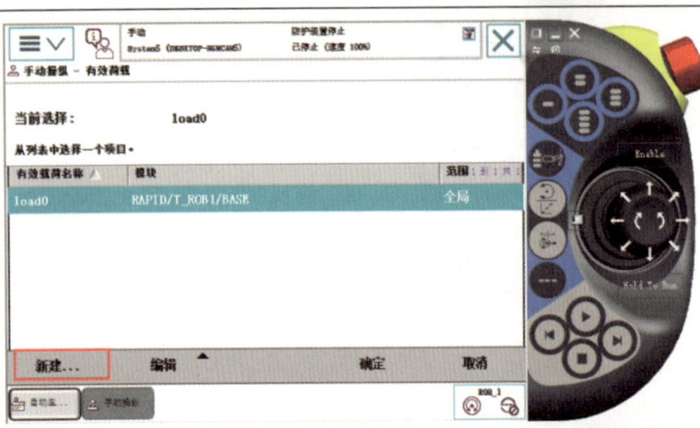	2. 单击左下角的“新建...”
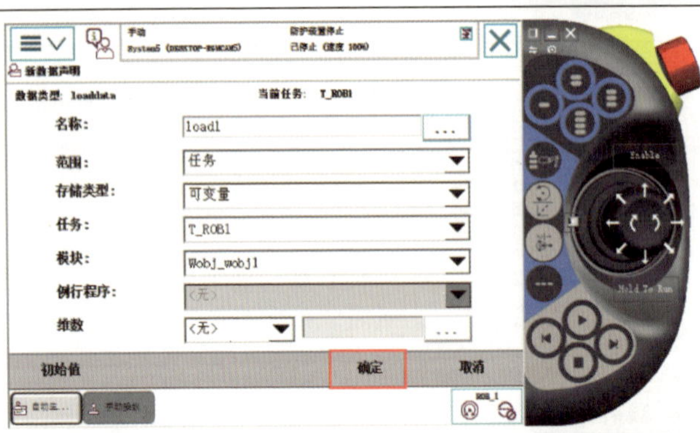	3. 对有效载荷数据属性进行设定，单击“初始值”
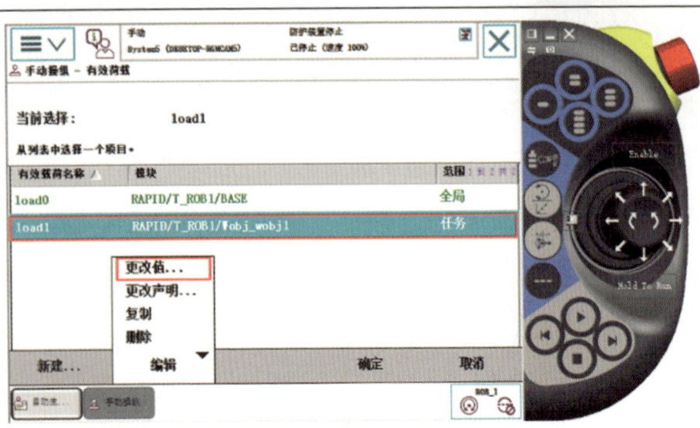	4. 根据实际情况对有效载荷数据进行设定

续表

图示	说明
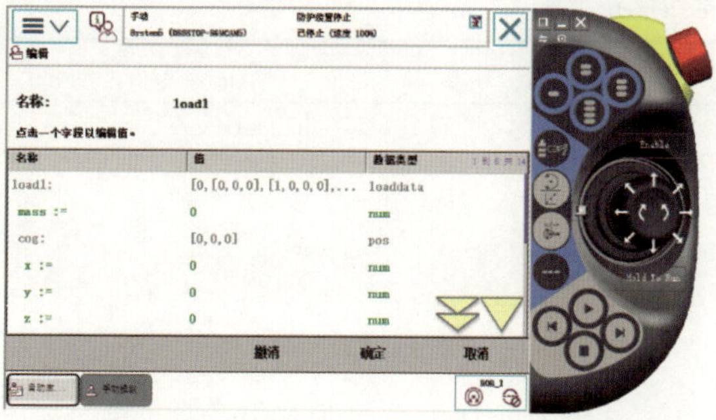编辑 名称: load1 点击一个字段以编辑值。 名称 值 数据类型 load1: [0, [0, 0, 0], [1, 0, 0, 0], ... loaddata mass := 0 num cog: [0, 0, 0] pos x := 0 num y := 0 num z := 0 num 撤消 确定 取消	

【做一做】

表 2-2-6　课中测试

小组编号：	小组成员：
课　中　做	
1. 学生分组练习工具坐标系设定操作 2. 学生分组练习工件坐标系设定操作 3. 学生分组练习有效载荷设定操作 4. 课中记录	

【评一评】

1. 学习过程自我评价

表 2-2-7 学习过程自评表

<table>
<tr><td>班级</td><td></td><td>姓名</td><td></td><td>学号</td><td></td><td>日期</td><td colspan="4">年 月 日</td></tr>
<tr><td rowspan="2">评价指标</td><td colspan="5" rowspan="2"></td><td rowspan="2">权重/%</td><td colspan="4">等级评定</td></tr>
<tr><td>A</td><td>B</td><td>C</td><td>D</td></tr>
<tr><td rowspan="3">信息检索</td><td colspan="5">能有效利用网络资源、工作手册查找有效信息</td><td>5</td><td></td><td></td><td></td><td></td></tr>
<tr><td colspan="5">能用自己的语言有条理地解释、表述所用知识</td><td>5</td><td></td><td></td><td></td><td></td></tr>
<tr><td colspan="5">能将查找到的信息有效地转换到工作中</td><td>5</td><td></td><td></td><td></td><td></td></tr>
<tr><td rowspan="2">感知工作</td><td colspan="5">是否熟悉工作岗位、认同工作价值</td><td>5</td><td></td><td></td><td></td><td></td></tr>
<tr><td colspan="5">在工作中，是否获得满足感</td><td>5</td><td></td><td></td><td></td><td></td></tr>
<tr><td rowspan="3">参与状态</td><td colspan="5">教师、同学之间是否相互尊重、理解、平等</td><td>5</td><td></td><td></td><td></td><td></td></tr>
<tr><td colspan="5">教师、同学之间是否保持多向及丰富、适宜的信息交流</td><td>5</td><td></td><td></td><td></td><td></td></tr>
<tr><td colspan="5">探究学习，自主学习不流于形式，能处理好合作学习和独立思考的关系，做到有效学习</td><td>5</td><td></td><td></td><td></td><td></td></tr>
<tr><td rowspan="4">学习方法</td><td colspan="5">能提出有意义的问题或发表个人见解；能按要求正确操作；能够倾听、协作、分享</td><td>5</td><td></td><td></td><td></td><td></td></tr>
<tr><td colspan="5">能积极参与，在产品加工过程中不断学习，能提高综合运用信息技术的能力</td><td>5</td><td></td><td></td><td></td><td></td></tr>
<tr><td colspan="5">工作计划、操作技能是否符合规范要求</td><td>5</td><td></td><td></td><td></td><td></td></tr>
<tr><td colspan="5">是否获得进一步发展的能力</td><td>5</td><td></td><td></td><td></td><td></td></tr>
<tr><td rowspan="3">工作过程</td><td colspan="5">遵守管理规程，操作过程符合现场管理要求</td><td>5</td><td></td><td></td><td></td><td></td></tr>
<tr><td colspan="5">平时上课能按时出勤，每天能及时完成工作任务</td><td>5</td><td></td><td></td><td></td><td></td></tr>
<tr><td colspan="5">善于多角度思考问题，能主动发现，提出有价值的问题</td><td>5</td><td></td><td></td><td></td><td></td></tr>
<tr><td>思维状态</td><td colspan="5">能发现问题、提出问题、分析问题、解决问题、创新问题</td><td>5</td><td></td><td></td><td></td><td></td></tr>
<tr><td rowspan="4">自评反馈</td><td colspan="5">能按时按质完成工作任务</td><td>5</td><td></td><td></td><td></td><td></td></tr>
<tr><td colspan="5">能较好地掌握专业知识点</td><td>5</td><td></td><td></td><td></td><td></td></tr>
<tr><td colspan="5">具有较强的信息分析能力和理解能力</td><td>5</td><td></td><td></td><td></td><td></td></tr>
<tr><td colspan="5">具有较为全面严谨的思维能力并能条理明晰地表述成文</td><td>5</td><td></td><td></td><td></td><td></td></tr>
<tr><td colspan="6">自评等级</td><td colspan="5"></td></tr>
<tr><td>有益的经验与做法</td><td colspan="10"></td></tr>
<tr><td>总结反思建议</td><td colspan="10">（通过本任务学习，你获得哪些新知识，下次再做类似任务，你应当有哪些改进？）</td></tr>
<tr><td colspan="11">等级评定：A. 好　B. 较好　C. 一般　D. 有待提高</td></tr>
</table>

2. 学习过程三方评价

表 2-2-8 学习活动过程三方评价表

<table>
<tr><td>班级</td><td></td><td>姓名</td><td></td><td>学号</td><td></td><td>日期</td><td colspan="2">年 月 日</td></tr>
<tr><td colspan="5">评价内容（满分 100 分）</td><td>学生自评/分</td><td>同学互评/分</td><td>教师评价/分</td><td>总评/分</td></tr>
<tr><td rowspan="4">专业技能（60 分）</td><td colspan="4">任务学习完成进度（30 分）</td><td></td><td></td><td></td><td rowspan="8">A（86～100）
B（76～85）
C（60～75）
D（60 以下）</td></tr>
<tr><td colspan="4">对理论知识的掌握程度（10 分）</td><td></td><td></td><td></td></tr>
<tr><td colspan="4">理论知识的应用能力（10 分）</td><td></td><td></td><td></td></tr>
<tr><td colspan="4">改进能力（10 分）</td><td></td><td></td><td></td></tr>
<tr><td rowspan="4">综合素质（40 分）</td><td colspan="4">遵守现场操作的职业规范（10 分）</td><td></td><td></td><td></td></tr>
<tr><td colspan="4">信息获取的途径（10 分）</td><td></td><td></td><td></td></tr>
<tr><td colspan="4">按时完成学习和工作任务（10 分）</td><td></td><td></td><td></td></tr>
<tr><td colspan="4">团队合作精神（10 分）</td><td></td><td></td><td></td></tr>
<tr><td colspan="5">总分</td><td colspan="4"></td></tr>
<tr><td colspan="6">综合得分
（学生自评 10%、同学互评 10%、教师评价 80%）</td><td colspan="3"></td></tr>
<tr><td>小结建议</td><td colspan="8"></td></tr>
</table>

3. 现场测试考核评价

表 2-2-9 现场测试考核评价表

<table>
<tr><td>班级</td><td></td><td>姓名</td><td></td><td>学号</td><td></td><td>日期</td><td>年 月 日</td></tr>
<tr><td>序号</td><td colspan="3">评价要点</td><td colspan="2">配分/分</td><td>得分/分</td><td>总评/分</td></tr>
<tr><td>1</td><td colspan="3">能查阅资料，正确填写任务导学所提问题</td><td colspan="2">10</td><td></td><td rowspan="7">A（86～100）
B（76～85）
C（60～75）
D（60 以下）</td></tr>
<tr><td>2</td><td colspan="3">学习任务 2.2，正确理解填写“做一做”，错 1 处扣 2 分</td><td colspan="2">50</td><td></td></tr>
<tr><td>3</td><td colspan="3">能根据工作要求，对小组成员进行合理分工</td><td colspan="2">5</td><td></td></tr>
<tr><td>4</td><td colspan="3">能列出工业机器人选型主要技术参数</td><td colspan="2">10</td><td></td></tr>
<tr><td>5</td><td colspan="3">能遵守劳动纪律，以积极的态度接受工作任务</td><td colspan="2">5</td><td></td></tr>
<tr><td>6</td><td colspan="3">能积极参与小组讨论、团队间互相合作</td><td colspan="2">10</td><td></td></tr>
<tr><td>7</td><td colspan="3">能及时完成老师布置的任务</td><td colspan="2">10</td><td></td></tr>
<tr><td colspan="4">总分</td><td colspan="2">100</td><td colspan="2"></td></tr>
<tr><td colspan="5">综合得分
（学生自评 10%、同学互评 10%、教师评价 80%）</td><td colspan="3"></td></tr>
<tr><td>小结建议</td><td colspan="7"></td></tr>
</table>

【巩固与提高】

在线测试

任务 2.3　工业机器人 I/O 通信

【任务目标】

知识目标：

（1）掌握 ABB 机器人 I/O 通信方式。

（2）掌握 DSQC652 板的配置方法。

（3）掌握机器人 I/O 信号监控与操作。

（4）掌握系统输入/输出与 I/O 信号的关联。

（5）掌握可编程按钮与 I/O 信号绑定方法。

技能目标：

（1）会 ABB 机器人 I/O 板块设置。

（2）会机器人配置并设置 I/O 信号。

（3）会机器人 I/O 信号监控与操作。

（4）会系统输入/输出与 I/O 信号的关联。

（5）会可编程按钮与 I/O 信号绑定方法。

素质目标：

（1）具有良好的职业道德、职业责任感和不断学习的精神。

（2）具有不断开拓创新的意识。

（3）具有查阅资料和自学的能力。

（4）具有信息接收能力、处理能力和创新能力。

（5）遵守现场操作的职业规范，具备安全、整洁、规范实施工作任务的能力。

（6）以积极的态度对待训练任务，具有团队交流和协作能力。

【任务导学】

（1）查阅资料，工业机器人通信方式有几种？分别是哪些？____________________

____

____

（2）查阅资料，ABB 机器人的 I/O 板卡有哪些类型？____________________

____

____

____

（3）查阅资料，对照 DSQC652 板卡，正确连线各个接口（见表 2-3-1）。

表 2-3-1　连线接口

图示	说明
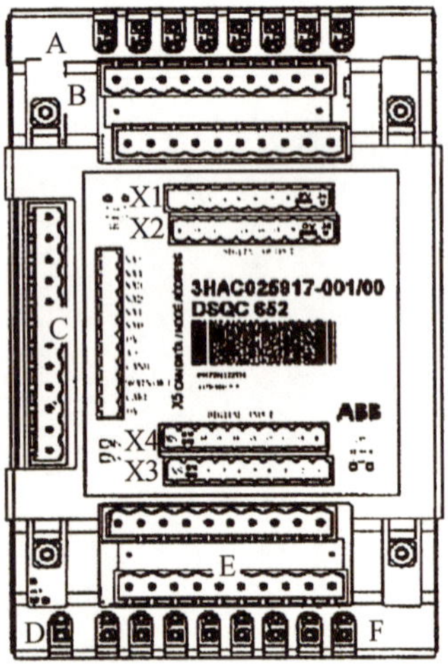	E　为数字输出信号指示灯 F　是 X1、X2 数字输出接口 D　X5 为 DeviceNet 接口 C　模块指示灯 B　是 X3、X4 数字输入接口 A　为数字输入信号指示灯

（4）在 X5 接线端中，第 6 ~ 12 口是 DSQC652 的节点地址设置位，专门用来设置 DSQC652 接口板在整个工作站 DeviceNet 现场总线网络中的节点地址（见图 2-3-1），只要把专门插 6 ~ 12 口插头中的相应插片剪去，就可设置 DSQC651 在整个 DeviceNet 现场总线网络中的节点地址。图示板块地址是多少？如何计算？

____

____

____

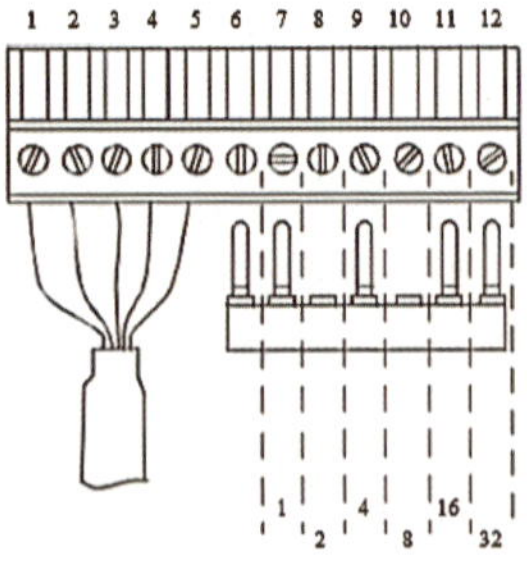

图 2-3-1　接口板

【学一学】

学习活动 1　ABB 机器人 I/O 通信的方式

ABB 常用的标准 I/O 板，见表 2-3-2。

表 2-3-2　ABB 标准 I/O 板

型号	说明	型号	说明
DSQC651	分布式 I/O 模块 di8\do8\ao2	DSQC335A	分布式 I/O 模块 ai4\ao4
DSQC652	分布式 I/O 模块 di16\do16	DSQC377A	输送链跟踪单元
DSQC653	分布式 I/O 模块 di8\do8 带继电器		

1. ABB 标准 I/O 板 DSQC651

在 DSQC651 接口板上，共有四组接线端，分别是 X1、X3、X5、X6，如图 2-3-2 所示。

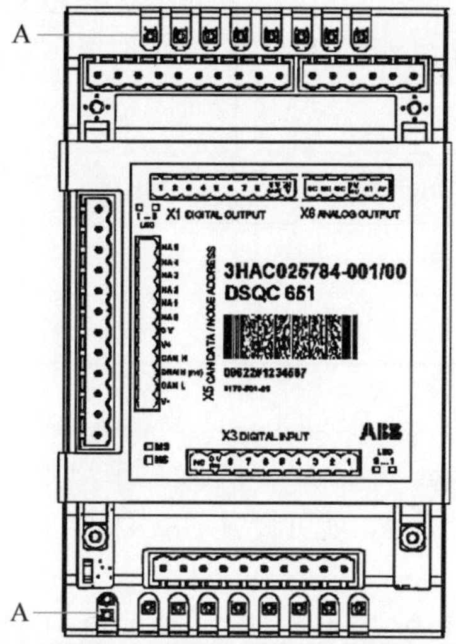

图 2-3-2　DSQC651　I/O 接口板

（1）X1 是 10 口的八数字输出接线端，各口的作用见表 2-3-3。

表 2-3-3　X1 端口接口功能

接线端	作用	接线端	作用
1	数字输出 1	6	数字输出 6
2	数字输出 2	7	数字输出 7
3	数字输出 3	8	数字输出 8
4	数字输出 4	9	0 V
5	数字输出 5	10	24 V

（2）X3 是 10 口的八数字输入接线端，各口的作用见表 2-3-4。

表 2-3-4　X3 端口接口功能

接线端	作用	地址分配	接线端	作用	地址分配
1	数字输入 1	0	6	数字输入 6	5
2	数字输入 2	1	7	数字输入 7	6
3	数字输入 3	2	8	数字输入 8	7
4	数字输入 4	3	9	0 V	
5	数字输入 5	4	10	24 V	

（3）X5 是 12 口的 DeviceNet 专用接线端，专门用于 IRC5 控制柜的主计算机进行基于 DeviceNet 的通信，各口的作用见表 2-3-5。

表 2-3-5　X5 端口接口功能

接线端	作用	接线端	作用
1	0 V	7	模块 ID bit0
2	CAN 信号线 low BLUE	8	模块 ID bit1
3	屏蔽线	9	模块 ID bit2
4	CAN 信号线 high WHTE	10	模块 ID bit3
5	24 V	11	模块 ID bit4
6	GND 地址选择公共端	12	模块 ID bit5

在 X5 接线端中，第 6 ~ 12 口是 DSQC651 的节点地址设置位，专门用来设置 DSQC651 接口板在整个工作站 DeviceNet 现场总线网络中的节点地址（见图 2-3-3），只要把专门插 6 ~ 12 口插头中的相应插片剪去，就可设置 DSQC651 在整个 DeviceNet 现场总线网络中的节点地址。

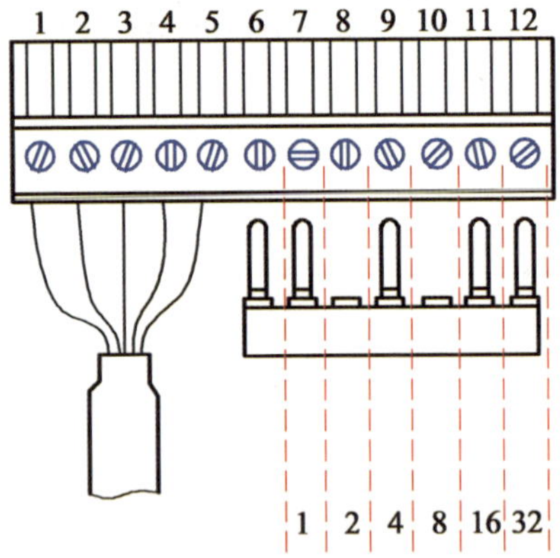

图 2-3-3　现场总线网络中的节点地址

（4）X6 是 6 口的模拟信号输出接线端，各口的作用见表 2-3-6。

表 2-3-6　X6 端口接口功能

接线端	作用	接线端	作用
1	未定义	4	模拟信号（地）
2	未定义	5	模拟信号输出 1
3	未定义	6	模拟信号输出 2

2. ABB 标准 I/O 板 DSQC652

DSQC 652 主要用于 16 个数字输入信号和 16 个数字输出信号的处理，如图 2-3-4 所示。

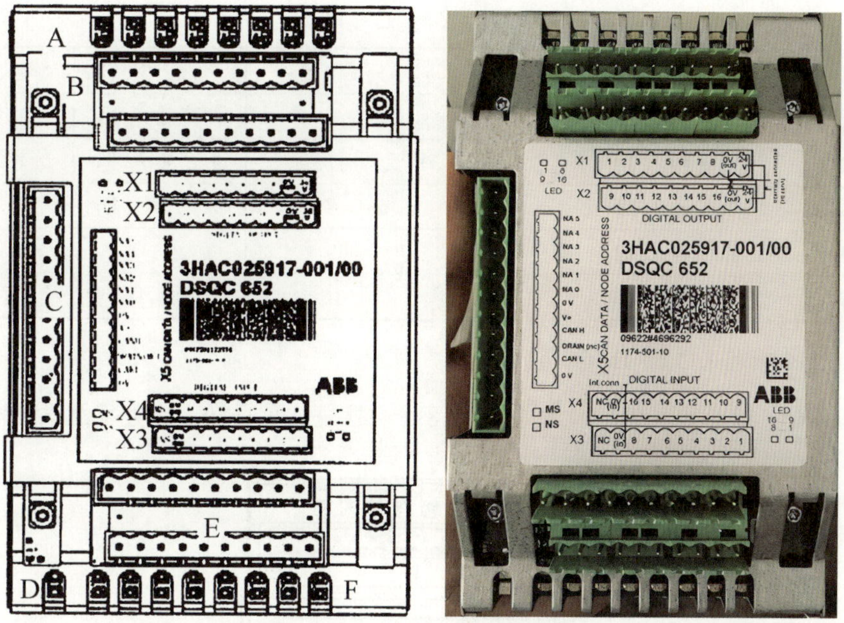

图 2-3-4　DSQC 652 I/O 接口板

A 为数字输出信号指示灯。B 是 X1、X2 数字输出接口，见表 2-3-7 和表 2-3-8。

表 2-3-7　X1 端口接口功能

接线端	作用	地址分配	接线端	作用	地址分配
1	数字输出 1	0	6	数字输出 6	5
2	数字输出 2	1	7	数字输出 7	6
3	数字输出 3	2	8	数字输出 8	7
4	数字输出 4	3	9	0 V	
5	数字输出 5	4	10	24 V	

表 2-3-8　X2 端口接口功能

接线端	作用	地址分配	接线端	作用	地址分配
1	数字输出 9	8	6	数字输出 14	13
2	数字输出 10	9	7	数字输出 15	14
3	数字输出 11	10	8	数字输出 16	15
4	数字输出 12	11	9	0 V	
5	数字输出 13	12	10	24 V	

C 为 X5 DeviceNet 接口，见表 2-3-5。D 为模块指示灯。E 是 X3、X4 数字输入接口，见表 2-3-4 和表 2-3-9。F 为数字输入信号指示灯。

表 2-3-9　X4 端口接口功能

接线端	作用	地址分配	接线端	作用	地址分配
1	数字输入 9	8	6	数字输入 14	13
2	数字输入 10	9	7	数字输入 15	14
3	数字输入 11	10	8	数字输入 16	15
4	数字输入 12	11	9	0 V	
5	数字输入 13	12	10	未使用	

3. ABB 标准 I/O 板 DSQC653

DSQC653 板（见图 2-3-5）主要用于 8 个数字输入信号和 8 个数字继电器输出信号处理。

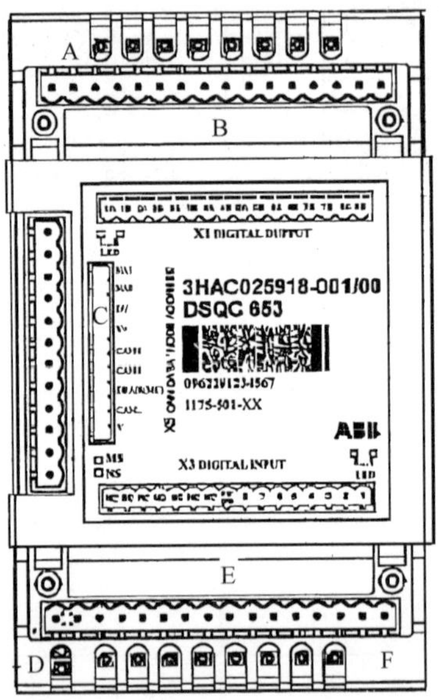

图 2-3-5　DSQC653　I/O 接口板

A 为数字继电器输出信号指示灯。B 为 X1 数字继电器输出信号接口，见表 2-3-10。

表 2-3-10　X1 端口接口功能

接线端编号	使用定义	地址分配	接线端编号	使用定义	地址分配
1	数字输出 1A	0	9	数字输出 5A	4
2	数字输 1B		10	数字输出 5B	
3	数字输出 2A	1	11	数字输出 6A	5
4	数字输出 2B		12	数字输出 6B	
5	数字输出 3A	2	13	数字输出 7A	6
6	数字输出 3B		14	数字输出 7B	
7	数字输出 4A	3	15	数字输出 8A	7
8	数字输出 4B		16	数字输出 8B	

C 为 X5 DeviceNet 接口，见表 2-3-5。D 为模板状态指示灯。E 为 X3 数字输入信号接口，见表 2-3-11。

表 2-3-11　X3 端口接口功能

接线端编号	使用定义	地址分配	接线端编号	使用定义	地址分配
1	数字输入 1	0	6	数字输入 6	5
2	数字输入 2	1	7	数字输入 7	6
3	数字输入 3	2	8	数字输入 8	7
4	数字输入 4	3	9	0 V	
5	数字输入 5	4	10 ~ 16	未使用	

F 为数字输入信号指示灯。

4. ABB 标准 I/O 板 DSQC355A

DSQC355A（见图 2-3-6）主要提供 4 个模拟输入信号和 4 个模拟输出信号的处理。

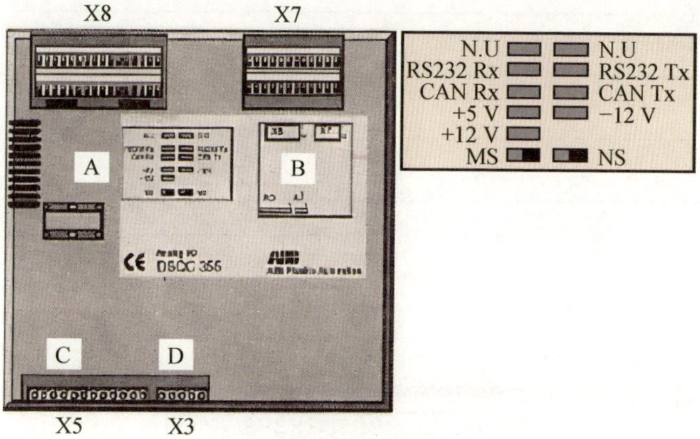

图 2-3-6　DSQC335A　I/O 接口板

A 为 X8 模拟输入端口，见表 2-3-12。

表 2-3-12　X8 端口接口功能

接线端子编号	使用定义	地址分配	接线端子编号	使用定义	地址分配
1	模拟输入_1，-10 V/+10 V	0 ~ 15	25	模拟输入_1，0 V	
2	模拟输入_2，-10 V/+10 V	16 ~ 31	26	模拟输入_2，0 V	
3	模拟输入_3，-10 V/+10 V	32 ~ 47	27	模拟输入_3，0 V	
4	模拟输入_4，-10 V/+10 V	48 ~ 63	28	模拟输入_4，0 V	
5 ~ 16	未使用		29 ~ 32	0 V	
17 ~ 24	+24 V				

B 为 X7 模拟输出端口，见表 2-3-13。

表 2-3-13　X7 端口接口功能

接线端子编号	使用定义	地址分配	接线端子编号	使用定义	地址分配
1	模拟输出_1，-10 V/+10 V	0 ~ 15	19	模拟输出_1，0 V	
2	模拟输出_2，-10 V/+10 V	16 ~ 31	20	模拟输出_2，0 V	
3	模拟输出_3，-10 V/+10 V	32 ~ 47	21	模拟输出_3，0 V	
4	模拟输出_4，4 ~ 20 mA	48 ~ 63	22	模拟输出_4，0 V	
5 ~ 18	未使用		23 ~ 24	未使用	

C 为 X5 DeviceNet 接口，见表 2-3-5。

D 为 X3 供电电源，见表 2-3-14。

表 2-3-14　X3 端口接口功能

接线端子编号	使用定义	接线端子编号	使用定义
1	0 V	4	未使用
2	未使用	5	+24 V
3	接地		

5. ABB 标准 I/O 板 DSQC377A

DSQC377A 板（见图 2-3-7）主要用于机器人输送链跟踪功能所需的编码器与同步开关信号的处理。

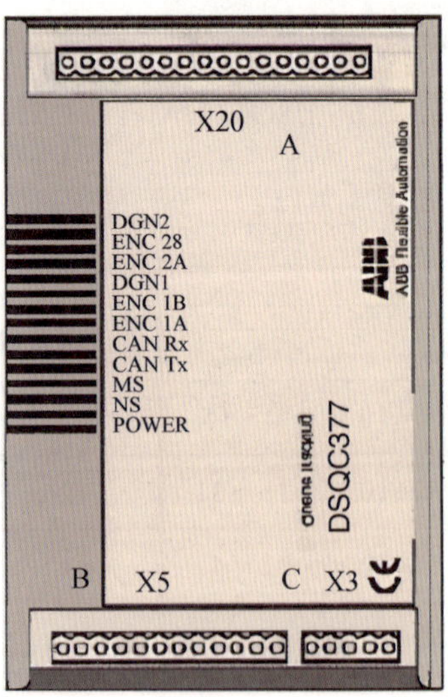

图 2-3-7　DSQC377A　I/O 接口板

A 为 X20 编码器与同步开关的端子，见表 2-3-15。

表 2-3-15　X20 端口接口功能

接线端子编号	使用定义	接线端子编号	使用定义
1	24 V	6	编码器 1，B 相
2	0 V	7	数字输入信号 1，24 V
3	编码器 1，24 V	8	数字输入信号 1，0 V
4	编码器 2，0 V	9	数字输入信号 1，信号
5	编码器 1，A 相	10～16	未使用

B 为 DeviceNet 接口，见表 2-3-4。

C 为 X3 供电电源，见表 2-3-13。

学习活动 2　ABB 标准 I/O 板——DSQC652 板的配置

1. 定义 DSQC652 板的总线连接

ABB 标准 I/O 板都是下挂在 DeviceNet 现场总线下的设备，通过 X5 端口与 DeviceNet 现场总线进行通信。

DSQC652 板的总线连接相关参数说明见表 2-3-16。

表 2-3-16　DSQC 652 板的总线连接相关参数说明

参数名称	设定值	说明
Name	board10	设定 I/O 板在系统中的名字，10 代表 I/O 板在 DeviceNet 总线上的地址是 10，方便在系统中识别
Type of Unit	d652	设定 I/O 板的类型
Connected to Bus	DeviceNet1	设定 I/O 板连接的总线
DeviceNet Address	10	设定 I/O 板在总线中的地址

DSQC 652 板的设置见表 2-3-17。

表 2-3-17　DSQC 652 板的设置

图示	说明
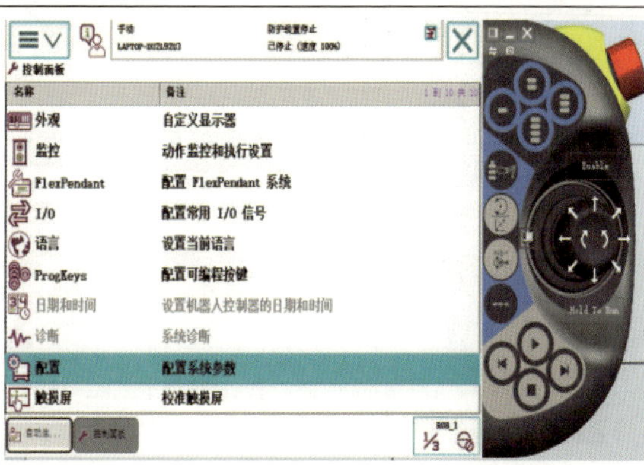	1. 在控制面板中单击选择“配置”，进入系统参数设置界面

续表

<table>
<tr><th>图示</th><th>说明</th></tr>
<tr><td>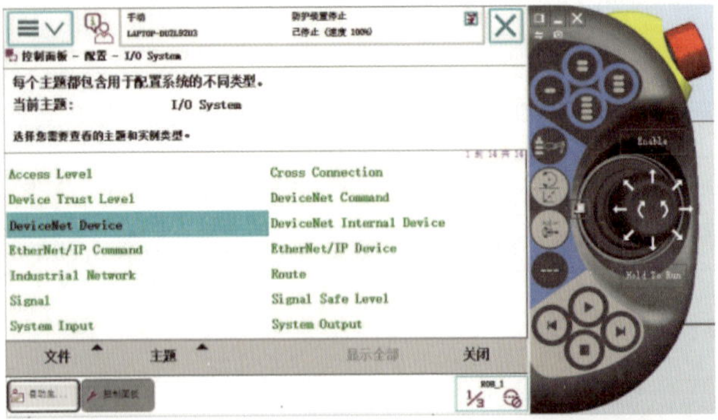
</td><td>2. 在“配置”界面，双击“DeviceNet Device”，进入信号板添加界面</td></tr>
<tr><td>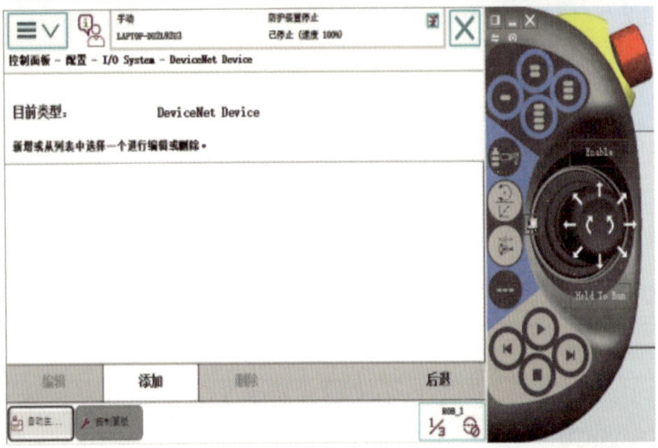
</td><td>3. 在信号板添加界面点击“添加”选项</td></tr>
<tr><td>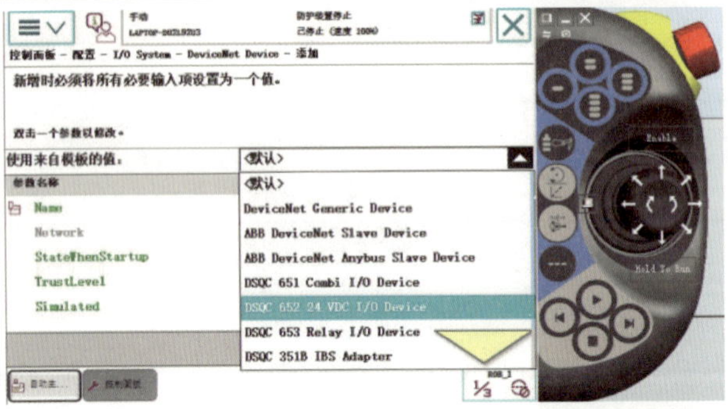
</td><td>3. 在“使用来自模板的值”中选择“DSQC 652 24 VDC I/O Device”</td></tr>
<tr><td>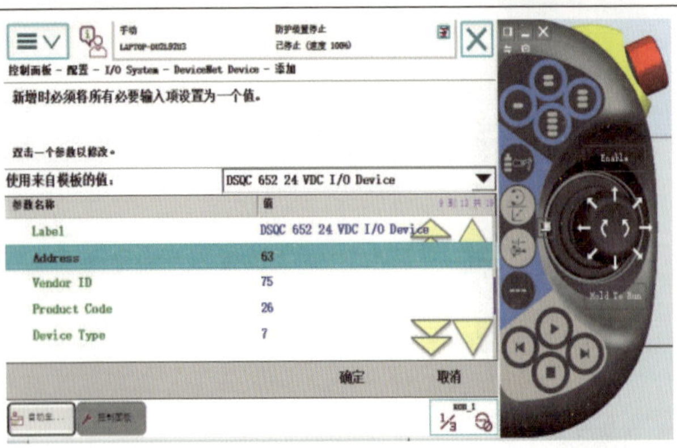
</td><td>4. 点击“63”处，修改“Address”值为“10”</td></tr>
</table>

续表

图示	说明
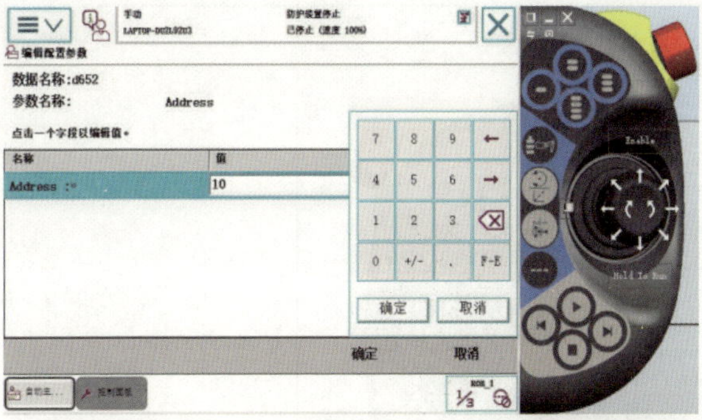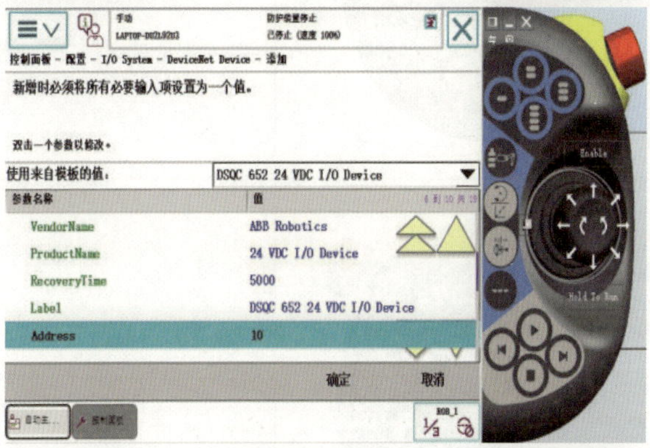	
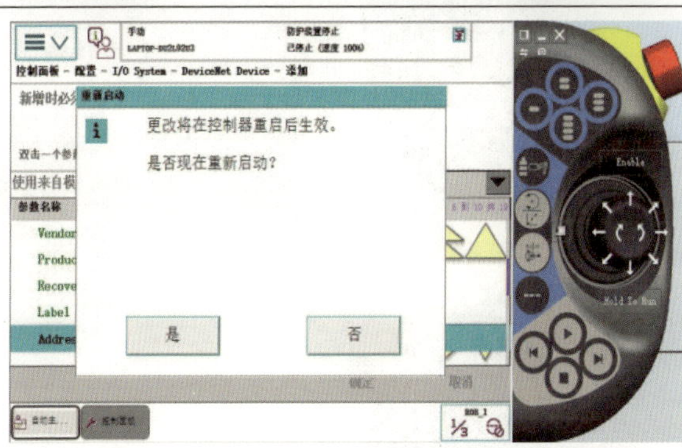	5. 点击“确定”，在弹出重启界面，点击“是”，重启控制器

2. 定义数字输入信号 di1

数字输入信号 di1 设置见表 2-3-18。

表 2-3-18　数字输入信号 di1 设置

参数名称	设定值	说明
Name	di1	设定数字输入信号的名字
Type of Signal	Digital Input	设定信号的类型
Assigned to Unit	board10	设定信号所在的 I/O 模块
Device Mapping	0	设定信号所占用的地址

输入信号 dil 设置具体步骤见表 2-3-19。

表 2-3-19　输入信号 dil 设置具体步骤

图示	说明
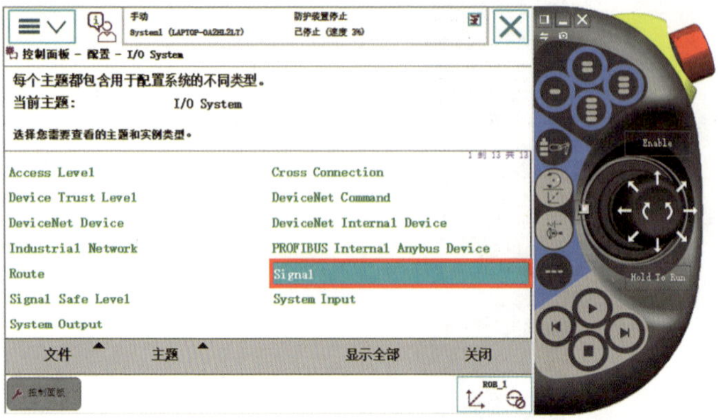	1. 在“控制面板-配置-I/O System”画面中双击“Signal”
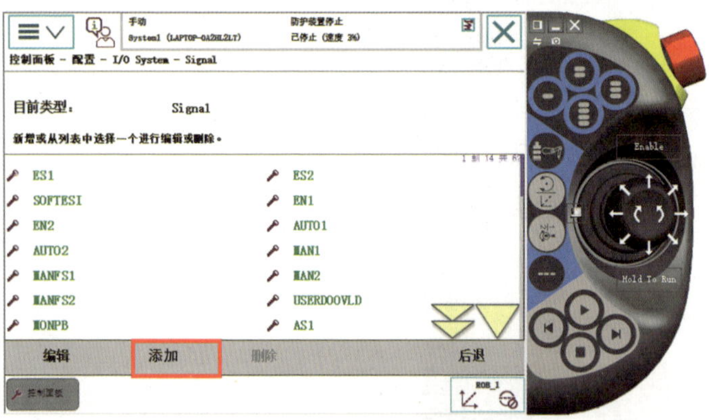	2. 单击“添加”
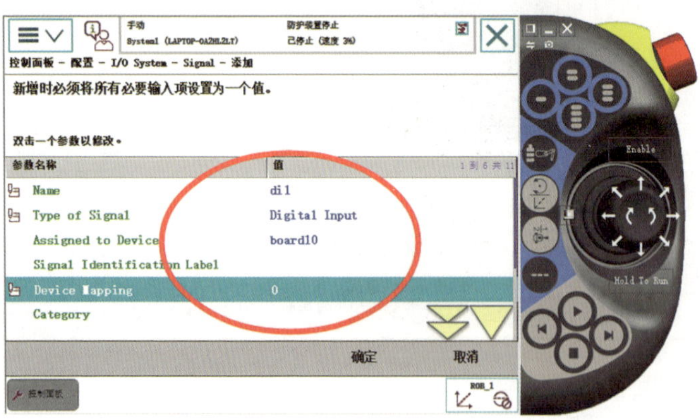	3. 针对不同类型的信号对信号的参数进行填写，填写完成后点击“确定”，重启后完成设定

3. 定义数字输出信号 dol

数字输出信号 dol 设置见表 2-3-20。

表 2-3-20　数字输出信号 do1 设置

参数名称	设定值	说明
Name	do1	设定数字输出信号的名字
Type of Signal	Digital Output	设定信号的类型
Assigned to Unit	board10	设定信号所在的 I/O 模块
Device Mapping	32	设定信号所占用的地址

数字输出信号 do1 设置具体步骤见表 2-3-21。

表 2-3-21　数字输出信号 do1 设置具体步骤

<table>
<tr><th>图示</th><th>说明</th></tr>
<tr><td>
</td><td>1. 在“控制面板-配置-I/O System”画面中双击“Signal”</td></tr>
<tr><td>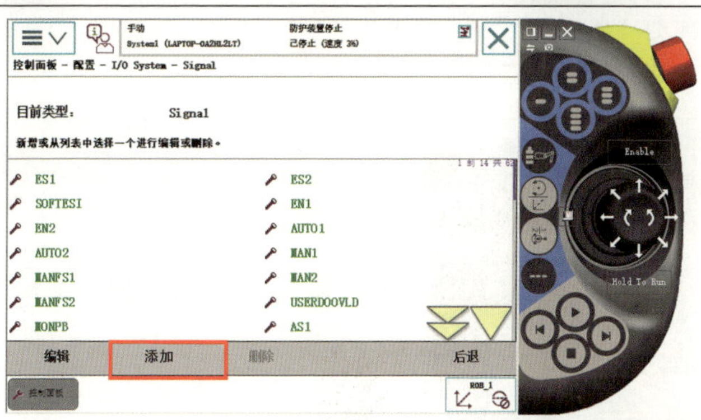
</td><td>2. 单击“添加”</td></tr>
<tr><td>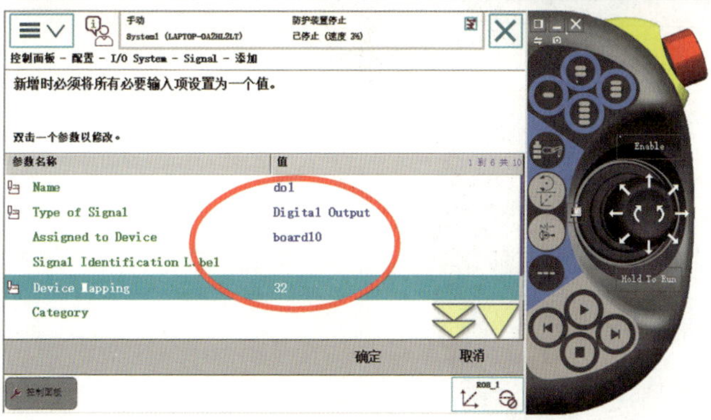
</td><td>4. 针对不同类型的信号对信号的参数进行填写，填写完成后点击“确定”，重启后完成设定</td></tr>
</table>

4. 定义组输入信号 gil（见表 2-3-22）

组输入/输出信号就是将几个数字输入信号组合起来使用，用于接收外围设备输入的 BCD 编码的十进制数。

表 2-3-22　组输入信号 gil 设置

参数名称	设定值	说明
Name	gil	设定组输入信号的名字
Type of Signal	Group Input	设定信号的类型
Assigned to Unit	board10	设定信号所在的 I/O 模块
Device Mapping	1～4	设定信号所占用的地址

此例中，gil 占用地址 1～4 共 4 位，可以代表十进制数 0～15，见表 2-3-23。以此类推，如果占用地址 5 位，可以代表十进制数 0～31。

表 2-3-23　占用地址

	地址 1	地址 2	地址 3	地址 4	十进制数
	1	2	4	8	
状态 1	0	1	0	1	2+8=10
状态 2	1	0	1	1	1+4+8=13

输入信号 gil 设置具体步骤见表 2-3-24。

表 2-3-24　输入信号 gil 设置具体步骤

图示	说明
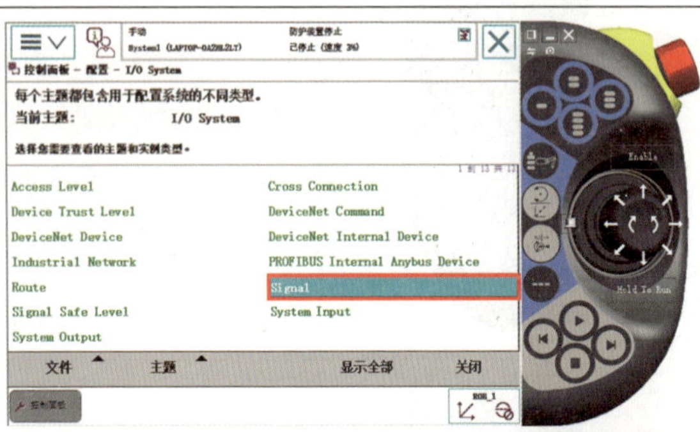	1. 在“控制面板—配置—I/O System”画面中双击“Signal”
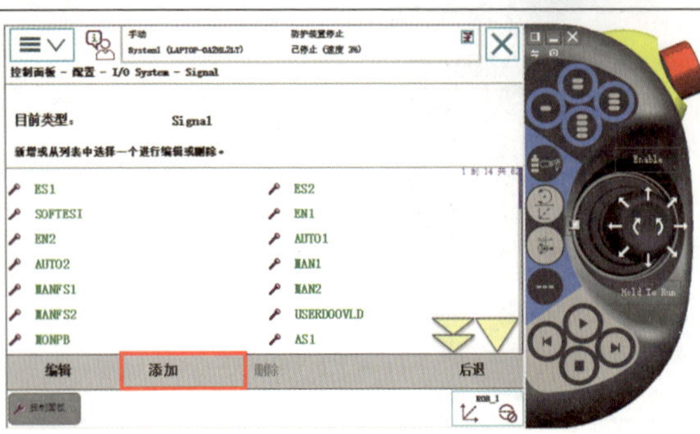	2. 单击“添加”

续表

图示	说明
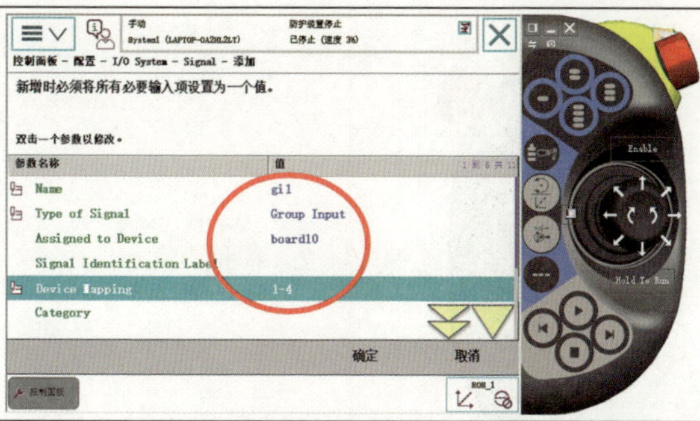	3. 针对不同类型的信号对信号的参数进行填写，填写完成后点击“确定”，重启后完成设定

5. 定义组输出信号 gol（见表 2-3-25）

组输出信号就是将几个数字输出信号组合起来使用，用于输出 BCD 编码的十进制数。

表 2-3-25　组输出信号 gol 设置

参数名称	设定值	说明
Name	go1	设定组输出信号的名字
Type of Signal	Group Output	设定信号的类型
Assigned to Unit	board10	设定信号所在的 I/O 模块
Device　Mapping	33-36	设定信号所占用的地址

此例中，gol 占用地址 33 ~ 36 共 4 位，可以代表十进制数 0 ~ 15（见表 2-3-26）。以此类推，如果占用地址 5 位，可以代表十进制数 0 ~ 31。

表 2-3-26　占用地址

	地址 33	地址 34	地址 35	地址 36	十进制数
	1	2	4	8	
状态 1	0	1	0	1	2+8=10
状态 2	1	0	1	1	1+4+8=13

组输出信号 gol 设置具体步骤见表 2-3-27。

表 2-3-27　组输出信号 gol 设置具体步骤

图示	说明
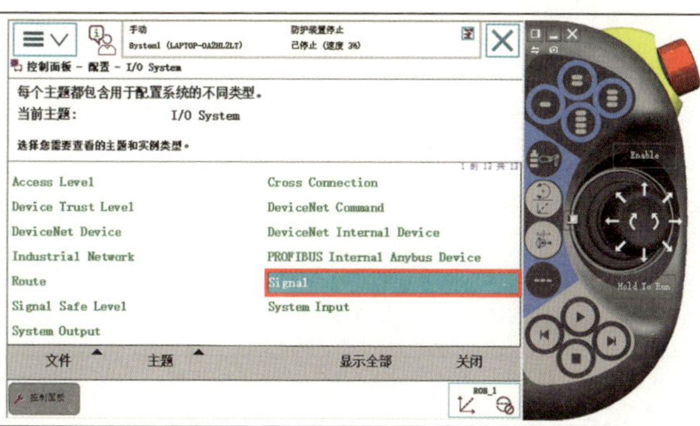	1. 在“控制面板 - 配置 -I/O System”画面中双击“Signal”

续表

图示	说明
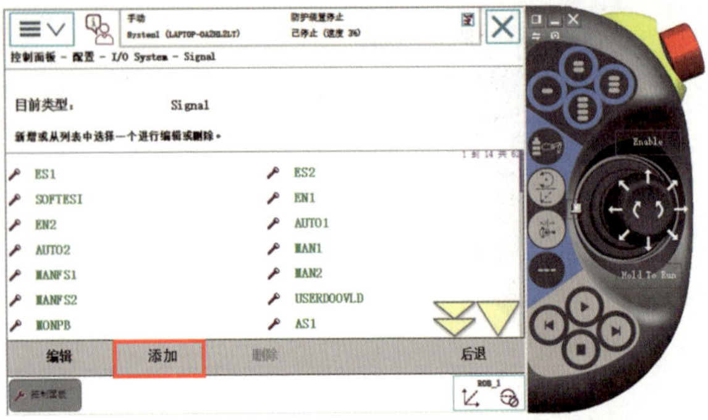	2. 单击“添加”
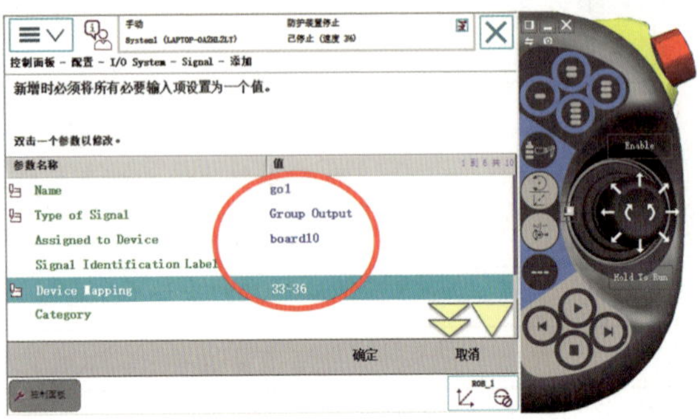	3. 针对不同类型的信号对信号的参数进行填写，填写完成后点击“确定”，重启后完成设定

6. 定义模拟输出信号 aol

模拟输出信号 aol 设置见表 2-3-28。

表 2-3-28 模拟输出信号 aol 设置

参数名称	设定值	说明
Name	ao1	设定模拟输出信号的名字
Type of Signal	Analog Output	设定信号的类型
Assigned to Unit	board10	设定信号所在的 I/O 模块
Unit Mapping	0 ~ 15	设定信号所占用的地址
Analog Encoding Type	Unsigned	设定模拟信号属性
Maximum Logical Value	10	设定最大逻辑值
Maximum Physical Value	10	设定最大物理值（V）
Maximum Bit Value	65535	设定最大位值

模拟输出信号 aol 设置具体步骤见表 2-3-29。

表 2-3-29　模拟输出信号 aol 设置具体步骤

图示	说明
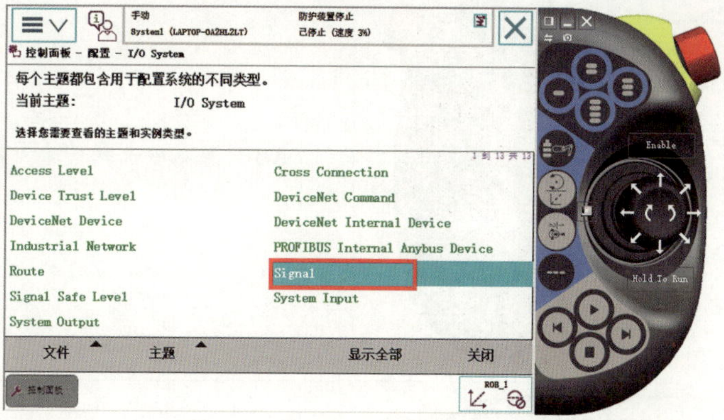	1. 在“控制面板-配置-I/O System”画面中双击“Signal”
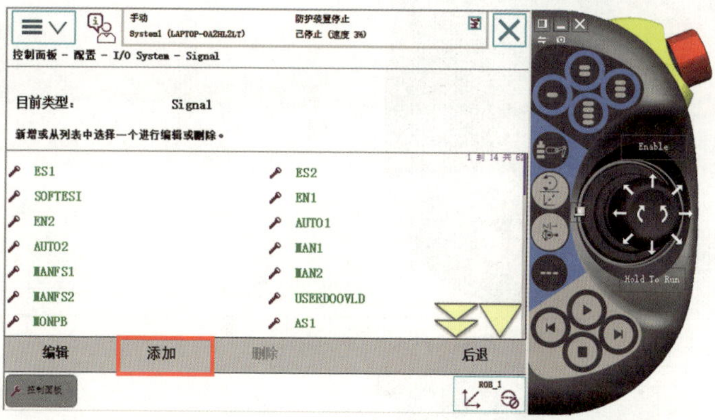	2. 单击“添加”
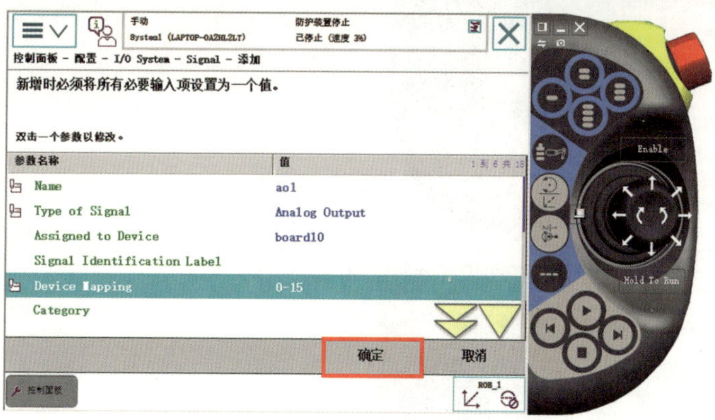	3. 针对不同类型的信号对信号的参数进行填写，填写完成后点击“确定”，重启后完成设定

学习活动 3　I/O 信号监控与操作

1. 打开“输入输出”画面

操作步骤见表 2-3-30。

表 2-3-30　打开“输入输出”画面操作步骤

<table>
<tr><th>图示</th><th>说明</th></tr>
<tr><td>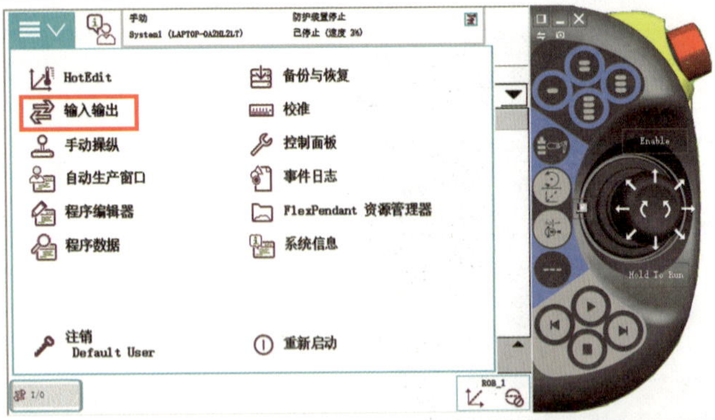
</td><td>1. ABB 菜单中选择“输入输出”</td></tr>
<tr><td>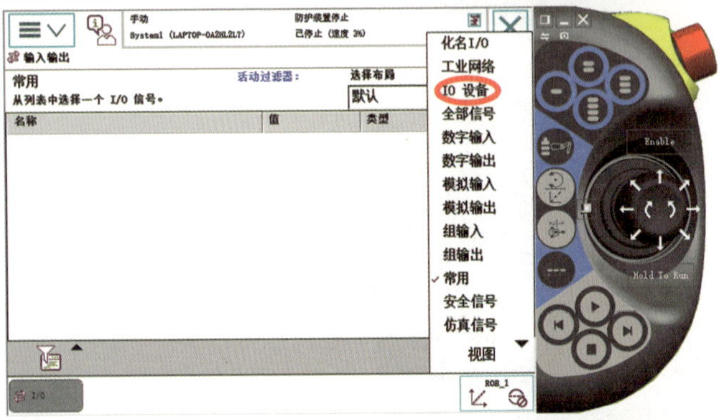
</td><td>2. 打开“视图”菜单，选择“IO设备”</td></tr>
<tr><td>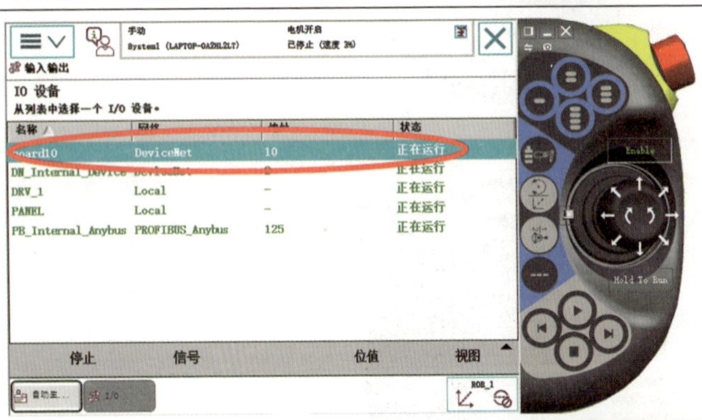
</td><td>3. 选择“board10”，单击“信号”</td></tr>
<tr><td>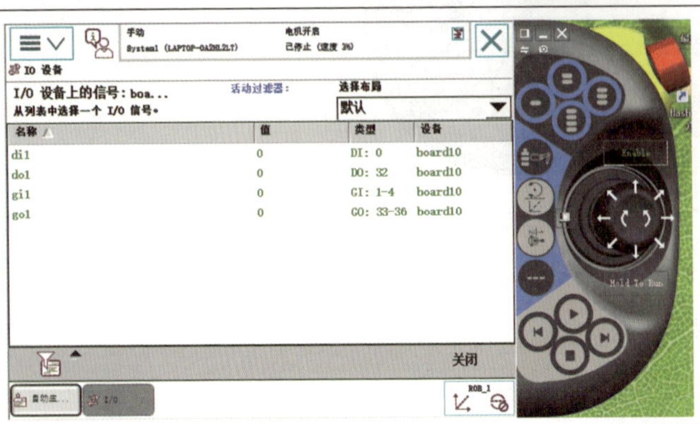
</td><td>4. 此画面可看到之前定义的信号，可对信号进行监控、仿真和强制操作</td></tr>
</table>

2. 对 I/O 信号进行仿真和强制操作

对 I/O 信号的状态或数值进行仿真和强制操作，以便在机器人调试和检修时使用。仿真和强制操作分别对应输入信号和输出信号，输入信号是外部设备发送给机器人的信号，所以机器人并不能对此信号进行赋值，但是在机器人编程测试环境中，为了方便模拟外部设备的信号场景，使用仿真操作来对输入信号赋值，消除仿真之后，输入信号就可回到之前真正的值。对于输出信号，则可以直接进行强制赋值操作。

仿真操作步骤见表 2-3-31。

表 2-3-31　仿真操作步骤

图示	说明
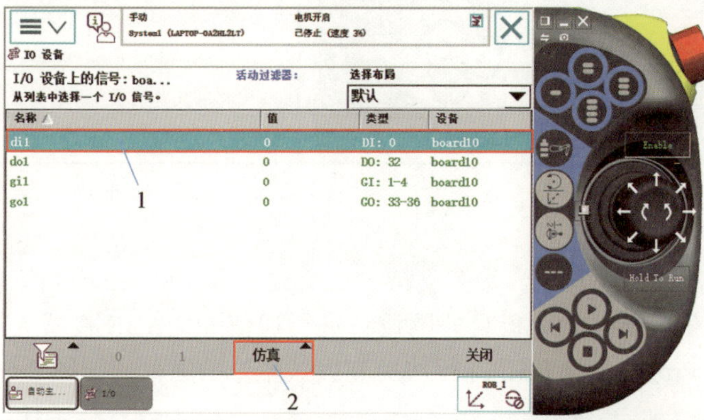	1. 选中一个输入信号，点击“仿真”
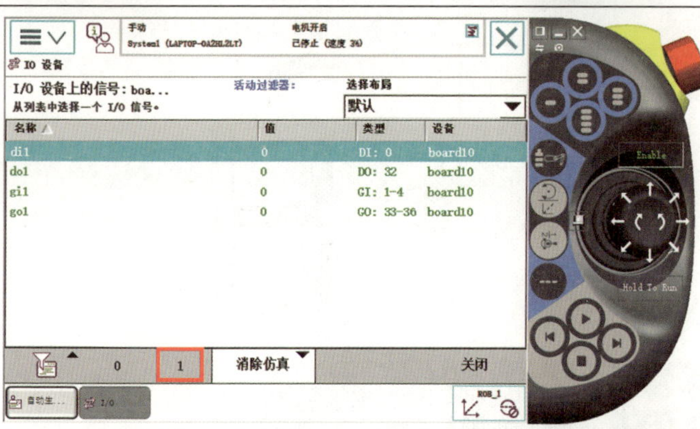	2. 单击“1”，将 di1 的状态仿真为“1”。如果选择的是组信号或者模拟信号，则单击“123”，输入一个数值
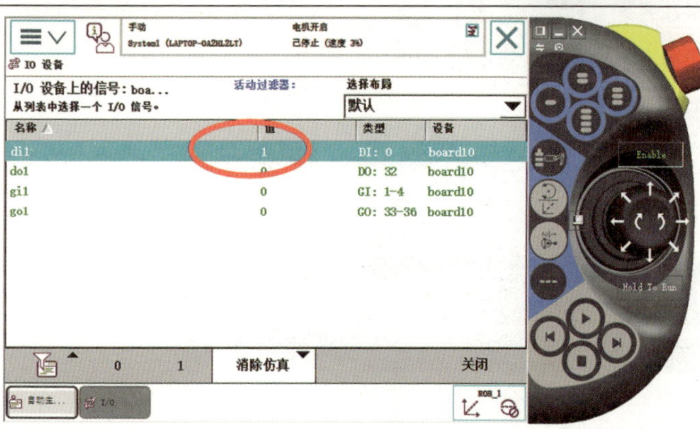	3. di1 已被仿真为“1”。仿真结束后，单击“消除仿真”

强制操作步骤见表 2-3-32。

表 2-3-32　强制操作步骤

图示	说明
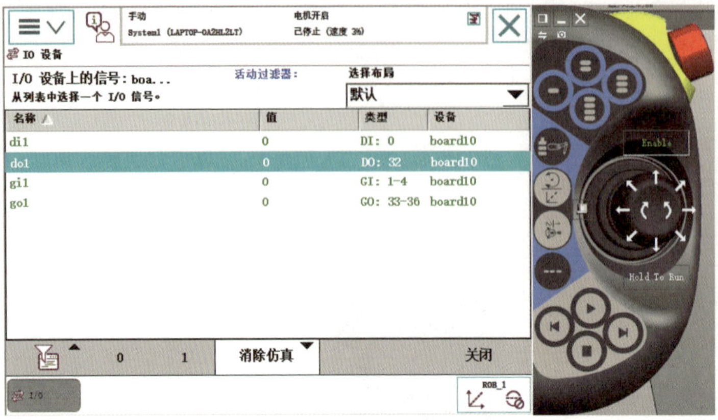	选中“do1”，通过单击“0”和“1”，对 do1 的状态进行强制操作。如果是组信号或模拟信号，则单击“123…”，输入数字

学习活动 4　Profibtis 适配器的连接

DSQC 667 模块安装在电柜中的主机上，最多支持 512 个数字输入和 512 个数字输出。除了通过 ABB 机器人提供的标准 I/O 板与外围设备进行通信外，ABB 机器人还可以使用 DSQC667 模块通过 Profibus 与 PLC 进行快捷和大数据量的通信，如图 2-3-8 所示。

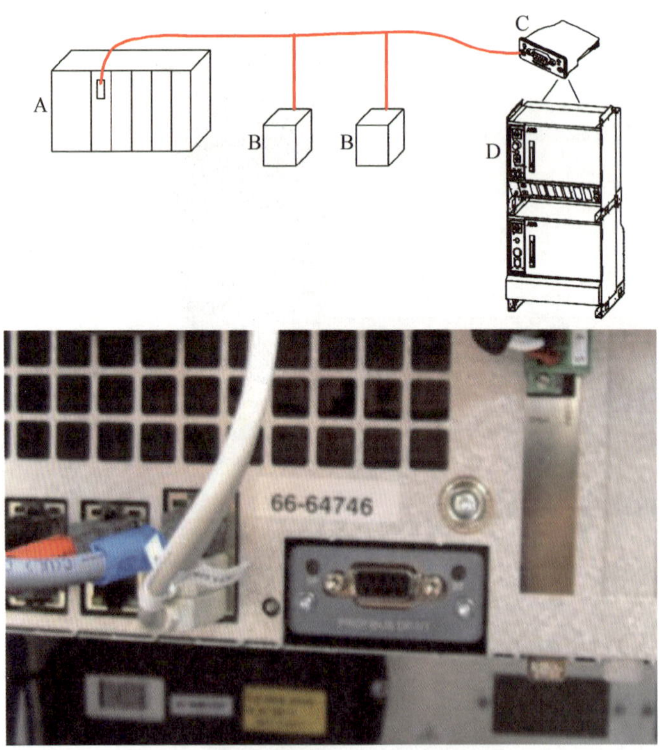

图 2-3-8　Profibtis 适配器的连接

Profibus 适配器设定见表 2-3-33。

表 2-3-33　Profibus 适配器设定

参数名称	设定值	说明
Name	profibus8	设定 I/O 板在系统中的名字
Type of Unit	DP_SLAVE	设定 I/O 板的类型
Connected to Bus	Profibus1	设定 I/O 板连接的总线
Profibus Address	8	设定 I/O 板在总线中的地址

学习活动 5　系统输入/输出与 I/O 信号的关联

将数字输入信号与系统的控制信号关联起来，就可以对系统进行控制，如电动机的开启、程序启动等。系统的状态信号也可以与数字输出信号关联起来，将系统的状态输出给外围设备，以作控制之用。

（1）建立系统输入“电动机开启”与数字输入信号 di1 的关联，操作步骤见表 2-3-34。

表 2-3-34　操作步骤

<table>
<tr><th>图示</th><th>说明</th></tr>
<tr><td>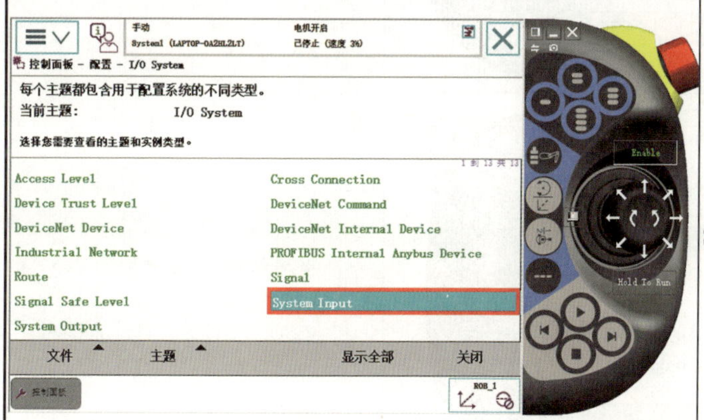
</td><td>1. 进入“控制面板-配置-I/O System”画面，双击“System Input”</td></tr>
<tr><td>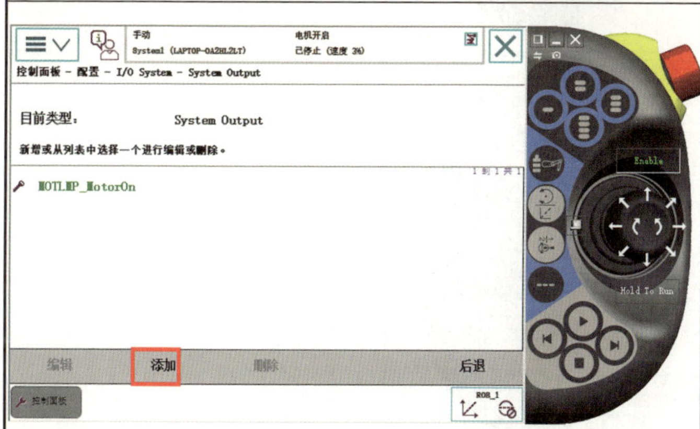
</td><td>2. 单击“添加”</td></tr>
</table>

续表

<table>
<tr><th>图示</th><th>说明</th></tr>
<tr><td>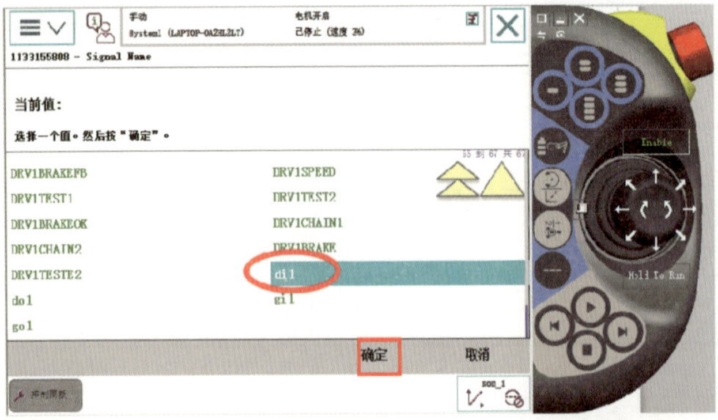
</td><td>3. 单击“Signal Name”，选择“di1”</td></tr>
<tr><td>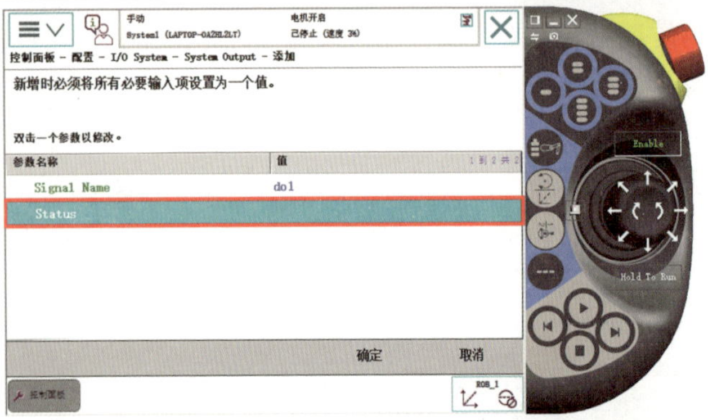
</td><td>4. 双击“Action”</td></tr>
<tr><td>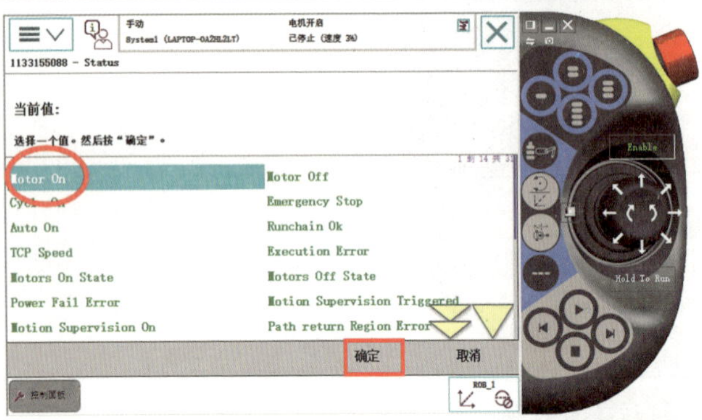
</td><td>5. 选择“Motors On”，然后单击“确定”</td></tr>
<tr><td>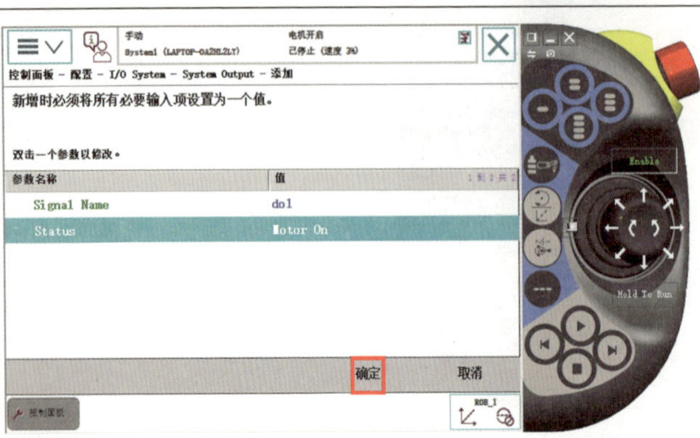
</td><td>6. 确认设定的信息，单击“确定”，重启后完成设定</td></tr>
</table>

（2）建立系统输出“电动机开启”与数字输出信号 do1 的关联，操作步骤见表 2-3-35。

表 2-3-35　操作步骤

<table>
<tr><th>图示</th><th>说明</th></tr>
<tr><td>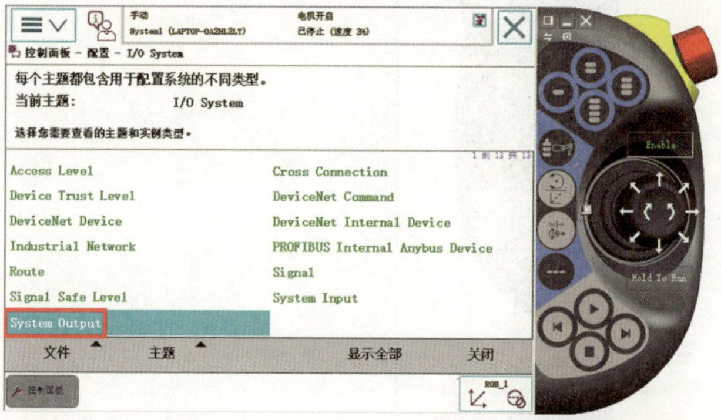
</td><td>1. 进入“控制面板-配置-I/O System”画面，双击“System Output”</td></tr>
<tr><td>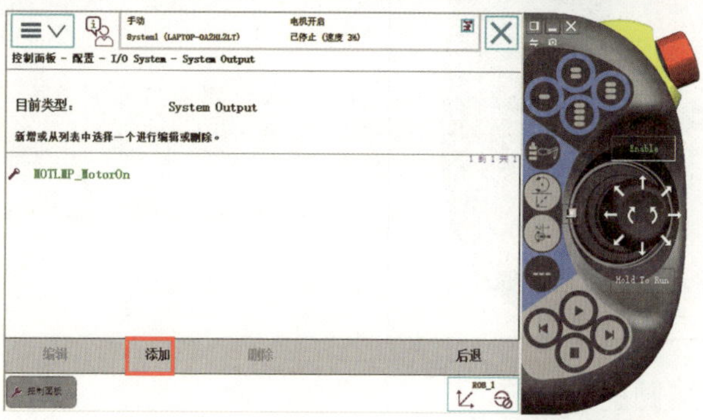
</td><td>2. 单击“添加”</td></tr>
<tr><td>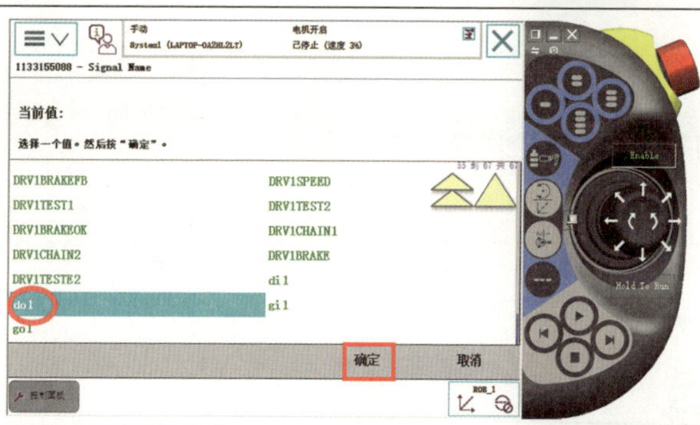
</td><td>3. 单击“Signal Name”，选择“do1”</td></tr>
<tr><td>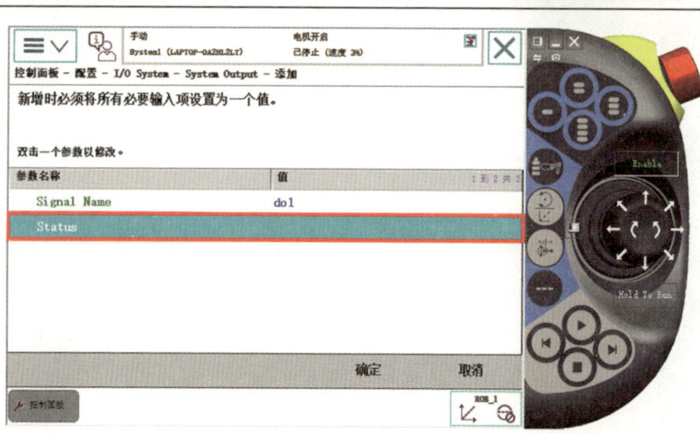
</td><td>4. 双击“Status”</td></tr>
</table>

续表

图示	说明
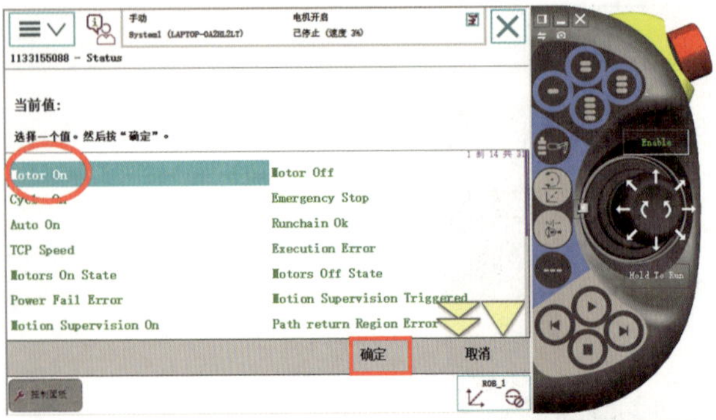	5. 选择"Motor On"，然后单击"确定"
	6. 确认设定的信息，单击"确定"，重启后完成设定

学习活动 6　示教器可编程按键的使用

可以将示教器上的可编程按钮与 I/O 信号绑定，以便快捷地对 I/O 信号进行仿真或强制操作。

为可编程按键 1 配置数字输出信号 do1 的操作见表 2-3-36。

表 2-3-36　为可编程按键 1 配置数字输出信号 do1 的操作

图示	说明
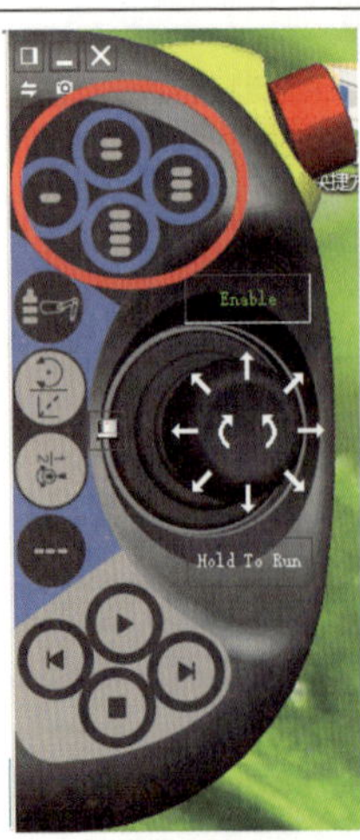	机器人示教器快捷示图

续表

图示	说明
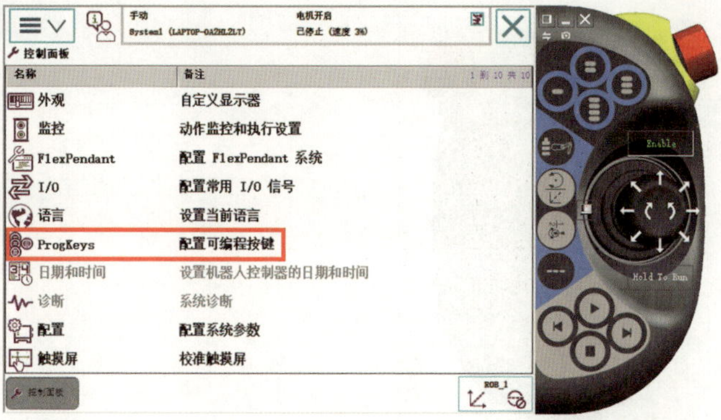	1. 在“控制面板”中选择“配置可编程按键”
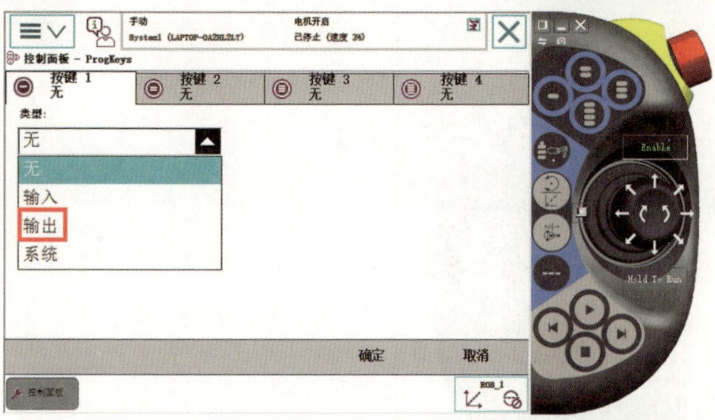	2. 选中想要设置的按键。本例在“类型”中选择“输出”
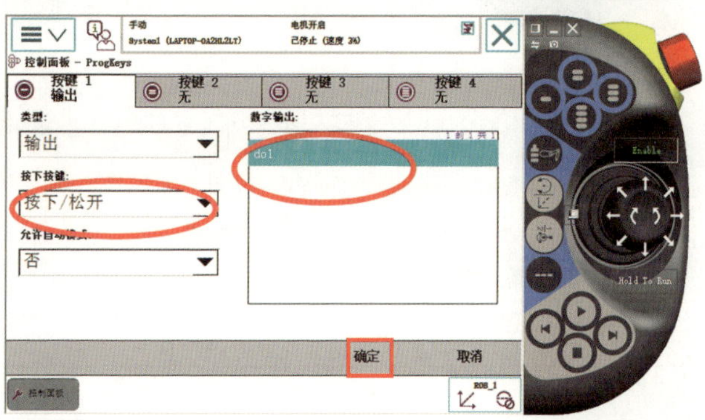	3. 选中“do1”。 4. 在“按下按键”中选择“按下/松开”。也可以根据实际需要选择按键的动作特性。 5. 单击“确定”完成设定，现在就可以通过可编程按键 1 在手动状态下对 do1 进行强制的操作
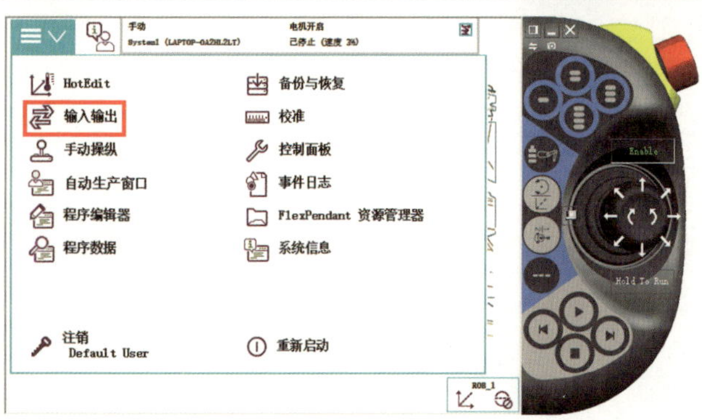	6. 打开主菜单，选择“输入输出”

续表

<table>
<tr><th>图示</th><th>说明</th></tr>
<tr><td>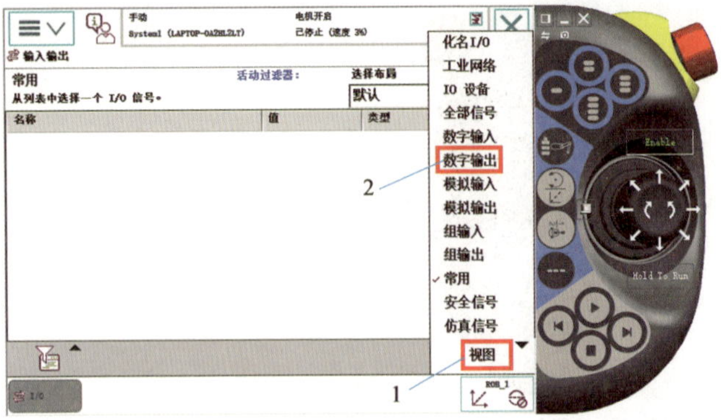
</td><td>7. 单击右下角“视图”，选择“数字输出”</td></tr>
<tr><td>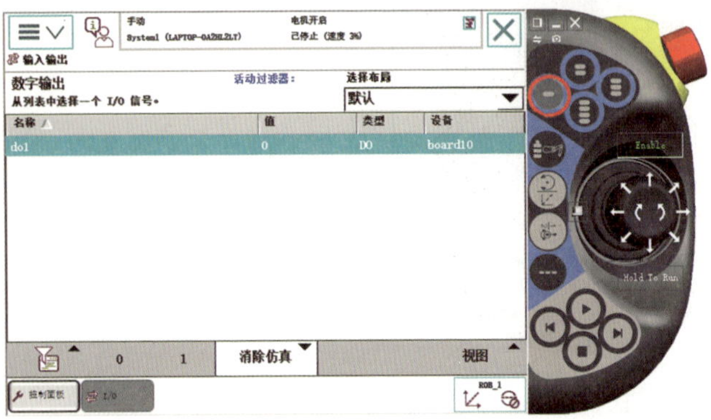
</td><td>8. 单击所设定按键进行仿真，do1 数值就会显示为“1”，松开，do1 数值又会变成“0”</td></tr>
<tr><td colspan="2">有多种按键方式可供选择：
(1) 切换：每按一次按键，信号在 1 和 0 之间切换。
(2) 设为 1：按下按键将信号置为 1。
(3) 设为 0：按下按键将信号置为 0。
(4) 按下/松开：长按按键，信号为 1，松开后信号重置为 0。
(5) 脉冲：按下按键，信号置为 1，然后自动重置为 0。</td></tr>
</table>

【做一做】

表 2-3-37　课中测试

小组编号：	小组成员：

课　中　做

1. 机器人 DSQC652 板卡 X5 端子连接如下图所示，请在示教器中创建该板卡

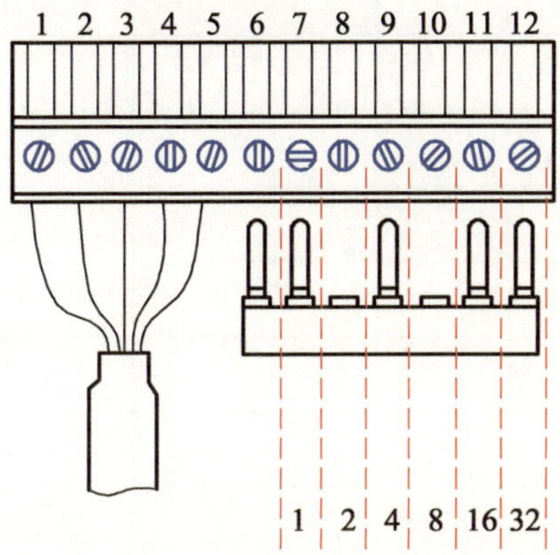

参数名称	设定值	参数说明
Name		
Type of Unit		
Connected to Bus		
DeviceNet Address		

2. 根据下列机器人 I/O 电气接线图，填写下列信号表，请在示教器设置输入输出信号并强制调试

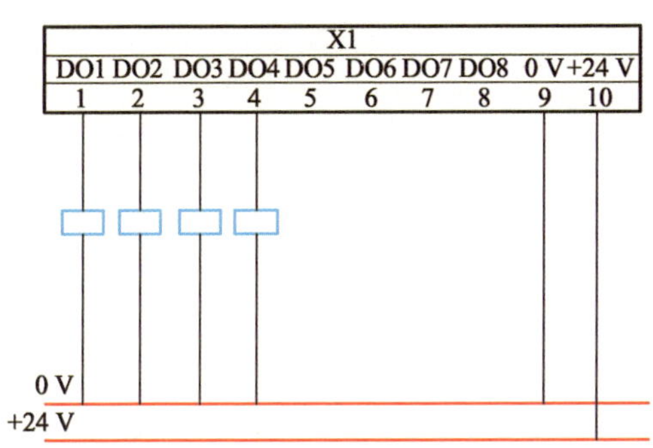

输出接线图

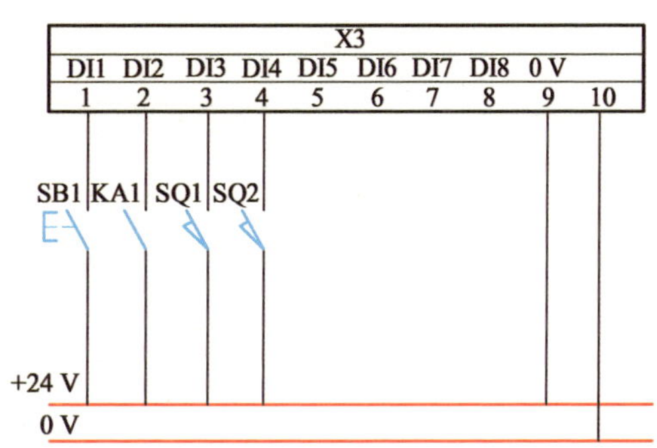

输入接线图

信号配置信息					
序号	信号名称	信号类型	所属板卡	地址	备注

3. 示教器4个预留按键信号设置操作

要求：将4个预留按键定义为快换、大吸盘、小吸盘和夹爪，其【Device Mapping】的值依次为7、8、9、4。

4. 课中记录

【评一评】

1. 学习过程自我评价

表 2-3-38 学习过程自评表

<table>
<tr><td>班级</td><td></td><td>姓名</td><td></td><td>学号</td><td></td><td>日期</td><td colspan="4">年 月 日</td></tr>
<tr><td rowspan="2">评价指标</td><td colspan="5" rowspan="2"></td><td rowspan="2">权重/%</td><td colspan="4">等级评定</td></tr>
<tr><td>A</td><td>B</td><td>C</td><td>D</td></tr>
<tr><td rowspan="3">信息检索</td><td colspan="5">能有效利用网络资源、工作手册查找有效信息</td><td>5</td><td></td><td></td><td></td><td></td></tr>
<tr><td colspan="5">能用自己的语言有条理地解释、表述所用知识</td><td>5</td><td></td><td></td><td></td><td></td></tr>
<tr><td colspan="5">能将查找到的信息有效地转换到工作中</td><td>5</td><td></td><td></td><td></td><td></td></tr>
<tr><td rowspan="2">感知工作</td><td colspan="5">是否熟悉工作岗位、认同工作价值</td><td>5</td><td></td><td></td><td></td><td></td></tr>
<tr><td colspan="5">在工作中，是否获得满足感</td><td>5</td><td></td><td></td><td></td><td></td></tr>
<tr><td rowspan="3">参与状态</td><td colspan="5">教师、同学之间是否相互尊重、理解、平等</td><td>5</td><td></td><td></td><td></td><td></td></tr>
<tr><td colspan="5">教师、同学之间是否保持多向丰富、适宜的信息交流</td><td>5</td><td></td><td></td><td></td><td></td></tr>
<tr><td colspan="5">探究学习，自主学习不流于形式，能处理好合作学习和独立思考的关系，做到有效学习</td><td>5</td><td></td><td></td><td></td><td></td></tr>
<tr><td rowspan="4">学习方法</td><td colspan="5">能提出有意义的问题或发表个人见解；能按要求正确操作；能够倾听、协作、分享</td><td>5</td><td></td><td></td><td></td><td></td></tr>
<tr><td colspan="5">能积极参与，在产品加工过程中不断学习，能提高综合运用信息技术的能力</td><td>5</td><td></td><td></td><td></td><td></td></tr>
<tr><td colspan="5">工作计划、操作技能是否符合规范要求</td><td>5</td><td></td><td></td><td></td><td></td></tr>
<tr><td colspan="5">是否获得进一步发展的能力</td><td>5</td><td></td><td></td><td></td><td></td></tr>
<tr><td rowspan="3">工作过程</td><td colspan="5">遵守管理规程，操作过程符合现场管理要求</td><td>5</td><td></td><td></td><td></td><td></td></tr>
<tr><td colspan="5">平时上课能按时出勤，每天能及时完成工作任务</td><td>5</td><td></td><td></td><td></td><td></td></tr>
<tr><td colspan="5">善于多角度思考问题，能主动发现，提出有价值的问题</td><td>5</td><td></td><td></td><td></td><td></td></tr>
<tr><td>思维状态</td><td colspan="5">能发现问题、提出问题、分析问题、解决问题、创新问题</td><td>5</td><td></td><td></td><td></td><td></td></tr>
<tr><td rowspan="4">自评反馈</td><td colspan="5">能按时按质完成工作任务</td><td>5</td><td></td><td></td><td></td><td></td></tr>
<tr><td colspan="5">能较好地掌握专业知识点</td><td>5</td><td></td><td></td><td></td><td></td></tr>
<tr><td colspan="5">具有较强的信息分析能力和理解能力</td><td>5</td><td></td><td></td><td></td><td></td></tr>
<tr><td colspan="5">具有较为全面严谨的思维能力并能条理明晰地表述成文</td><td>5</td><td></td><td></td><td></td><td></td></tr>
<tr><td colspan="6">自评等级</td><td colspan="5"></td></tr>
<tr><td>有益的经验与做法</td><td colspan="10"></td></tr>
<tr><td>总结反思建议</td><td colspan="10">（通过本任务学习，你获得哪些新知识，下次再做类似任务，你应当有哪些改进？）</td></tr>
<tr><td colspan="11">等级评定：A. 好　B. 较好　C. 一般　D. 有待提高</td></tr>
</table>

2. 学习过程三方评价

表 2-3-39 学习活动过程三方评价表

<table>
<tr><td>班级</td><td></td><td>姓名</td><td></td><td>学号</td><td></td><td>日期</td><td colspan="2">年 月 日</td></tr>
<tr><td colspan="5">评价内容（满分 100 分）</td><td>学生自评/分</td><td>同学互评/分</td><td>教师评价/分</td><td>总评/分</td></tr>
<tr><td rowspan="4">专业技能（60 分）</td><td colspan="4">任务学习完成进度（30 分）</td><td></td><td></td><td></td><td rowspan="8">A（86～100）
B（76～85）
C（60～75）
D（60 以下）</td></tr>
<tr><td colspan="4">对理论知识的掌握程度（10 分）</td><td></td><td></td><td></td></tr>
<tr><td colspan="4">理论知识的应用能力（10 分）</td><td></td><td></td><td></td></tr>
<tr><td colspan="4">改进能力（10 分）</td><td></td><td></td><td></td></tr>
<tr><td rowspan="4">综合素质（40 分）</td><td colspan="4">遵守现场操作的职业规范（10 分）</td><td></td><td></td><td></td></tr>
<tr><td colspan="4">信息获取的途径（10 分）</td><td></td><td></td><td></td></tr>
<tr><td colspan="4">按时完成学习和工作任务（10 分）</td><td></td><td></td><td></td></tr>
<tr><td colspan="4">团队合作精神（10 分）</td><td></td><td></td><td></td></tr>
<tr><td colspan="5">总分</td><td colspan="4"></td></tr>
<tr><td colspan="6">综合得分
（学生自评 10%、同学互评 10%、教师评价 80%）</td><td colspan="3"></td></tr>
<tr><td>小结建议</td><td colspan="8"></td></tr>
</table>

3. 现场测试考核评价

表 2-3-40 现场测试考核评价表

<table>
<tr><td>班级</td><td></td><td>姓名</td><td></td><td>学号</td><td></td><td>日期</td><td>年 月 日</td></tr>
<tr><td>序号</td><td colspan="3">评价要点</td><td colspan="2">配分/分</td><td>得分/分</td><td>总评/分</td></tr>
<tr><td>1</td><td colspan="3">能查阅资料，正确填写任务导学所提问题</td><td colspan="2">10</td><td></td><td rowspan="7">A（86～100）
B（76～85）
C（60～75）
D（60 以下）</td></tr>
<tr><td>2</td><td colspan="3">学习任务 2.3，正确理解填写学生工作页，错 1 处扣 2 分</td><td colspan="2">50</td><td></td></tr>
<tr><td>3</td><td colspan="3">能根据工作要求，对小组成员进行合理分工</td><td colspan="2">5</td><td></td></tr>
<tr><td>4</td><td colspan="3">能列出工业机器人选型主要技术参数</td><td colspan="2">10</td><td></td></tr>
<tr><td>5</td><td colspan="3">能遵守劳动纪律，以积极的态度接受工作任务</td><td colspan="2">5</td><td></td></tr>
<tr><td>6</td><td colspan="3">能积极参与小组讨论、团队间互相合作</td><td colspan="2">10</td><td></td></tr>
<tr><td>7</td><td colspan="3">能及时完成老师布置的任务</td><td colspan="2">10</td><td></td></tr>
<tr><td colspan="4">总分</td><td colspan="2">100</td><td colspan="2"></td></tr>
<tr><td colspan="5">综合得分
（学生自评 10%、同学互评 10%、教师评价 80%）</td><td colspan="3"></td></tr>
<tr><td>小结建议</td><td colspan="7"></td></tr>
</table>

【巩固与提高】

在线测试

项目 3　涂胶码垛工作站系统集成与调试

项目导入

机器人涂胶工作站是由机器人中心开发的机器人应用系统，主要包括机器人、供胶系统、涂胶工作台、工作站控制系统等外围支撑设备。为提高系统的可靠性，胶水工作站的机器人和胶水供应系统一般需采用优质产品。根据用户的需求，设计制造了工作台、控制柜及周边支撑设备，完成了拼贴系统的集成。

工作站自动化程度高，适合多品种、大批量生产，可广泛应用于汽车挡风玻璃、汽车车灯、摩托车、建材门窗、太阳能光伏电池拼贴等领域。

任务 3.1　涂胶码垛工作站硬件连接

【任务目标】

知识目标：

（1）掌握连接法兰工具的气路。

（2）掌握配置 DQSC652 信号板卡的方法。

（3）掌握设置添加法兰工具、夹爪、吸盘等输入/输出信号。

（4）掌握机器人正确抓取和放下涂胶工具程序常用指令。

技能目标：

（1）能连接法兰工具的气路。

（2）能配置 DQSC652 信号板卡。

（3）能设置添加法兰工具、夹爪、吸盘等输入/输出信号。

（4）能编写机器人正确抓取和放下涂胶工具程序。

素质目标：

（1）培养动手、观察、分析问题、解决问题能力。

（2）培养查阅资料和自学的能力。

（3）培养信息接收能力、处理能力和创新能力。

【任务导学】

（1）涂胶主要应用在什么地方？______________________________

____

____

（2）气动回路常见气动元件有哪些？它们有什么作用？______________________________

____

____

（3）涂胶工作站需要的周边设备有哪些？各有何用途？______________________________

____

____

【学一学】

学习活动 1　涂胶工作站工艺分析

该工作站配备 4 个快换工具。机器人手臂安装有法兰端快换模块，可实现不同工具间的自动切换。

1. 工艺要求

（1）将工具快换模块法兰端安装到工业机器人第 6 轴法兰盘上，要求检查工具快换模块法兰端和工业机器人第 6 轴法兰盘的销钉孔是否对齐，螺钉是否紧固。

（2）完成工具快换模块的气路连接，可使工具快换模块法兰端与工具端正常锁定和释放，并实现对夹爪工具和吸盘工具的动作控制，要求正压气路用蓝色气管，负压气路用透明气管。

（3）将气路压力调整到 0.4 ~ 0.6 MPa，打开过滤器末端开关，测试气路连接的正确性。

（4）ABB 机器人快换法兰的主要作用是快换工具的气路连接安装，如图 3-1-1 所示。

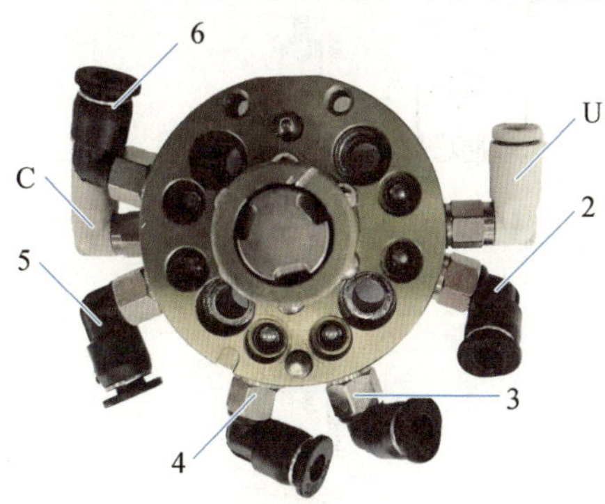

图 3-1-1　快换法兰

2. 气动回路图连接图

工具快换模块法兰气路图连接图如图 3-1-2 所示。

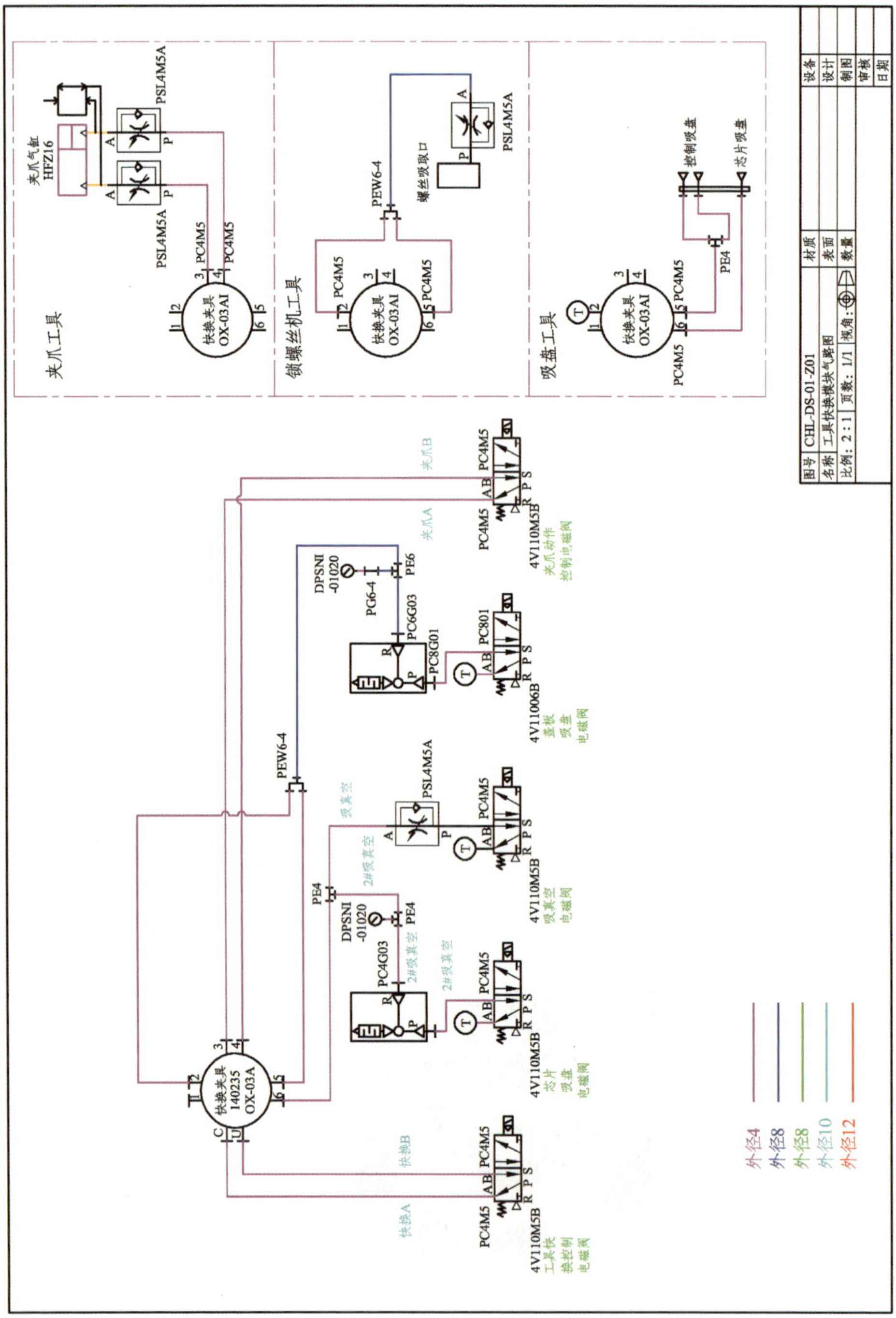

图 3-1-2　工具快换模块法兰气路图连接图

学习活动 2　工具快换模块法兰端安装及气路连接

法兰（Flange）又叫法兰凸缘盘或突缘。法兰是轴与轴之间相互连接的零件，用于管端之间的连接。工业机器人法兰的主要作用是快换工具的连接安装。

（1）工具快换模块法兰端安装。

① 工具准备：内六角扳手 M5 1 把、M5×25 内六角螺钉 4 颗。

② 具体安装学习活动见表 3-1-1。

法兰气路共包括 7 条气路，其中可分为快换工具气路、夹爪松紧气路、吸盘气路三部分，气路原理图如图 3-1-3 所示。

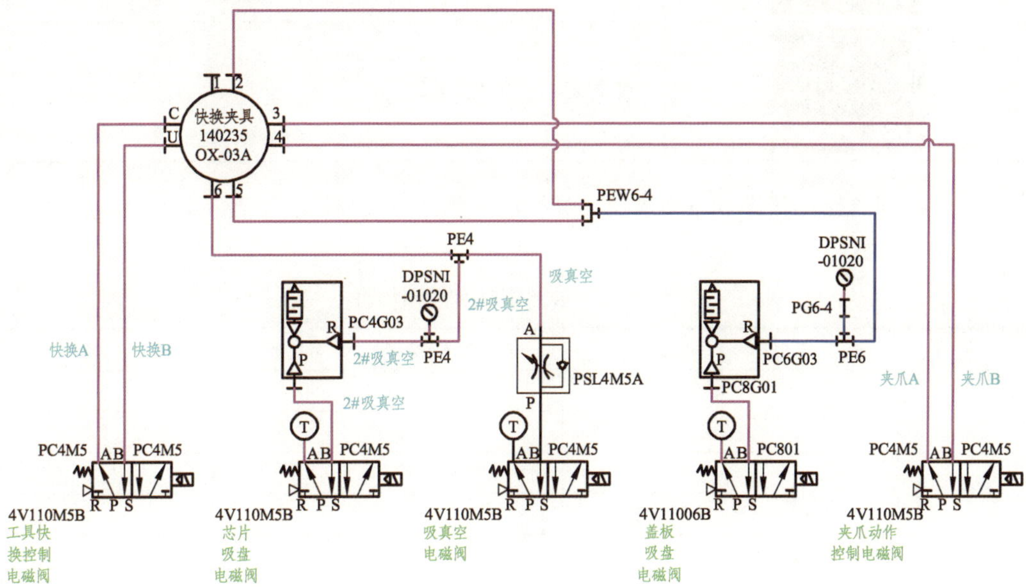

图 3-1-3　气路原理图

法兰盘通过对应编号的气路连接来实现工具的快换及使用。具体学习活动见表 3-1-1。

表 3-1-1　具体安装步骤

安装图示	操作说明
	将销钉装在销孔上
	将快换工具上的销钉孔对着已经安装好的销钉安装

续表

安装图示	操作说明
	安装第一颗内角螺钉
	安装第二颗（对角）内角螺钉
	安装其他内角螺钉

（2）根据气路连接图和平台实物，分析法兰气路连接情况，见表 3-1-2。部分实物图如图 3-1-4 所示。

表 3-1-2　气路安装对应的接口

安装项目	对应电磁阀	电磁阀接口	本体底座接口	J4 接口	法兰接口
夹爪气路	DO10_4	A	Air4	4	4
		B	Air3	3	3
快换气路	DO10_7	A	Air2	2	U
		B	Air1	1	C
大吸盘气路	DO10_8	B	通过真空器（大）接三通，一路接真空表（DI10_8），一路通过三通接法兰		2
					5
小吸盘气路	DO10_9	B	通过真空器接三通，一路接真空表（DI10_9），一路通过三通接法兰和（DO10_3）		6

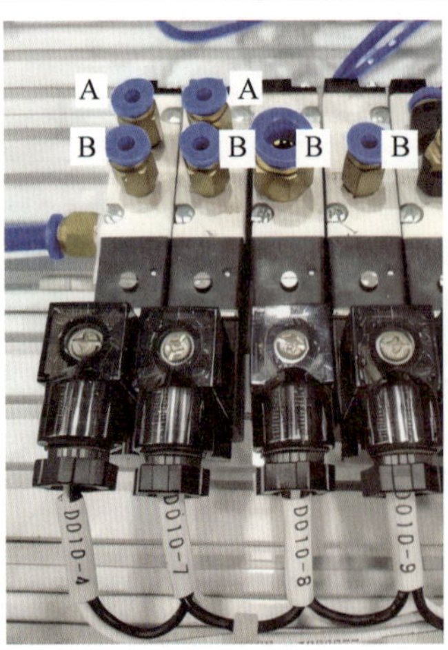

对应电磁阀

本体底座接口

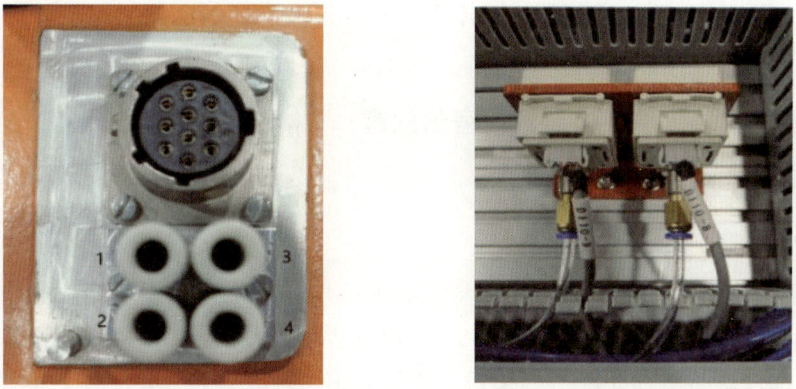

J4 接口　　　　真空表

图 3-1-4　部分实物图

（3）法兰通过对应编号的气路连接来实现快换装置和夹爪的使用，具体步骤如下：

① 快换工具及夹爪松紧的蓝色气管由尾部接入机器人，顶部与法兰连接，通过机器人的信号控制法兰的状态与动作。

② 气管分别从电磁阀【DO10_4】A、B 口连接到机器人尾部编号 Air4、Air3 口，J4 上的 4、3 口分别连接法兰编号 4、3，用于夹爪的开合。

③ 气管分别从电磁阀【DO10_7】A、B 口连接到机器人尾部编号 Air2、Air1 口，J4 上的 2、1 口分别连接法兰编号 U、C 口，用于快换工具的安装和卸载。

④ 电磁阀大吸盘分别连接法兰编号 2、5，用于大吸盘的连接，具体气路连接是：透明气管（大）从【DO10_8】电磁阀的 B 口至真空发射器，经过三通分路，一路连接至真空表【DI10_8】，一路连接到三通，分出两路分别接法兰编号 2、5。

⑤ 电磁阀小吸盘分别连接法兰编号 6，用于小吸盘的连接，具体气路连接：透明气管（小）从【DO10_9】电磁阀的 B 口至真空发射器，经过三通分路，一路连接至真空表【DI10_9】，一路连接到三通，分出两路分别接法兰编号 6 和【DO10_3】电磁阀的 B 口。

至此，工具快换模块法兰端安装及气路连接完成。

学习活动 3　工具快换模块法兰气路的调试

法兰气路安装完成后，需对气路进行调试，通过示教器预留按钮或对应电磁换向阀的手动按钮操作，并观察法兰和快换工具的状态确认是否符合需求，具体步骤如下：

（1）手拿吸盘工具，同时对应电磁换向阀的手动按钮，将吸盘工具装到法兰上，松开吸盘工具，观察吸盘工具是否固定在法兰上。

（2）手拿盖板靠近大吸盘，按下对应电磁换向阀的手动按钮，观察盖板是否固定在大吸盘上，松开按键，盖板是否与大吸盘工具脱离。

（3）手拿芯片靠近小吸盘，按下对应电磁换向阀的手动按钮，观察芯片是否固定在大吸盘上，松开按键，芯片是否与小吸盘工具脱离。

（4）手握吸盘工具，按下对应电磁换向阀的手动按钮，取下吸盘工具；换夹爪，按下第一个按键【快换】，将夹爪装到法兰上，松开夹爪，观察吸盘工具是否固定在法兰上。

（5）按下对应电磁换向阀的手动按钮，观察夹爪是否关闭，松开按键，夹爪是否处于松开状态。

学习活动 4　工具快换装置信号的配置

1. ABB 机器人通信

1）I/O 接线

I/O 是 Input/Output 的缩写，即输入/输出端口。每个设备都会有一个专用的 I/O 地址，用来处理自己的输入/输出信息。机器人或 PLC 要实现相关的控制功能，就要有相应的输入/输出部件，与电气元件（如按钮、行程开关、接近开关、传感器、电磁阀等）按照电气控制回路进行连接，配合程序就能实现。一般情况下数字输入/输出都是 DC 24 V 类型的。就像开关一样，只能开或关，没有第三种状态。在 ABB 机器人中显示的是 0 和 1。

2）现场总线

国际电工委员会（IEC）对现场总线的定义为：现场总线是一种应用于生产现场，在现场设备之间、现场设备与控制装置之间实行双向、串行、多节点数字通信的技术。

现场总线（Field bus）是近年来迅速发展起来的一种工业数据总线，它主要解决工业现场的智能化仪器仪表、控制器、执行机构等现场设备间的数字通信，以及这些现场控制设备和高级控制系统之间的信息传递问题。由于现场总线简单、可靠、经济实用等一系列突出的优点，因而受到了许多标准团体和计算机厂商的高度重视。

目前广泛应用的现场总线有 Profibus、CC-Link、Modbus、DeviceNet 等。

3）工业以太网

工业以太网是基于 IEEE 802.3 的强大的区域和单元网络。

随着工业自动化的发展，更加开放、透明的通信协议是必然的要求。以太网具有传输速度快、兼容性好、稳定性强、技术成熟的优势，使以太网技术得到了广泛的应用，其发展前景不可估量。借着当下的互联网技术，使远程监控、远程协作成为现实。开放的协议，让不同的厂商可以轻易实现互联。目前应用广泛的有 Modbus TCP、Profinet、Ethernet/IP、Socket 等。

4）通　信

通信，即 I/O 接线、现场总线、工业以太网的总称，简单来说，就是交流。不管怎么发展，将来怎么升级换代，其核心都是交流，让设备与设备之间、设备与人之间的信息交换更加快速、高效、稳定。不断升级，可以看到的是交换的信息越来越多，越来越快。从 I/O 接线只能告诉做什么，到现场总线以太网怎么做的升级。

2. ABB 标准 DSQC652 信号板

ABB 机器人 I/O 板提供常见的数字输入 DI 信号、数字输出 DO 信号、模拟输入 AI 信号、模拟输出 AO。常用标准 DSQC652 信号板见表 3-1-3。

表 3-1-3　ABB 标准 DSQC652 信号板

<table>
<tr><th>图示</th><th>说明</th></tr>
<tr><td>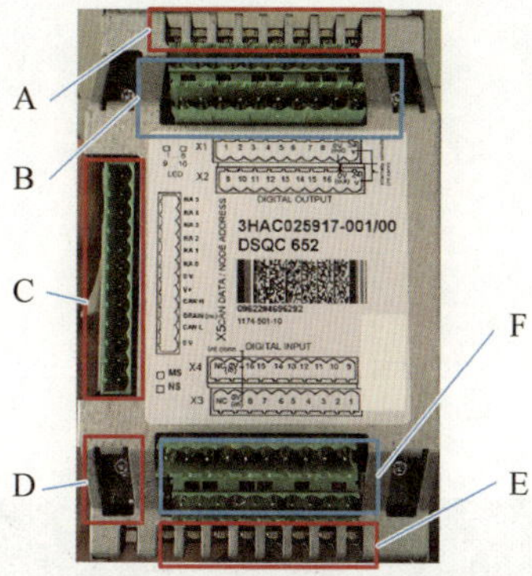
</td><td>DSQC 652（左图）主要提供 16 个数字输入信号和 16 个数字输出信号的处理。
A 为数字输出信号指示灯；E 为数字输入信号指示灯；B 为 X1/X2 数字输出接口；F 为 X3/X4 数字输入接口；C 为 X5 DeviceNet 接口</td></tr>
<tr><td>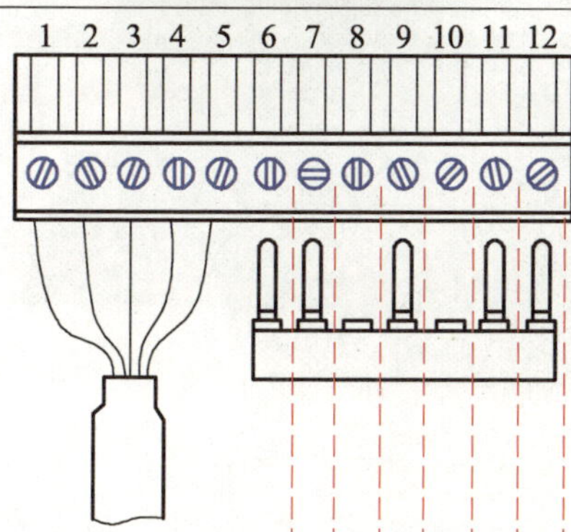

<table>
<tr><th>接线端</th><th>作用</th><th>接线端</th><th>作用</th></tr>
<tr><td>1</td><td>0 V</td><td>7</td><td>模块 ID bit0</td></tr>
<tr><td>2</td><td>CAN 信号线 low BLUE</td><td>8</td><td>模块 ID bit1</td></tr>
<tr><td>3</td><td>屏蔽线</td><td>9</td><td>模块 ID bit2</td></tr>
<tr><td>4</td><td>CAN 信号线 high WHTE</td><td>10</td><td>模块 ID bit3</td></tr>
<tr><td>5</td><td>24 V</td><td>11</td><td>模块 ID bit4</td></tr>
<tr><td>6</td><td>GND 地址选择公共端</td><td>12</td><td>模块 ID bit5</td></tr>
</table></td><td>C 为 X5 DeviceNet 接口；X5 是 12 口的 DeviceNet 专用接线端，专门用于 IRC5 控制柜的主计算机进行基于 DeviceNet 的通信。
在 X5 接线端中的 1～5 口用于 Device Net 通信。在 X5 接线端中，第 7～12 口是 DSQC 652 的节点地址设置位</td></tr>
<tr><td>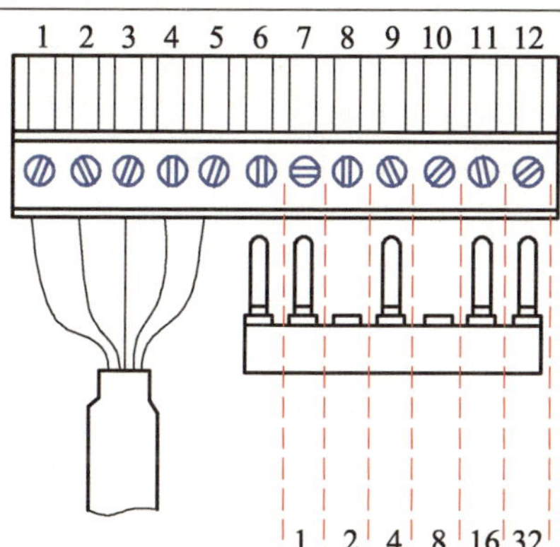
</td><td>在 X5 接线端中，第 7～12 口是 DSQC 652 的节点地址设置位，是专门用来设置 DSQC 651 接口板在整个工作站 DeviceNet 现场总线网络中的节点地址（左图），只要把专门插 7～12 口插头中的相应插片剪去，就可设置 DSQC 652 在整个 DeviceNet 现场总线网络中的节点地址。如想要获得 10 的地址，可将第 8 脚和第 10 脚的跳线剪去，2+8=10 就可以获得 10 的硬件地址</td></tr>
</table>

续表

图示	说明
地址规律： 第 7 接线端子对应的是 2^0； 第 8 接线端子对应的是 2^1； 第 9 接线端子对应的是 2^2； 第 10 接线端子对应的是 2^3； 第 11 接线端子对应的是 2^4； 第 12 接线端子对应的是 2^5	

X1 数字输出端口的接口地址分配表

接线端号	作用	地址分配	接线端号	作用	地址分配
1	数字输出 1	0	6	数字输出 6	5
2	数字输出 2	1	7	数字输出 7	6
3	数字输出 3	2	8	数字输出 8	7
4	数字输出 4	3	9	0 V	
5	数字输出 5	4	10	24 V	

X2 数字输出端口的接口地址分配表

接线端号	作用	地址分配	接线端号	作用	地址分配
1	数字输出 9	8	6	数字输出 14	13
2	数字输出 10	9	7	数字输出 15	14
3	数字输出 11	10	8	数字输出 16	15
4	数字输出 12	11	9	0 V	
5	数字输出 13	12	10	24 V	

续表

图示	说明

X3 数字输入端口的接口地址分配表

接线端号	作用	地址分配	接线端号	作用	地址分配
1	数字输入 1	0	6	数字输入 6	5
2	数字输入 2	1	7	数字输入 7	6
3	数字输入 3	2	8	数字输入 8	7
4	数字输入 4	3	9	0 V	
5	数字输入 5	4	10	24 V	

X4 数字输出端口的接口地址分配表

接线端号	作用	地址分配	接线端号	作用	地址分配
1	数字输入 9	8	6	数字输入 14	13
2	数字输入 10	9	7	数字输入 15	14
3	数字输入 11	10	8	数字输入 16	15
4	数字输入 12	11	9	0 V	
5	数字输入 13	12	10	24 V	

3. 设置 DSQC 652 信号板

D652 板卡及信号添加

1）ABB 机器人 DSQC 652 板参数（见表 3-1-4）

表 3-1-4　定义 DSQC 652 板的总线连接的相关参数说明

参数名称	设定值	说明
Name	board10	设定 I/O 板在系统中的名字，10 代表 I/O 板在 DeviceNet 总线上的地址是 10，方便在系统中识别
Type of Unit	d652	设定 I/O 板的类型
Connected to Bus	DeviceNet1	设定 I/O 板连接的总线
DeviceNet Address	10	设定 I/O 板在总线中的地址

2）配置 I/O 板卡

设置 DSQC 652 信号板的操作步骤见表 3-1-5。

表 3-1-5　设置 DSQC 652 信号板的操作步骤

序号	操作步骤	图示
1	在控制面板中单击选择“控制面板”，进入系统参数设置界面	
2	单击“配置”，进入系统参数设置界面	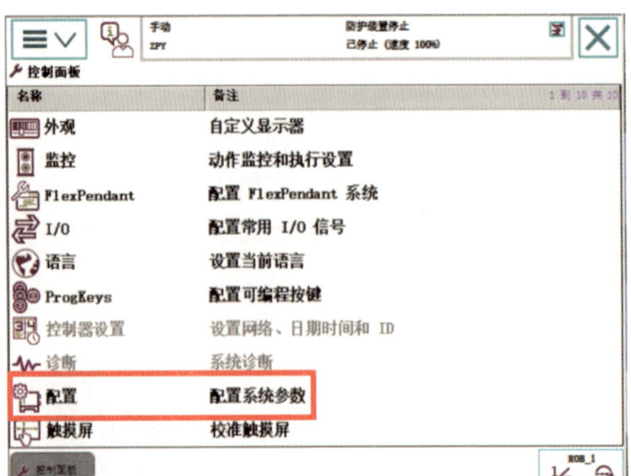

续表

<table>
<tr><th>序号</th><th>操作步骤</th><th>图示</th></tr>
<tr><td>3</td><td>双击“DeviceNet Device”，进入信号板添加界面</td><td>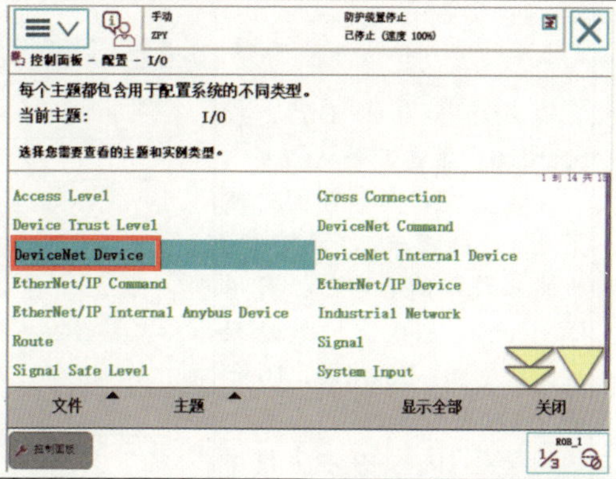
</td></tr>
<tr><td>4</td><td>在信号板添加界面点击“添加”选项</td><td>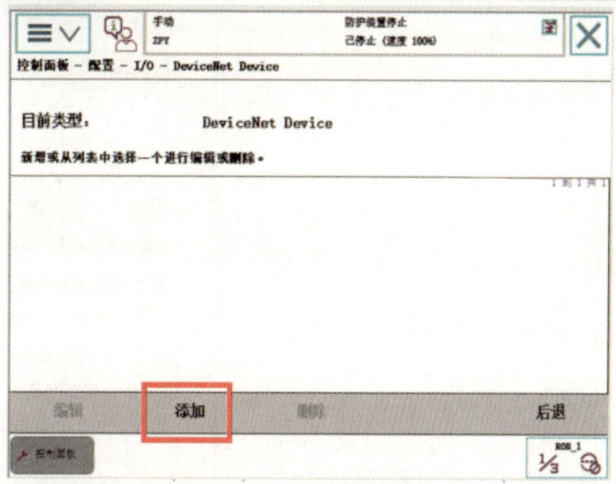
</td></tr>
<tr><td>5</td><td>在“使用来自模板的值”中选择“DSQC 652 24 VDC I/O Device”</td><td>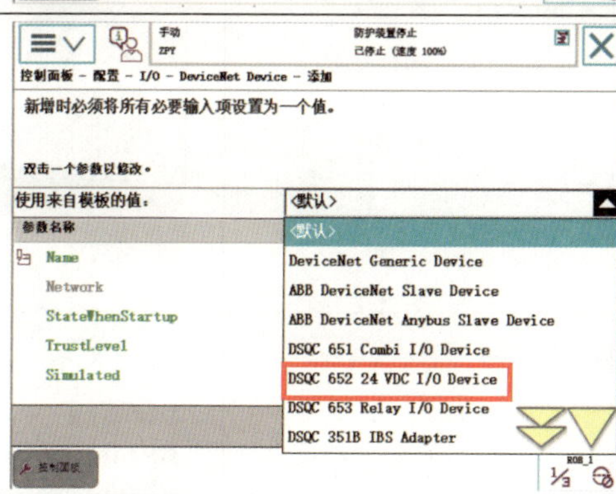
</td></tr>
<tr><td>6</td><td>点击“Name”</td><td>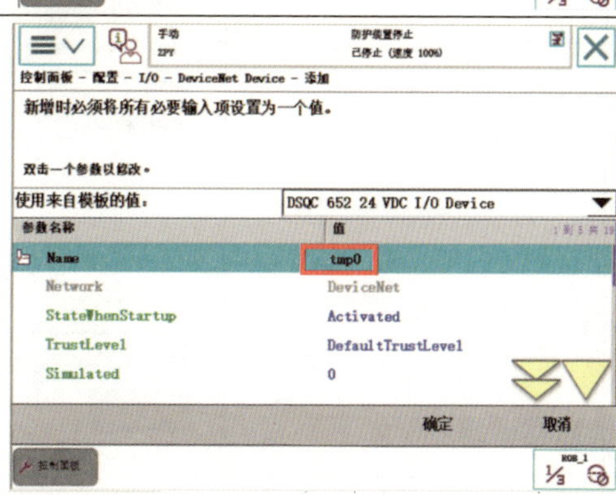
</td></tr>
</table>

续表

序号	操作步骤	图示
7	输入板卡名称 D652 或 board10。点击“确认”。 注意：机器人可能同时使用几个 I/O 板卡，在设定 I/O 板在系统中的名字时，可用 DeviceNet 总线上的地址来区分。例如：board10，10 代表 I/O 板在 DeviceNet 总线上的地址是 10，方便在系统中识别	
8	点击“63”，进入修改“Address:=”画面	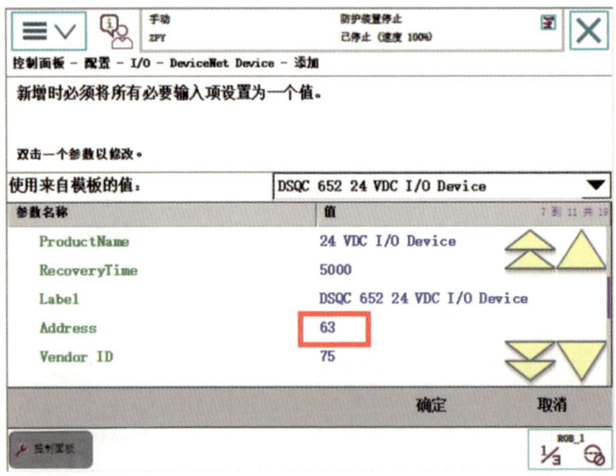
9	修改“Address”值“10”	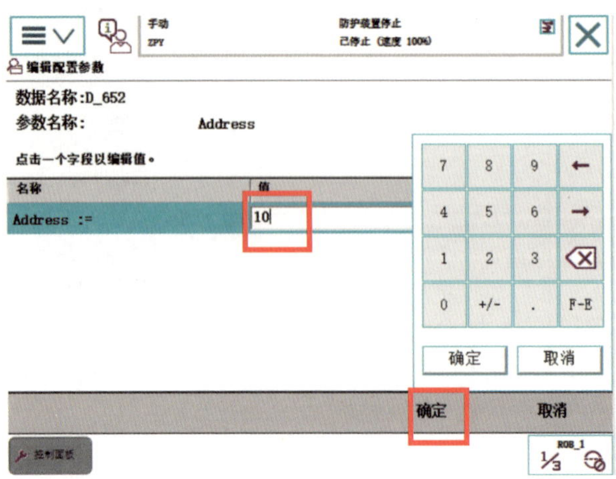

续表

<table>
<tr><th>序号</th><th>操作步骤</th><th>图示</th></tr>
<tr><td>10</td><td>点击“确定”</td><td>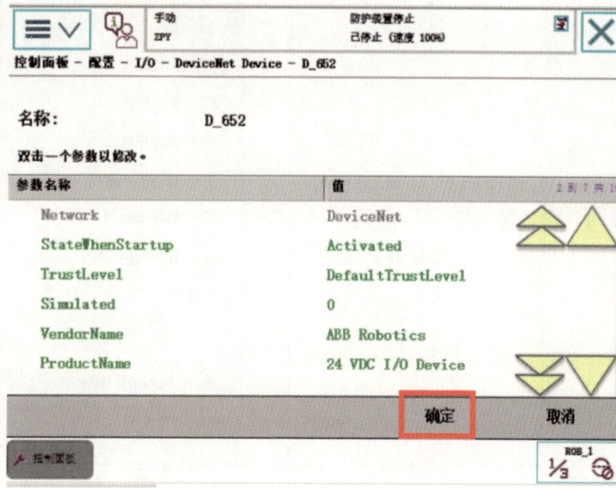
</td></tr>
<tr><td>11</td><td>点击“是”</td><td>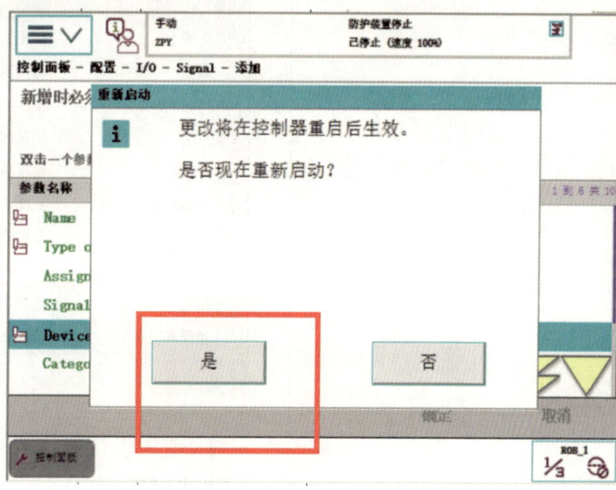
</td></tr>
</table>

4. 工具快换装置信号的配置

为了使法兰气路正常工作，需要添加与快换工具气路相关的机器人 I/O 信号。工具快换装置信号见表 3-1-6。

表 3-1-6　工具快换装置信号

信号名称（name）	信号类（Type of Signal）	I/O 板地（DeviceMapping）	功能	I/O 模块（Assignal toDevice）
kuaihuan_Start	Digital Output	7	快换装置	d652

（1）设置快换装置输出信号设置步骤见表 3-1-7。

表 3-1-7　快换装置输出信号设置

序号	操作步骤	图示
1	在主菜单界面选择“控制面板”选项，打开“控制面板”界面	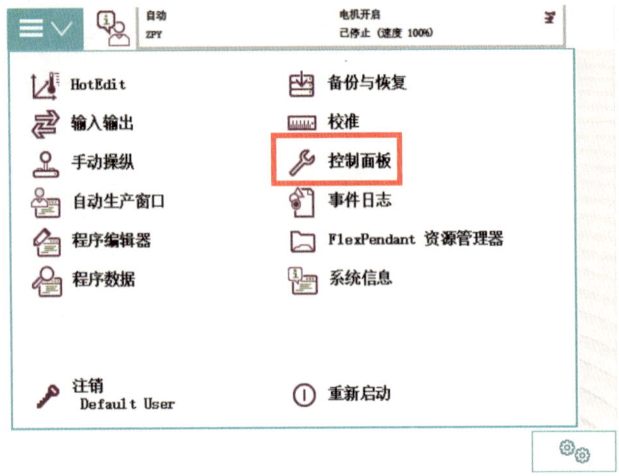
2	在“控制面板”界面选择“配置”选项，打开“配置”界面	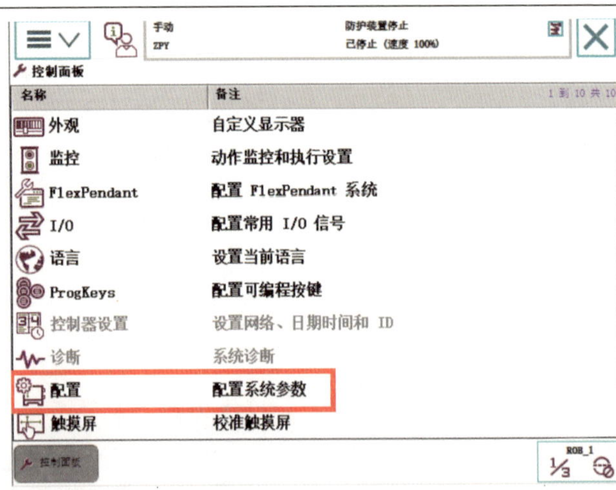
3	在“配置”界面单击“Signal”选项	

续表

序号	操作步骤	图示
4	在【Signal】界面点击【添加】，打开信号【添加】界面	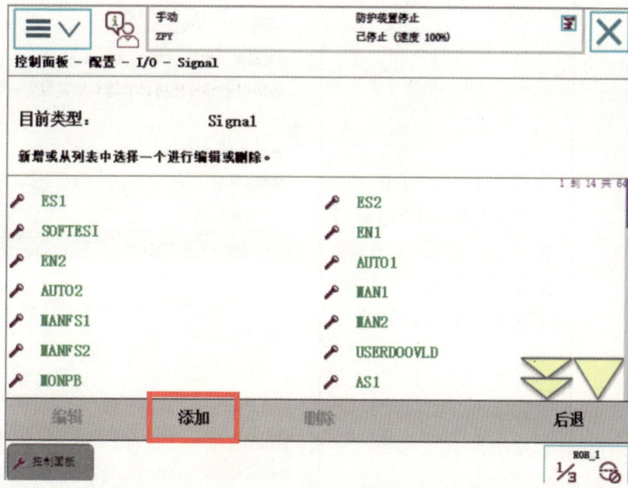
5	在【添加】界面单击【Name】	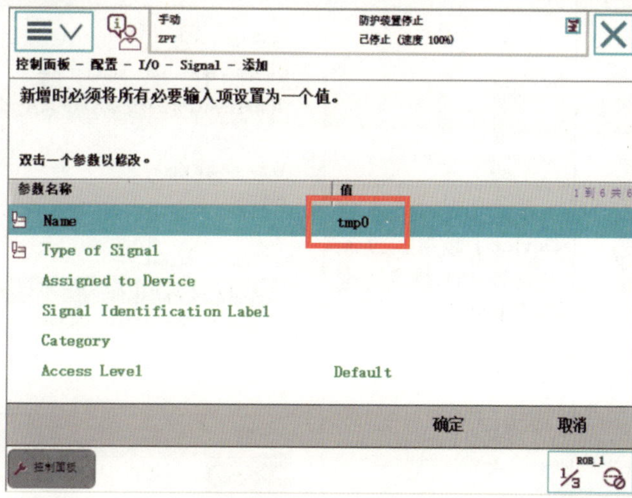
6	在弹出的对话框中输入信号名称：【HandChange_Start】，点击【确定】	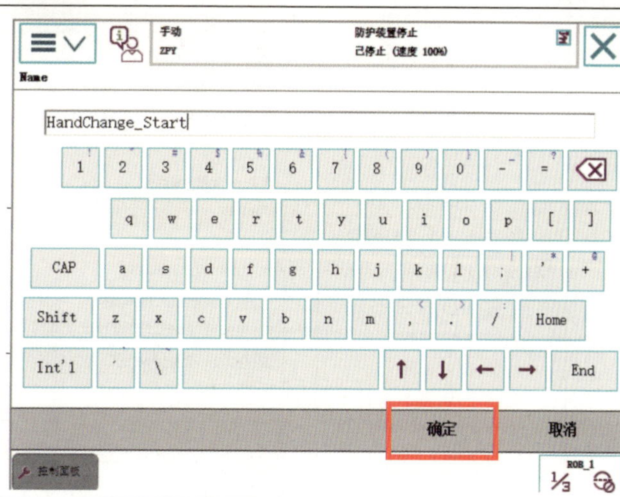

续表

序号	操作步骤	图示
7	返回【添加】界面，单击【Type of Signal】给信号设置信号类型，信号类型选择【Digital Output】	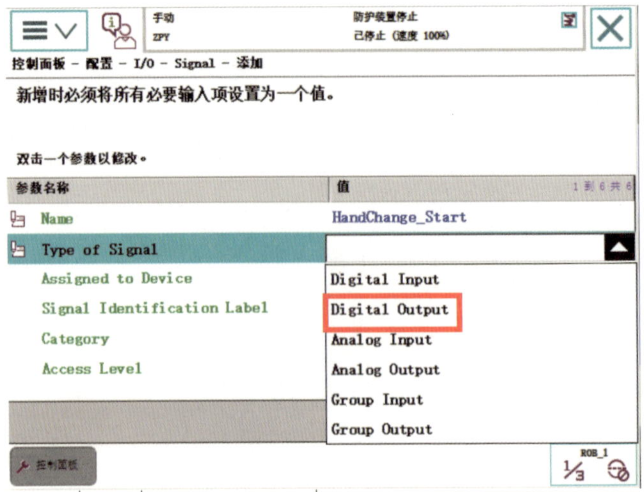
8	单击【Assigned of Device】选项，为信号设置I/O模块，选择【d652】	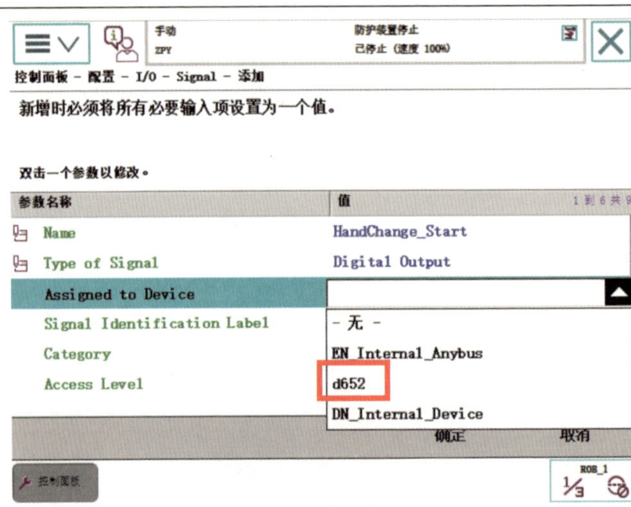
9	单击【Device Mapping】选项，为信号设置I/O板地址	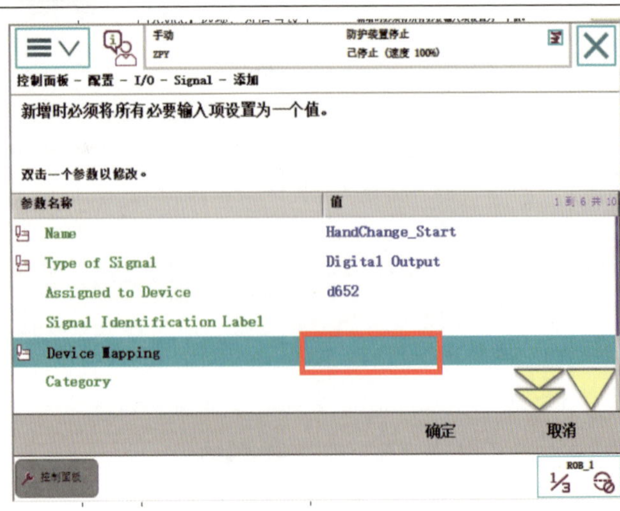

续表

序号	操作步骤	图示
10	在弹出的对话框中输入系统分配的 I/O 板地址【7】，单击【确定】按钮	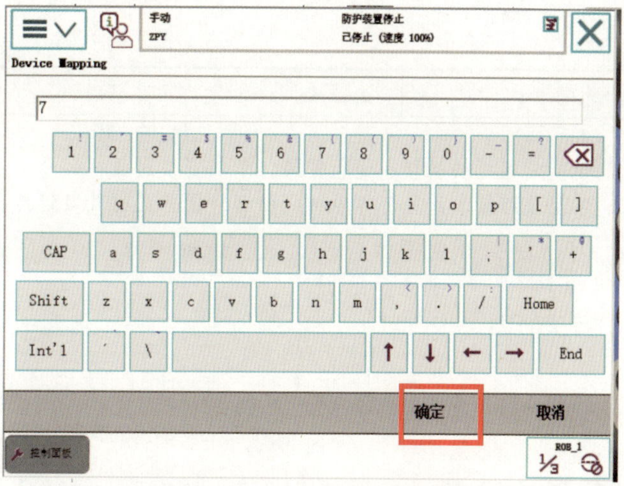
11	在弹出的对话框中选择【是】	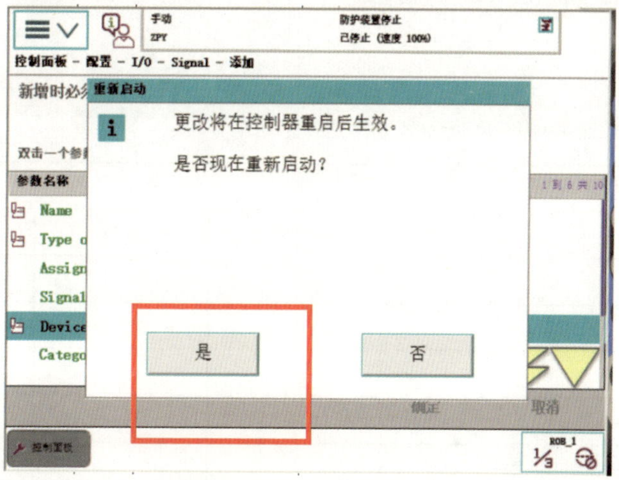
12	控制器重启成功后，返回到【Signal】界面，可以看到刚添加的信号【HandChange_Start】。注：HandChange\快换	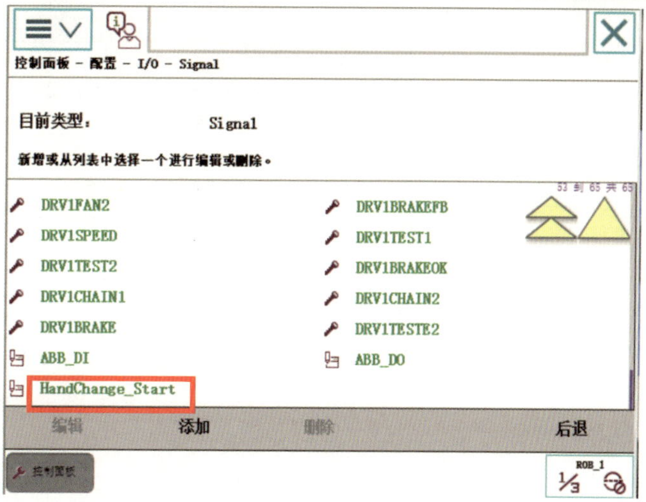

【做一做】

表 3-1-8　课中测试

小组编号：	小组成员：

课 中 做

1. 学生分组对快换接头进行安装，录制安装过程视频
2. 学生分组绘制涂胶工作站的气动回路图并进行气路连接及气路调试

3. 绘制涂胶工作站电气原理图

4. 根据电气原理，配置涂胶工作站信号

信号配置信息					
序号	信号名称	信号类型	所属板卡	地址	备注

5. 课中记录

【评一评】

1. 学习过程自我评价

表 3-1-9　学习过程自评表

<table>
<tr><td>班级</td><td colspan="5">　　　姓名　　　　　学号</td><td>日期</td><td colspan="4">年　月　日</td></tr>
<tr><td rowspan="2">评价指标</td><td colspan="5" rowspan="2"></td><td rowspan="2">权重/%</td><td colspan="4">等级评定</td></tr>
<tr><td>A</td><td>B</td><td>C</td><td>D</td></tr>
<tr><td rowspan="3">信息检索</td><td colspan="5">能有效利用网络资源、工作手册查找有效信息</td><td>5</td><td></td><td></td><td></td><td></td></tr>
<tr><td colspan="5">能用自己的语言有条理地解释、表述所用知识</td><td>5</td><td></td><td></td><td></td><td></td></tr>
<tr><td colspan="5">能将查找到的信息有效地转换到工作中</td><td>5</td><td></td><td></td><td></td><td></td></tr>
<tr><td rowspan="2">感知工作</td><td colspan="5">是否熟悉工作岗位、认同工作价值</td><td>5</td><td></td><td></td><td></td><td></td></tr>
<tr><td colspan="5">在工作中，是否获得满足感</td><td>5</td><td></td><td></td><td></td><td></td></tr>
<tr><td rowspan="3">参与状态</td><td colspan="5">教师、同学之间是否相互尊重、理解、平等</td><td>5</td><td></td><td></td><td></td><td></td></tr>
<tr><td colspan="5">教师、同学之间是否保持多向、丰富、适宜的信息交流</td><td>5</td><td></td><td></td><td></td><td></td></tr>
<tr><td colspan="5">探究学习，自主学习不流于形式，能处理好合作学习和独立思考的关系，做到有效学习</td><td>5</td><td></td><td></td><td></td><td></td></tr>
<tr><td rowspan="4">学习方法</td><td colspan="5">能提出有意义的问题或发表个人见解；能按要求正确操作；能够倾听、协作、分享</td><td>5</td><td></td><td></td><td></td><td></td></tr>
<tr><td colspan="5">能积极参与，在产品加工过程中不断学习，能提高综合运用信息技术的能力</td><td>5</td><td></td><td></td><td></td><td></td></tr>
<tr><td colspan="5">工作计划、操作技能是否符合规范要求</td><td>5</td><td></td><td></td><td></td><td></td></tr>
<tr><td colspan="5">是否获得进一步发展的能力</td><td>5</td><td></td><td></td><td></td><td></td></tr>
<tr><td rowspan="3">工作过程</td><td colspan="5">遵守管理规程，操作过程符合现场管理要求</td><td>5</td><td></td><td></td><td></td><td></td></tr>
<tr><td colspan="5">平时上课能按时出勤，每天能及时完成工作任务</td><td>5</td><td></td><td></td><td></td><td></td></tr>
<tr><td colspan="5">善于多角度思考问题，能主动发现，提出有价值的问题</td><td>5</td><td></td><td></td><td></td><td></td></tr>
<tr><td>思维状态</td><td colspan="5">能发现问题、提出问题、分析问题、解决问题、创新问题</td><td>5</td><td></td><td></td><td></td><td></td></tr>
<tr><td rowspan="4">自评反馈</td><td colspan="5">能按时按质完成工作任务</td><td>5</td><td></td><td></td><td></td><td></td></tr>
<tr><td colspan="5">能较好地掌握专业知识点</td><td>5</td><td></td><td></td><td></td><td></td></tr>
<tr><td colspan="5">具有较强的信息分析能力和理解能力</td><td>5</td><td></td><td></td><td></td><td></td></tr>
<tr><td colspan="5">具有较为全面严谨的思维能力并能条理明晰地表述成文</td><td>5</td><td></td><td></td><td></td><td></td></tr>
<tr><td colspan="6">自评等级</td><td colspan="5"></td></tr>
<tr><td>有益的经验与做法</td><td colspan="10"></td></tr>
<tr><td>总结反思建议</td><td colspan="10">（通过本任务学习，你获得哪些新知识，下次再做类似任务，你应当有哪些改进？）</td></tr>
<tr><td colspan="11">等级评定：A. 好　B. 较好　C. 一般　D. 有待提高</td></tr>
</table>

2. 学习过程三方评价

表 3-1-10　学习活动过程三方评价表

<table>
<tr><td>班级</td><td></td><td>姓名</td><td></td><td>学号</td><td></td><td>日期</td><td colspan="2">年　月　日</td></tr>
<tr><td colspan="5">评价内容（满分 100 分）</td><td>学生自评/分</td><td>同学互评/分</td><td>教师评价/分</td><td>总评/分</td></tr>
<tr><td rowspan="4">专业技能（60 分）</td><td colspan="4">任务学习完成进度（30 分）</td><td></td><td></td><td></td><td rowspan="8">A（86～100）
B（76～85）
C（60～75）
D（60 以下）</td></tr>
<tr><td colspan="4">对理论知识的掌握程度（10 分）</td><td></td><td></td><td></td></tr>
<tr><td colspan="4">理论知识的应用能力(10 分)</td><td></td><td></td><td></td></tr>
<tr><td colspan="4">改进能力（10 分）</td><td></td><td></td><td></td></tr>
<tr><td rowspan="4">综合素质（40 分）</td><td colspan="4">遵守现场操作的职业规范（10 分）</td><td></td><td></td><td></td></tr>
<tr><td colspan="4">信息获取的途径（10 分）</td><td></td><td></td><td></td></tr>
<tr><td colspan="4">按时完成学习和工作任务（10 分）</td><td></td><td></td><td></td></tr>
<tr><td colspan="4">团队合作精神（10 分）</td><td></td><td></td><td></td></tr>
<tr><td colspan="5">总分</td><td colspan="4"></td></tr>
<tr><td colspan="6">综合得分
（学生自评 10%、同学互评 10%、教师评价 80%）</td><td colspan="3"></td></tr>
<tr><td>小结建议</td><td colspan="8"></td></tr>
</table>

3. 现场测试考核评价

表 3-1-11　现场测试考核评价表

<table>
<tr><td>班级</td><td></td><td>姓名</td><td></td><td>学号</td><td></td><td>日期</td><td>年　月　日</td></tr>
<tr><td>序号</td><td colspan="4">评价要点</td><td>配分/分</td><td>得分/分</td><td>总评/分</td></tr>
<tr><td>1</td><td colspan="4">能查阅资料，正确填写任务导学所提问题</td><td>10</td><td></td><td rowspan="7">A（86～100）
B（76～85）
C（60～75）
D（60 以下）</td></tr>
<tr><td>2</td><td colspan="4">学习任务 3.1，正确理解填写“做一做”，错 1 处扣 2 分</td><td>50</td><td></td></tr>
<tr><td>3</td><td colspan="4">能根据工作要求，对小组成员进行合理分工</td><td>5</td><td></td></tr>
<tr><td>4</td><td colspan="4">能列出工业机器人选型主要技术参数</td><td>10</td><td></td></tr>
<tr><td>5</td><td colspan="4">能遵守劳动纪律，以积极的态度接受工作任务</td><td>5</td><td></td></tr>
<tr><td>6</td><td colspan="4">能积极参与小组讨论、团队间互相合作</td><td>10</td><td></td></tr>
<tr><td>7</td><td colspan="4">能及时完成老师布置的任务</td><td>10</td><td></td></tr>
<tr><td colspan="5">总分</td><td>100</td><td colspan="2"></td></tr>
<tr><td colspan="6">综合得分
（学生自评 10%、同学互评 10%、教师评价 80%）</td><td colspan="2"></td></tr>
<tr><td>小结建议</td><td colspan="7"></td></tr>
</table>

【巩固与提高】

在线测试

任务 3.2　涂胶工作站编程与调试

【任务目标】

知识目标：

（1）掌握 MoveL、MoveJ、MoveC、MoveAbsj 等常用运动指令。

（2）掌握 WaitTime、Set 等常用指令。

（3）掌握新建工件坐标方法。

技能目标：

（1）熟练使用 MoveL、MoveJ、MoveC、MoveAbsj 等常用运动指令。

（2）能应用 WaitTime、Set 等常用指令。

（3）会灵活应用工件坐标。

素质目标：

（1）培养动手、观察、分析问题和解决问题的能力。

（2）培养查阅资料和自学的能力。

（3）培养信息接收能力、处理能力和创新能力。

【任务导学】

（1）机器人常见数据类型有哪些？______

______

______

______

（2）查阅资料，简述机器人关节、线性、圆弧运动指令的格式与参数含义。______

______

______

______

（3）查阅资料，简述 RAPID 程序的结构。______

______

______

______

【学一学】

学习活动 1　编程基础

1. RAPID 程序构架

RAPID 语言是一种由机器人厂家针对用户示教编程所开发的机器人编程语言，其结构与风格类似于 C 语言。RAPID 程序中包含一连串控制机器人的指令，执行这些指令可以实现对 ABB 工业机器人的控制操作。RAPID 是一种英文编程语言，所包含的指令可以移动机器人、设置输出、读取输入，还能实现决策、重复其他指令、构造程序、与系统操作员交流等功能。

一台机器人的 RAPID 程序由系统模块与程序模块组成，每一个模块中可以建立若干程序。通常情况下，系统模块多用于系统方面的控制，而只通过新建程序模块来构建机器人的执行程序。机器人一般都自带 BASE 模块和 USER 模块两个系统模块，如图 3-2-1 所示。

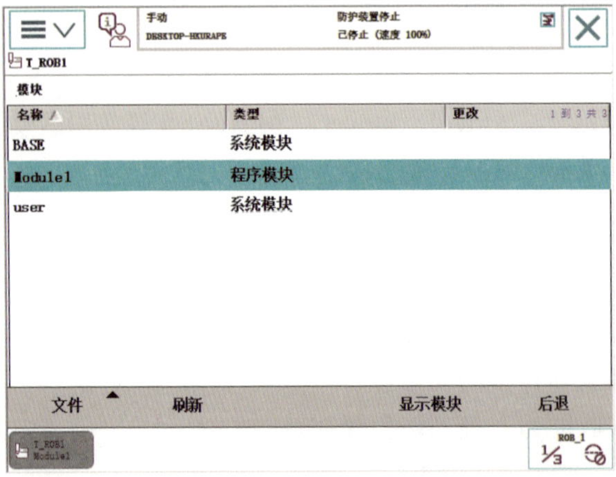

图 3-2-1　机器人系统模块

在设计机器人程序时，可根据不同的用途创建不同的程序模块，如用于计算的程序模块、用于存储数据的程序模块，这样便于归类管理不同用途的例行程序与程序数据。每一个程序模块包含程序数据（Program data）、例行程序（Routine）、中断程序（Trap）和功能（Function）四种对象，但不一定在一个模块中都有这四种对象，程序模块之间的数据、例行程序、中断程序和功能是可以互相调用的。在 RAPID 程序中，只有一个主程序 main，并且存在于任意一个程序模块中，并且是作为整个 RAPID 程序执行的起点。

2. 机器人程序数据

程序数据是在程序模块或系统模块中设定的值和定义的一些环境数据。创建好的程序数据可通过同一个模块或其他模块中的指令进行引用。图 3-2-2 所示为常用的直线运动指令，在该行程序中调用了四个常用的程序数据，见表 3-2-1。

建立工业机器人程序数据

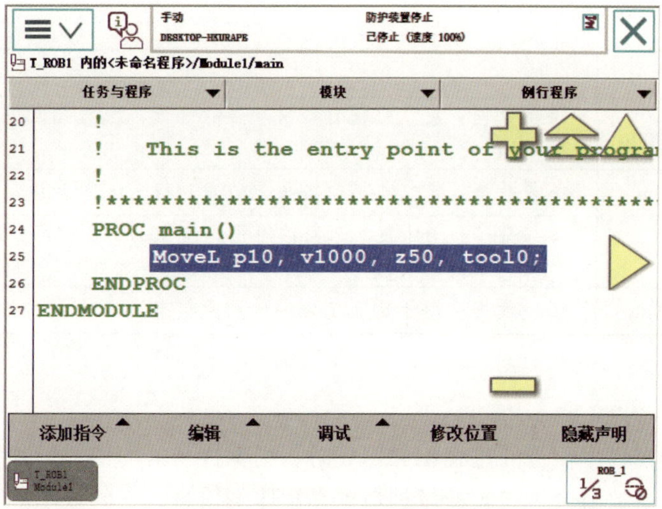

图 3-2-2　线性运动指令格式

表 3-2-1　程序数据

程序数据	数据类型	说明
P10	robarget	目标位置
V150	speeddata	运行速度，单位 mm/s
Z50	zonedata	转弯区半径，单位 mm
Tool0	tooldata	指定运行时的工具

1）程序数据的类型与分类

ABB 工业机器人的程序数据共有 102 个，程序数据可以根据实际情况进行创建，为 ABB 工业机器人程序设计提供了良好的数据支撑。数据类型可以利用示教器的“程序数据”窗口进行查看，用户可根据需要进行选择，并创建程序数据。机器人常用的程序数据见表 3-2-2。

表 3-2-2　机器人常见数据类型

类型	名称	说明
基本数据	bool	逻辑值：逻辑状态下赋予的真或假。逻辑值有两种情况：成立，则逻辑值为真，使用 true 或 1 表示；不成立，则逻辑值为假，使用 false 或 0 表示
	byte	字节值：用于计量存储容量的一种计量单位，取值范围为 0～255
	num	数值：变量，可存储整数或小数整数，取值范围为-8388607～8388608
	string	字符串：由数字、字母、下划线组成的一串字符，最多 80 个字符
I/O 数据	dionum	数字值：取值为 0 或 1，用于处理数字 I/O 信号，数字 I/O 信号中 0 作为低电平 0～0.7 V，1 作为高电平 3.4～5.0 V
	signaldi/do	数字量输入/输出信号：二进制值输入、输出，如开关接，连通是 1，断开是 0
	signalgi/go	数字量输入/输出信号组：多个数字量输入或输出组合配合使用

续表

类型	名称	说明
运动相关数据	robtarget	位置数据：定义机械臂和附加轴的位置，机器人做线性运动 X、Y、Z 轴数据
	robjoint	关节数据：定义机械臂各关节位置，J1～J6 单轴运动数据
	tooldata	工具数据：用于定义工具的特征，包含工具中心点（TCP）的位置和方向，以及工具的负载
	wobjdata	工件数据：用于定义工件的位置及状态

2）程序数据的存储方式

（1）变量（VAR）。

变量型数据在程序执行的过程中和停止时，会保持当前的值。但如果程序指针被移到主程序后，当前数值会丢失。变量型数据在程序编辑窗口中的显示如图 3-2-3 所示。

VAR num length:=0;名称为 length 的数字数据。

VAR string name:= “Rose” ;名称为 name 的字符数据。

VAR bool flag:=FALSE;名称为 flag 的布尔量数据。

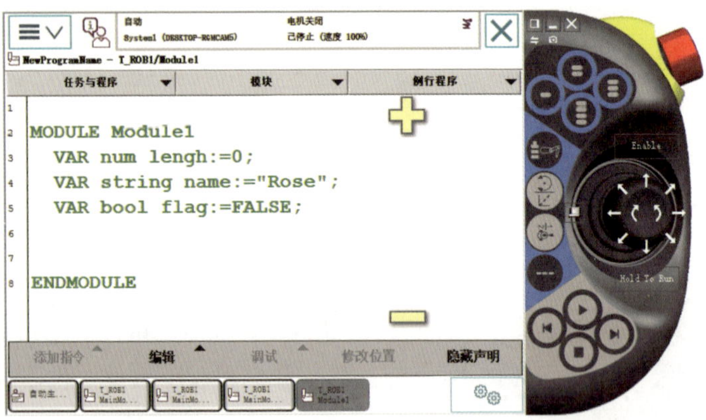

图 3-2-3　变量型数据在程序编辑窗口

其中，VAR 表示存储类型为变量，num、string、flag 表示程序数据类型。

在定义数据时，可以定义变量数据的初始值。例如 length 的初始值为 0，name 的初始值为 Rose，flag 的初始值为 FALSE。在 ABB 工业机器人执行的 RAPID 程序中也可以对变量存储类型程序数据进行赋值操作，如图 3-2-4 所示。在执行程序时，变量数据为程序中的赋值，在指针复位后将恢复为初始值。

（2）可变量（PERS）。

可变量最大的特点是，无论程序的指针如何，都会保持最后赋予的值。可变量型数据在程序编辑窗口中的显示如图 3-2-5 所示。

PERS num abc:=2;名称为 abc 的数字数据。

PERS string text:="Hi";名称为 text 的字符数据。

在机器人执行的 RAPID 程序中也可以对可变量型数据进行赋值操作，PERS 表示存储类型为可变量。在程序执行以后，赋值的结果会一直保持，直到对其进行重新赋值。

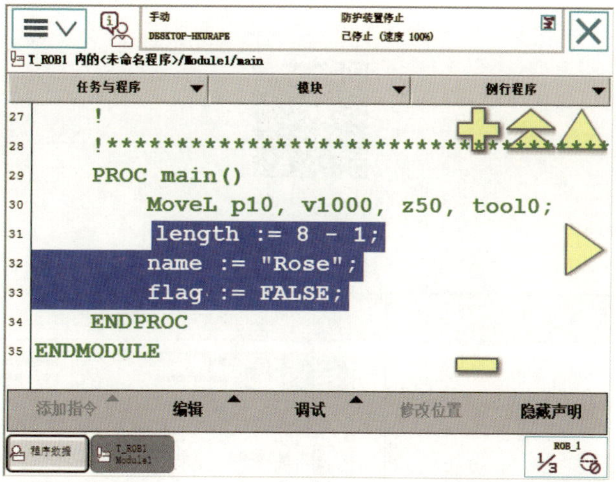

图 3-2-4　变量数据为程序中的赋值

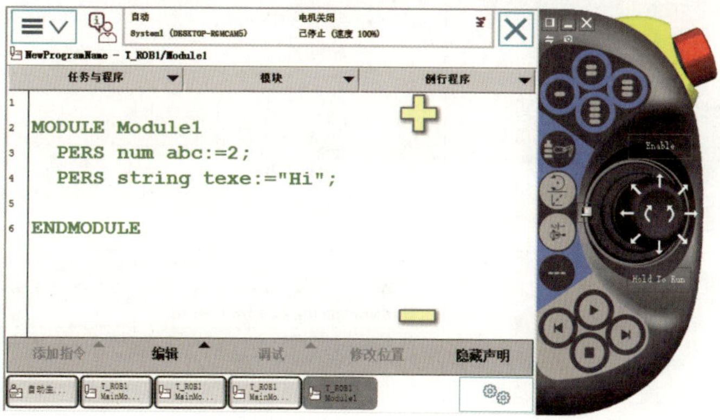

图 3-2-5　可变量（PERS）数据

（3）常量（CONST）。

常量在定义时已被赋予数值。存储类型为常量的程序数据，不允许在程序中进行赋值操作；需要修改时，必须手动进行修改。常量型数据在程序编辑窗口中的显示如图 3-2-6 所示。

CONST num gracity:=9.8;名称为 gravity 的数字数据。

CONST string greeting：="Hi";名称为 greeting 的字符数据。

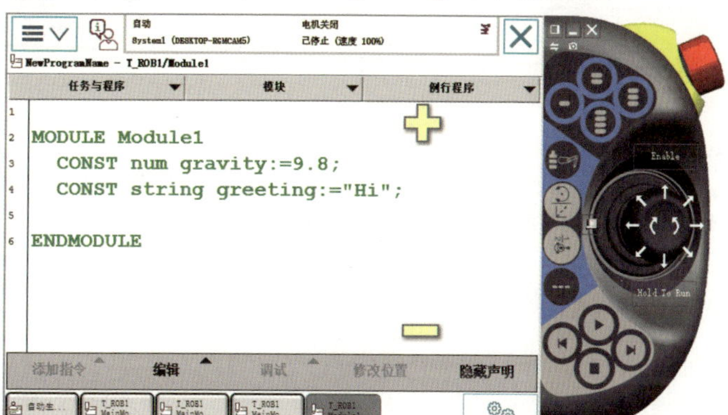

图 3-2-6　常量型数据在程序编辑窗口

3. 建立程序模块及例行程序（见表 3-2-3）

建立程序模块

表 3-2-3　建立程序模块及例行程序

序号	操作步骤	示意图
1	进入主菜单，在示教器界面选择“程序编辑器”选项	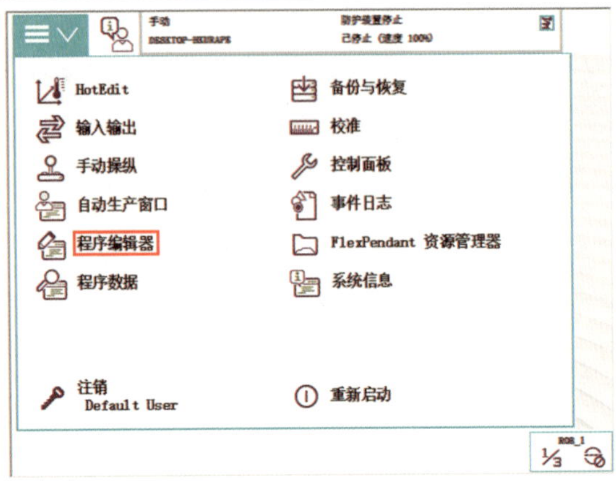
2	单击“模块”按钮进行程序模块创建	
3	在“模块”界面中先点击文件，再点击“新建模块...”	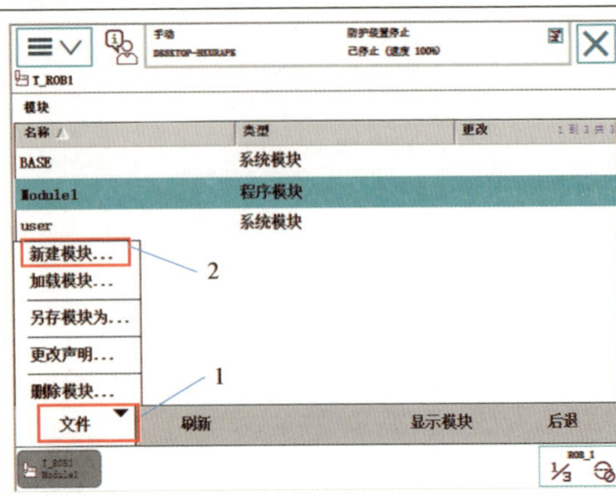

续表

序号	操作步骤	示意图
4	添加新模块后，将丢失程序指针，是否继续？点击“是”	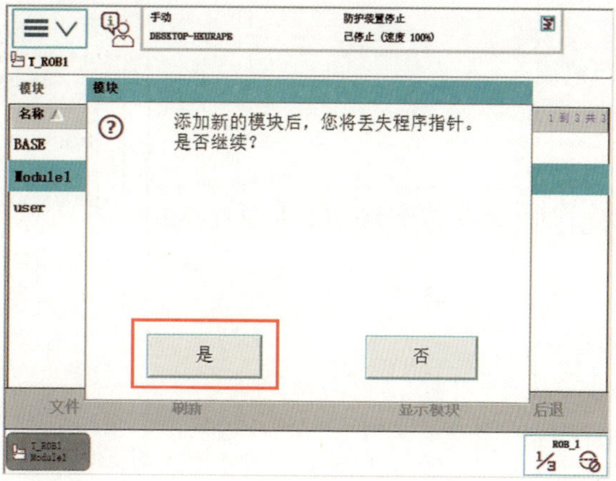
5	在修改名称和类型后，点击“确定”	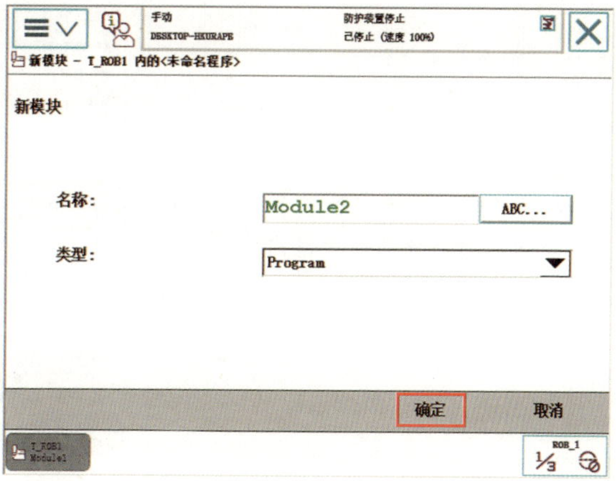
6	在模块列表便会显示新建的程序模块，选中“Module2”，点击“显示模块”	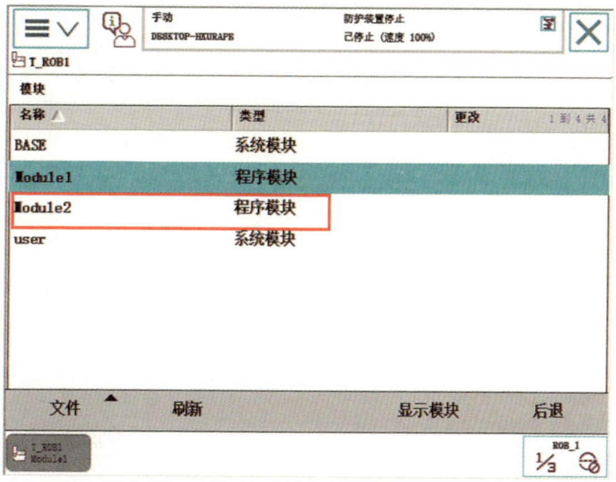

续表

序号	操作步骤	示意图
7	单击“例行程序”按钮进行例行程序创建	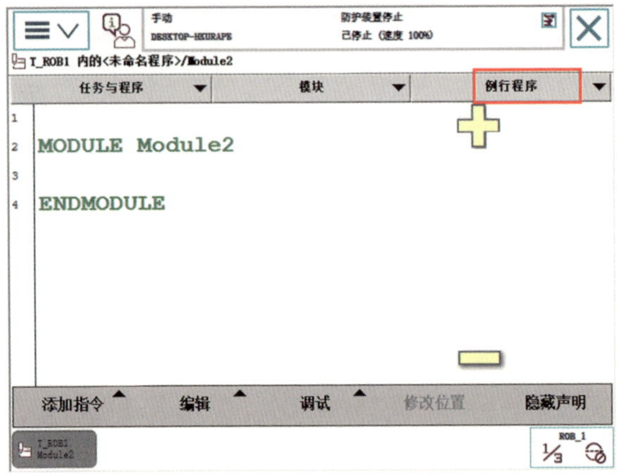
8	在显示的例行程序界面单击文件，然后选择“新建例行程序”	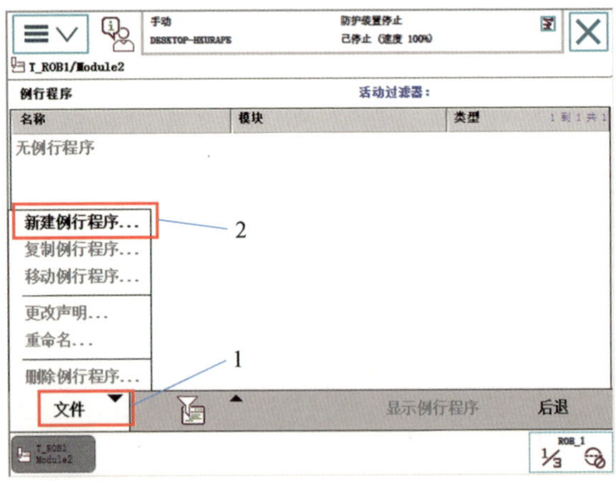
9	可以修改名称，类型可以选择“程序”“功能”和“中断”，点击“确定”	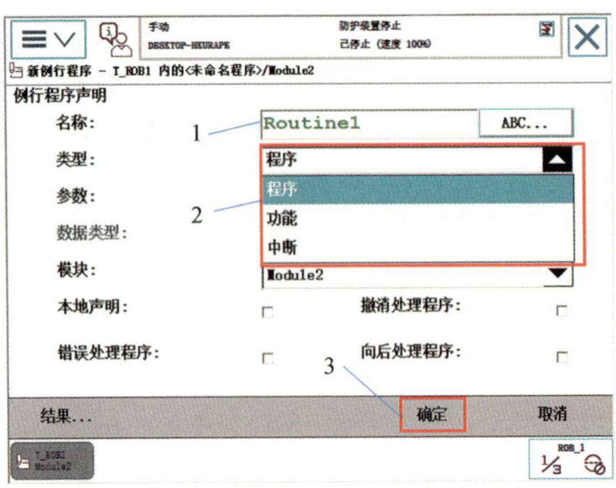

续表

序号	操作步骤	示意图
10	在例行程序列表中便会显示新建的例行程序，采用相同办法可以创建其他需要的例行程序	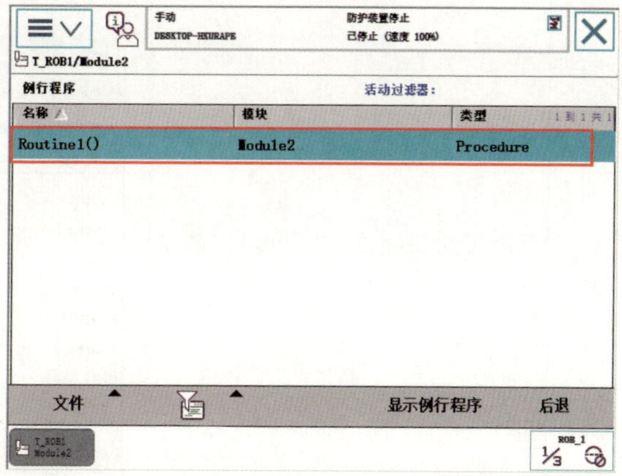

4. 建立机器人程序数据

（1）建立 bool 类型程序数据，见表 3-2-4。

表 3-2-4　建立 bool 类型程序数据

序号	操作步骤	示意图
1	在主菜单中单击“程序数据”	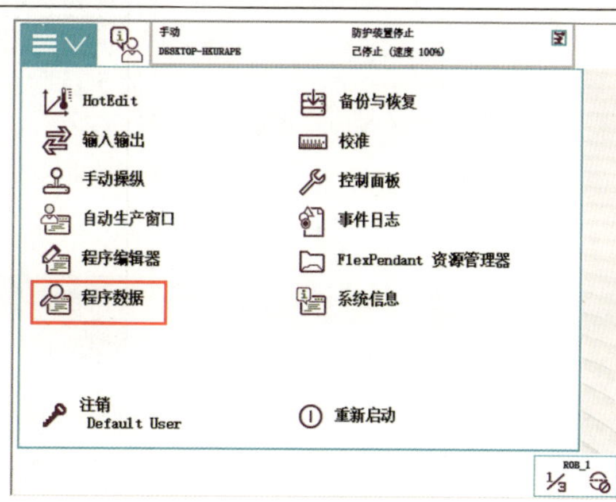
2	单击屏幕右下角“视图”，打开“全部数据类型”	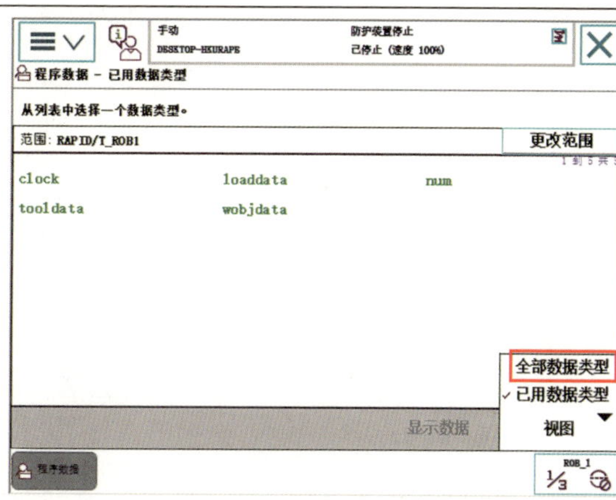

续表

序号	操作步骤	示意图
3	选择所要建立的“bool”数据类型后，单击屏幕右下角“显示数据”	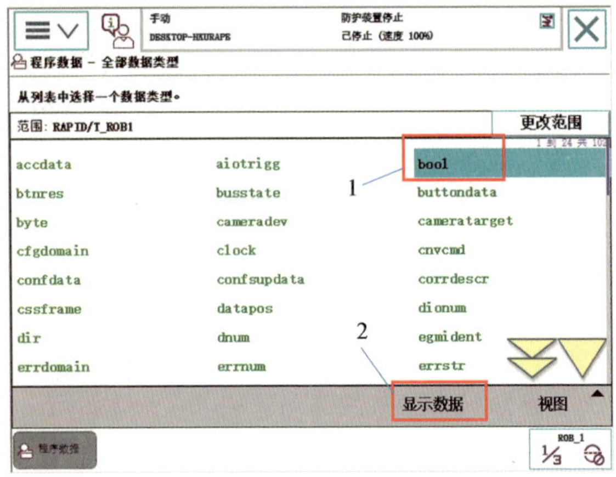
4	在屏幕下方单击“新建...”	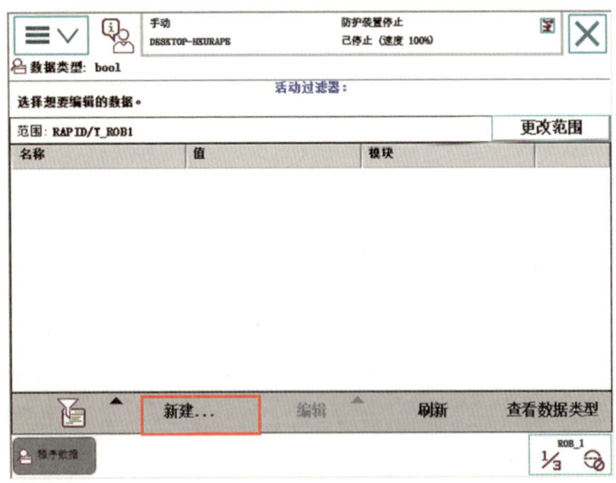
5	设定数据名称、参数。单击下拉菜单，选择对应的参数。设定完成后单击“确定”	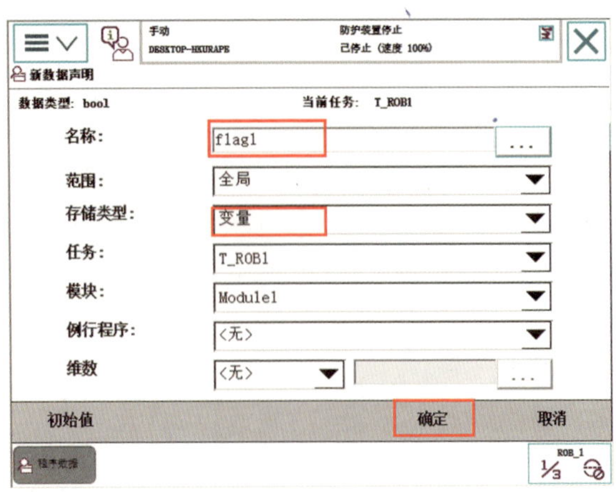

（2）建立 num 类型的程序数据，见表 3-2-5。

表 3-2-5　建立 num 类型的程序数据

序号	操作步骤	示意图
1	在主菜单中单击“程序数据”	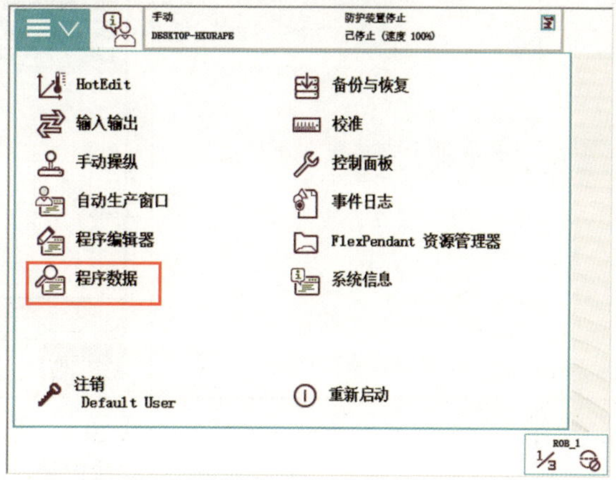
2	单击屏幕右下角“视图”，打开“全部数据类型”	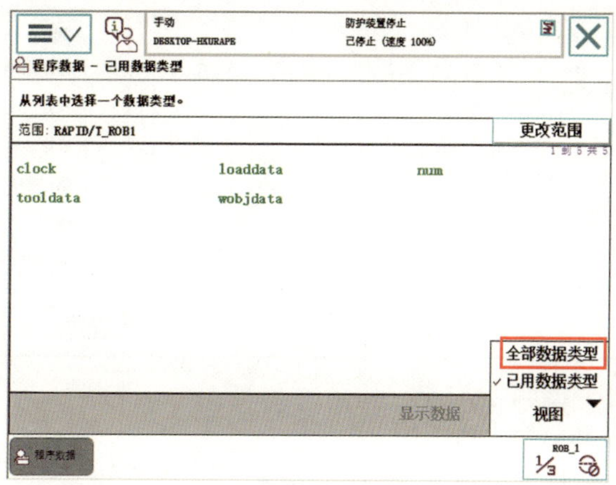
3	选择所要建立的“num”数据类型后，单击屏幕右下角“显示数据”	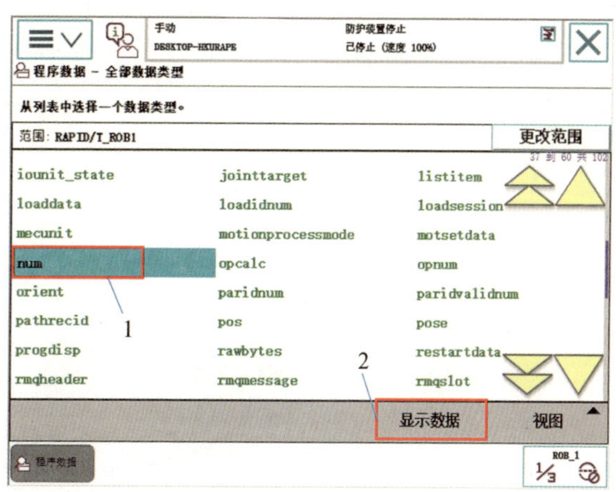

续表

序号	操作步骤	示意图
4	在屏幕下方单击“新建...”	
5	设定数据名称、参数。单击下拉菜单，选择对应的参数。设定完成后单击“确定”	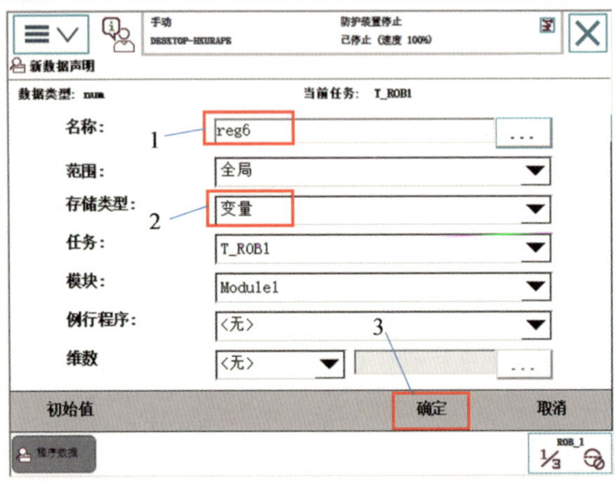

学习活动 2　常用编程指令

1. MoveJ 关节运动指令

RAPID 程序基本指令
——关节运动指令

关节运动指令用于在对路径精度要求不高的情况下，将机器人 TCP 快速移动到给定目标点，运动的路径不一定是直线，如图 3-2-7 所示。

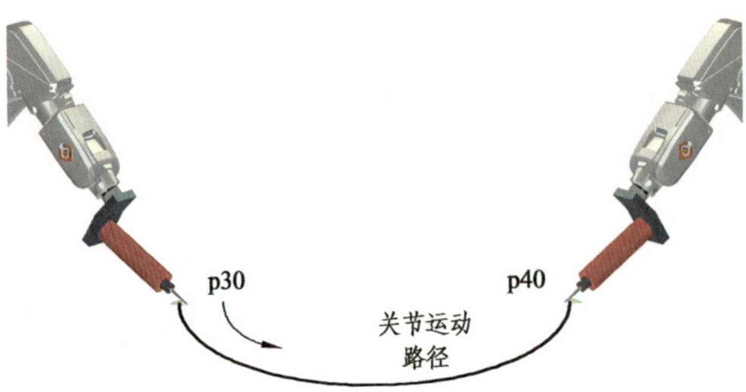

图 3-2-7　关节运动路径

关节运动指令 MoveJ 的格式如下，具体的解析见表 3-2-6。

MoveJ tujiao_dw，v500，z20，tool1\Wobj：=wobj1；

表 3-2-6　各个程序数据说明

程序数据	说明
tujiao_dw	机器人运动目标位置（涂胶工具抓取 tujiao 点）数据，其数据类型 robtarget
v500	机器人运动速度数据 500 mm/s
z20	机器人运动转弯数据，单位为 mm
tool1	机器人工作数据 TCP，定义当前指令使用的工具坐标

2. MoveL 线性运动指令

线性运动指令用于将机器人 TCP 沿直线移动到给定目标点，机器人运动状态可控，运动路径保持唯一。机器人在大范围运动时，容易在运动过程中出现关节轴进入机械死点的情况，一般在焊接、涂胶等对路径精度要求较高的场合或从某一点正上方准确运行到该点，如图 3-2-8 所示。

RAPID 程序基本指令——线性运动指令

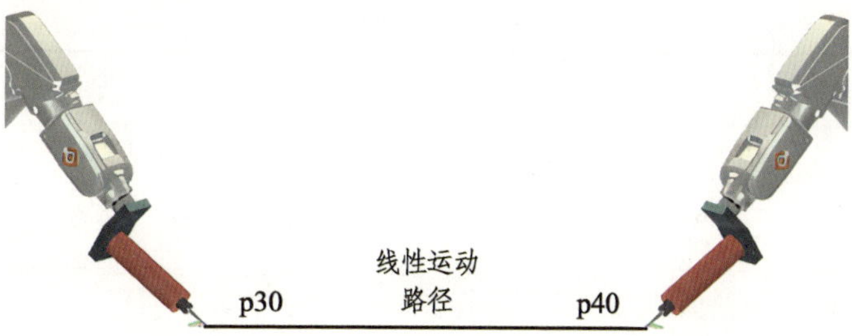

图 3-2-8　线性运动路径

线性运动指令 MoveL 的格式如下，具体解析见表 3-2-7。

MoveL tujiao_dw，v500，fine，tool1\Wobj：=wobj1；

表 3-2-7　各个程序数据说明

程序数据	说明
tujiao_dw	机器人运动目标位置（涂胶工具抓取 tujiao 点）数据，其数据类型 robtarget
v500	机器人运动速度数据 500 mm/s
fine	TCP 到达目标点，在目标点速度降为 0
tool1	机器人工作数据 TCP，定义当前指令使用的工具坐标

3. MoveC 圆弧运动指令

圆弧运动指令在机器人可到达的范围内定义三个位置点，第一个点是圆弧的起点，第二个点用于圆弧的曲率，第三个点是圆弧的终点，如图 3-2-9 所示。

RAPID 程序基本指令
——圆弧运动指令

圆弧运动指令 MoveC 的格式如下。具体的解析见表 3-2-8。

MoveL p20，v500，fine，tool1\Wobj：=wobj1；

MoveC p30，p40，v500，z1，tool1\Wobj：=wobj1；

注意：圆弧的起点通常用 Move 指令编写。

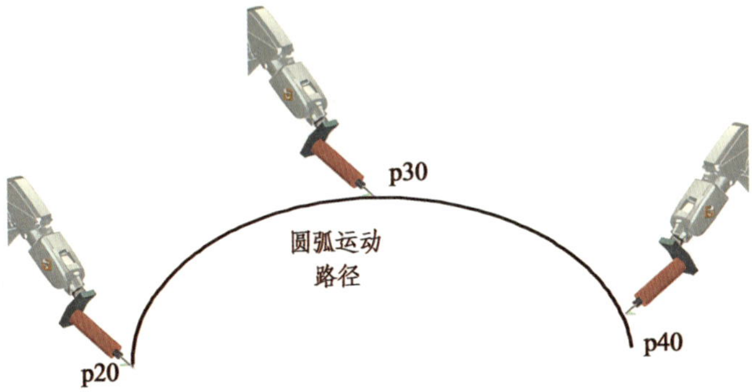

图 3-2-9　圆弧运动路径

表 3-2-8　各个程序数据说明

程序数据	说明
p20	圆弧的第一个点
P30	圆弧的第二个点
P40	圆弧的第三个点

例如：根据图示编写整程序，表 3-2-9。

表 3-2-9　整圆的程序编写

图示	程序
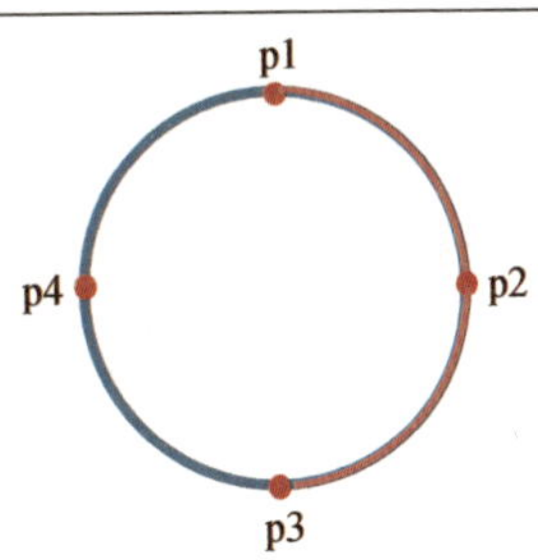	Movel p1，v300，fine，tool1; //移到机器人圆弧起点 p1
	MoveC p2，p3，v100，fine，tool1;//机器人涂胶 p1→p2→p3
	MoveC p4，p1，v100，fine，tool1;//机器人涂胶 p3→p4→p1

注意：圆弧指令最大只能画一段 240°的圆弧，无法通过一个 MoveC 指令完成整圆轨迹。

4. MoveAbsj 绝对运动指令

绝对运动指令使用六个内轴和外轴的角度值来定义机器人的目标位置数据。

CONST jointtarget home:=[[0，0，0，0，30，0]，[9E+09，9E+09，9E+09，9E+09，9E+09，9E+09]];

关节目标点数据中第五轴为 30°，其他轴均为 0°。

绝对运动指令 MoveAbsj 的格式如下，具体解析见表 3-2-10。

MoveAbsj home\NoEOffs，v500，z20，tool1\Wobj：=wobj1；

表 3-2-10　各个程序数据说明

程序数据	说明
home	机器人运动目标位置数据
\NoEOffs	外轴不带偏移数据
v500	运动速度数据
z20	转弯区数据
tool1	机器人工作数据 TCP，定义当前指令使用的工具坐标

5. WaitTime 时间等待指令

WaitTime 时间等待指令用于程序在等待一个指定的时间以后，再继续向下执行。示例程序如下：

WaitTime 4；

MoveL p20，v500，fine，tool1\Wobj：=wobj1；

程序解析：等待 4 s 以后，程序向下执行 MoveL 指令。

6. 功能函数 Offs

例如“MoveL Offs（P10，100，50，0），v100，…”语句的含义为，在 P10 点基础上，按照当前的 Wobj 坐标系方向，将 TCP 移动到距离 P10 点 X 轴偏差量为 100 mm，Y 轴偏差量为 50 mm，Z 轴偏差量为 0 的位置。

7. 输入输出指令

（1）Set 数字信号置位指令：用于将数字输出（Digital Output）置为“1”，用于置位快换信号（【HandChange_Start】置 1，快换接头钢珠缩回）。

（2）ReSet 数字信号复位指令：用于将数字输出（Digital Output）置为“0”，复位快换信号（【HandChange_Start】置 0，快换接头钢珠弹出）。

8. ProcCall 调用例行程序

通过 ProcCall 指令可以在指定位置进行调用例行程序操作，见表 3-2-11。

表 3-2-11　ProcCall 调用例行程序

图示	操作步骤
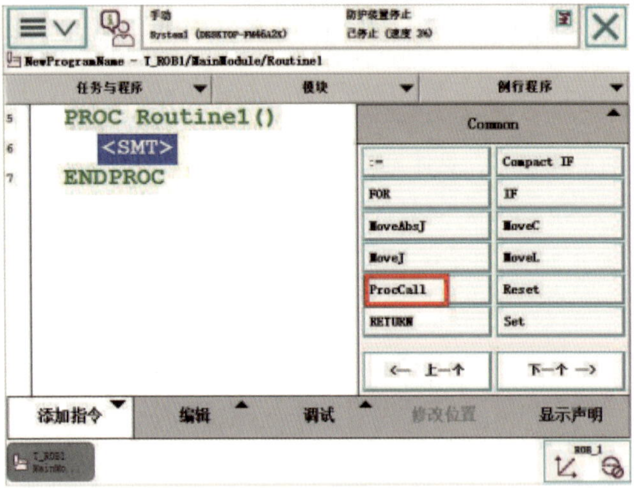	点击“添加指令”，点击“ProcCall”
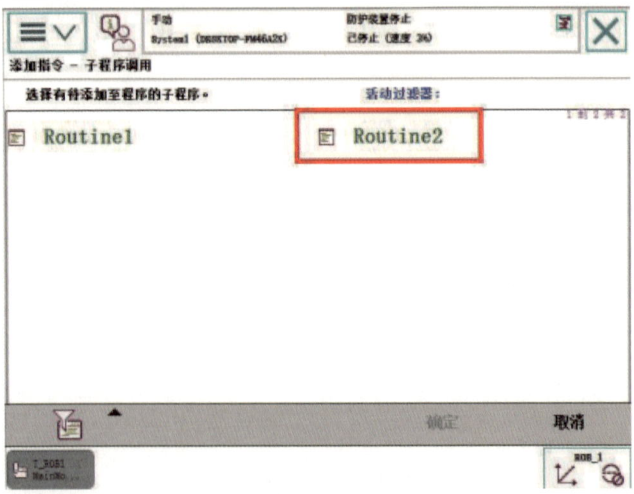	选择要调用的程序，点击“确定”
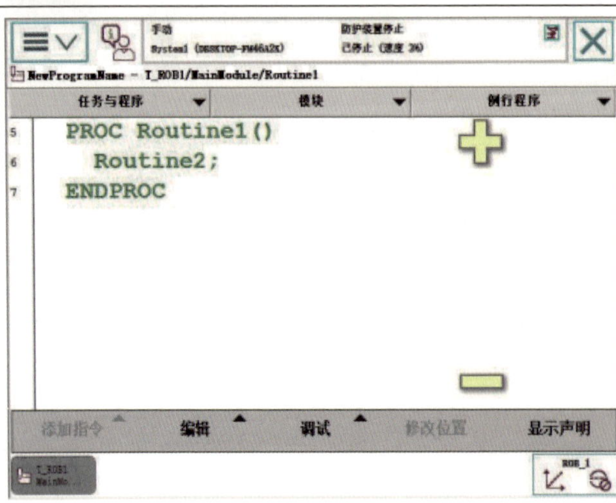	程序调用完毕

学习活动 3　工具抓取示教编程

工业机器人采用快换拾取末端执行器，拾取工作流程基本类似。现以拾取吸盘工具为例进行介绍。

拾取吸盘工具编程

抓取吸盘工具的工作流程为：机器人原点（home）→置位快换信号（【HandChange_Start】置 1，快换接头钢珠缩回）→机器人直线运动到吸盘工具抓取位置（xp_dw）正上方 30 mm 处→机器人减速运动到吸盘工具抓取位置（xp_dw）处→等待 0.5 s→复位快换信号（【HandChange_Start】置 0，快换接头钢珠弹出）→等待 0.5 s→机器人运动到吸盘工具抓取位置（xp_dw）正上方 150 mm 处→机器人返回原点（home）。

（1）运动过程点位设置。根据工作流程，抓取吸盘工具的编程需要两个点位定义，分别是机器人原点【home】和吸盘工具抓取位置【tujiao _dw】，具体定义步骤见表 3-2-12。

表 3-2-12　运动过程点位设置

序号	操作步骤	图示
1	在主菜单界面选择【程序编数据】	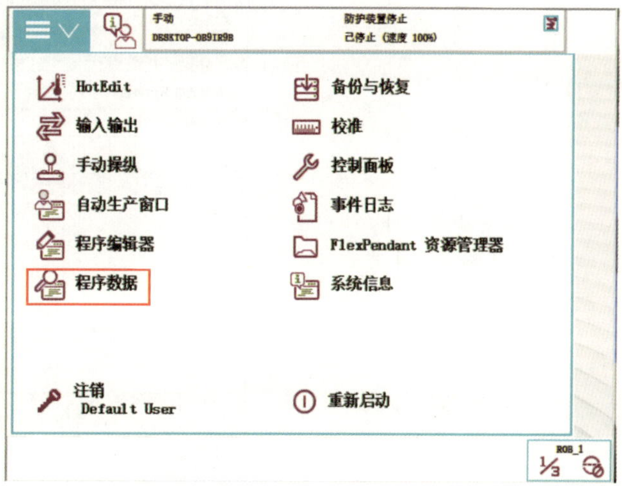
2	在【程序数据】点击【视图】按钮，选择【全部数据类型】	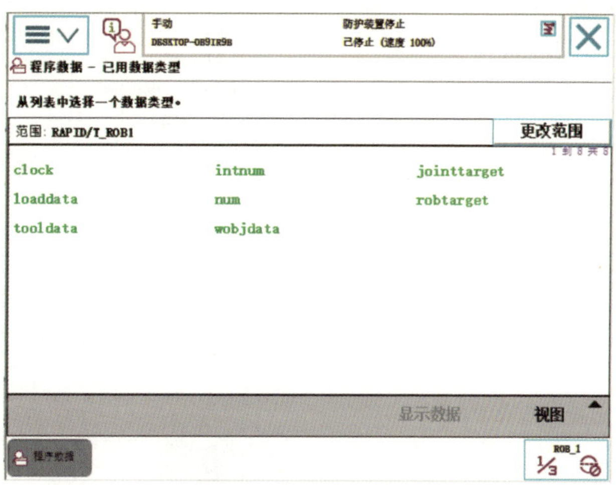

续表

序号	操作步骤	图示
3	在【全部数据类型】界面选择【jointtarget】选项	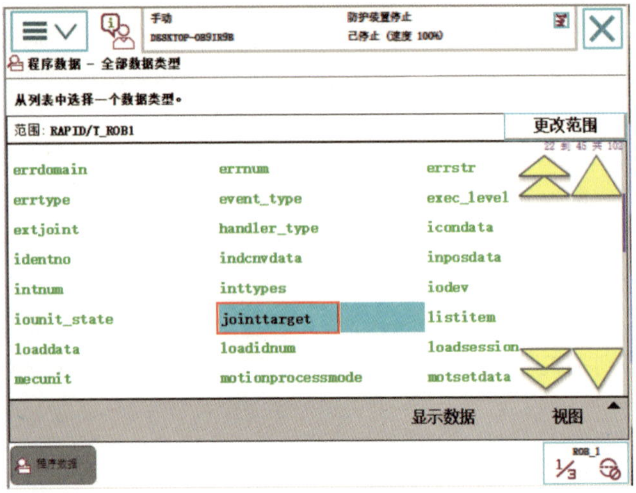
4	点击【新建】，打开数据【新数据声明】界面	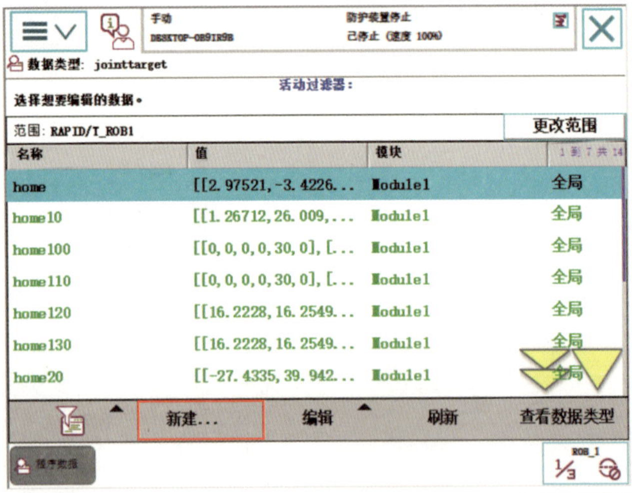
5	在【新数据声明】界面点击【…】	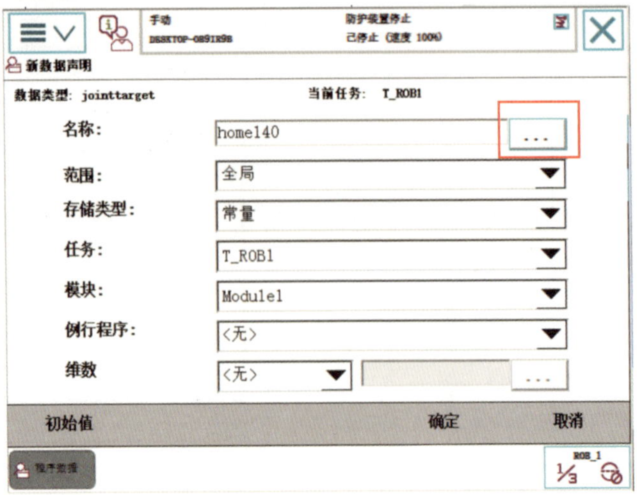

续表

序号	操作步骤	图示
6	在对话框中输入数据名称【home】，点击【确定】完成数据名称的输入	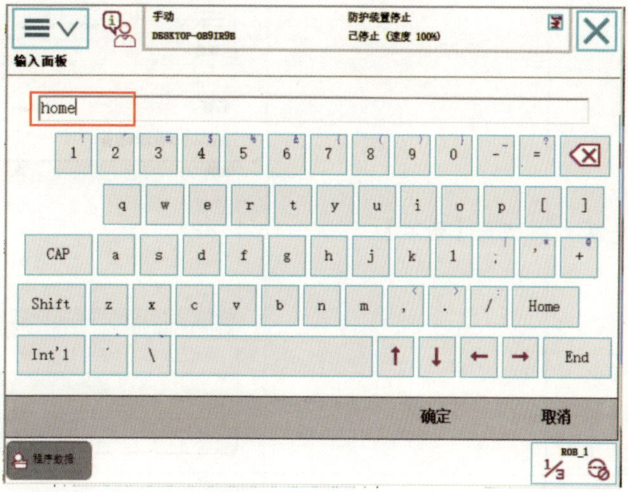
7	【范围】为【全局】，【存储类型】为【常量】，【模块】为【ABBstudy】，点击【初始值】	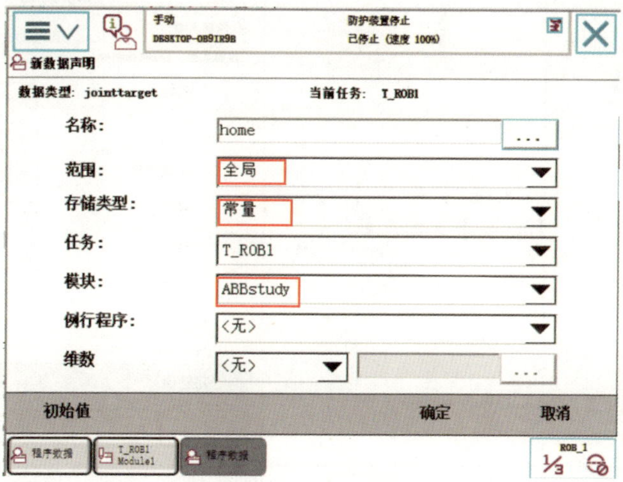
8	在初始值修改界面将【rax_5】的值改成 90，点击【确定】	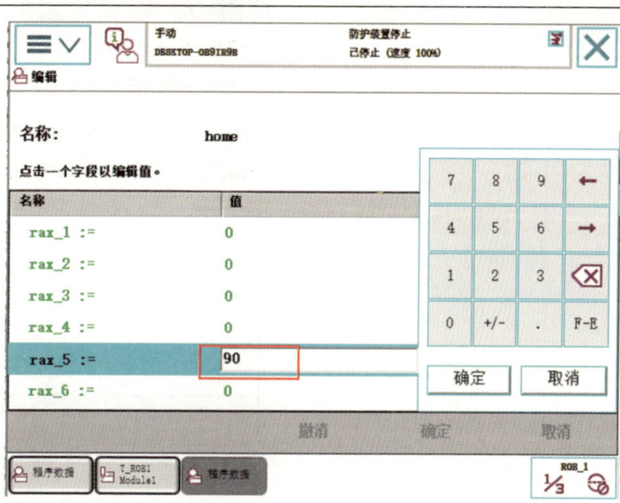

续表

序号	操作步骤	图示
9	点击【确定】	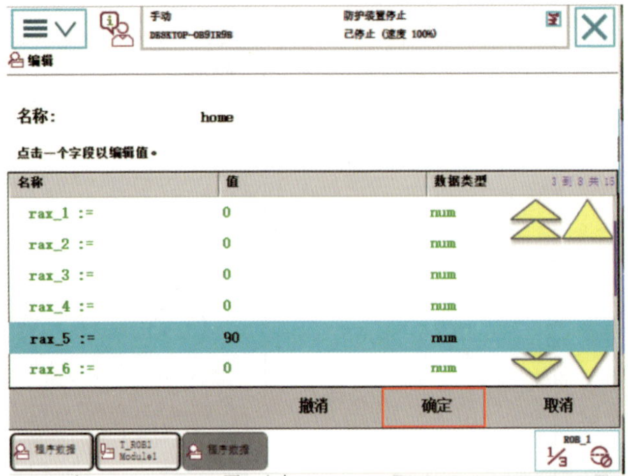
10	点击【确定】，完成【home】参数设置	
11	点击【确定】，完成【home】点的定义	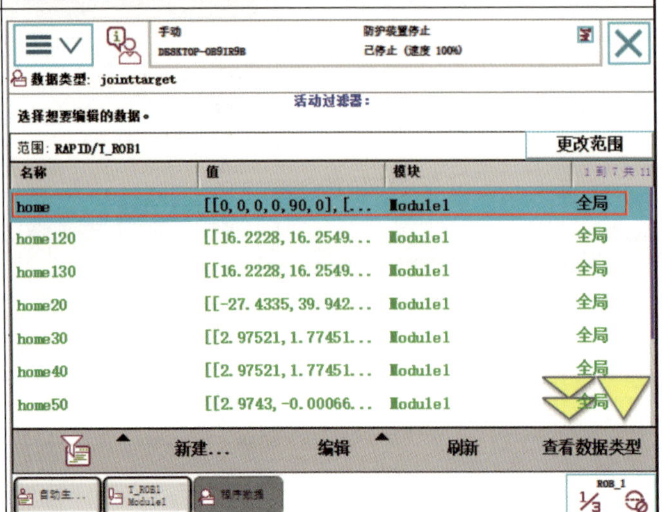

续表

序号	操作步骤	图示
12	点击【查看数据类型】按钮，双击【robtarget】选项	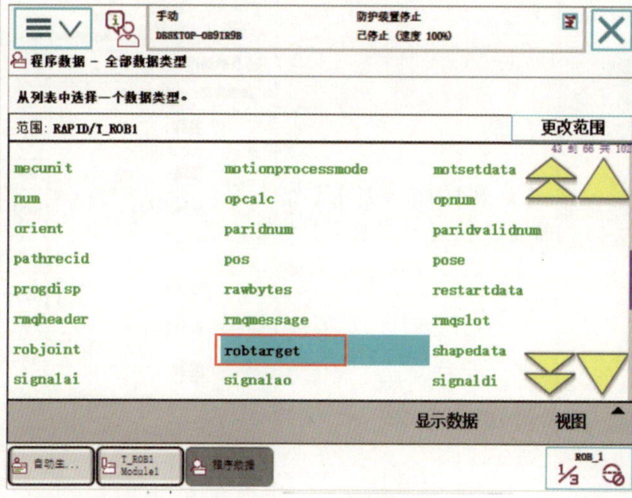
13	点击【新建】，打开【新数据声明】界面	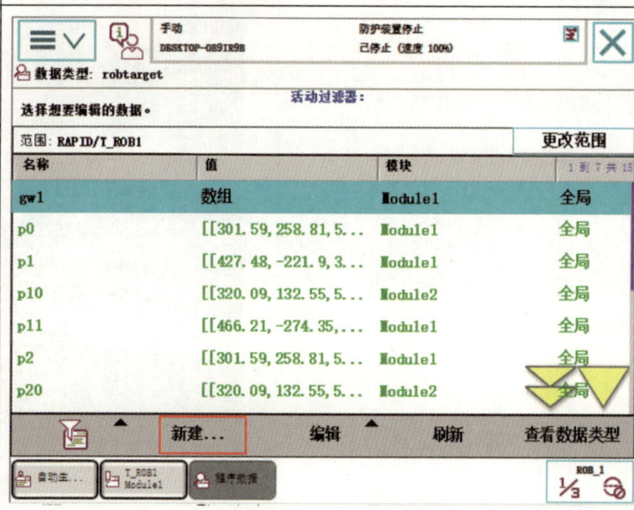
14	点击【...】输入数据名称【xp_dw】	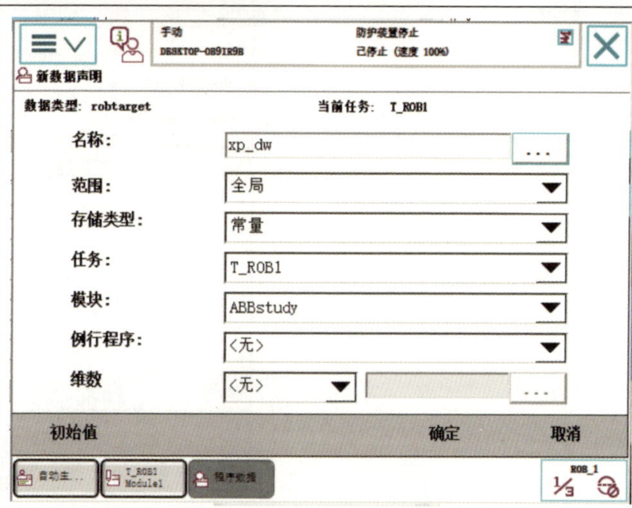

续表

<table>
<tr><th>序号</th><th>操作步骤</th><th>图示</th></tr>
<tr><td>15</td><td>【范围】为【全局】,【存储类型】为【可变量】,【模块】为【ABBstudy】,点击【确定】</td><td>
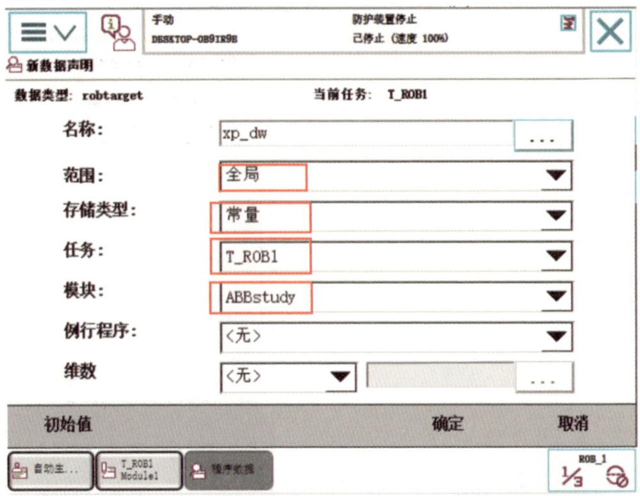

</td></tr>
<tr><td>16</td><td>手动操作机器人运动到吸盘工具抓取位置</td><td>
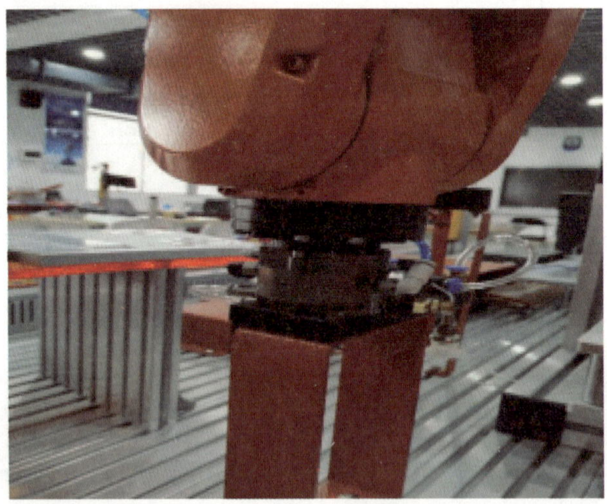
</td></tr>
<tr><td>17</td><td>点击【编辑】按钮,选择【修改位置】选项</td><td>
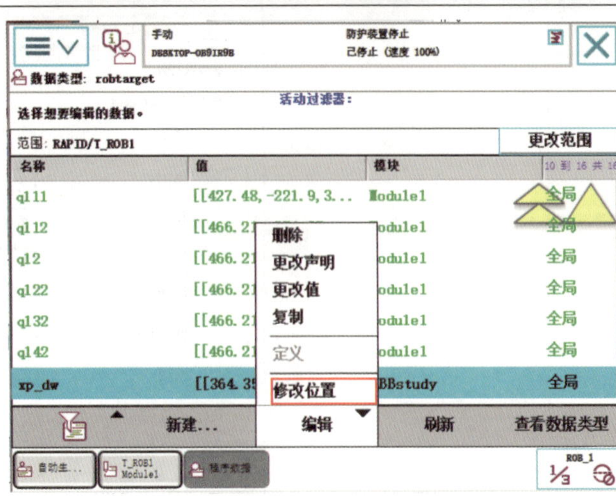

</td></tr>
</table>

续表

序号	操作步骤	图示
18	点击【修改】，完成吸盘工具抓取位置【xp_dw】定义	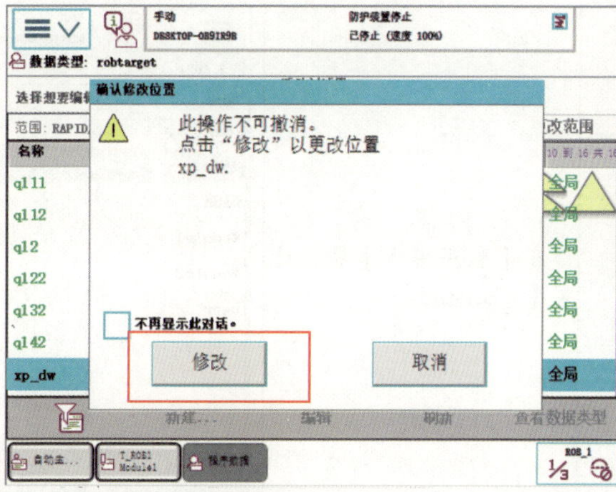

（2）新建吸盘工具抓取例行程序，程序名：【GET_xipan】，具体步骤见表 3-2-13。

表 3-2-13　新建吸盘工具抓取例行程序

序号	操作步骤	图示
1	在主菜单界面选择【程序编辑器】	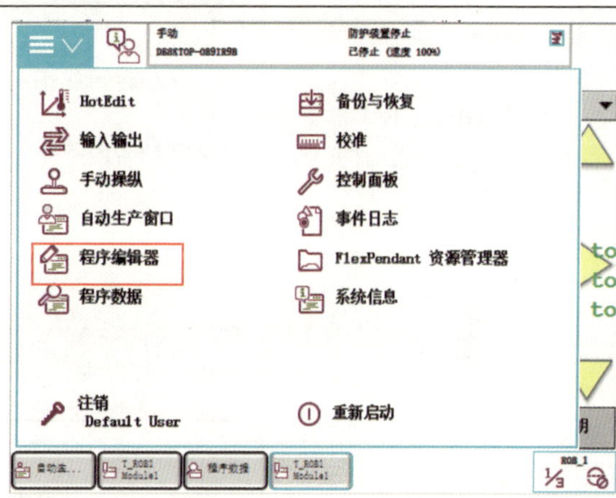
2	在【程序编辑器】界面单击【模块】按钮	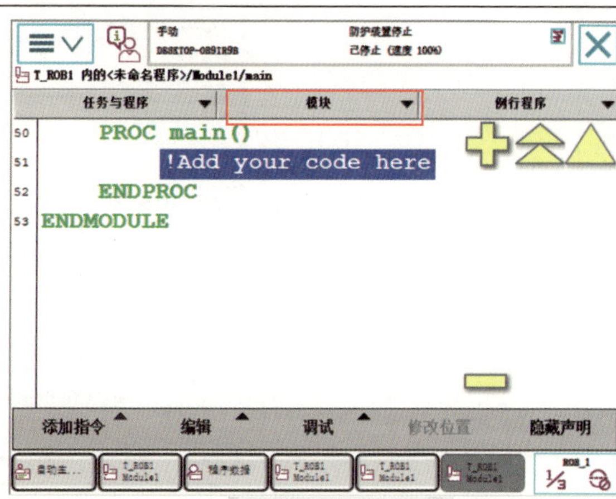

续表

<table>
<tr><th>序号</th><th>操作步骤</th><th>图示</th></tr>
<tr><td>3</td><td>在【程序模块】界面选择【ABBstudy】</td><td></td></tr>
<tr><td>4</td><td>在【ABBstudy】界面单击【例行程序】，打开例行程序新建界面</td><td>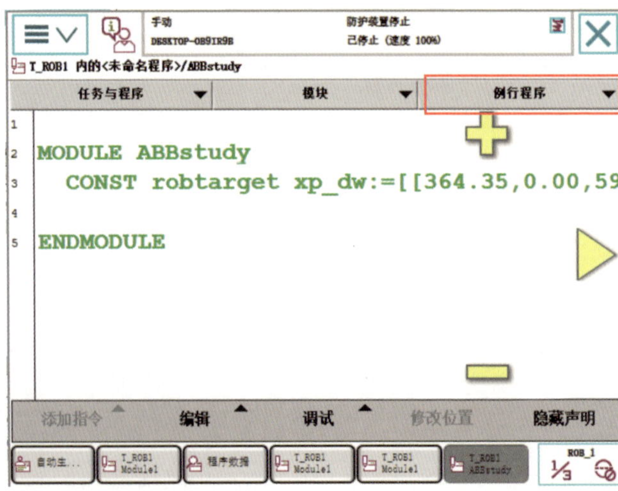</td></tr>
<tr><td>5</td><td>在【例行程序】界面单击【文件】按钮，选择【新建程序】选项，打开例行程序声明界面</td><td>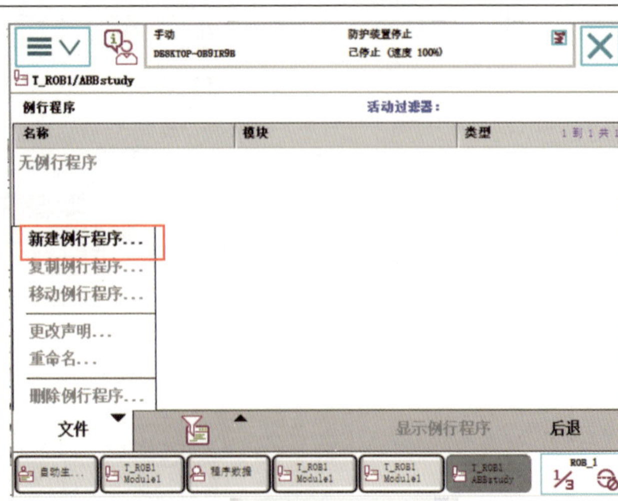</td></tr>
</table>

续表

序号	操作步骤	图示
6	点击【ABC】打开修改程序名称界面	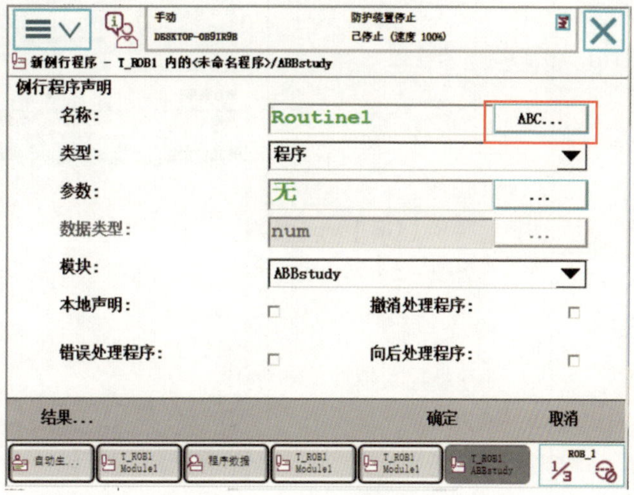
7	在对话框中输入例行程序名称【GET_xipan】，单击【确定】，确认程序名称输入	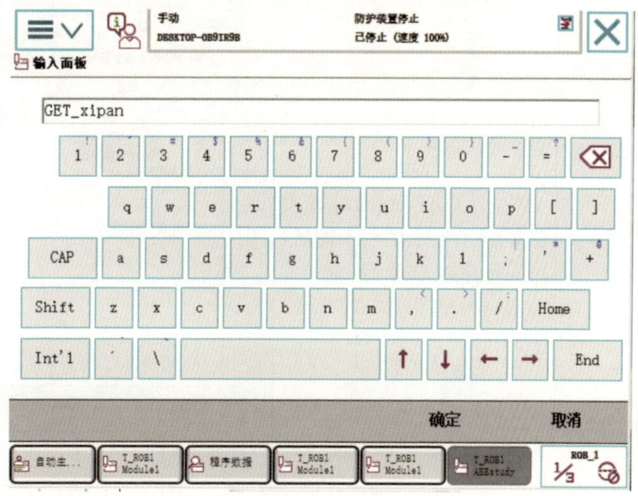
8	其他选项不做修改，单击【确定】，完成新程序的命名	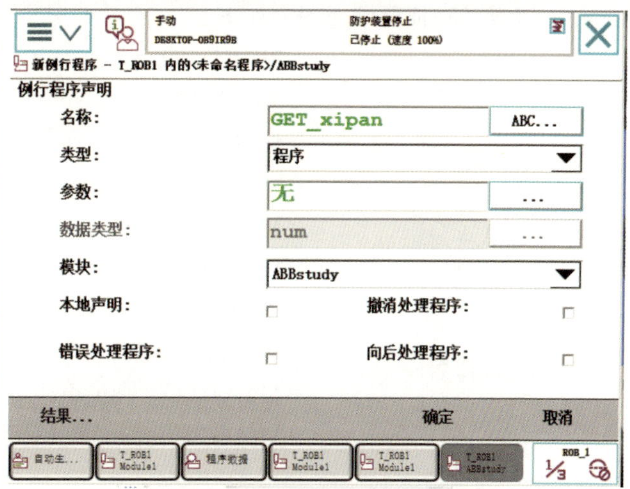

续表

序号	操作步骤	图示
9	例行程序【GET_xipan】新建完成	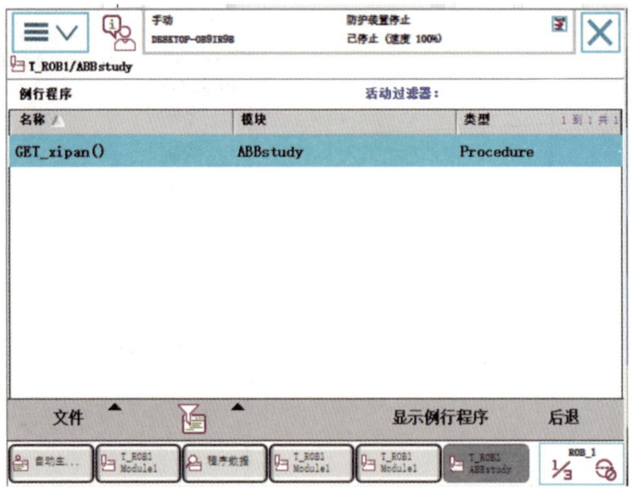
10	双击【GET_xipan】或单击【显示例行程序】按钮，进入程序编辑界面	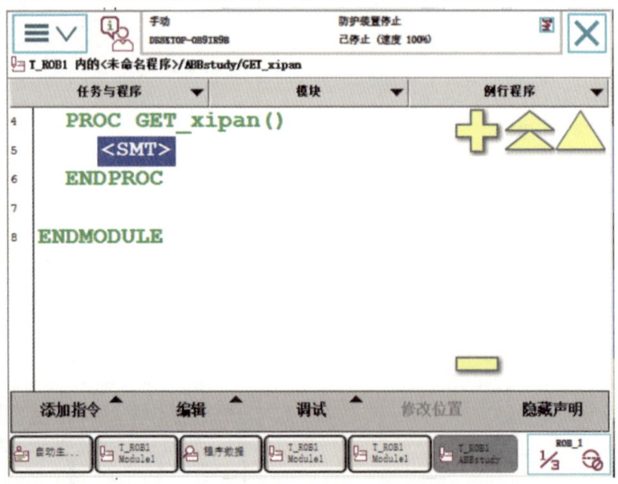

（3）吸盘工具抓取参考程序如下：

原点
置位快换信号
运动到工具正上方
运动到工具抓取处
等待 0.5 s
复位快换信号
到达拾取位置正上方
运动到原点

```
PROC GET_xipan()
MoveAbsJ home\NoEOffs, v200, z50, tool0;
Set HandChange_Start;
MoveL Offs（xp_dw, 0, 0, 30）, v200, fine, tool0;
MoveL xp_dw, v50, fine, tool0;
WaitTime 0.5;
Reset HandChange_Start;
WaitTime 0.5;
MoveL Offs（xp_dw, 0, 0, 150）, v200, fine, tool0;
MoveAbsJ home\NoEOffs, v200, z50, tool0;
ENDPROC
```

部分程序段具体编写步骤见表 3-2-14。

表 3-2-14　吸盘工具抓取程序编写步骤（部分）

<table>
<tr><th>序号</th><th>操作步骤</th><th>图示</th></tr>
<tr><td colspan="3">【MoveAbsJ home\NoEOffs，v200，z50，tool0;】程序段</td></tr>
<tr><td>1</td><td>点击【添加指令】</td><td>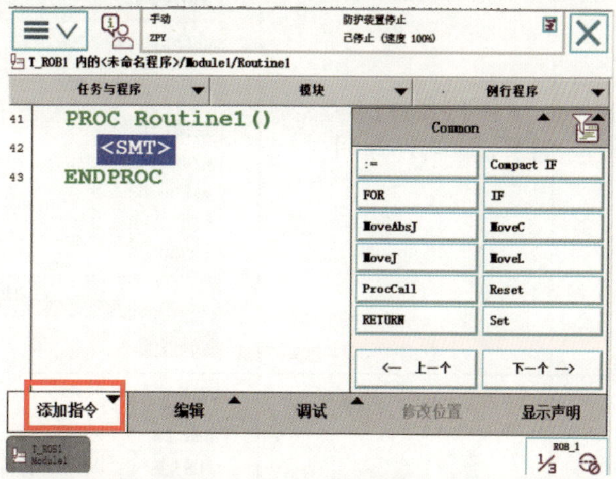
</td></tr>
<tr><td>2</td><td>点击【MoveAbsJ】指令</td><td>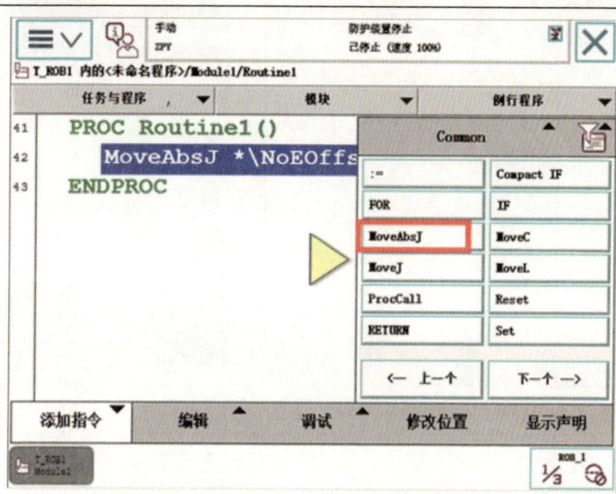
</td></tr>
<tr><td>3</td><td>双击【*】，选择【home】</td><td>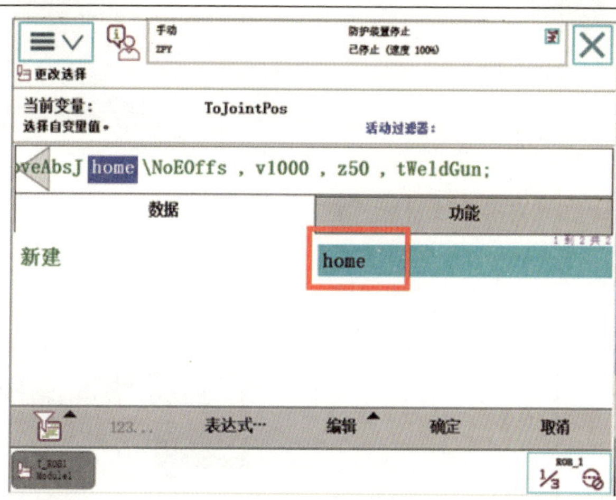
</td></tr>
</table>

续表

序号	操作步骤	图示
4	点击【v1000】修改运行速度，选择【v200】	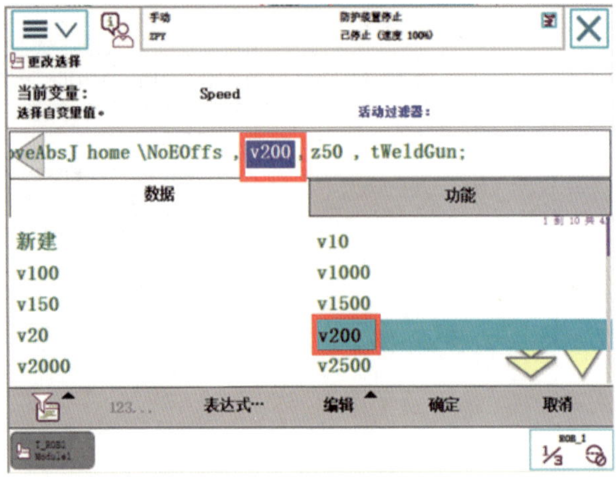
5	点击【确定】，完成程序段输入	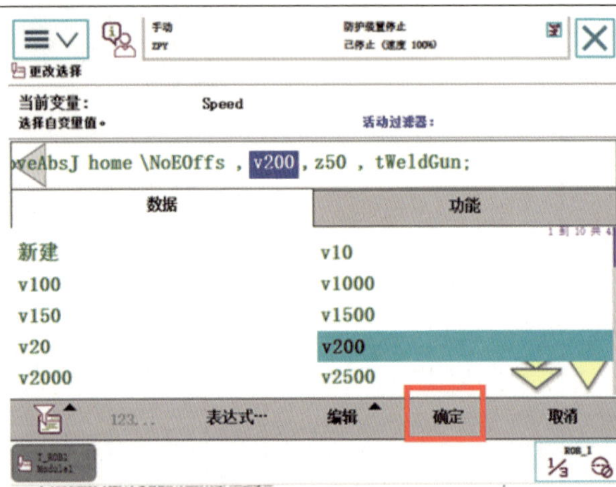
【Set HandChange_Start;】程序段		
1	点击【添加指令】	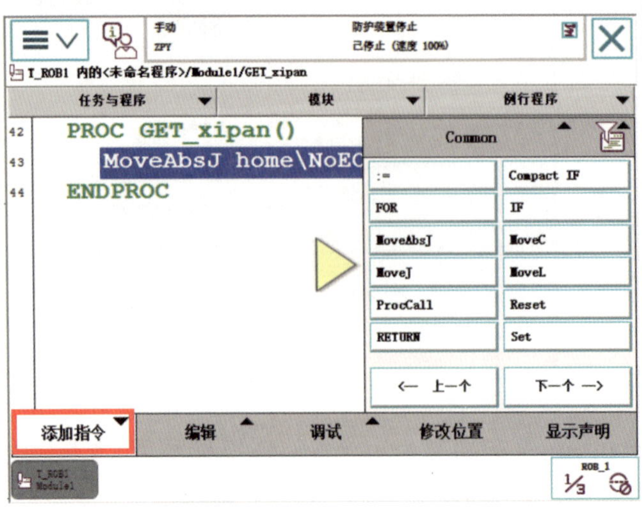

续表

序号	操作步骤	图示
2	点击【Set】指令	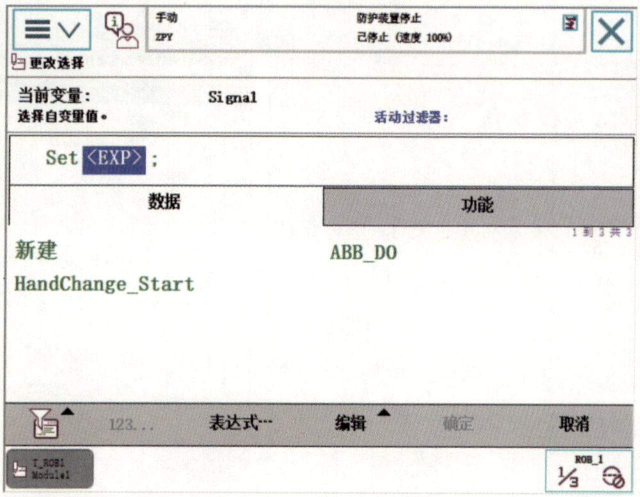
3	选择【HandChange_Start】	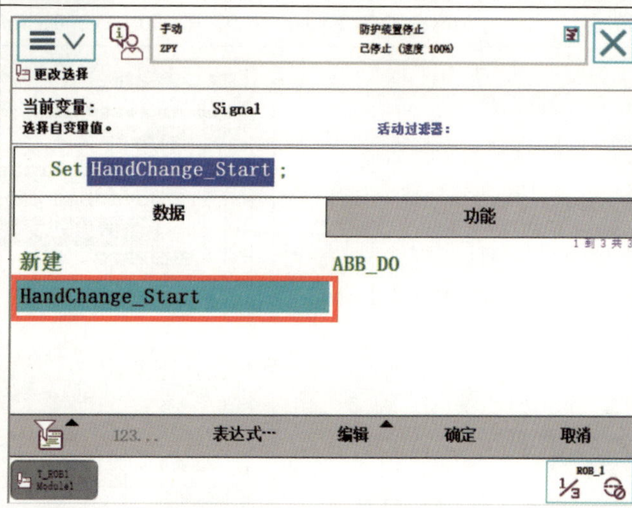
4	点击【确定】	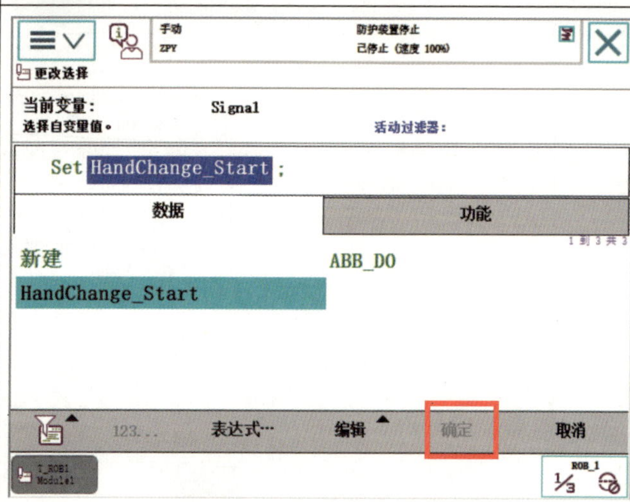

续表

序号	操作步骤	图示
5	点击【下方】，完成程序段输入	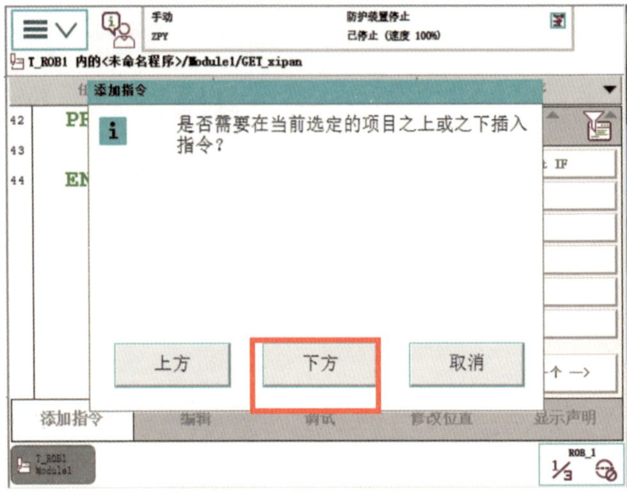
【MoveL Offs（xp_dw，0，0，30），v200，fine，tool0;】程序段：		
1	点击【MoveL】指令	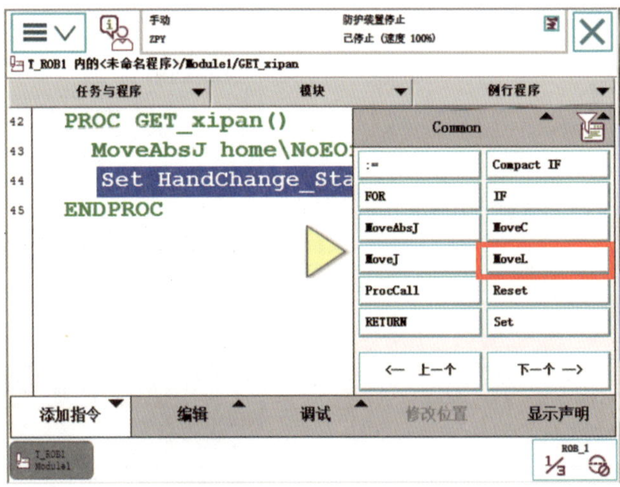
2	双击【*】	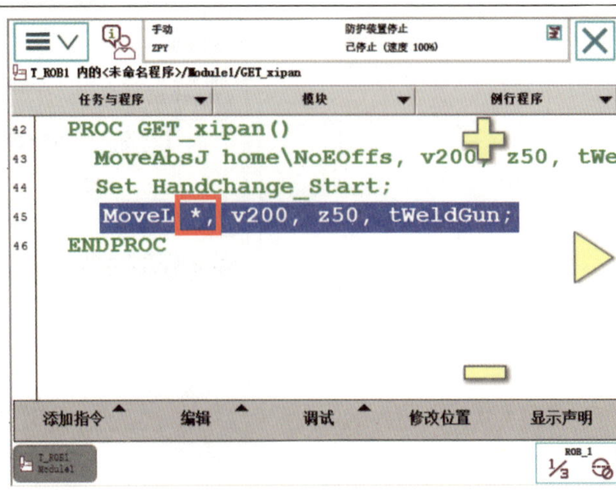

续表

序号	操作步骤	图示
3	点击【功能】按钮	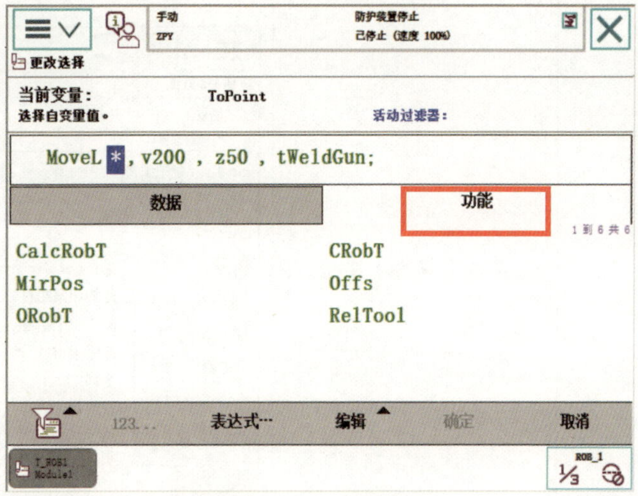
4	点击【Offs】选项	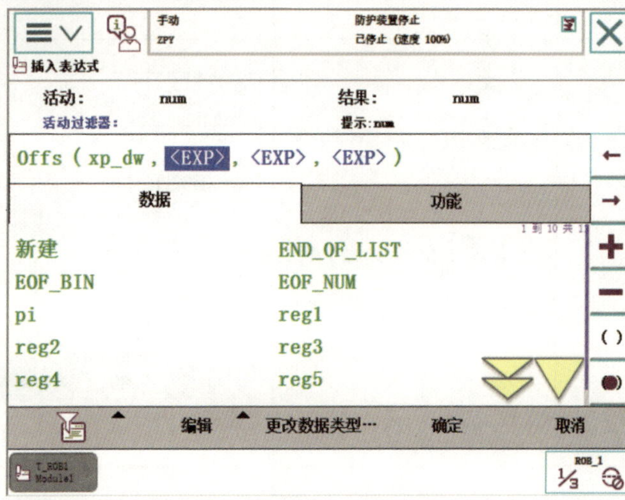
5	点击【xp_dw】选项	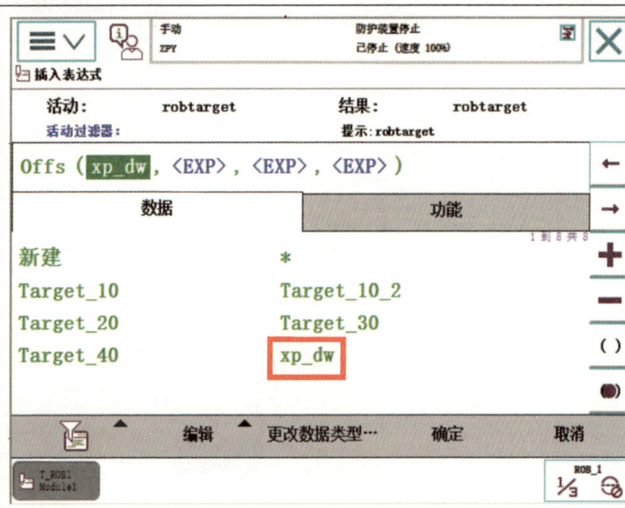

续表

序号	操作步骤	图示
6	点击【编辑】按钮	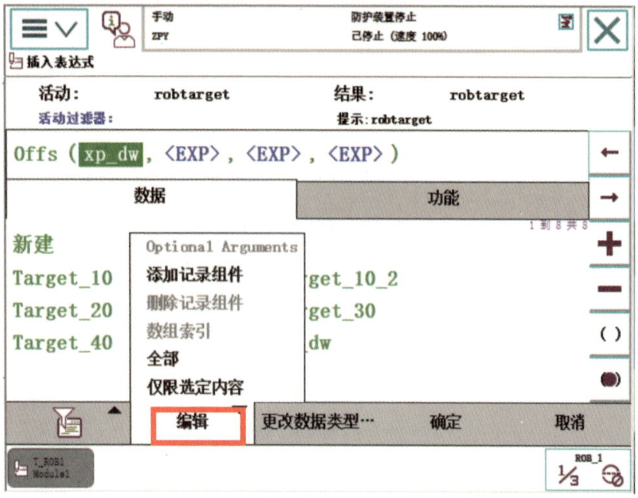
7	点击【全部】选项	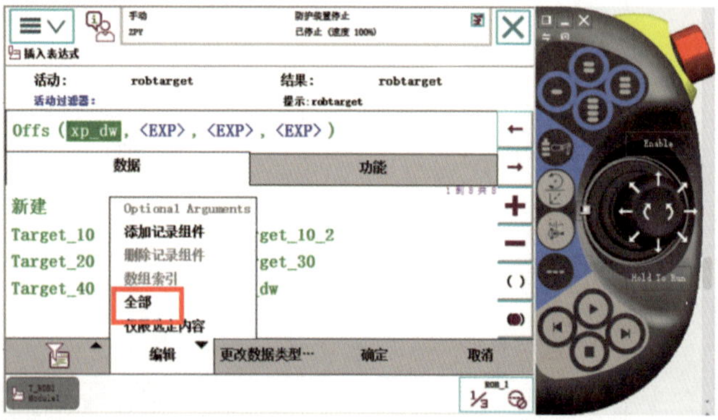
8	将【<EXP>，<EXP>，<EXP>】改成【0，0，30】	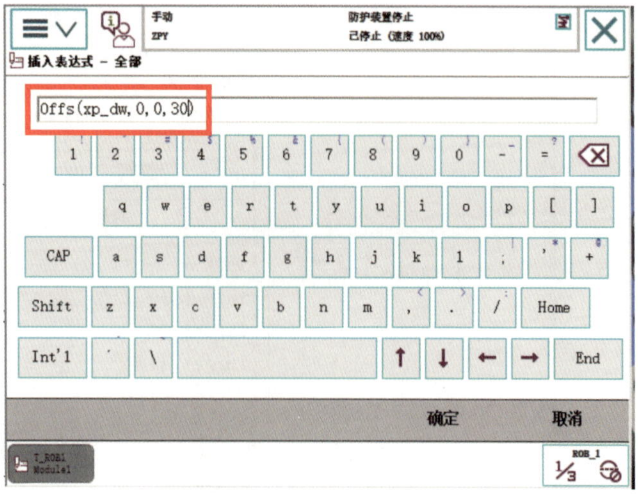

续表

序号	操作步骤	图示
9	点击【确定】按钮	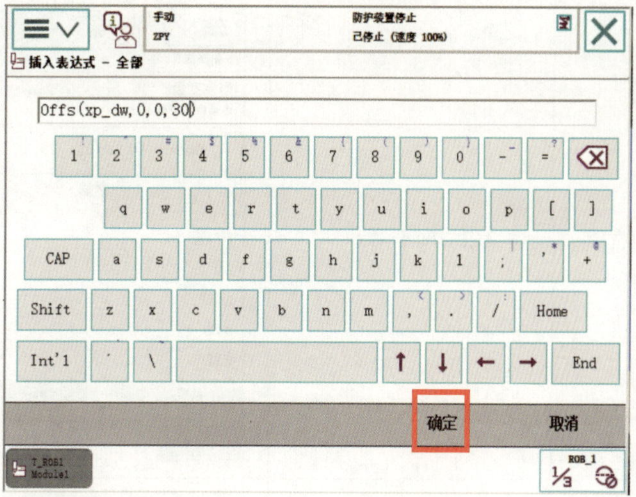
10	点击【确定】按钮	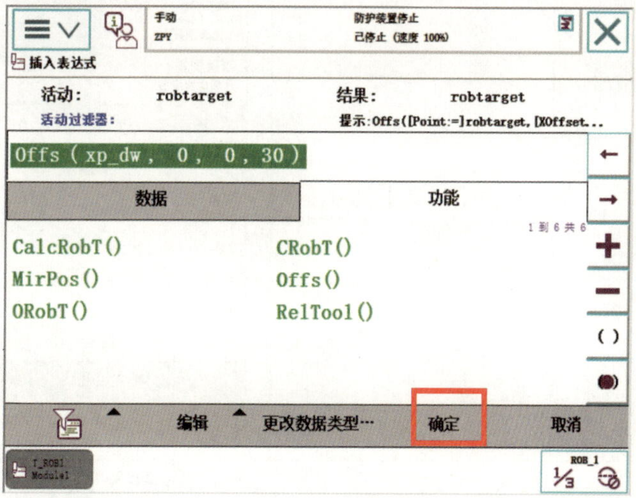
11	点击【z50】选项	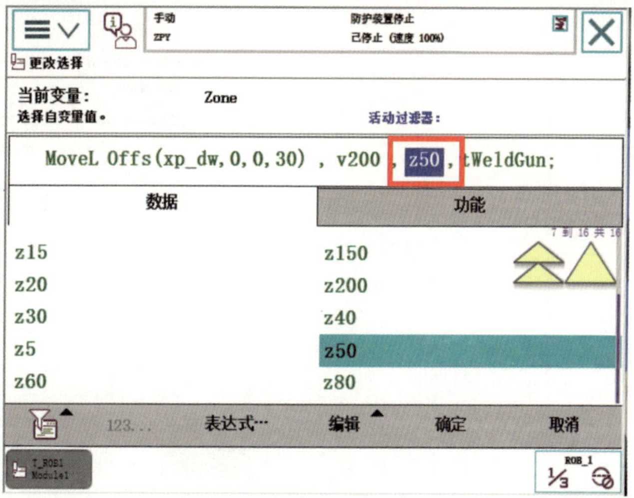

续表

<table>
<tr><th>序号</th><th>操作步骤</th><th>图示</th></tr>
<tr><td>12</td><td>点击【fine】选项</td><td>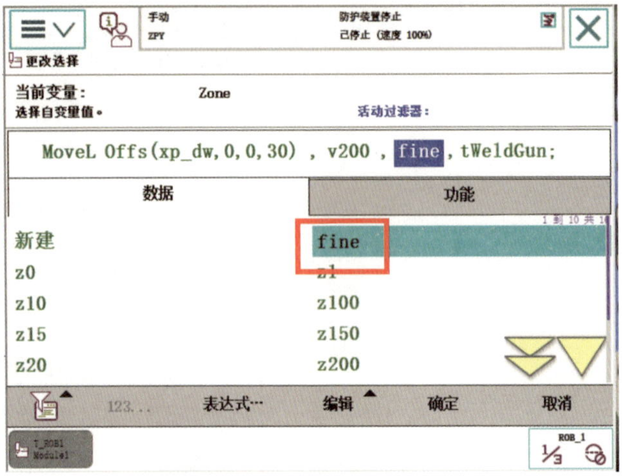
</td></tr>
<tr><td>13</td><td>点击【确定】按钮，完成程序段编写</td><td>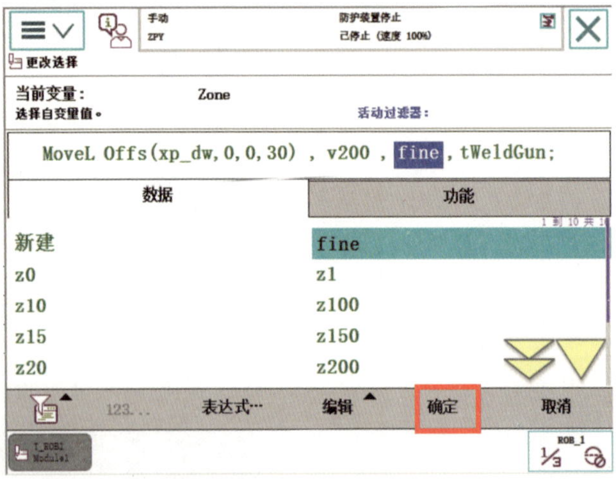
</td></tr>
<tr><td colspan="3">【WaitTime 0.5;】程序段</td></tr>
<tr><td>1</td><td>点击【添加指令】</td><td>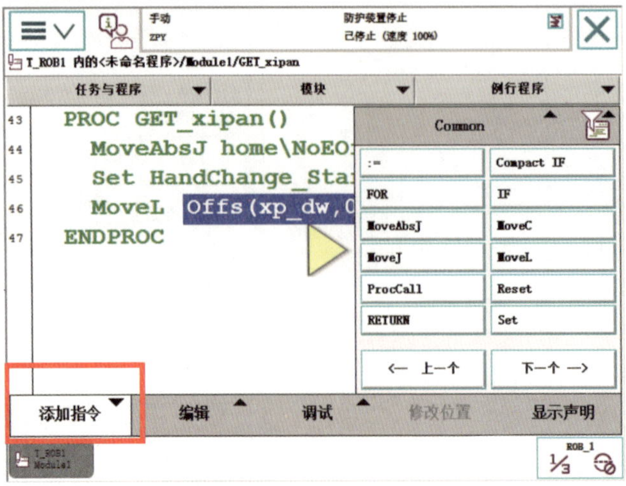
</td></tr>
</table>

续表

序号	操作步骤	图示
2	点击【下一个】按钮	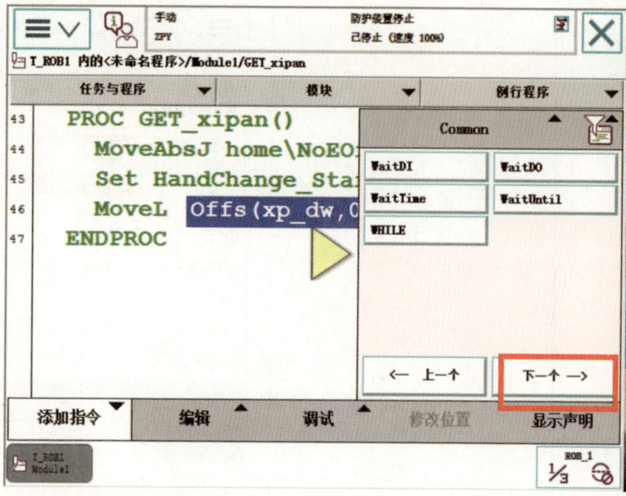
3	点击【WaitTime】指令	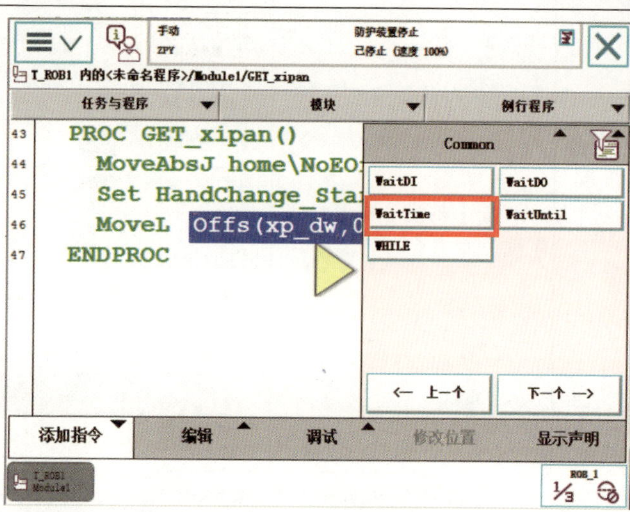
4	点击【123】按钮	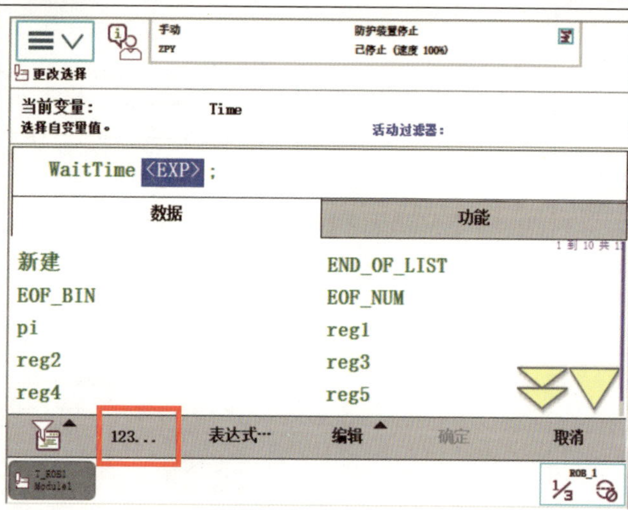

续表

序号	操作步骤	图示
5	输入【0.5】	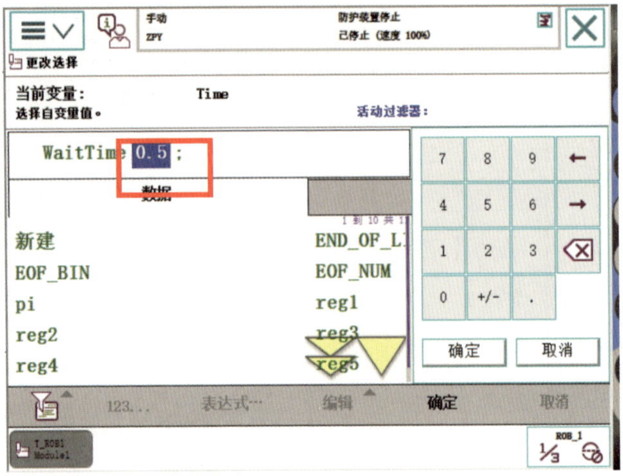
6	点击【确定】按钮，程序段编写完成	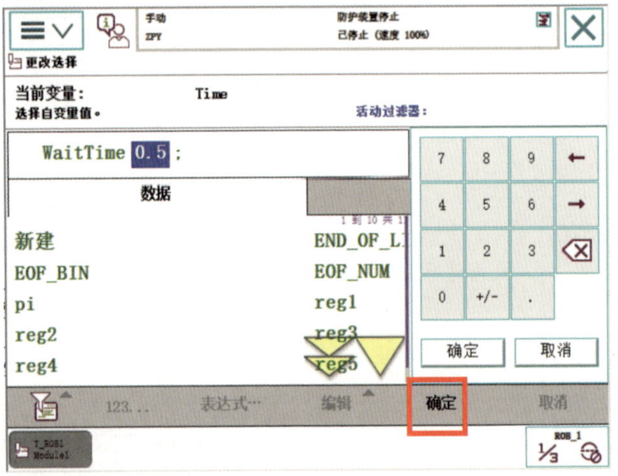
程序最后【MoveAbsJ home\NoEOffs，v200，z50，tool0;】程序段编写：		
1	选择【MoveAbsJhome\NoEOffsv200, z50, tool0;】程序段	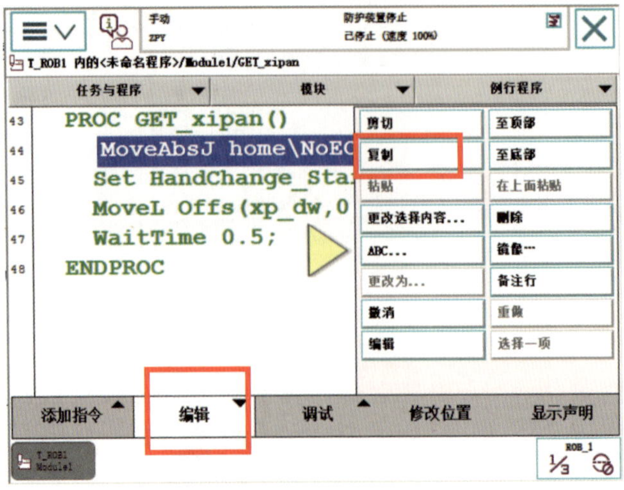

续表

序号	操作步骤	图示
2	点击【复制】按钮	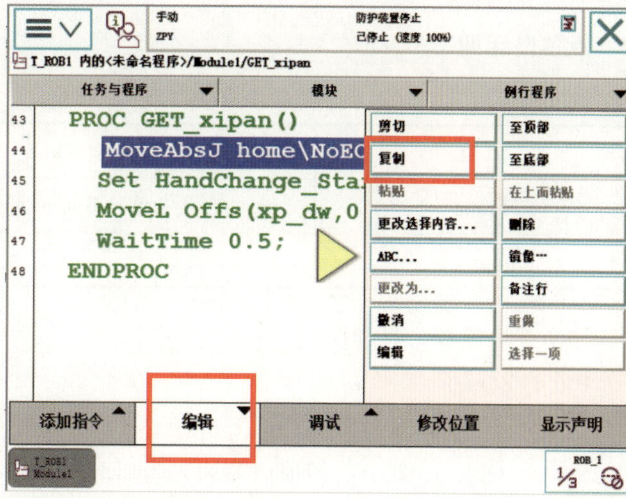
3	选择【MoveLOffs（TOOL_1，0，0，150），v200fine，tool0;】程序段	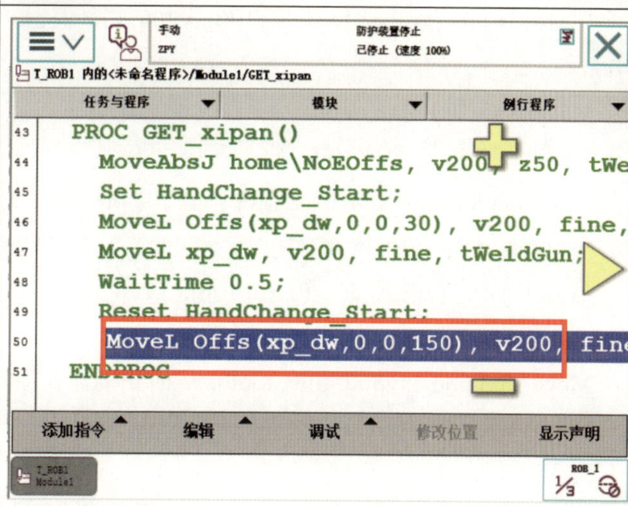
4	点击【粘贴】按钮，程序段复制成功	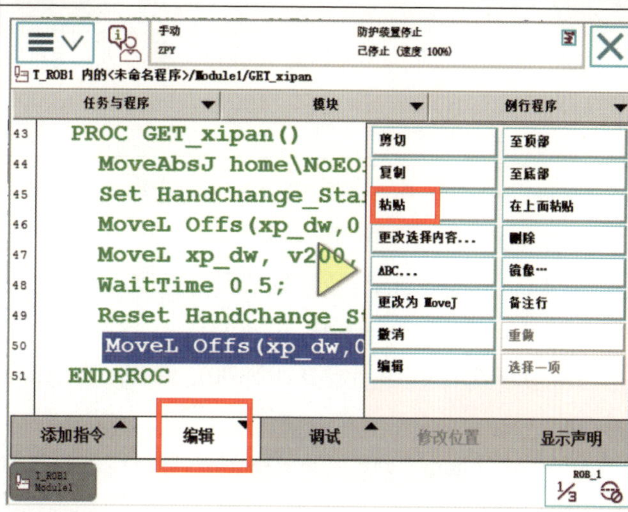

学习活动 4　涂胶程序编写与运行

1. 快换程序设计

点位设计见表 3-2-15。

表 3-2-15　点位设计

点位	说明
home	机器人运动目标位置数据，其数据类型 jointtarget
tujiao_dw	涂胶工具抓取点，其数据类型 robtarget

（1）抓取涂胶工具程序:

```
PROC ZQ ( )
  MoveAbsJ home, v500, fine, tool0；//机器人运动到原点
Set handchange_start；  //顶珠缩回，为抓取工具做准备
  MoveJ offs (tujiao_dw, 0, 0, 100), v200, fine, tool0；//关节运动移到涂胶工具点上方
100mm
 MoveL q, v200, fine, tool0；  //直线到达涂胶工具点
 Waittime 0.5；// 等待 0.5s
 Reset handchange_start；  //顶珠锁紧，抓取工具
 Waittime 0.5；  //等待 0.5s
 MoveL offs (tujiao_dw, 0, 0, 100), v200, fine, tool0；//直线上升到涂胶工具上方
100mm
 MoveAbsJ home, v500, fine, tool0；//回到机器人原点
 ENDPROC
```

（2）放下涂胶工具程序:

```
PROC FQ ( )
MoveAbsJ home, v500, fine, tool0；//机器人运动到原点
MoveJ offs (tujiao_dw, 0, 0, 100), v200, fine, tool0；//关节运动移到涂胶工具点上方
100mm
MoveL q, v200, fine, tool0；//直线到达涂胶工具点
Waittime 0.5；// 等待 0.5s
Set handchange_start；//顶珠缩回，抓取工具
Waittime 0.5；//等待 0.5s
MoveL offs (tujiao_dw, 0, 0, 100), v200, fine, tool0；//直线上升到涂胶工具点上方
100mm
MoveAbsJ home, v500, fine, tool0；  //回到机器人原点
ENDPROC
```

2. 涂胶程序设计

涂胶编程与调试

如图 3-2-10 所示，写出⑥直角、③圆、①与②构成的综合图形及④Logo 的程序。

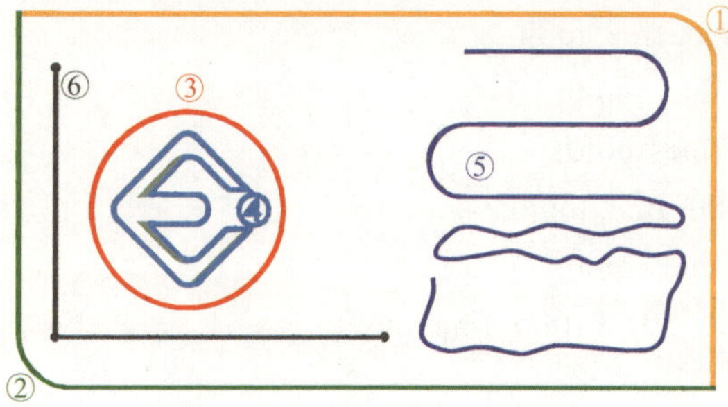

图 3-2-10　涂胶单元综合图形

```
MODULE TuJiao
PROC main ( ) ;//主程序
ZhiXian; //调用画直线的例行程序
Yuan; //调用画圆的例行程序
ZhiXian_YuanHu; //调用画综合图形的例行程序
Logo;// 调用画 Logo 的例行程序
ENDPROC
```

（1）直线的绘制程序：

```
PROC ZhiXian ( )
MoveL offs (a1, 0, 0, 50), v1000, fine, tool0;
MoveL a1, v1000, fine, tool0;
MoveL a2, v1000, fine, tool0;
MoveL a3, v1000, fine, tool0;
MoveL offs (a3, 0, 0, 50), v1000, fine, tool0;
ENDPROC
```

（2）圆的绘制程序：

```
PROC Yuan ( )
MoveL offs (b1, 0, 0, 50), v1000, fine, tool0;
MoveL b1, v1000, fine, tool0;
MoveC b2, b3, v1000, fine, tool0;
WaitTime 1;
MoveC b4, b1, v1000, fine, tool0;
WaitTime 1;
```

```
MoveL offs (b1, 0, 0, 50), v1000, fine, tool0;
ENDPROC
```

（3）综合图形的绘制程序：

```
PROC ZhiXian_YuanHu ( )
MoveL offs (c1, 0, 0, 50), v1000, fine, tool0;
MoveL c1, v1000, fine, tool0;
MoveL c2, v1000, fine, tool0;
MoveC c3, c4, v1000, fine, tool0;
MoveL c5, v1000, fine, tool0;
MoveL c6, v1000, fine, tool0;
MoveL c7, c8, v1000, fine, tool0;
MoveL c1, v1000, fine, tool0;
MoveL offs (c1, 0, 0, 50), v1000, fine, tool0;
ENDPROC
```

（4）给定 Logo 图形绘制的程序：

```
PROC Logo ( )
MoveL offs (d1, 0, 0, 50), v1000, fine, tool0;
MoveL d1, v1000, z0, tool0; MoveL d2, v1000, fine, tool0;
MoveL d3, v1000, fine, tool0;
MoveC d4, d5, v1000, fine, tool0;
MoveL d6, v1000, fine, tool0;
MoveC d7, d8, v1000, fine, tool0;
MoveL d9, v1000, fine, tool0;
MoveC d10, d11, v1000, fine, tool0;
MoveL d12, v1000, fine, tool0;
MoveL d13, v1000, fine, tool0;
MoveL d14, v1000, fine, tool0;
MoveC d15, d16, v1000, fine, tool0;
MoveL d17, v1000, fine, tool0;
MoveC d18, d19, v1000, fine, tool0;
MoveL d20, v1000, fine, tool0;
MoveC d21, d22, v1000, fine, tool0;
MoveL d1, v1000, fine, tool0;
MoveL offs (d1, 0, 0, 50), v1000, fine, tool0;
ENDPROC
ENDMODULE
```

【做一做】

表 3-2-16　课中测试

小组编号：	小组成员：

课 中 做

1. 绘制涂胶工作站的工作流程图

2. 根据下图涂胶路径列出涂胶机器人所需点位数据

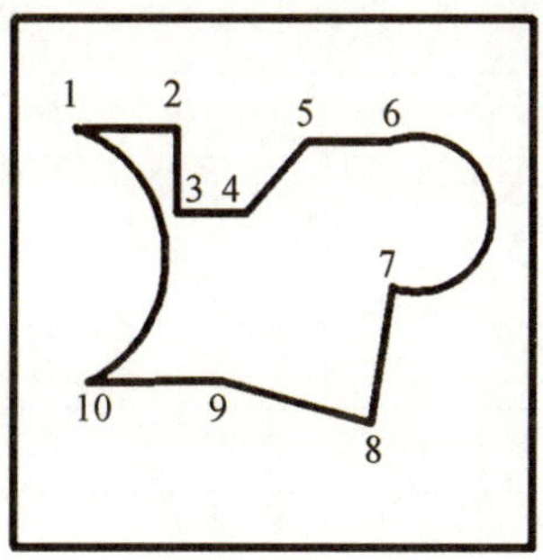

数据列表				
序号	数据名称	数据类型	存储类型	备注

3. 列出码垛机器人控制程序

程序列表 1	
程序	备注

4. 记录调试机器人码垛工作站程序时遇到的问题、出现原因及解决方法

问题	出现原因	解决方法

5. 课中记录

【评一评】

1. 学习过程自我评价

表 3-2-17 学习过程自评表

<table>
<tr><td>班级</td><td colspan="2"></td><td>姓名</td><td></td><td>学号</td><td></td><td>日期</td><td colspan="4">年 月 日</td></tr>
<tr><td rowspan="2">评价指标</td><td rowspan="2" colspan="6"></td><td rowspan="2">权重/%</td><td colspan="4">等级评定</td></tr>
<tr><td>A</td><td>B</td><td>C</td><td>D</td></tr>
<tr><td rowspan="3">信息检索</td><td colspan="6">能有效利用网络资源、工作手册查找有效信息</td><td>5</td><td></td><td></td><td></td><td></td></tr>
<tr><td colspan="6">能用自己的语言有条理地解释、表述所用知识</td><td>5</td><td></td><td></td><td></td><td></td></tr>
<tr><td colspan="6">能将查找到的信息有效地转换到工作中</td><td>5</td><td></td><td></td><td></td><td></td></tr>
<tr><td rowspan="2">感知工作</td><td colspan="6">是否熟悉工作岗位、认同工作价值</td><td>5</td><td></td><td></td><td></td><td></td></tr>
<tr><td colspan="6">在工作中，是否获得满足感</td><td>5</td><td></td><td></td><td></td><td></td></tr>
<tr><td rowspan="3">参与状态</td><td colspan="6">教师、同学之间是否相互尊重、理解、平等</td><td>5</td><td></td><td></td><td></td><td></td></tr>
<tr><td colspan="6">教师、同学之间是否保持多问及丰富、适宜的信息交流</td><td>5</td><td></td><td></td><td></td><td></td></tr>
<tr><td colspan="6">探究学习，自主学习不流于形式，能处理好合作学习和独立思考的关系，做到有效学习</td><td>5</td><td></td><td></td><td></td><td></td></tr>
<tr><td rowspan="4">学习方法</td><td colspan="6">能提出有意义的问题或发表个人见解；能按要求正确操作；能够倾听、协作、分享</td><td>5</td><td></td><td></td><td></td><td></td></tr>
<tr><td colspan="6">能积极参与，在产品加工过程中不断学习，能提高综合运用信息技术的能力</td><td>5</td><td></td><td></td><td></td><td></td></tr>
<tr><td colspan="6">工作计划、操作技能是否符合规范要求</td><td>5</td><td></td><td></td><td></td><td></td></tr>
<tr><td colspan="6">是否获得进一步发展的能力</td><td>5</td><td></td><td></td><td></td><td></td></tr>
<tr><td rowspan="3">工作过程</td><td colspan="6">遵守管理规程，操作过程符合现场管理要求</td><td>5</td><td></td><td></td><td></td><td></td></tr>
<tr><td colspan="6">平时上课能按时出勤，每天能及时完成工作任务</td><td>5</td><td></td><td></td><td></td><td></td></tr>
<tr><td colspan="6">善于多角度思考问题，能主动发现，提出有价值的问题</td><td>5</td><td></td><td></td><td></td><td></td></tr>
<tr><td>思维状态</td><td colspan="6">能发现问题、提出问题、分析问题、解决问题、创新问题</td><td>5</td><td></td><td></td><td></td><td></td></tr>
<tr><td rowspan="4">自评反馈</td><td colspan="6">能按时按质完成工作任务</td><td>5</td><td></td><td></td><td></td><td></td></tr>
<tr><td colspan="6">能较好地掌握专业知识点</td><td>5</td><td></td><td></td><td></td><td></td></tr>
<tr><td colspan="6">具有较强的信息分析能力和理解能力</td><td>5</td><td></td><td></td><td></td><td></td></tr>
<tr><td colspan="6">具有较为全面严谨的思维能力并能条理明晰地表述成文</td><td>5</td><td></td><td></td><td></td><td></td></tr>
<tr><td colspan="7">自评等级</td><td colspan="5"></td></tr>
<tr><td>有益的经验与做法</td><td colspan="11"></td></tr>
<tr><td>总结反思建议</td><td colspan="11">（通过本任务学习，你获得哪些新知识，下次再做类似任务，你应当有哪些改进？）</td></tr>
<tr><td colspan="12">等级评定：A. 好 B. 较好 C. 一般 D. 有待提高</td></tr>
</table>

2. 学习过程三方评价

表 3-2-18　学习活动过程三方评价表

<table>
<tr><td>班级</td><td></td><td>姓名</td><td></td><td>学号</td><td></td><td>日期</td><td colspan="2">年　月　日</td></tr>
<tr><td colspan="4">评价内容（满分 100 分）</td><td colspan="2">学生自评/分</td><td>同学互评/分</td><td>教师评价/分</td><td>总评/分</td></tr>
<tr><td rowspan="4">专业技能（60 分）</td><td colspan="3">任务学习完成进度（30 分）</td><td colspan="2"></td><td></td><td></td><td rowspan="8">A（86～100）
B（76～85）
C（60～75）
D（60 以下）</td></tr>
<tr><td colspan="3">对理论知识的掌握程度（10 分）</td><td colspan="2"></td><td></td><td></td></tr>
<tr><td colspan="3">理论知识的应用能力（10 分）</td><td colspan="2"></td><td></td><td></td></tr>
<tr><td colspan="3">改进能力（10 分）</td><td colspan="2"></td><td></td><td></td></tr>
<tr><td rowspan="4">综合素质（40 分）</td><td colspan="3">遵守现场操作的职业规范（10 分）</td><td colspan="2"></td><td></td><td></td></tr>
<tr><td colspan="3">信息获取的途径（10 分）</td><td colspan="2"></td><td></td><td></td></tr>
<tr><td colspan="3">按时完成学习和工作任务（10 分）</td><td colspan="2"></td><td></td><td></td></tr>
<tr><td colspan="3">团队合作精神（10 分）</td><td colspan="2"></td><td></td><td></td></tr>
<tr><td colspan="4">总分</td><td colspan="5"></td></tr>
<tr><td colspan="6">综合得分
（学生自评 10%、同学互评 10%、教师评价 80%）</td><td colspan="3"></td></tr>
<tr><td>小结建议</td><td colspan="8"></td></tr>
</table>

3. 现场测试考核评价

表 3-2-19　现场测试考核评价表

<table>
<tr><td>班级</td><td></td><td>姓名</td><td></td><td>学号</td><td></td><td>日期</td><td>年　月　日</td></tr>
<tr><td>序号</td><td colspan="3">评价要点</td><td colspan="2">配分/分</td><td>得分/分</td><td>总评/分</td></tr>
<tr><td>1</td><td colspan="3">能查阅资料，正确填写任务导学所提问题</td><td colspan="2">10</td><td></td><td rowspan="7">A（86～100）
B（76～85）
C（60～75）
D（60 以下）</td></tr>
<tr><td>2</td><td colspan="3">学习任务 3.2，正确理解填写“做一做”，错 1 处扣 2 分</td><td colspan="2">50</td><td></td></tr>
<tr><td>3</td><td colspan="3">能根据工作要求，对小组成员进行合理分工</td><td colspan="2">5</td><td></td></tr>
<tr><td>4</td><td colspan="3">能列出工业机器人选型主要技术参数</td><td colspan="2">10</td><td></td></tr>
<tr><td>5</td><td colspan="3">能遵守劳动纪律，以积极的态度接受工作任务</td><td colspan="2">5</td><td></td></tr>
<tr><td>6</td><td colspan="3">能积极参与小组讨论、团队间互相合作</td><td colspan="2">10</td><td></td></tr>
<tr><td>7</td><td colspan="3">能及时完成老师布置的任务</td><td colspan="2">10</td><td></td></tr>
<tr><td colspan="4">总分</td><td colspan="2">100</td><td colspan="2"></td></tr>
<tr><td colspan="5">综合得分
（学生自评 10%、同学互评 10%、教师评价 80%）</td><td colspan="3"></td></tr>
<tr><td>小结建议</td><td colspan="7"></td></tr>
</table>

【巩固与提高】

在线测试

任务 3.3　码垛工作站编程与调试

【任务目标】

知识目标：

（1）掌握 DIV、MOD 等常用计算指令。

（2）掌握数组和 FOR 循环等常用指令。

（3）掌握码垛点位计算方法。

（4）掌握中断、功能程序的应用方法。

技能目标：

（1）会熟练使用 DIV、MOD 等常用计算指令。

（2）能应用 FOR 循环、数组等常用指令。

（3）会使用不同方法计算码垛点位。

（4）会应用中断、功能程序解决实际问题。

素质目标：

（1）培养动手、观察、分析问题和解决问题能力。

（2）培养查阅资料和自学的能力。

（3）培养信息接收能力、处理能力和创新能力。

【任务导学】

（1）查阅资料，举例说明机器人的码垛应用。________________________________

____

____

（2）查阅资料，简述工业机器人的码垛流程。________________________________

____

____

（3）查阅资料，构建一个工业机器人码垛工作站需要哪些设备？____________

____

____

【学一学】

学习活动 1　码垛原理与编程方法

1. 认识垛形

码垛有各种不同的垛形。垛形是指物料有规律、整齐、平稳地码放在托盘上的码放样式。通常的垛形有 4 种，分别是重叠式码放、正反交错式码放、旋转交错式码放、纵横交错式码放。

（1）重叠式码垛：即各层码放方式相同，上下对应。这种方式的优点是，工人操作速度快，包装货物的四个角和边重叠垂直，承载能力大。缺点是各层之间缺少咬合作用，容易发生塌垛。在货物底面积较大的情况下，采用这种方式具有足够的稳定性，如果再配上相应的紧固方式，则不但能保持稳定，还可以保留装卸操作省力的优点，如图 3-3-1 所示。

（2）正反交错式码垛：同一层中，不同列的以 90°垂直码放，相邻两层的码放形式是另一层旋转 180°的形式。这种方式类似于建筑上的砌砖方式，不同层间咬合强度较高，相邻层之间不重缝，因而码放后稳定性较高，但操作较为麻烦，且包装体之间不是垂直面相互承受载荷，如图 3-3-2 所示。

图 3-3-1　重叠式码垛

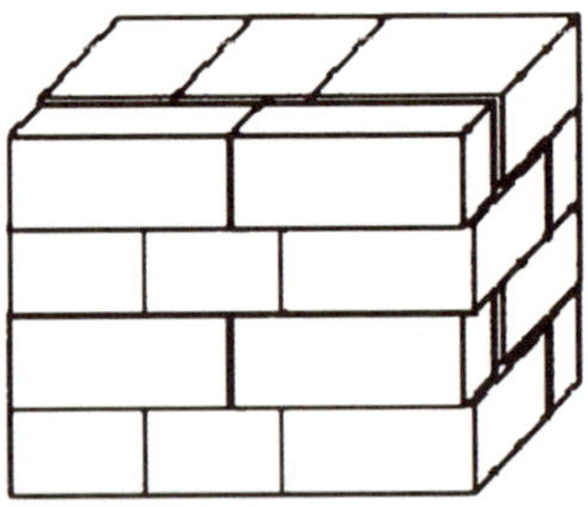

图 3-3-2　正反交错式码垛

（3）纵横交错式码垛：相邻摆放旋转 90°，一层横向放置，另一层纵向放置。每层间有一定的咬合效果，但咬合强度不高，如图 3-3-3 所示。

（4）旋转交错式码垛：第一层相邻的两个包装体互为 90°，两层间码放又相差 180°，这样相邻两层之间互相咬合交叉，货体的稳定性较高，不易塌垛。其缺点是，码放的难度较大，且中间形成空穴，降低托盘的利用效率，如图 3-3-4 所示。

图 3-3-3　纵横交错式码垛

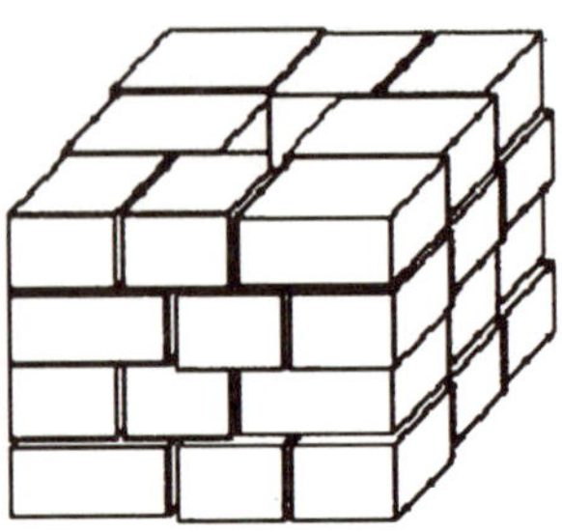

图 3-3-4　旋转交错式码垛

2. 工艺要求

码垛工艺过程具体要求：

（1）工艺过程的起始结束点为工作原点。

（2）工业机器人自动完成夹爪工具的抓取动作。

（3）工业机器人利用夹爪工具，将所有物料从平台 A 依次抓取摆放到平台 B，在平台 B 的物料码放方式要求如图 3-3-5 所示。

（4）工业机器人由平台 A 拾取物料时，需从底部拾取。

（5）工业机器人由平台 B 码放物料时，可自由选择码放顺序。

（6）工业机器人自动完成夹爪工具的放回动作。

（7）码垛过程中工具、物料不可掉落，不得发生碰撞干涉。

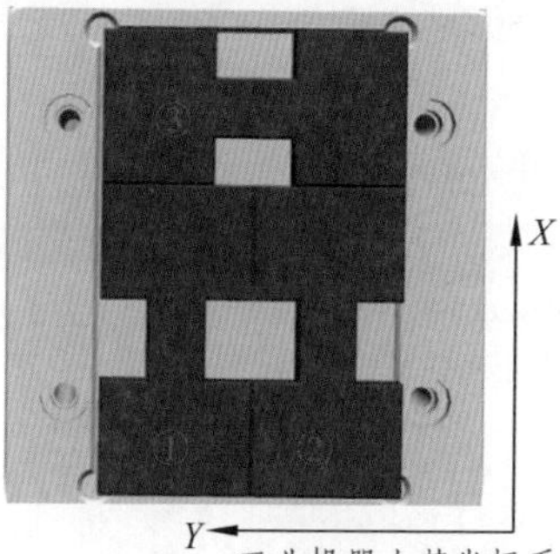

图 3-3-5　物料码放方式要求

3. 通过偏移指令计算码垛位置

robtarget 是 ABB 机器人中的一个数据类型，用于定义机器人及其附加轴的移动指令中的位置。它是一个复合数据类型，包含多个组件，每个组件都有其特定的数据类型。

例如，一个 robtarget 的定义可能看起来像这样：

POSITION1:=[[102.94，57.75，1015.27]，[0.915468，0，0，0.402391]，[9E+09，9E+09，9E+09，9E+09，9E+09，9E+09]]

这里，第一个中括号内的数据表示工具中心点的位置（trans），第二个中括号内的数据表示工具的姿态（rot），第三个中括号内的数据表示机器人的轴配置参数（robconf），而第四个中括号内的数据则表示外部轴的位置或角度（extax）。

POSITION1 表示工具中心点在工件坐标中的位置。它包含以下部分：

trans：工具中心点的位置数据类型。

rot：以姿态四元数表示的工具姿态数据类型。

robconf：机器人轴配置参数的数据类型，具体为 confdata（轴配置数据）。

extax：外部轴的位置或角度数据类型。

我们可以通过各个组件来读取和赋值当前 POSITION 点中的数据。

POSITION.trans.x 读取的就是当前坐标的 X 值 102.94，可以通过计算后将新的 X 坐标值赋值给一个新的点。

已知码垛所用的垛块的尺寸为 300 mm × 200 mm × 100 mm，码垛点为 pPlace，图 3-3-5 中各个码垛点位的坐标计算见表 3-3-1。

表 3-3-1　各层坐标点的计算

序号	点位	坐标	说明
1	第 1 层第 1 块	pPlace:=P10	由示教定义 P10 作为第 1 层计算的基准
2	第 1 层第 2 块	pPlace.trans.y:=P10.trans.y-32.5	由 P10 点沿 Y 轴负方向移动 32.5 mm
3	第 1 层第 3 块	pPlace.trans.x:=P20.trans.x-65 pPlace.trans.z:=P10.trans.z	由 P20 作为基准点向 X 的负方向偏移 65 mm，由于是第 1 层，Z 坐标的值不变
4	第 2 层第 1 块	pPlace:=P20	由示教定义 P20 作为第 2 层计算的基准
5	第 2 层第 3 块	pPlace.trans.x:=P10.trans.x+65 pPlace.trans.z:=P20.trans.z	由 P10 作为基准点向 X 的正方向偏移 65 mm，由于是第 2 层，Z 坐标的值和 P20 的 Z 坐标值相同
6	第 2 层第 4 块	pPlace.trans.x:=P20.trans.x+65 pPlace.trans.y:=P20.trans.y-32.5 pPlace.trans.z:=P10.trans.z	由 P10 作为基准点向 X 的正方向偏移 65 mm，Y 的负方向移动 32.5 mm，由于是第二层，Z 坐标的值和 P20 的 Z 坐标值相同

4. 通过求商、求余计算码垛位置

求商求余指令应用

可以通过码垛的数量来判断码垛的层数和位置，以求商、求余指令来确定码垛的层数和位置。

1）求商指令（DIV）

两个数相除时得到商的整数部分，如：

reg1 := 14 DIV 4;　//14 除以 4，商为 3 并赋值给 reg1，即运行后 reg1 值为 3

2）求余指令（MOD）

两个数相除时得到余数，如：

reg2 := 14 MOD 4;　//14 除以 4，余数为 2 并赋值给 reg2，即运行后 reg2 值为 2

应用求商、求余指令的步骤见表 3-3-2。

表 3-3-2　应用求商、求余指令的步骤

<table>
<tr><th>序号</th><th>操作步骤</th><th>图示</th></tr>
<tr><td>1</td><td>点击【添加指令】</td><td>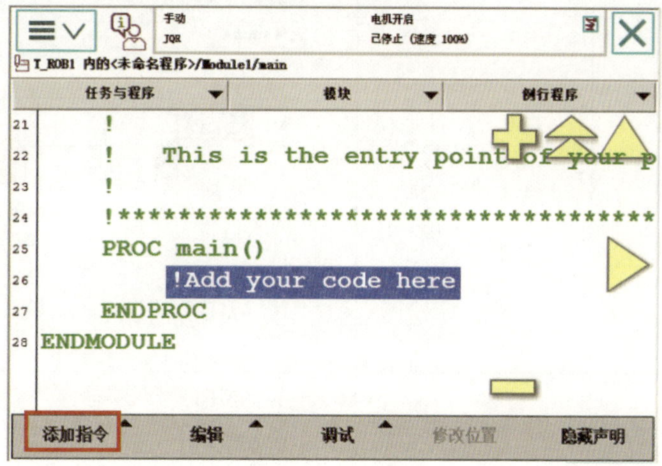
</td></tr>
<tr><td>2</td><td>添加赋值指令</td><td>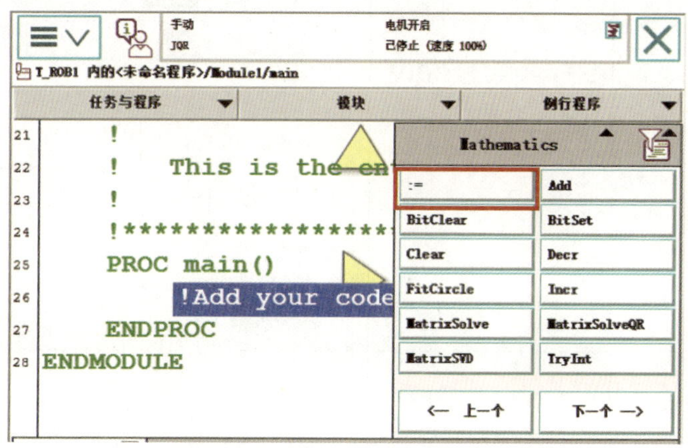
</td></tr>
<tr><td>3</td><td>添加被赋值的变量“k”</td><td>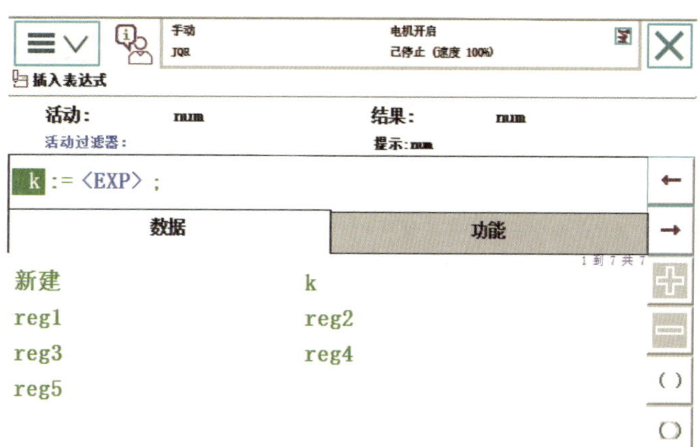
</td></tr>
</table>

续表

序号	操作步骤	图示
4	选中“EXP”，点击“+”号	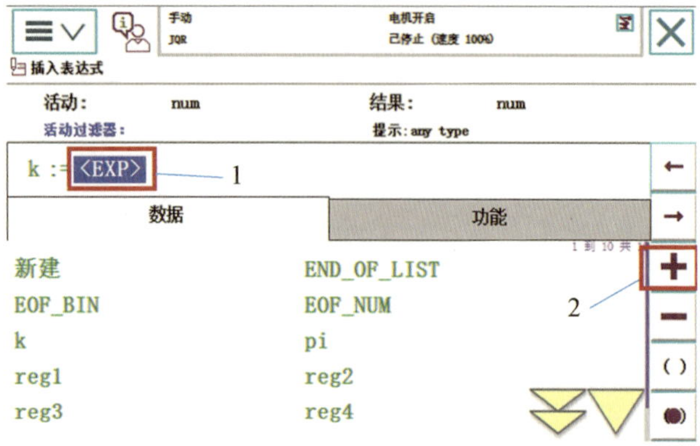
5	往下翻页找到“DIV”指令并单击添加	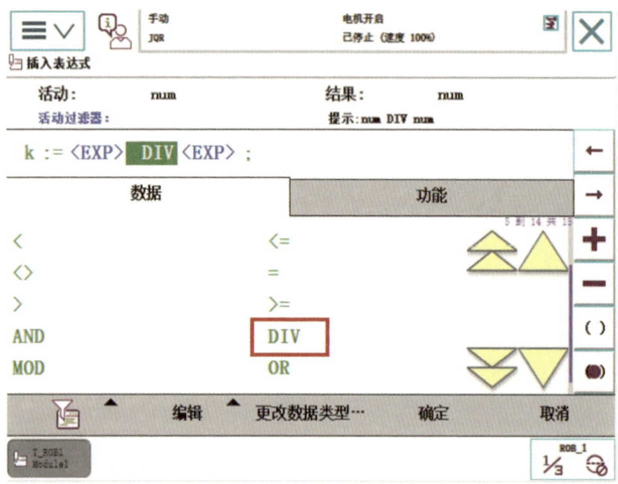
6	修改除数和被除数	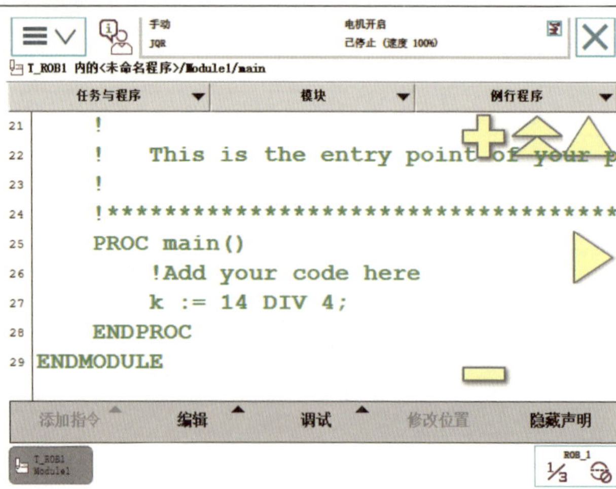

可以用码垛产品的数量除以每一层码垛的数量，用 DIV 求商得到码垛产品的层数，用 MOD 求余得到产品在当前层的码垛位置号。而码垛高度可通过偏移层数与零件的高的积来求得。

码垛计数变量为 nCount，层数变量为 nTier，每层的位置号为 nPlace，工件放置位置计算公式为

nTier:=（nCount-1）DIV 3;

nPlace:=（nCount-1）MOD 3;

求到的各层工件码垛位置见表 3-3-3。

表 3-3-3　各码垛位置计算

码垛计数值（nCount）	层数（nTier）	位置号（nPlace）	备注
1	0	0	第 1 层 1 号位置
2	0	1	第 1 层 2 号位置
3	0	2	第 1 层 3 号位置
4	1	0	第 2 层 1 号位置
5	1	1	第 2 层 2 号位置
6	1	2	第 2 层 3 号位置

学习活动 2　码垛的编程方法

1. 数　组

数组的应用

在程序设计中，为了处理方便，把具有相同类型的若干数据项按有序的形式组织起来。这些按序排列的同类型数据元素的集合称为数组。组成数组的各个数据分项称为数组元素，有时也称为下标变量。数组分为一维、二维、三维和多维数组等，常用的是一维、二维数组。

1）一维数组

当数组中的元素都只带一个下标时，称这样的数组为一维数组。

VAR num num1{3}:={5，7，9}

//定义数值型一维数组，有三个元素，初始值分别是（5，7，9）

reg1:=num1{2}

//调用该一维数组第二个元素的值赋给 reg1，执行后 reg1 的值为 7

注意：与 C 语言不同，在 ABB 机器人中，数组第一个元素的编号为 1 而不是 0，即第一个为 num1{1}而非 num1{0}。所以上面实例中，num1{1}的值为 5，而非 7。

以上方实例中的一维数组为例，讲解在 ABB 机器人中定义一维数组操作步骤，见表 3-3-4。

表 3-3-4　ABB 机器人中定义一维数组的操作步骤

序号	操作步骤	图示
1	点击主菜单中的【程序数据】	
2	在数据类型界面，双击选择“num”（若界面中未显示有“num”，则点开“视图”“全部数据类型”找到“num”并双击）	
3	点击“新建”，进入数据添加界面	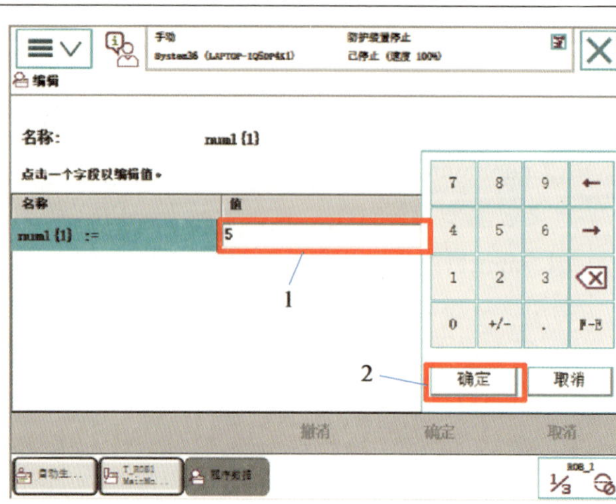

续表

序号	操作步骤	图示
4	点击名称后的图标	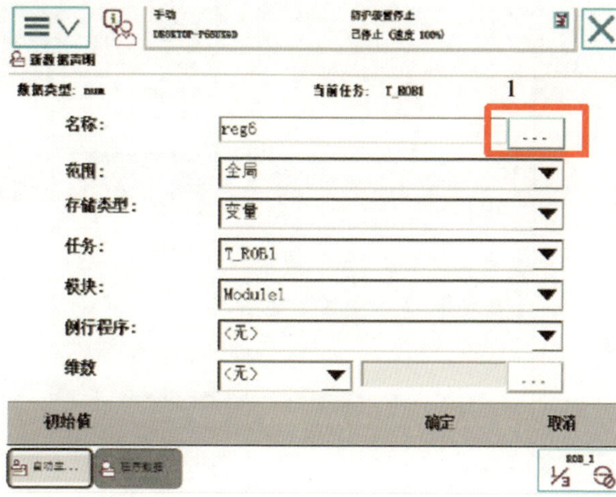
5	更改一维数组名称为“num1”，点击“确定”	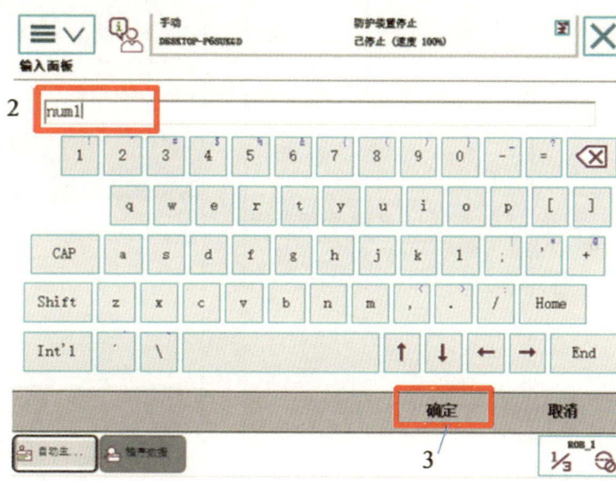
6	点击维数后的图标▼，选择要创建的数组维数“1”	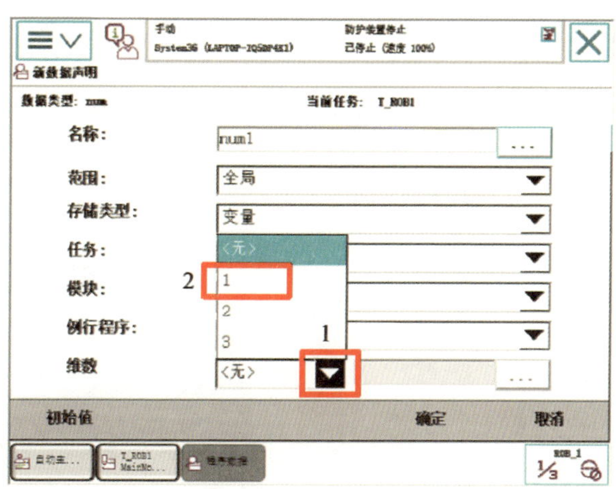

续表

序号	操作步骤	图示
7	点击维数后的图标 …，输入需要创建的数组元素个数“3”，点击【确定】，完成数组创建	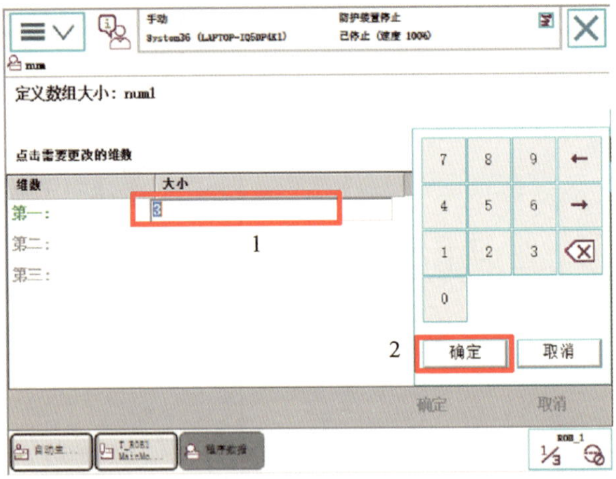
8	单击所创建的数组，修改各元素中的初始数值	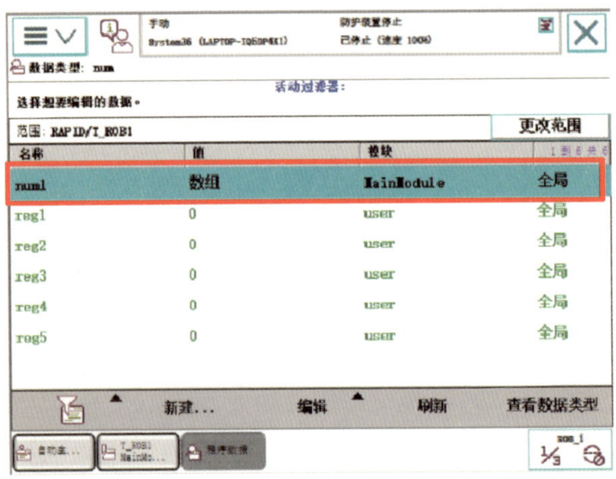
9	选择第一个元素，单击后修改数值为 5，依次单击第 2、3 个元素，修改数值分别为 7、9	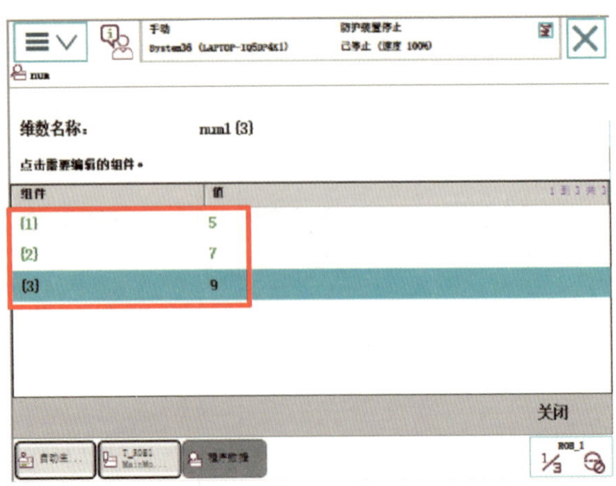

续表

序号	操作步骤	图示
10	点击【关闭】，该一维数组初始值更改完成	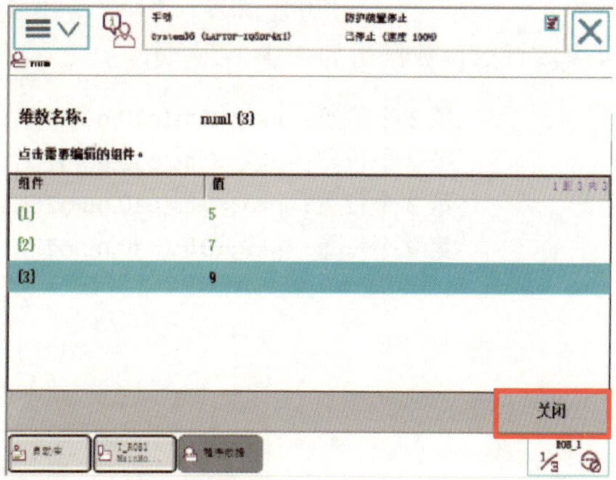

2）二维数组

二维数组跟一维数组相似，通常也被称为矩阵。可以将二维数组写成行和列的形式，能够更有效地帮助我们解决问题。

VAR num num2{3，4}:=[[1，2，3，4]，[5，6，7，8]，[9，10，11，12]];

//定义一个 3 行 4 列的数值型二维数组 num2 并赋初始值，数组元素共 12 个

reg1:=num2{2，3}；

//调用该二维数组第二行第三列的元素值赋给 reg1，执行后 reg1 的值为 7

二维数组在程序中应用举例如下：

如图 3-3-6 所示的放料盘，有 4 个放置位置，用于放置 4 个产品（每个产品长宽都是 200 mm）。以第 1 个放置点位为基准（点位名称为 p10），其他 3 个放置点位可以在此基础上进行偏移得出。

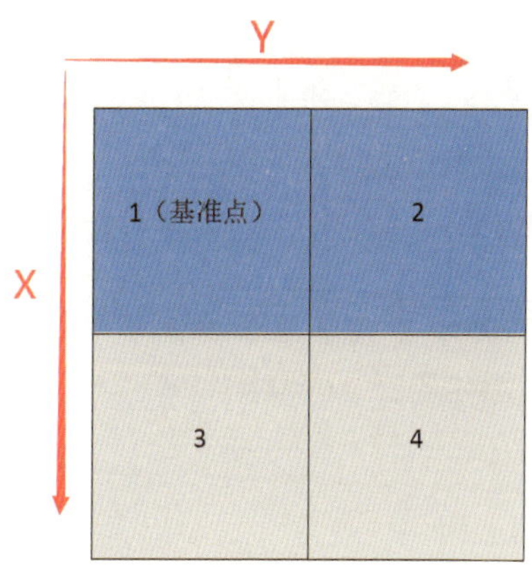

图 3-3-6　4 个产品放置位置

在程序中定义以下二维数组：

PERS　num　num2{4，3}:=[[0，0，0]，　　（第 1 个放置位置偏移数据：X=0，Y=0，Z=0）

[0，200，0]，　（第 2 个位置数据：X=0，Y=200，Z=0）
[200，0，0]，　（第 3 个位置数据：X=200，Y=0，Z=0）
[200，200，0]]　（第 4 个位置数据：X=200，Y=200，Z=0）

4 个放置点位数据值如图 3-3-7 所示。

第 1 个位置：pick:=Offs(p10,num2{1,1},num2{1,2},num2{1,3})
第 2 个位置：pick:=Offs(p10,num2{2,1},num2{2,2},num2{2,3})
第 3 个位置：pick:=Offs(p10,num2{3,1},num2{3,2},num2{3,3})
第 4 个位置：pick:=Offs(p10,num2{4,1},num2{4,2},num2{4,3})

基准点1
第4行第1列数值200
第4行第2列数值200
第4行第3列数值0

图 3-3-7　4 个放置点位数据值

2. FOR 循环指令

FOR 循环的应用

FOR 循环指令：根据指定的次数重复执行对应程序，适用于一条或多条语句需要重复执行数次的情况。

FOR 指令格式示例如图 3-3-8 所示。

本例中，FOR 之后的变量 reg1 起始值为 FROM 后的 1，终止值为 TO 后的 10。程序指针执行 FOR 指令时，第一次运行，变量 reg1 的值等于起始值 1，然后执行 FOR 和 ENDFOR 之间的语句“reg2:=reg2+reg1;”。执行完后，变量 reg1 的值自动加上步长（默认为 1，即 reg1 的值变为 2），然后再执行 FOR 和 ENDFOR 之间的语句“reg2:=reg2+reg1;”。第二次执行完后，reg1 的值变为 3，开始第三次执行。以此反复，直至 reg1 的值变为 11，已大于终止值 10，就不再执行 FOR 和 ENDFOR 之间的语句，直接跳转执行 ENDFOR 之后的语句。具体流程如图 3-3-9 所示。

任务与程序　模块

```
MODULE MainModule
  PROC main()
    FOR reg1 FROM 1 TO 10 DO
      reg2 := reg2 + reg1;
    ENDFOR
  ENDPROC
ENDMODULE
```

图 3-3-8　FOR 程序实例

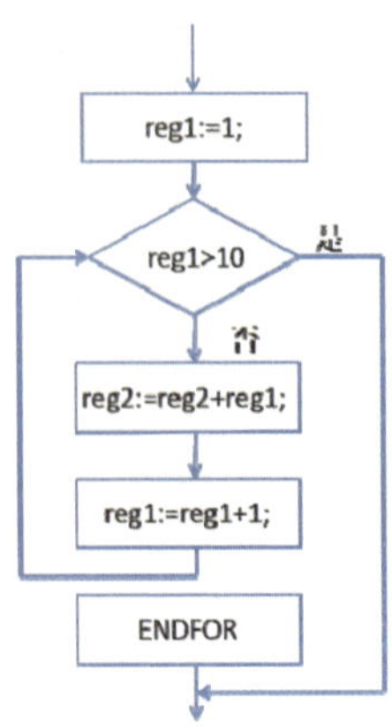

图 3-3-9　FOR 程序流程

注意：FOR 指令后面的步长默认为 1，即未写明步长时变量值每次加 1。当步长不为 1 时，可在指令后面添加 STEP 来指明步长。如图 3-3-10 所示实例，每次执行完后，变量 reg1 的值加 2。

```
MODULE MainModule
  PROC main()
    FOR reg1 FROM 1 TO 10 STEP 2 DO
      reg2 := reg2 + reg1;
    ENDFOR
  ENDPROC
ENDMODULE
```

图 3-3-10　STEP 使用实例

FOR 循环及 STEP 应用步骤见表 3-3-5。

表 3-3-5　FOR 循环及 STEP 应用步骤

序号	操作步骤	图示
1	点击【添加指令】	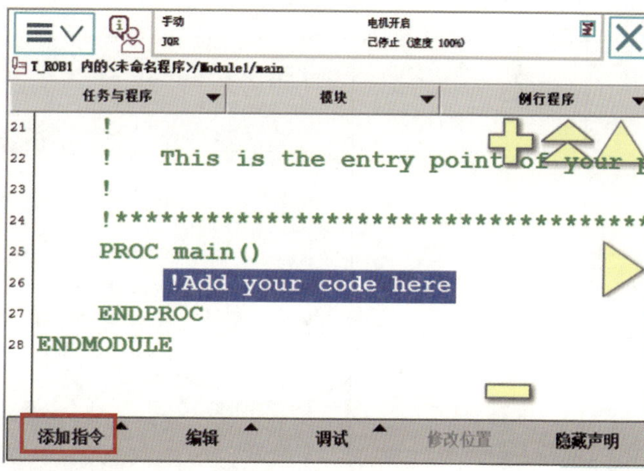
2	单击“Command”区域	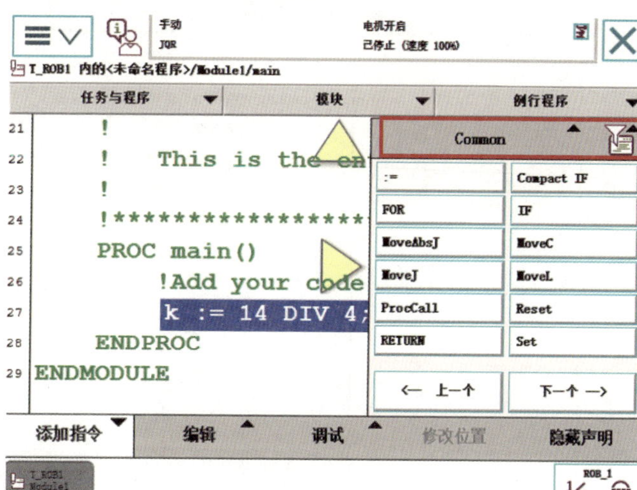

续表

序号	操作步骤	图示
3	选中“Prog.Flow”指令组	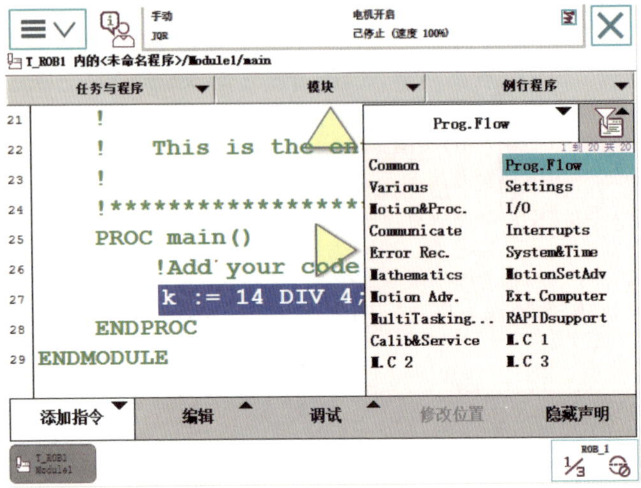
4	单击添加“FOR”指令	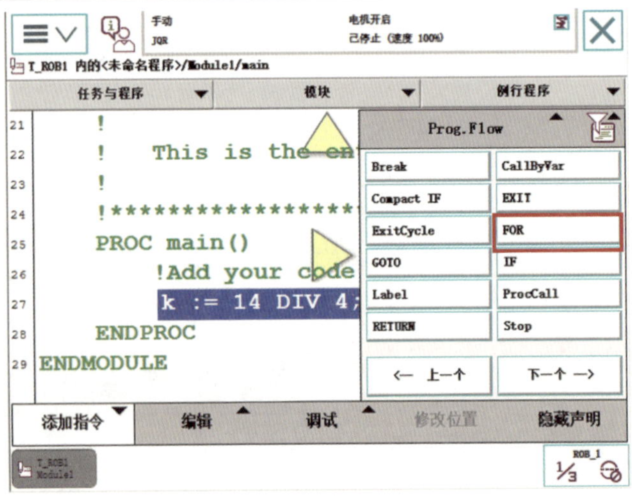
5	选中“<ID>”并单击	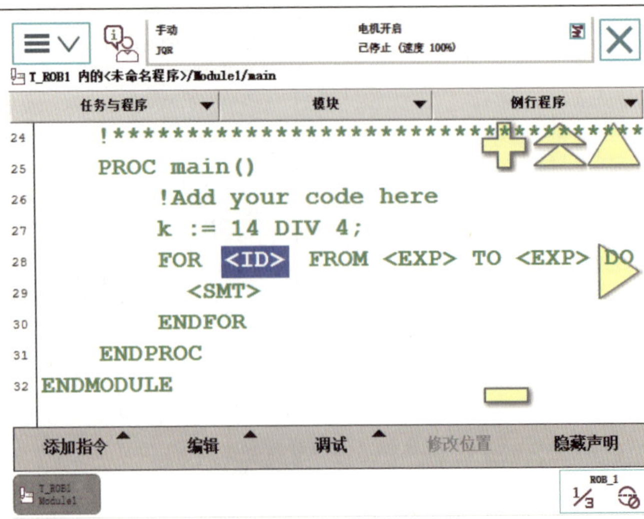

续表

序号	操作步骤	图示
6	输入 ID 变量，输入任意变量名称后会新建该局部变量（该变量只在当前 FOR 循环内有效），然后单击【确定】	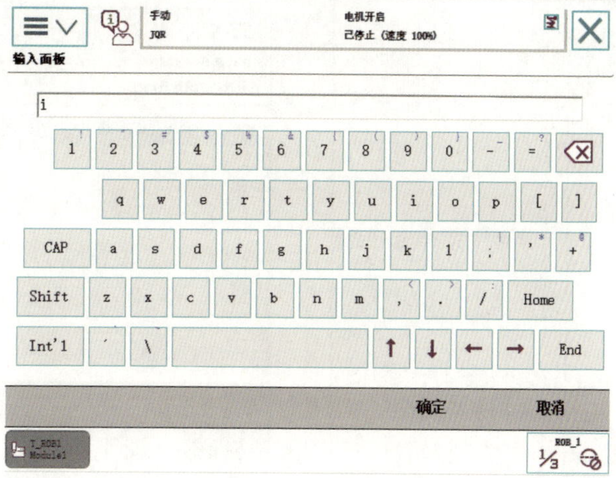
7	依次单击 FROM 和 TO 后面的“<EXP>”，输入循环的起始和结束值	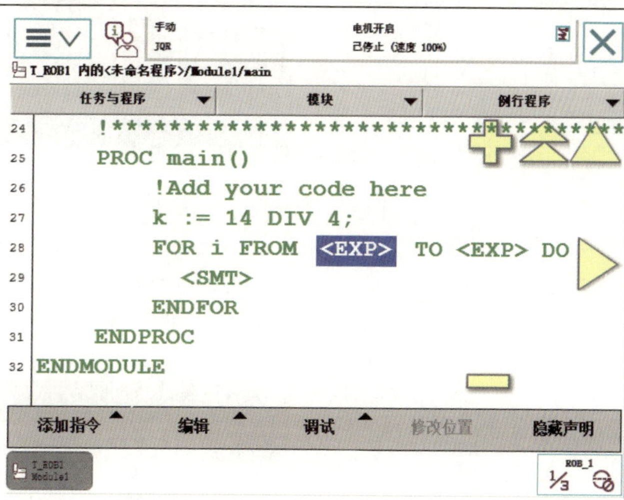
8	选中 FOR 循环指令并单击	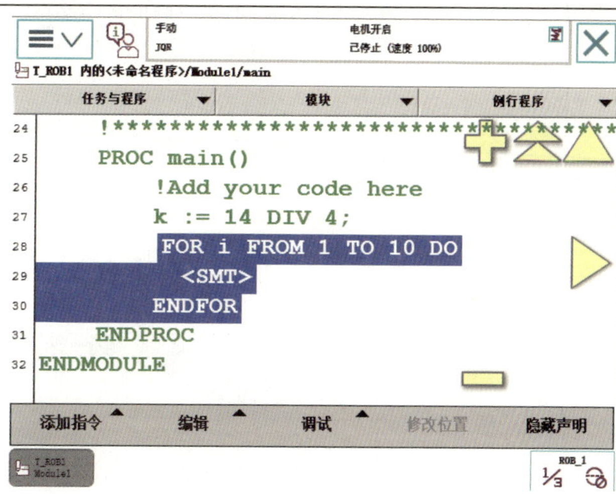

续表

序号	操作步骤	图示
9	单击【添加 STEP】	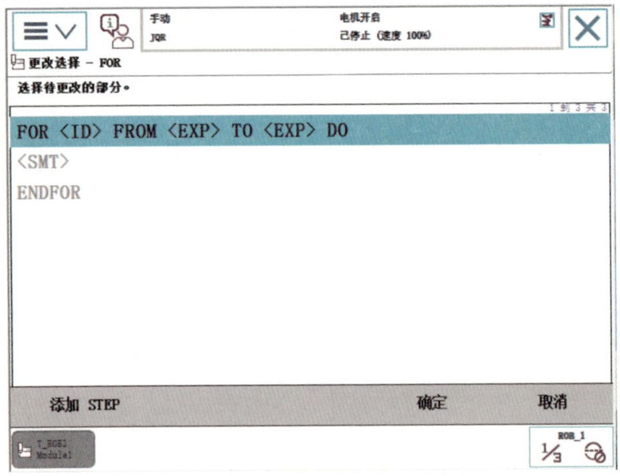
10	单击【确定】	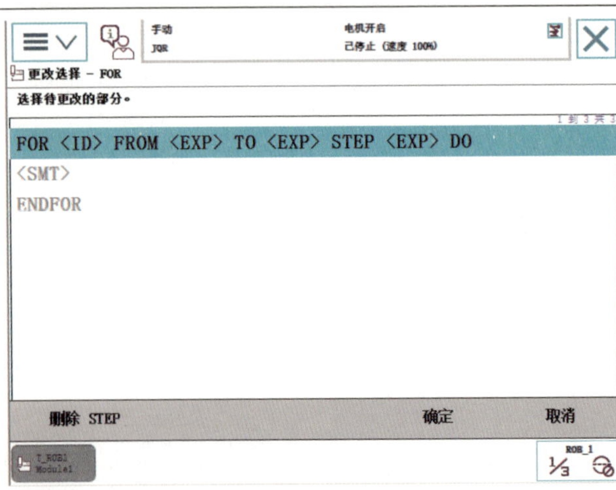
11	按照前面的方法修改 STEP 的值为 2	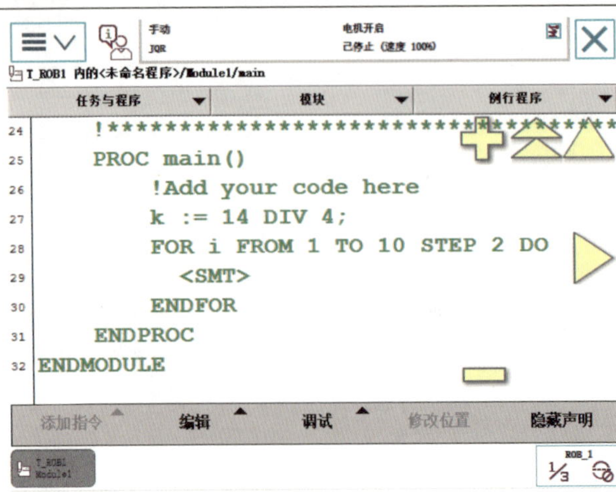

在实际的应用中可以将 FOR 循环的循环变量作为数组的下标，将所需要的点位数据储存在数组中，这样将极大地简化程序。

学习活动 3　编写机器人码垛程序

1. 中断指令

中断程序的应用

在程序执行过程中，如果发生需要紧急处理的情况，这就要中断当前程序的执行，马上跳转到专门的程序中对紧急情况进行相应处理，处理结束后返回至中断的地方继续往下执行程序。专门用来处理紧急情况的专门程序称作中断程序（Trap routines，简称 TRAP）。中断功能开启后，只要中断条件满足，系统可立即终止现行程序的执行，直接转入中断程序。

（1）格式。全局中断程序直接以程序类型 TRAP 起始，用 ENDTRAP 结束。程序结构与格式如下：

```
TRAP 程序名称
程序指令
   ⋮
END TRAP
```

中断程序的起始行为程序声明，不能定义参数，只需要在 TRAP 后定义程序名称。ENDTRAP 代表中断程序结束。

（2）指令。

中断监控指令包括实现中断连接，使能、禁止、删除、启用、停用中断功能的控制指令，以及读入中断数据、出错信息的监视指令两类。中断控制指令是实现中断的前提条件，对任何形式的中断均有效，它们通常在主程序或初始化程序中编写，具体指令名称见表 3-3-6。

表 3-3-6　常用中断指令

指令	说明
IDelete	取消中断
CONNECT	连接一个中断到中断程序
ISignalDI	使用一个数字输入信号触发中断
ISignalDO	使用一个数字输出信号触发中断
ISignalGI	使用一个组输入信号触发中断
ISignalGO	使用一个组输出信号触发中断
ISleep	关闭一个中断
IWatch	激活一个中断
IDisable	关闭所有中断
IEnaable	激活所有中断

① 主程序内编写中断指令如下：

```
VAR intnum intno1;          //定义中断数据 intno1
IDelete intno1;             //取消当前中断符 intno1 的连接，预防误触发
```

CONNECT intno1 WITH tTrap;　　//将中断数据 intno1 与中断程序 tTrap 连接

ISignalDI di1，1，intno1;　　　　//定义触发条件，即当数字输入信号 di1 为 1 时，触发

//该中断程序

② 中断程序编写如下：

TRAP　tTrap

reg1:=reg1+1;

ENDTRAP

用户不需要在程序中对中断程序进行调用。当程序启动运行完定义触发条件的指令一次后，系统进入中断监控，当数字输入信号 di1 变为 1 时，则机器人立即执行 tTrap 中的程序，运行完成之后，指针返回至触发该中断的程序位置继续往下执行。

（3）中断说明。

① ISleep 指令可使中断监控失效，在失效期间，该中断程序不会被触发。如：

ISleep　intno1;

与之对应的指令为 IWatch，用于激活中断监控。如：

IWatch　intno1;

注意，系统启动后默认为激活状态，只要中断条件满足，即会触发中断。

② ISignalDI \Single，di1，1，intno1;

若在 ISignalDI 后面加上可选参变量\Single，则该中断只会在 di1 信号第一次置 1 时触发相应的中断程序，后续则不再继续触发。

（4）中断应用。

现以记录传感器信号由 0 转为 1 的次数为例，讲解中断应用的具体方法。

① 创建中断程序，见表 3-3-7。

表 3-3-7　创建中断程序

序号	操作步骤	图示
1	点击【程序编辑器】，进入程序编译界面后点击【例行程序】	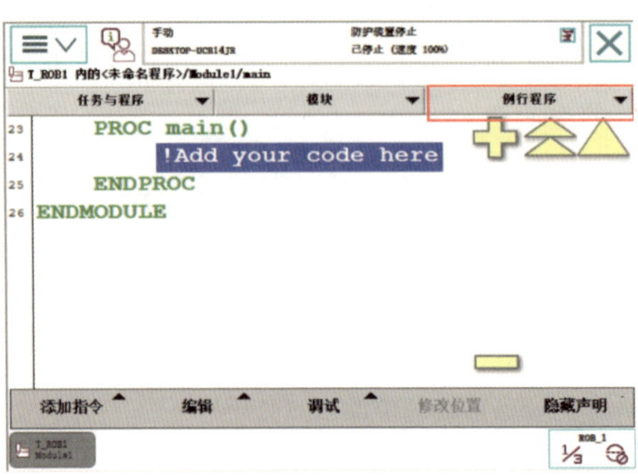

续表

序号	操作步骤	图示
2	点击【文件】，再点击【新建例行程序】	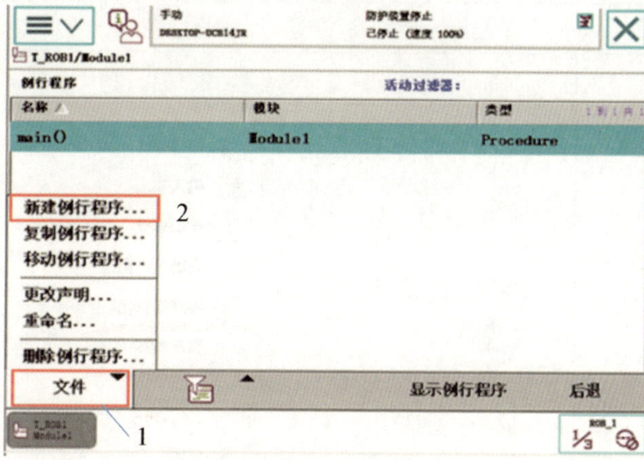
3	修改例行程序名称为“rTrap（）”，程序类型选择“中断”	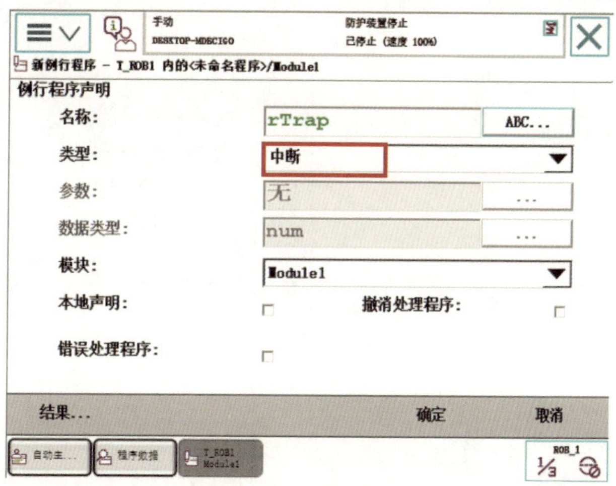
4	双击程序“rTrap（）”进入该中断程序编辑界面，添加右图指令	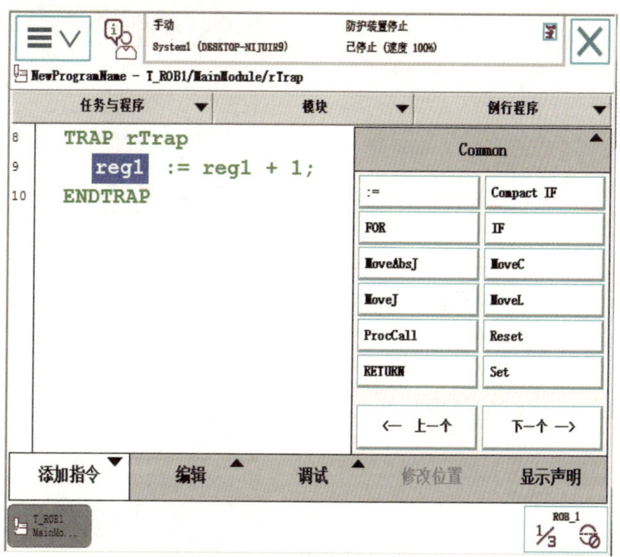

② 新建中断数据 intnol，见表 3-3-8。

表 3-3-8　新建中断数据 intnol

序号	操作步骤	图示
1	点击主菜单中的【程序数据】	
2	单击【视图】，选中【全部数据类型】	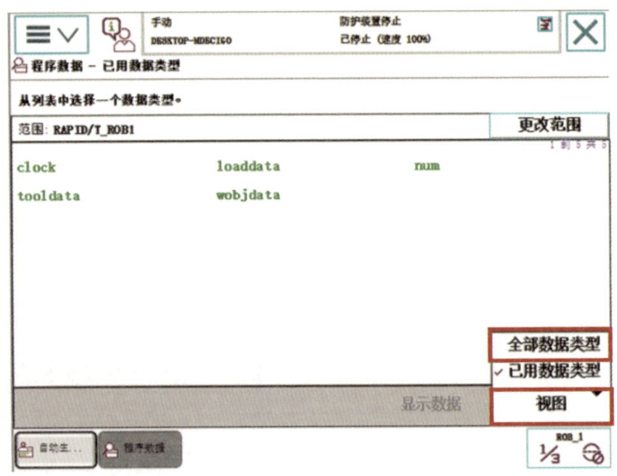
3	下翻找到"intnum"数据类型后双击	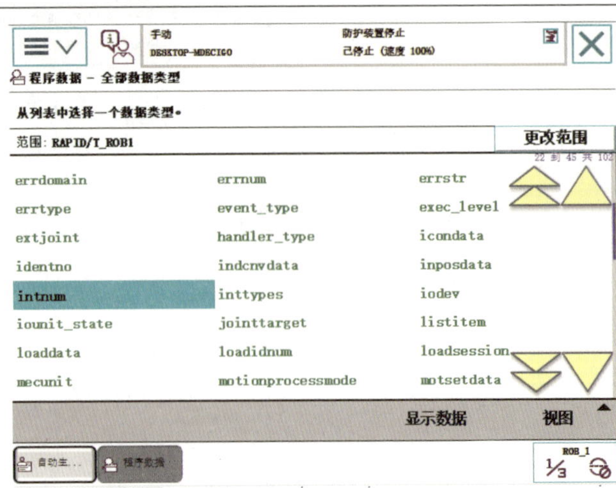

续表

序号	操作步骤	图示
4	新建中断数据 intnol	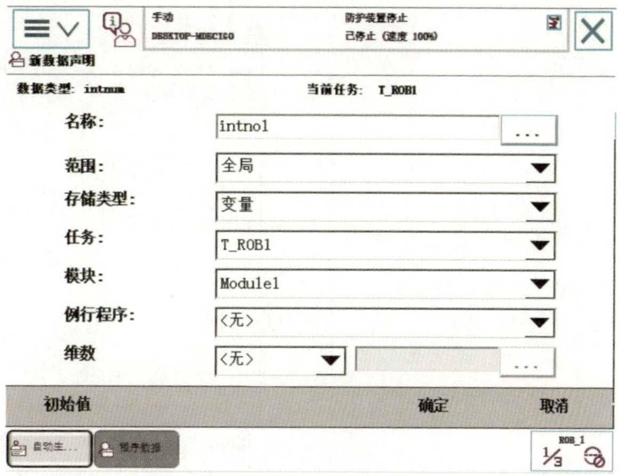

③ 创建初始化程序，建立中断连接，见表 3-3-9。

表 3-3-9　创建初始化程序并建立中断连接

序号	操作步骤	图示
1	新建一个用于初始化的程序“rInitAll( )”，程序类型为“程序”	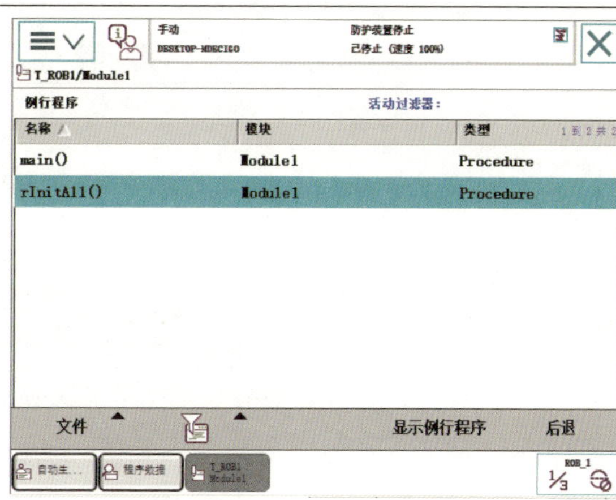
2	点击【添加指令】，单击【Common】区域，找到 Interrupts 并单击	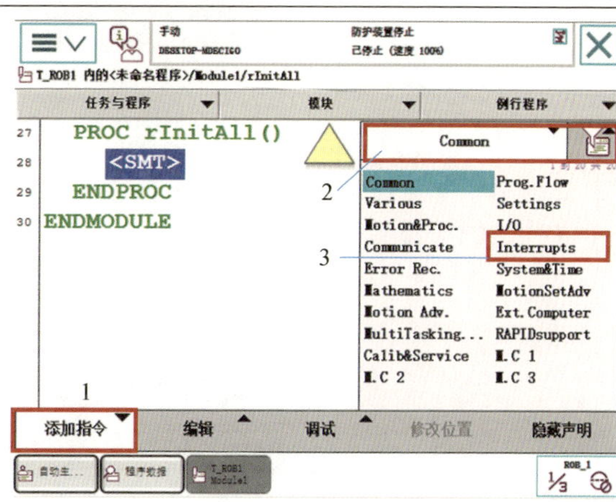

续表

序号	操作步骤	图示
3	找到【IDelete】指令并单击添加	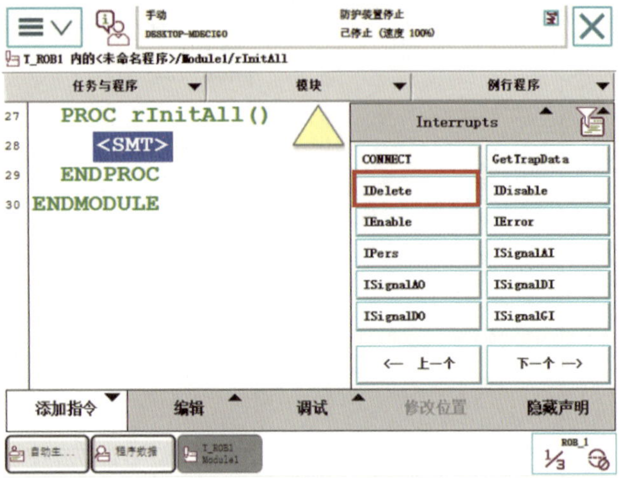
4	选择“intnol”，然后单击【确定】	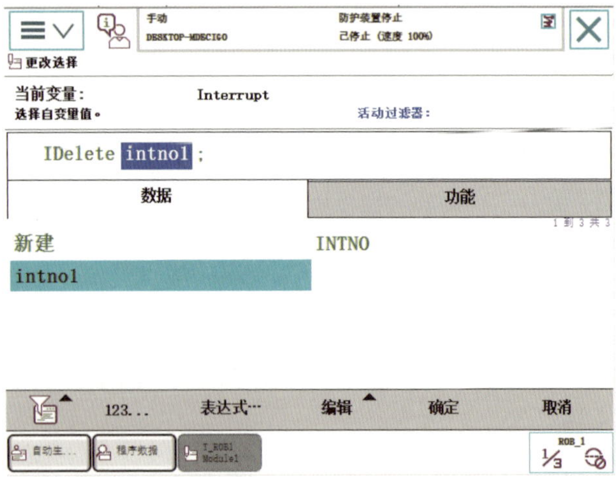
5	以同样的方法添加【CONNECT】指令	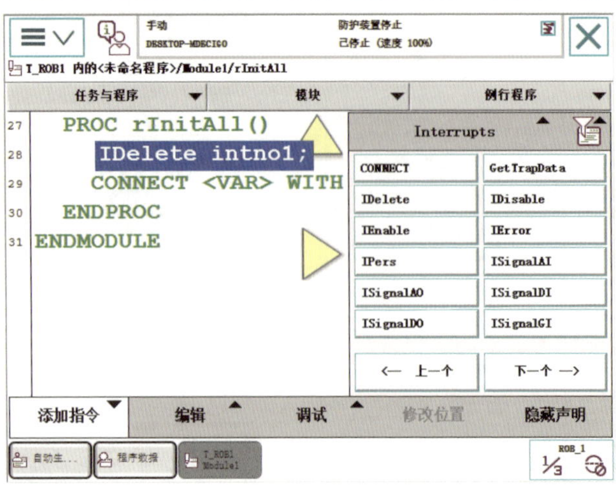

续表

序号	操作步骤	图示
6	单击<VAR>	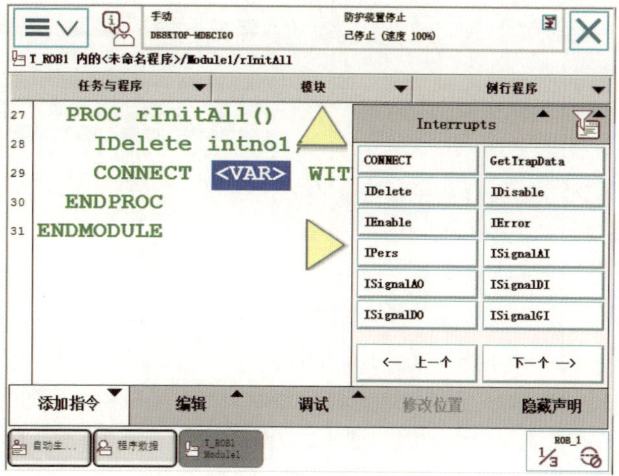
7	选择“intnol”，然后单击【确定】	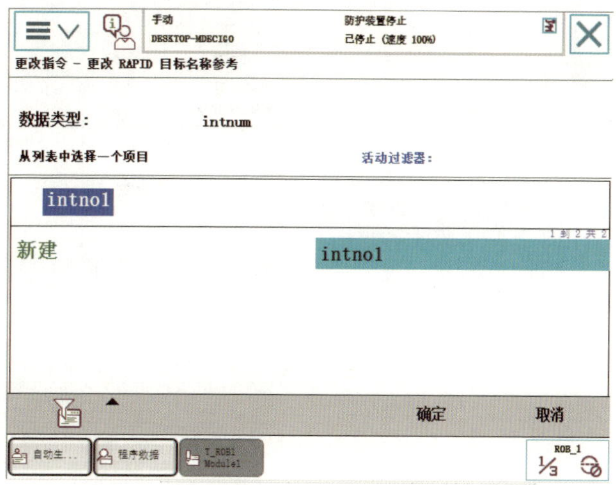
8	单击<ID>	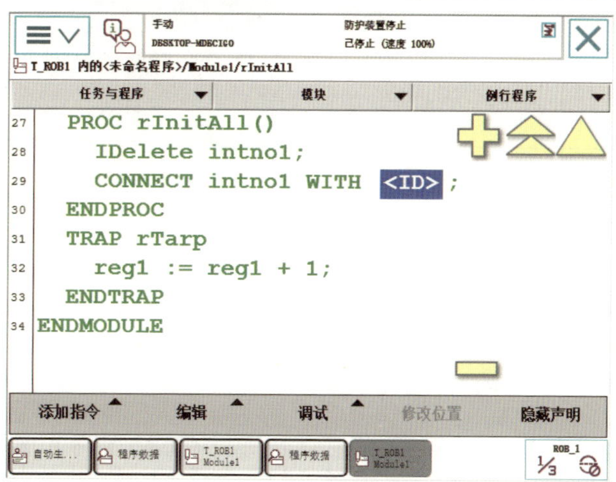

续表

序号	操作步骤	图示
9	选择所需连接的中断程序“rTrap”，然后点击【确定】	
10	添加指令【ISignalDI】并选择中断触发信号“d652_DI_10”	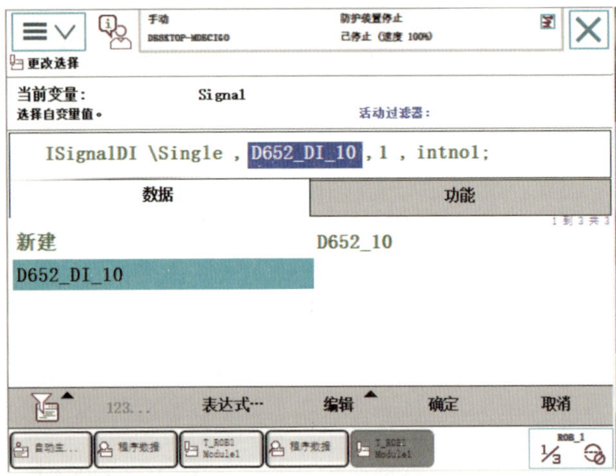
11	最终程序	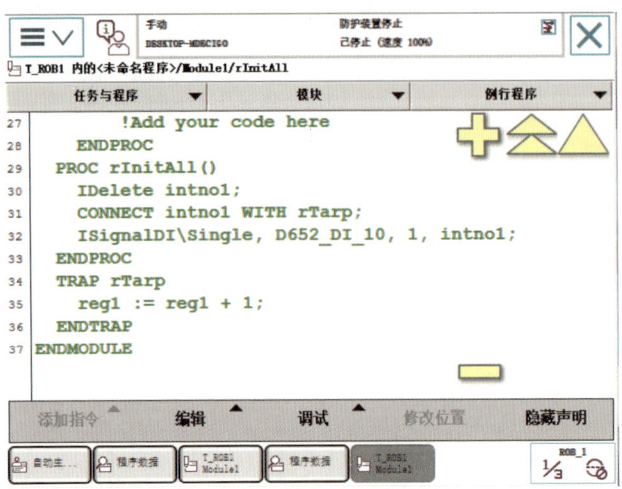

在实际生产项目中，可以使用中断程序来实现垛盘的更换，具体使用可以参考下列示例程序。

```
PROC rInitALL ( )
        IDelete iPallet;
        CONNECT iPallet WITH tEjectPallet;
        ISignalDI di02_PalletInPos  , 0, iPallet;
    ENDPROC
    TRAP tEjectPallet
        bPalletFull:=False;
        Reset Do01_PalletFull;
        nCount:=1;
    ENDTRAP
```

di02_PalletInPos 信号用来检测垛盘是否到位，当换盘时，该信号会为 0，则触发 tEjectPallet 中断程序，用来复位码垛的信号和计数值。

2. 功能程序

功能程序（Functions，简称 FUNC），又称有返回值程序，是一种具有运算、比较等功能，能向调用该程序的模块、程序返回执行结果的参数化编程模块。调用功能程序时，不仅需要指定程序名称，且必须有程序参数。

（1）格式。全局功能程序直接以程序类型 FUNC 起始，用 ENDFUNC 结束，程序结构与格式如下：

```
FUNC  返回数据类型  功能程序名称（传递的程序数据定义）
    程序指令
        ⋮
    RETURN 返回数据名称
  ENDFUNC
```

功能程序的起始行为程序声明。全局功能程序直接以程序类型 FUNC 起始，后面依次接返回结果的数据类型、功能程序的名称，名称后括号内注明与调用程序之间进行传递的程序数据的类型及名称。

功能程序中可通过各程序指令编写控制程序，其中必须包含返回执行结果的指令 RETUN，以指明结果通过那个程序数据进行返回。功能程序最后用 ENDFUNC 指令结束。

（2）主程序中调用功能程序的指令：

```
PROC main  ( )

    ……
    p0 := pStart  ( Count1 ) ;                    //调用 pStart 功能程序，将本程序中 Count1 的值传递给功能程序，并将返回结果（功能程序中 pTarget 的值）赋值给 p0

……
  ENDPROC
```

（3）调用的功能程序：

FUNC　robtarget　pStart　（num nCount）　　　//功能程序 pStart 声明，返回值类型为 robtarget，num 类型（数值类型）的程序数据 nCount，其值等于 Count1

```
VAR robtarget pTarget ;   //定义点位程序数据 pTarget
TEST nCount               //利用 TEST 指令确定 pTarget 值
 CASE 1:
  pTarget:= Offs(p0,200,200,500);
 CASE 2:
  pTarget:= Offs(p0,400,200,500);
      ⋮
 ENDTEST
RETURN pTarget ;          //将 pTarget 值的返回给主程序
ENDFUNC
```

注意：

①以上一实例为例，主程序中 Count1 要与功能程序中的 nCount 传递数值，程序类型必须一致。

②以上一实例为例，功能程序第一行声明了返回值类型为 robtarget。因此，主程序中接收功能程序返回值的 p0，以及功能程序中用于返回值的 pTarget，数据类型都必须是 robtarget。

3. 码垛点位规划

开始码垛时，机器人从原点出发，移动到抓取临近点，然后慢速移动到抓取点，抓取工件，慢速移动到抓取中间点，快速移动到码垛中间点，慢速移动到码垛作业点，松开夹爪，慢速移动到码垛规避点，最后快速回到原点。码垛作业的各个点位的作业过程如图 3-3-11 和表 3-3-10 所示。

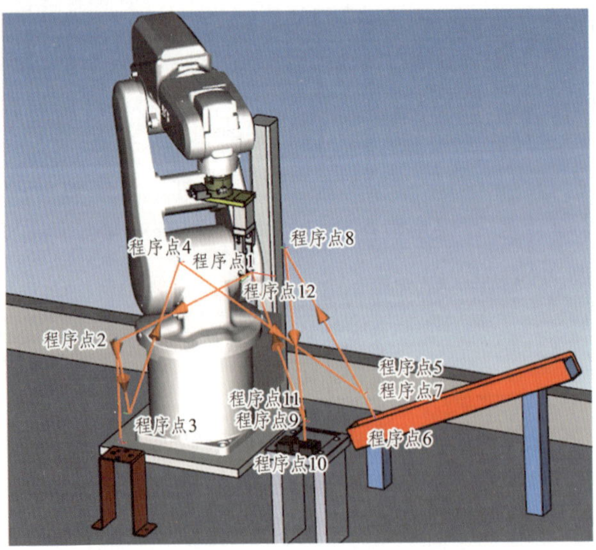

图 3-3-11　取夹具及码垛作业各点位示意图

表 3-3-10　取夹具及码垛作业各点说明及动作

程序点	说明	动作	程序点	说明	动作
程序点 1	机器人原点		程序点 7	抓取离开点	抓取
程序点 2	拾取夹具邻近点		程序点 8	抓取中间点	抓取
程序点 3	拾取夹具作业点		程序点 9	码垛接近点	抓取
程序点 4	拾取夹具中间点		程序点 10	码垛作业点	放置
程序点 5	抓取邻近点		程序点 11	码垛规避点	
程序点 6	抓取作业点	抓取	程序点 12	机器人原点	

码垛作业的示教方法见表 3-3-11。

表 3-3-11　码垛作业的示教方法

程序点	示教方法
程序点 1 （机器人原点）	1. 手动操作机器人移动机器人到码垛原点。 2. 插补方式选择“PTP”
程序点 2 （拾取夹具邻近点）	1. 手动操作码垛机器人到拾取夹具邻近点，并调整末端姿态。 2. 插补方式选择“PTP”
程序点 3 （拾取夹具作业点）	1. 手动操作码垛机器人移动到拾取夹具作业点。 2. 插补方式选择“直线插补”
程序点 4 （拾取夹具中间点）	1. 手动操作码垛机器人移动到拾取夹具中间点。 2. 插补方式选择“PTP”
程序点 5 （机器人原点）	1. 手动操作机器人要领移动机器人到码垛原点。 2. 插补方式选择“PTP”
程序点 6 （抓取临近点）	1. 手动操作码垛机器人到码垛作业临近点，并调整抓手姿态。 2. 插补方式选择“PTP”
程序点 7 （抓取作业点）	1. 手动操作码垛机器人移动到码垛起始点且保持抓手位姿不变。 2. 插补方式选择“直线插补”
程序点 8 （抓取中间点）	1. 手动操作码垛机器人到码垛中间点，并适度调整抓手姿态。 2. 插补方式选择“直线插补”
程序点 9 （码垛接近点）	1. 手动操作码垛机器人到码垛中间点，并适度调整抓手姿态。 2. 插补方式选择“PTP”
程序点 10 （码垛作业点）	1. 手动操作码垛机器人移动到码垛终止点且调整抓手位姿以适合安放工件。 2. 插补方式选择“直线插补”
程序点 11 （码垛规避点）	1. 手动操作码垛机器人到码垛作业规避点。 2. 插补方式选择“直线插补”
程序点 12 （机器人原点）	1. 手动操作码垛机器人到机器人原点。 2. 插补方式选择“PTP”

4. 快换程序设计

点位设计见表 3-3-12。

表 3-3-12　工具拾取点位

点位	说明
home	机器人运动目标位置数据，其数据类型 jointtarget
clamp_dw	夹爪工具抓取点，其数据类型 robtarget

（1）抓取涂胶工具程序：

```
PROC ZQ （ ）
  MoveAbsJ home，v500，fine，tool0；// 机器人运动到原点
Set handchange_start；  //顶珠缩回，为抓取工具做准备
  MoveJ offs （clamp_dw，0，0，180），v200，fine，tool0；  //关节运动移到夹爪工具点上方 180 mm
MoveL clamp_dw，v200，fine，tool0；  //直线到达夹爪工具点
Waittime 0.5；// 等待 0.5s
Reset handchange_start；  //顶珠锁紧，抓取夹爪工具
Waittime 0.5；  //等待 0.5s
MoveL offs （clamp_dw，0，0，180），v200，fine，tool0；//直线上升到夹爪工具上方 180 mm
MoveAbsJ home，v500，fine，tool0；//回到机器人原点
 ENDPROC
```

（2）放下夹爪工具程序：

```
PROC FQ （ ）
MoveAbsJ home，v500，fine，tool0；//机器人运动到原点
MoveJ offs （clamp_dw，0，0，180），v200，fine，tool0；//关节运动移到夹爪工具点上方 180 mm
MoveL clamp_dw，v200，fine，tool0；//直线到达夹爪工具点
Waittime 0.5；//等待 0.5s
Set handchange_start；//顶珠缩回，放置夹爪工具
Waittime 0.5；//等待 0.5s
MoveL offs （clamp_dw，0，0，180），v200，fine，tool0；//直线上升到夹爪工具点上方 180 mm
MoveAbsJ home，v500，fine，tool0；//回到机器人原点
ENDPROC
```

5. 码垛程序设计

码垛程序的调试

点位设计见表 3-3-13。

表 3-3-13　码垛点位

点位	说明
jHome	机器人运动目标位置数据，其数据类型 jointtarget
pHome	安全点，其数据类型 jointtarget 机器人每次完成作业后都需要回到该点位
pGet	零件抓取点，其数据类型 robtarget
pPlace	数组，数组元素 6 个，零件放置位置，其数据类型 robtarget 该数组 6 个点位可以示教或通过计算

```
PROC maduo（）
    MoveAbsJ jHome\NoEOffs，v1000，z50，tool0;//机器人运动到初始位置
    Reset clamp;//复位夹爪
    FOR i FROM 1 TO 6 DO//循环 6 次
        MoveJ pHome，v1000，z50，tool0;//移动到安全点
        MoveJ Offs（pGet，0，0，100），v1000，z50，tool0;//移动到抓取临近点
        MoveL pGet，v150，fine，tool0;//移动到抓取作业点
        WaitTime 0.5;
        Set clamp;//夹紧工件
        WaitTime 0.5;
        MoveL Offs（pGet，0，0，100），v150，fine，tool0;//移动到抓取中间点
        MoveJ pHome，v1000，z10，tool0;//移动到安全点
        MoveJ Offs（pPlace{i}，0，0，50），v1000，z10，tool0;//移动到码垛接近点
        MoveL pPlace{i}，v150，fine，tool0;//移动到码垛点
        WaitTime 0.5;
        Reset clamp;//松开夹爪
        WaitTime 0.5;
        MoveL Offs（pPlace{i}，0，0，50），v150，z10，tool0;移动到码垛规避点
        MoveJ pHome，v150，z10，tool0;//移动到安全点
    ENDFOR
ENDPROC
```

【做一做】

表 3-3-14 课中测试

小组编号：	小组成员：

课 中 做

1. 绘制码垛工作站工作流程图

2. 根据下图列出机器人码垛各程序点的说明和动作

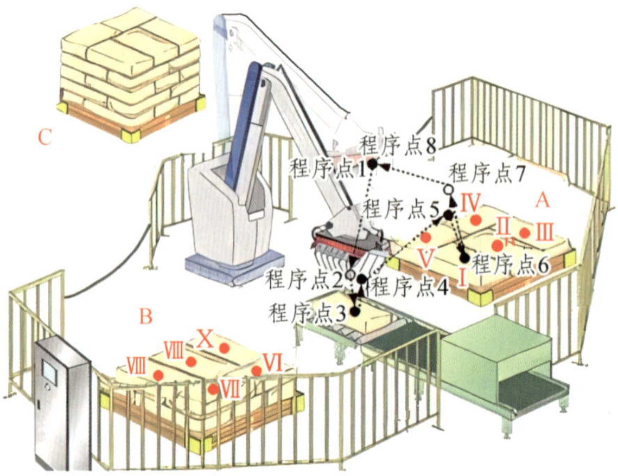

程序点	说明	动作	程序点	说明	动作
程序点 1			程序点 5		
程序点 2			程序点 6		
程序点 3			程序点 7		
程序点 4			程序点 8		

3. 列出机器人码垛所需要的各点位数据

数据列表				
序号	数据名称	数据类型	存储类型	备注

4. 列出码垛机器人控制程序

程序列表 1	
程序	备注

5. 记录调试机器人码垛工作站程序时遇到的问题、出现原因和解决方法

问题	出现原因	解决方法

6. 课中记录

【评一评】

1. 学习过程自我评价

表 3-3-15 学习过程自评表

班级	姓名		学号		日期	年 月 日			

评价指标		权重/%	等级评定			
			A	B	C	D
信息检索	能有效利用网络资源、工作手册查找有效信息	5				
	能用自己的语言有条理地解释、表述所用知识	5				
	能将查找到的信息有效地转换到工作中	5				
感知工作	是否熟悉工作岗位、认同工作价值	5				
	在工作中，是否获得满足感	5				
参与状态	教师、同学之间是否相互尊重、理解、平等	5				
	教师、同学之间是否保持多问及丰富、适宜的信息交流	5				
	探究学习，自主学习不流于形式，能处理好合作学习和独立思考的关系，做到有效学习	5				
学习方法	能提出有意义的问题或发表个人见解；能按要求正确操作；能够倾听、协作、分享	5				
	能积极参与，在产品加工过程中不断学习，能提高综合运用信息技术的能力	5				
	工作计划、操作技能是否符合规范要求	5				
	是否获得进一步发展的能力	5				
工作过程	遵守管理规程，操作过程符合现场管理要求	5				
	平时上课能按时出勤，每天能及时完成工作任务	5				
	善于多角度思考问题，能主动发现，提出有价值的问题	5				
思维状态	能发现问题、提出问题、分析问题、解决问题、创新问题	5				
自评反馈	能按时按质完成工作任务	5				
	能较好地掌握专业知识点	5				
	具有较强的信息分析能力和理解能力	5				
	具有较为全面严谨的思维能力并能条理明晰地表述成文	5				
自评等级						
有益的经验与做法						
总结反思建议	（通过本任务学习，你获得哪些新知识，下次再做类似任务，你应当有哪些改进？）					
等级评定：A. 好　B. 较好　C. 一般　D. 有待提高						

2. 学习过程三方评价

表 3-3-16 学习活动过程三方评价表

<table>
<tr><td>班级</td><td></td><td>姓名</td><td></td><td>学号</td><td></td><td>日期</td><td>年 月 日</td></tr>
<tr><td colspan="4">评价内容（满分 100 分）</td><td>学生自评/分</td><td>同学互评/分</td><td>教师评价/分</td><td>总评/分</td></tr>
<tr><td colspan="2" rowspan="4">专业技能
（60 分）</td><td colspan="2">任务学习完成进度（30 分）</td><td></td><td></td><td></td><td rowspan="8">A（86～100）
B（76～85）
C（60～75）
D（60 以下）</td></tr>
<tr><td colspan="2">对理论知识的掌握程度（10 分）</td><td></td><td></td><td></td></tr>
<tr><td colspan="2">理论知识的应用能力（10 分）</td><td></td><td></td><td></td></tr>
<tr><td colspan="2">改进能力（10 分）</td><td></td><td></td><td></td></tr>
<tr><td colspan="2" rowspan="4">综合素质
（40 分）</td><td colspan="2">遵守现场操作的职业规范（10 分）</td><td></td><td></td><td></td></tr>
<tr><td colspan="2">信息获取的途径（10 分）</td><td></td><td></td><td></td></tr>
<tr><td colspan="2">按时完成学习和工作任务（10 分）</td><td></td><td></td><td></td></tr>
<tr><td colspan="2">团队合作精神（10 分）</td><td></td><td></td><td></td></tr>
<tr><td colspan="4">总分</td><td colspan="4"></td></tr>
<tr><td colspan="5">综合得分
（学生自评 10%、同学互评 10%、教师评价 80%）</td><td colspan="3"></td></tr>
<tr><td colspan="2">小结建议</td><td colspan="6"></td></tr>
</table>

3. 现场测试考核评价

表 3-3-17 现场测试考核评价表

<table>
<tr><td>班级</td><td></td><td>姓名</td><td></td><td>学号</td><td></td><td>日期</td><td>年 月 日</td></tr>
<tr><td>序号</td><td colspan="3">评价要点</td><td colspan="2">配分/分</td><td>得分/分</td><td>总评/分</td></tr>
<tr><td>1</td><td colspan="3">能查阅资料，正确填写任务导学所提问题</td><td colspan="2">10</td><td></td><td rowspan="7">A（86～100）
B（76～85）
C（60～75）
D（60 以下）</td></tr>
<tr><td>2</td><td colspan="3">学习任务 3.3，正确理解填写“做一做”，错 1 处扣 2 分</td><td colspan="2">50</td><td></td></tr>
<tr><td>3</td><td colspan="3">能根据工作要求，对小组成员进行合理分工</td><td colspan="2">5</td><td></td></tr>
<tr><td>4</td><td colspan="3">能列出工业机器人选型主要技术参数</td><td colspan="2">10</td><td></td></tr>
<tr><td>5</td><td colspan="3">能遵守劳动纪律，以积极的态度接受工作任务</td><td colspan="2">5</td><td></td></tr>
<tr><td>6</td><td colspan="3">能积极参与小组讨论、团队间互相合作</td><td colspan="2">10</td><td></td></tr>
<tr><td>7</td><td colspan="3">能及时完成老师布置的任务</td><td colspan="2">10</td><td></td></tr>
<tr><td colspan="4">总分</td><td colspan="2">100</td><td colspan="2"></td></tr>
<tr><td colspan="5">综合得分
（学生自评 10%、同学互评 10%、教师评价 80%）</td><td colspan="3"></td></tr>
<tr><td>小结建议</td><td colspan="7"></td></tr>
</table>

【巩固与提高】

在线测试

任务 3.4　涂胶码垛的离线编程

【任务目标】

知识目标：

（1）掌握离线编程的一般步骤。

（2）掌握涂胶离线编程的步骤和方法。

（3）掌握码垛离线编程的步骤和方法

技能目标：

（1）能完成离线编程环境的搭建。

（2）能完成指定涂胶轨迹的涂胶离线编程。

（3）能完成指定垛形的码垛、拆垛的离线编程。

（4）能将离线程序导入机器人并运行调试。

素质目标：

（1）培养动手、观察、分析问题和解决问题能力。

（2）培养查阅资料和自学的能力。

（3）培养信息接收能力、处理能力和创新能力。

【任务导学】

（1）查阅资料，常见的离线编程软件有哪些？

（2）查阅资料，分析离线编程与现场编程的优缺点。

（3）查阅资料，简述离线编程的一般步骤。

【学一学】

学习活动 1　利用 RobotArt 仿真软件搭建三维模型

1. 下载 RobotArt 机器人离线仿真软件

离线编程环境的搭建

登录网址 http://www.pq1959.com 下载软件，下载 RobotArt 竞赛版，如图 3-4-1 所示，同时在该网站完成账号注册。

图 3-4-1　下载 RobotArt 软件

下载并完成安装，单击 RobotArt 图标或通过程序菜单打开软件，输入刚注册的账号和密码登录，如图 3-4-2 所示。

图 3-4-2　软件登录界面

2. 导入工作站

（1）单击 PQART 编程界面左上角的【新建】图标，新建文件命名为【三维模型搭建】，进入新的文件建立界面，如图 3-4-3 所示。

图 3-4-3　新建程序界面

（2）单击【工作站】按钮，在线添加工作站，第一次使用该程序需要在线下载所需要的工作站，如图 3-4-4 所示。

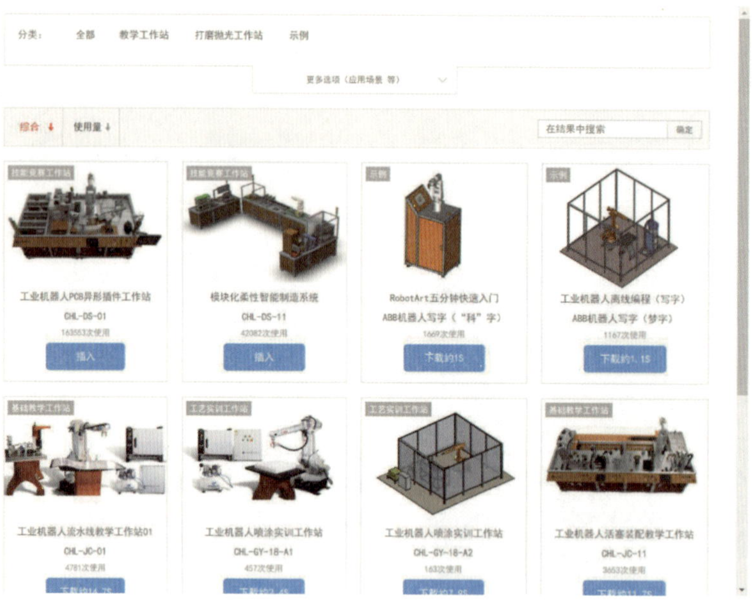

图 3-4-4　插入工作站界面

3. 搭建仿真环境

建立环境主要是根据实际平台在模拟平台上导入机器人、工具、零件等组件，此过程需要在实际平台上测量出各组件的平台上的具体位置尺寸。

（1）导入机器人。

使用现场提供的卷尺测量出机器人在实际平台中的位置尺寸，需要测量的尺寸有：机器人安装底板右侧到平台右侧边缘的距离和机器人安装底板后边缘到平台后边缘的距离。

在导入机器人之前，我们先认识系统中一种重要的编程工具——三维球。

三维球工具 主要用于三维空间的定位，通过它可以实现三维模型的平移、旋转等操作，其结构如图 3-4-5 所示。

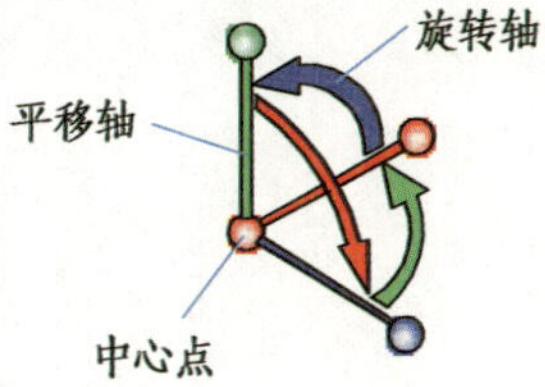

图 3-4-5　三维球

① 三维球由中心点、平移轴和旋转轴组成，其中中心点用于控制点对点的移动，平移轴用于三维物体的平移。

② 旋转轴用于三维模型的旋转操作等。

③ 三维球的调用方法：调用三维球时，必须先选中三维模型，将三维球激活。默认的三维球图标是灰色的，激活后的三维球图标显示为黄色。

④ 三维球的颜色规定：红色代表 X 轴，绿色代表 Y 轴，蓝色代表 Z 轴。

⑤ 三维球与三维模型的关联关系通过键盘上的【空格】键来转换，默认情况，三维球为彩色，表示三维球与三维模型关联；按下【空格】键，三维球变灰，表示三维球与三维模型解除关联。

在 PQArt 模拟平台导入机器人并修改位置，具体导入步骤见表 3-4-1。

表 3-4-1　在 PQArt 模拟平台导入机器人并修改位置

序号	操作步骤	图示
1	使用鼠标单击【机器人】三维模型，激活【三维球】，即【三维球】图标由灰色变成彩色	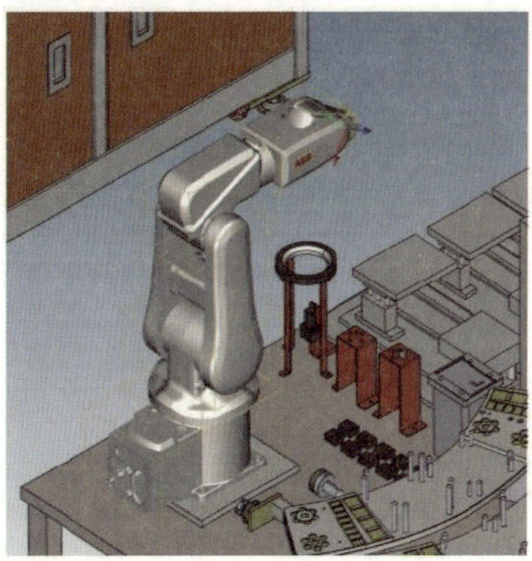

续表

序号	操作步骤	图示
2	点击【三维球】图标，关联机器人，此时在机器人底部出现【三维球】图标	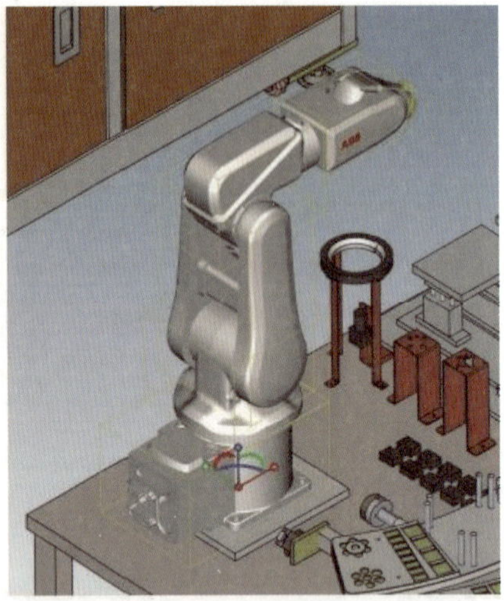
3	根据实际平台情况，调整机器人姿态：选择 Z 向旋转轴，按住鼠标左键顺时针拖拽小角度，然后松开鼠标，此时会弹出输入旋转角度的对话框，输入-90°，按【Enter】键或按鼠标确定	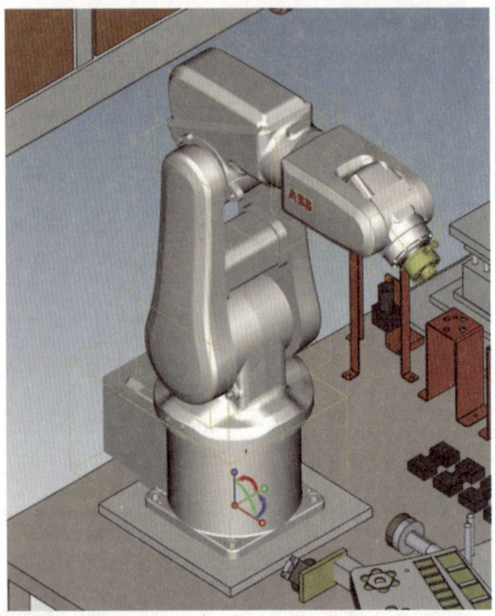
4	单击鼠标右键选中【三维球】中心点，在弹出的对话框中选择【到点】	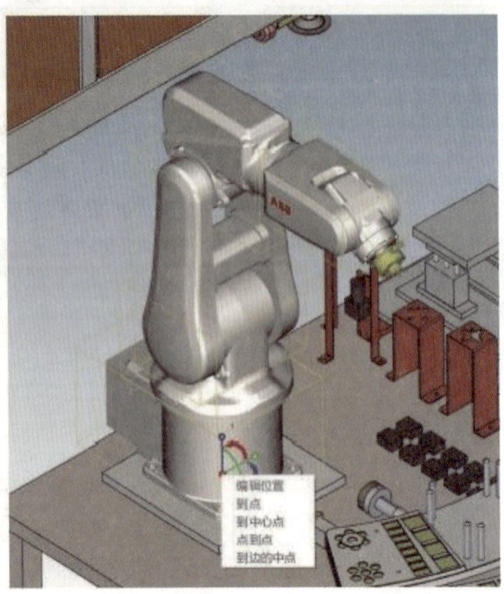

续表

序号	操作步骤	图示
5	单击【空格】键，解除【三维球】与机器人三维模型关联	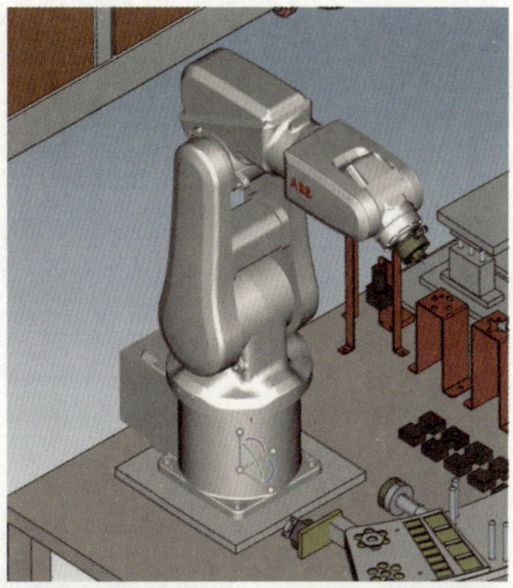
6	按住鼠标中键拖拽界面，选择合适的视图，选择机器人安装底板后边缘右侧点，敲击【空格】键，让三维球与机器人三维模型关联	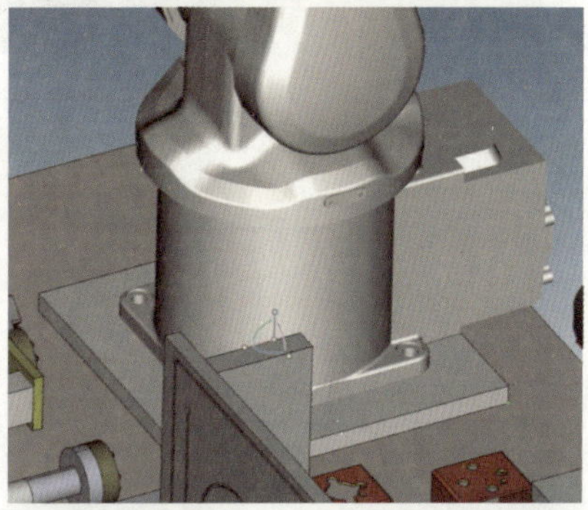 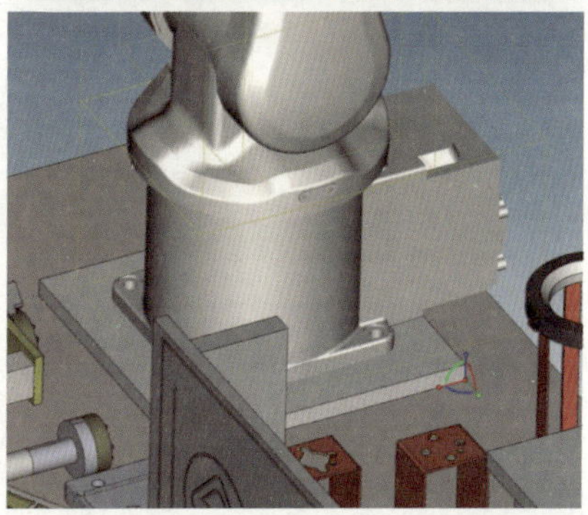
7	鼠标右键选中【三维球】中心点，在弹出的对话框选择【到中心点】选项	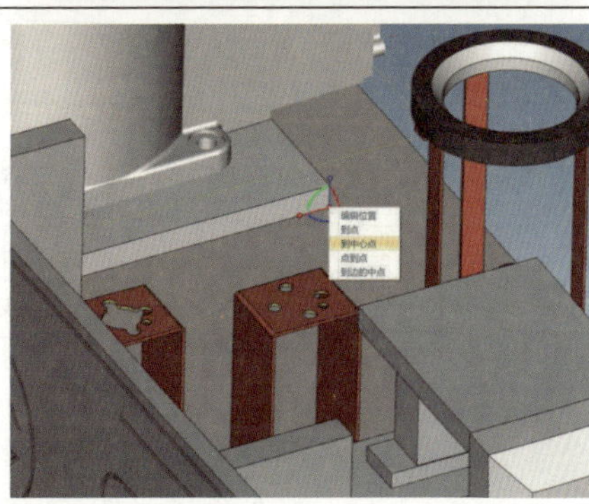

续表

序号	操作步骤	图示
8	按住鼠标中键拖拽界面，选择合适的视图，左键选择平台右后角边缘线	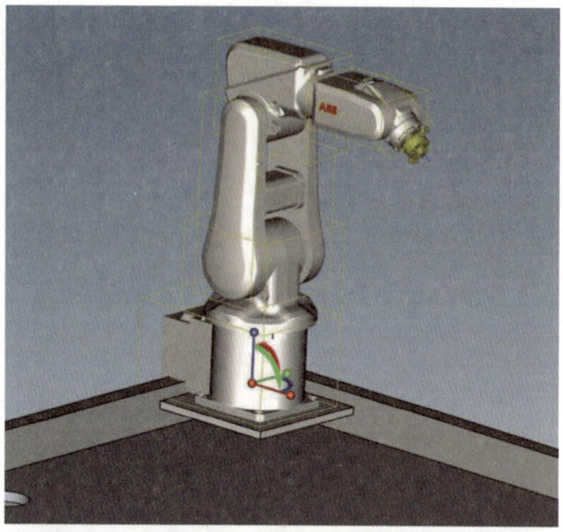
9	选择 X 轴平移，在弹出的平移对话框中输入实训平台实际的数值，同样地完成 Y 轴的平移	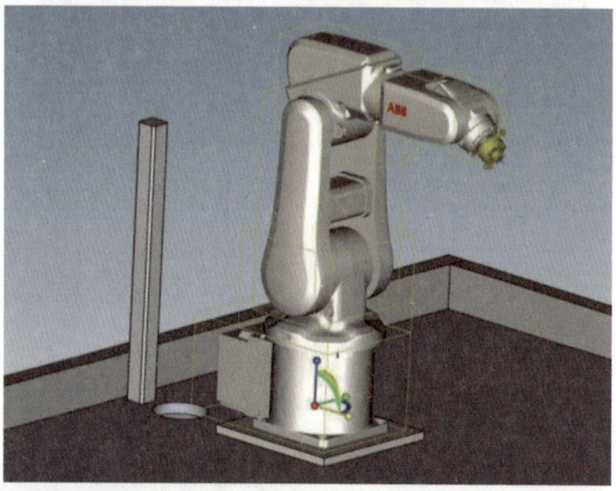
10	调整 Z 向姿态：选择合适的视图，关闭【三维球】，点击【测量】工具，单击机器人三维模型安装底座底面任意一条边和平台平面，可以看到 Z 轴方向的距离。与第 9 步一样完成 Z 方向的平移	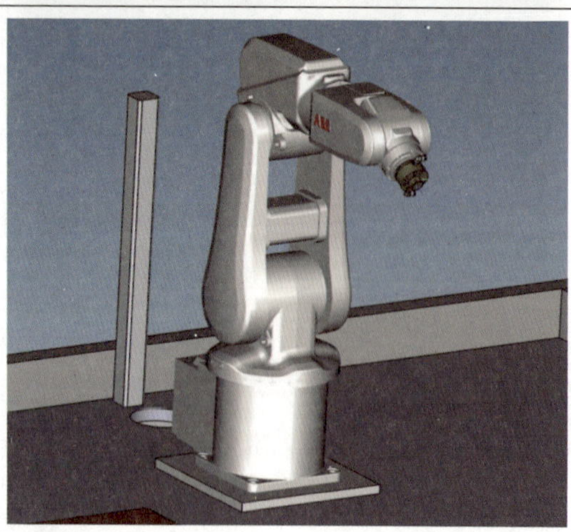

（2）导入涂胶平台。

手动操纵机器人完成涂胶平台确定平面的任意 3 个点位的示教，并记下其坐标值（即 X、Y、Z 的值），点位的选择尽可能选择有角度的点位，如图 3-4-6 所示。

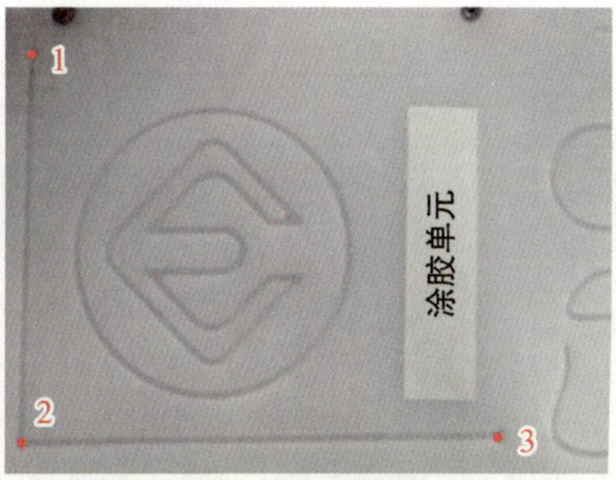

图 3-4-6　涂胶平台示教点位

在 PQArt 模拟平台导入涂胶平台并修改位置，具体导入步骤见表 3-4-2。

表 3-4-2　在 PQArt 模拟平台导入涂胶平台并修改位置

<table>
<tr><th>序号</th><th>操作步骤</th><th>图示</th></tr>
<tr><td>1</td><td>使用【三维球】工具将涂胶平台放于视图中间</td><td>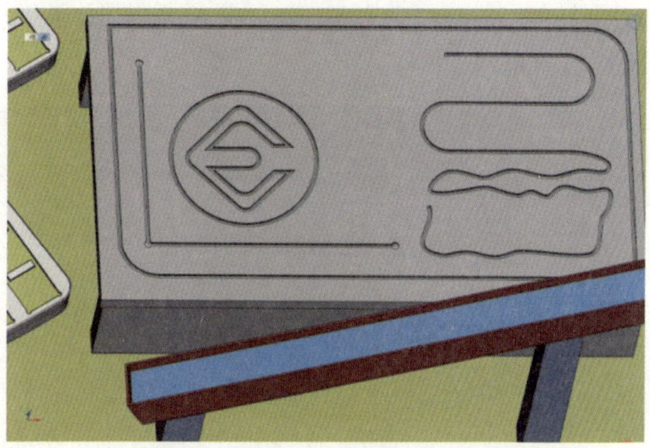</td></tr>
<tr><td>2</td><td>点击【工具校准】工具，弹出【校准】界面</td><td>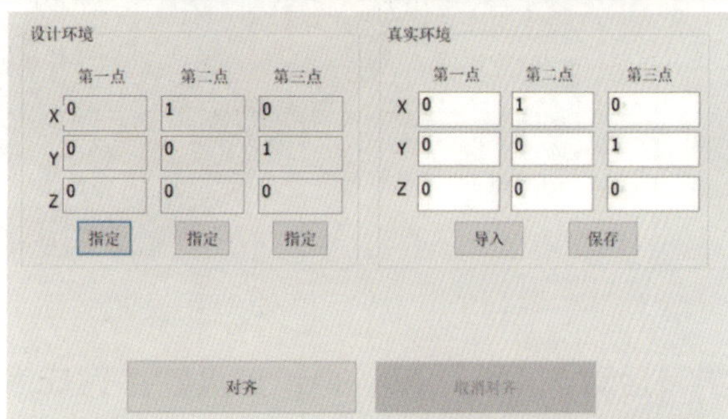
</td></tr>
<tr><td>3</td><td>在【设计环境】选项中，在涂胶平台三维模型中指定与实际平台中示教一致的 3 个虚拟点位，单击【指定】按钮依次指定</td><td>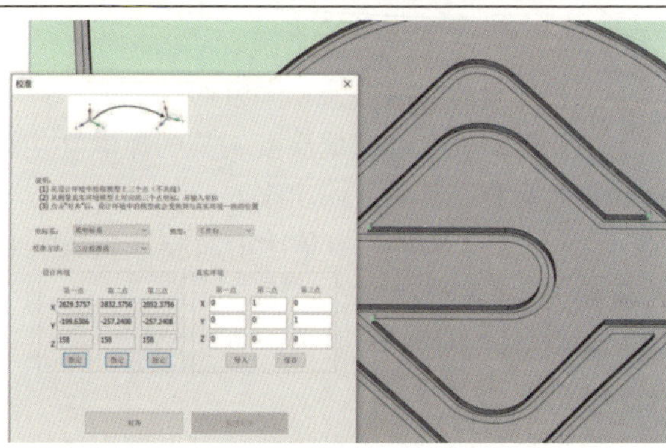</td></tr>
</table>

续表

序号	操作步骤	图示
4	在【真实环境】选项中，输入用机器人测量的相应的3个点的坐标。 点击【对齐】按钮，并关掉【校准】按钮，涂胶平台导入完成	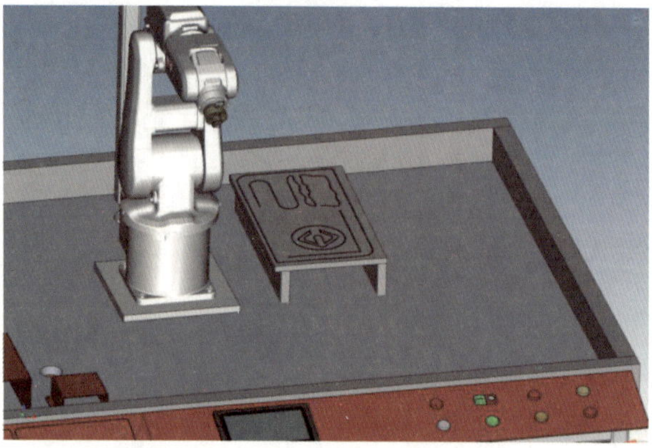

使用同样的方法导入涂胶笔、夹爪等工具和码垛平台A、B等其他部件，如图3-4-7所示。

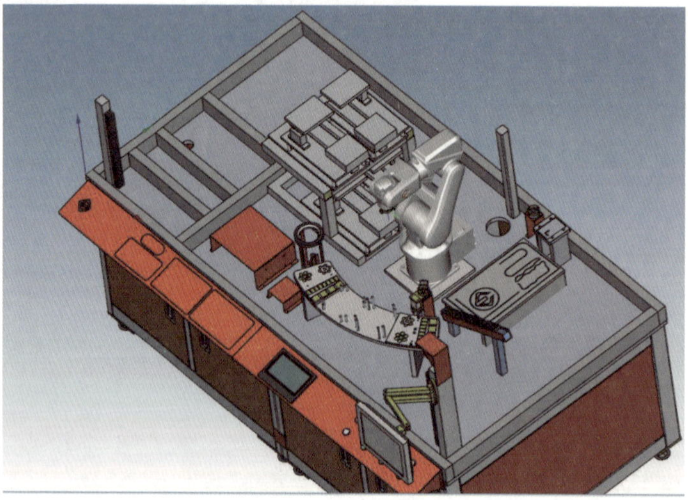

图 3-4-7　导入完成布局

学习活动 2　利用 RobotArt 仿真软件完成涂胶轨迹编程

1. 涂胶工艺过程的具体要求

涂胶离线编程

（1）工艺过程的起始点为工作原点。

（2）工业机器人自动完成涂胶工具的抓取动作；完成后，工业机器人自动完成涂胶工具的放回动作。

（3）要求涂胶工具的尖点依次沿涂胶单元ABCD轨迹完成连续涂胶动作，如图3-4-8所示。

（4）涂胶过程中涂胶工具的尖点始终位于涂胶单元轨迹槽的中心线，偏离涂胶单元平面上方5 mm。

（5）涂胶过程中工具不可掉落，不得发生碰撞。

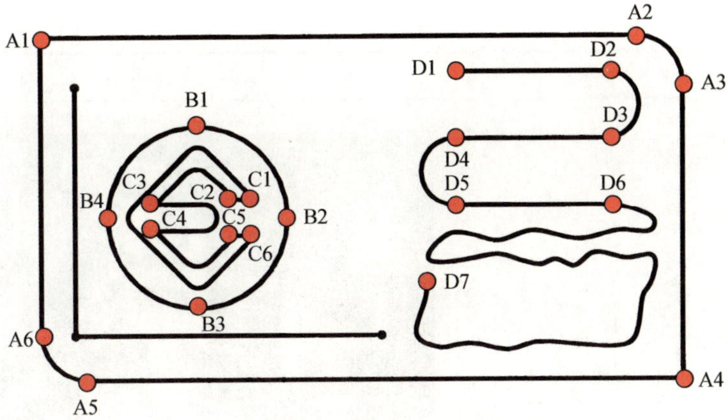

图 3-4-8　涂胶轨迹

2. A 涂胶轨迹离线编程

矩形轨迹离线编程具体步骤见表 3-4-3。

表 3-4-3　矩形轨迹离线编程具体步骤

序号	操作步骤	图示
1	在软件界面右侧控制界面的【调试面板】中，将机器人调整至工作原点即将 J5 的值改成 90°，其余为 0°	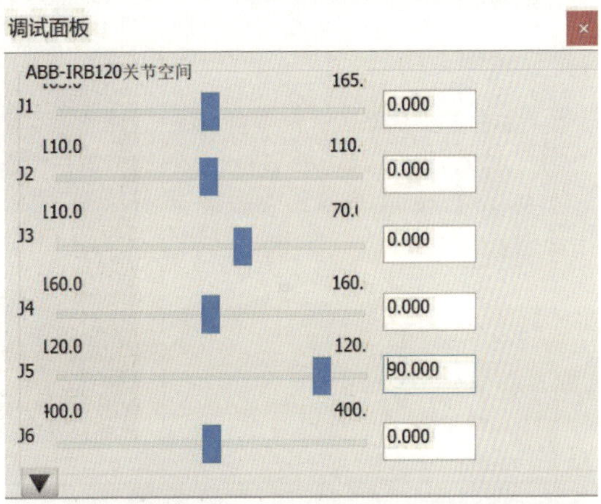
2	右键单击工业机器人，在弹出的菜单中选择【插入 POS 点（Move-Absjoint）】选项	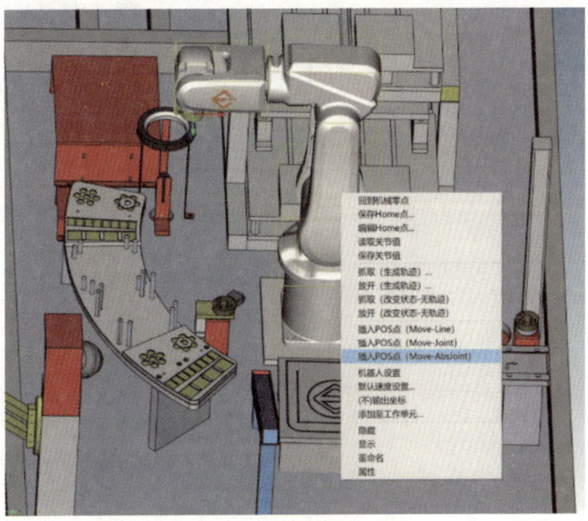

续表

<table>
<tr><th>序号</th><th>操作步骤</th><th>图示</th></tr>
<tr><td>3</td><td>在软件界面右侧控制界面的【调试面板】中，将机器人 J1 的值改成 90°，其余不变</td><td>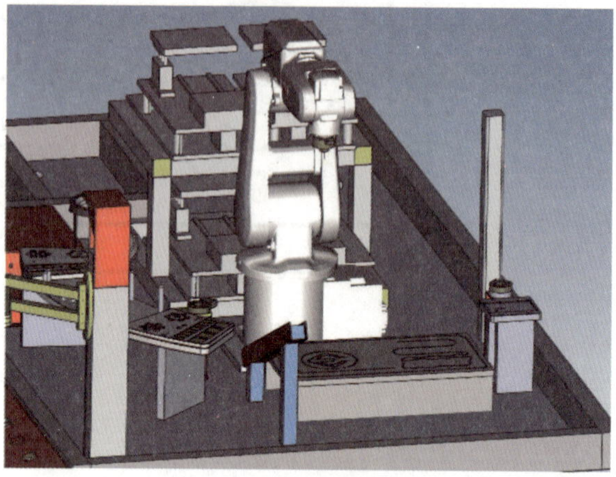</td></tr>
<tr><td>4</td><td>右击工业机器人，在弹出的菜单中选择【插入 POS 点（Move-Line）】选项，重命名为【过渡点 1】</td><td>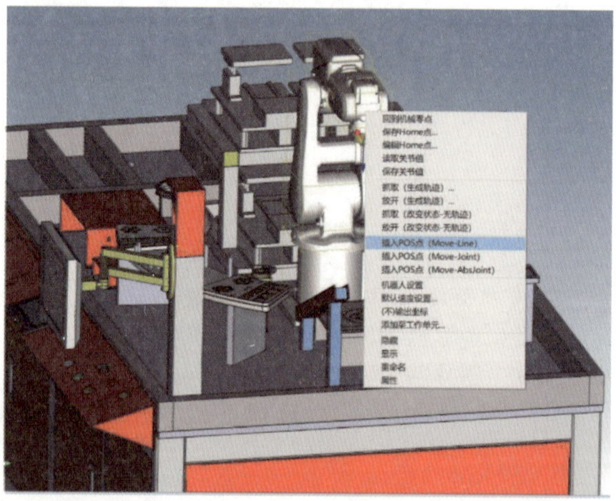
</td></tr>
<tr><td>5</td><td>右键选择涂胶工具，在弹出的菜单中选择【安装（生成轨迹）】</td><td>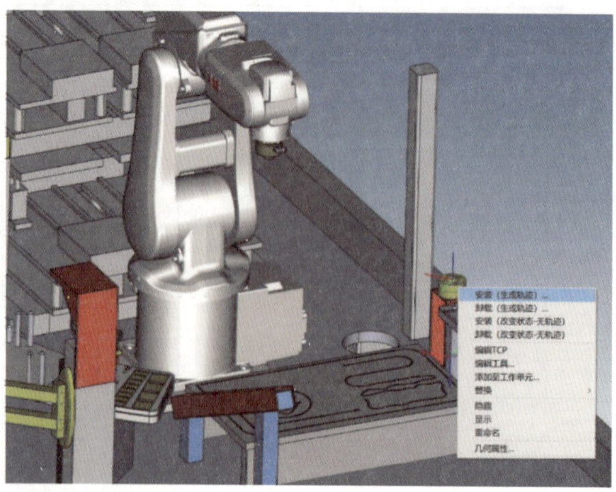
</td></tr>
</table>

续表

序号	操作步骤	图示
6	修改入刀量和出刀量，入刀量是抓取涂胶笔的接近点到抓取点的距离，出刀量是抓取涂胶笔后离开点的距离。这两个值需要大于涂胶笔的长度	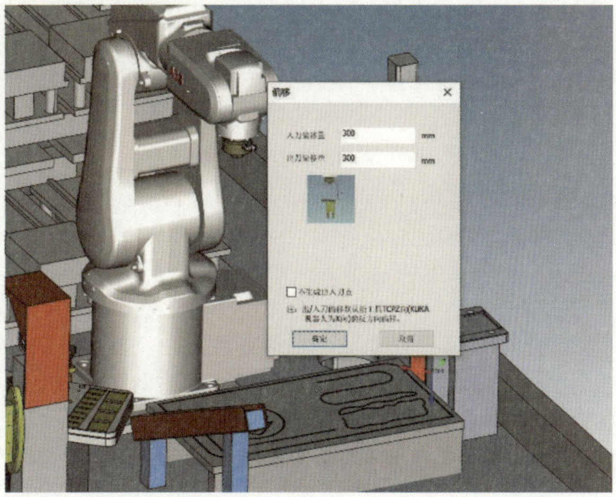
7	点击【确定】按钮，机器人生成抓取涂胶工具轨迹	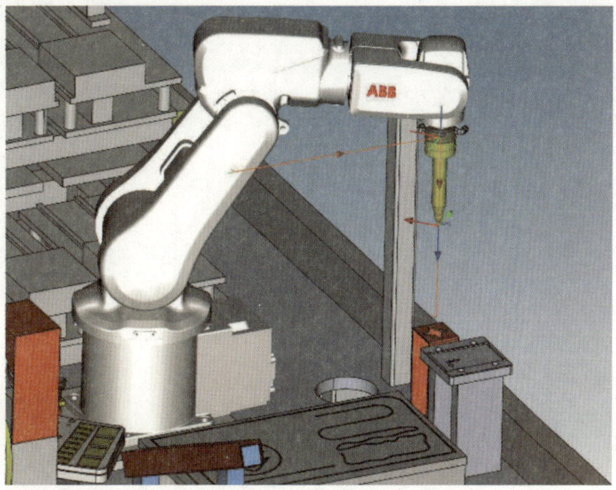
8	在软件界面右侧控制界面的【调试面板】中，将机器人【J1】改成 90°，【J5】改成 90°，其余为 0	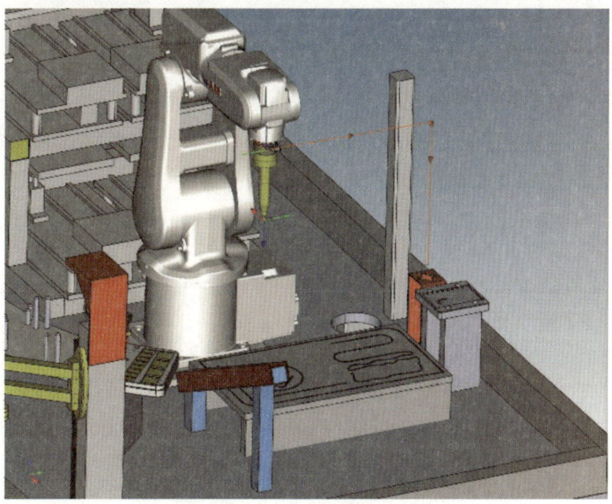

续表

序号	操作步骤	图示
9	右击工业机器人，在弹出的菜单中选择【插入 POS 点（Move-Joint）】选项，在【机器人加工管理】栏中生成【过渡点 2】	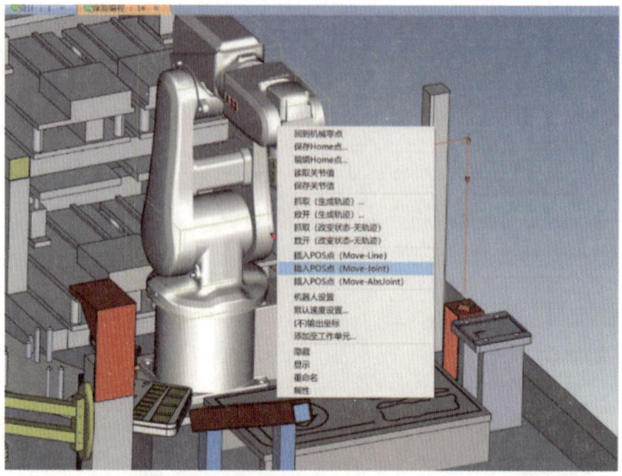 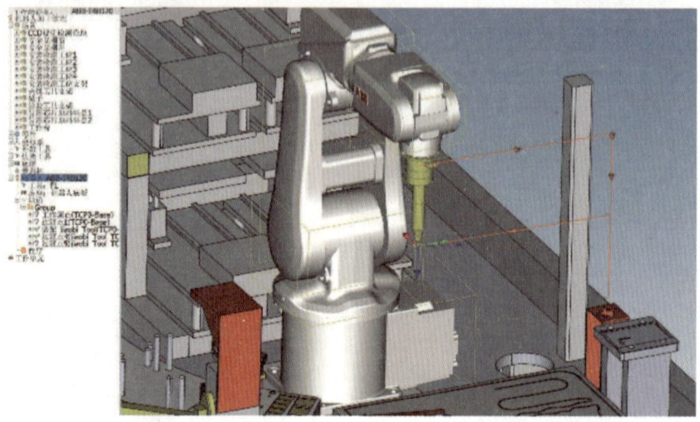
10	点击【生成轨迹】按钮，进入生成轨迹的属性界面。在左侧面的【面板】中【类型】菜单中选择【边】，鼠标选择需要生成轨迹的边，此处选择 A 轨迹	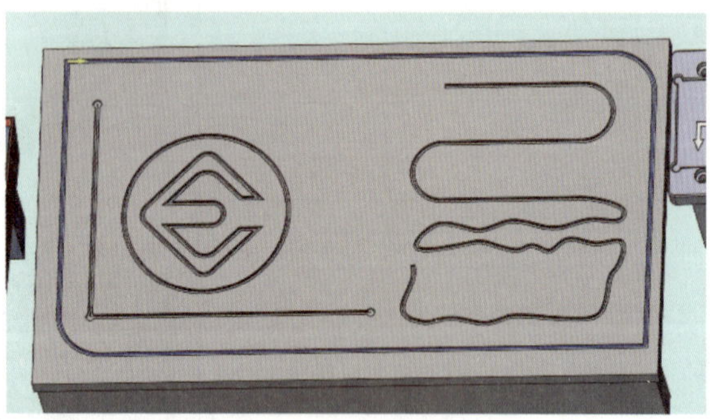
11	在软件界面左侧面的【面板】中单击【拾取元素】中【面】区域，此处选择了涂胶板的上表面	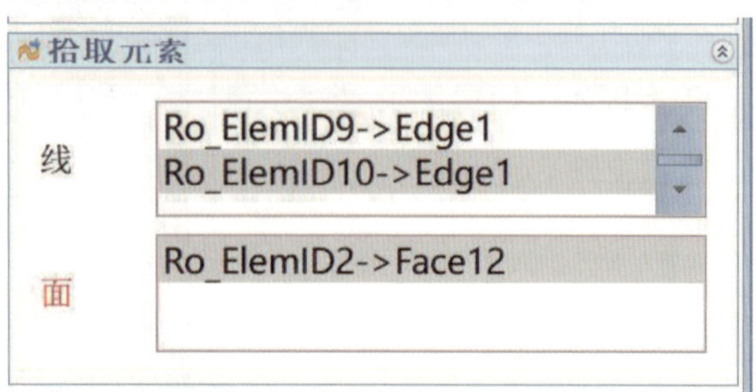

续表

序号	操作步骤	图示
12	点击【生成轨迹】属性面板上方的【√】，完成轨迹生成	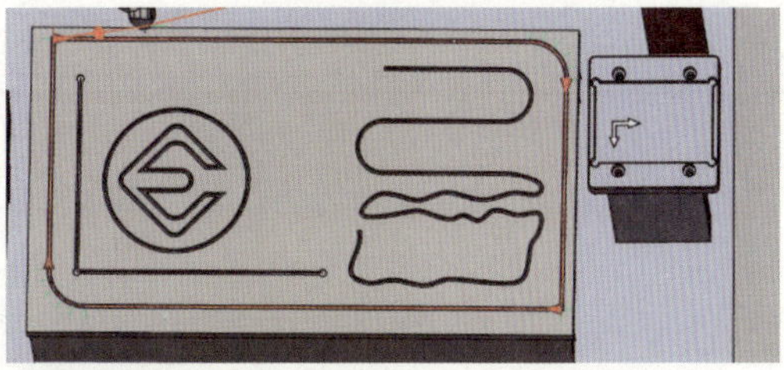
13	点击【编译】工具，系统开始编译轨迹程序，主要作用是判断轨迹的正确性，编译完成后，轨迹树中的问号变成“√”	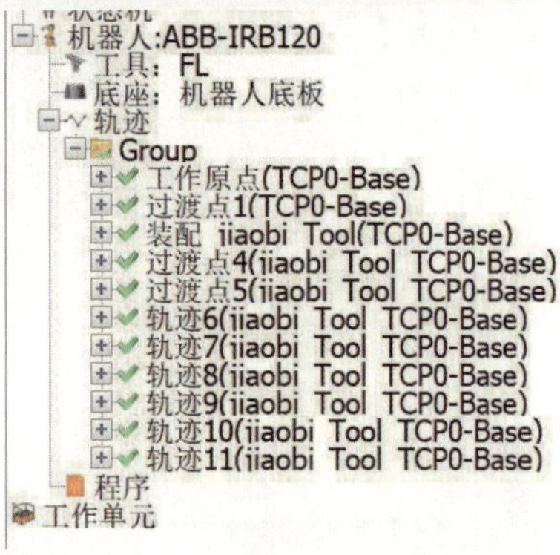
14	选择【轨迹 6】，按下【Shift 键】点击【轨迹 11】，右键，选择【轨迹偏移】选项，在弹出的对话框中【沿着 Z 轴移动】项中输入 5 mm	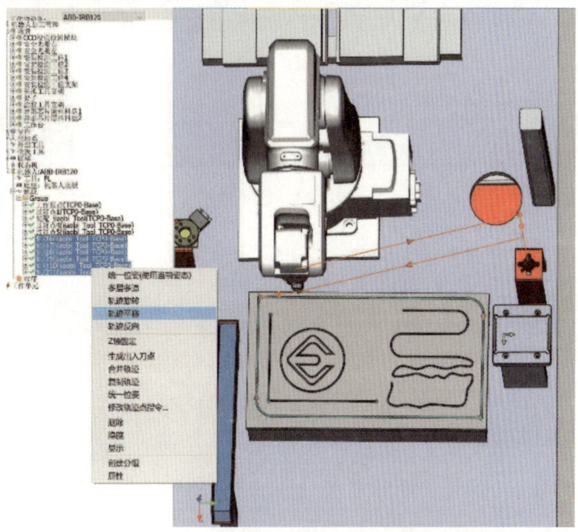
15	点击【编译】工具，重新编译轨迹	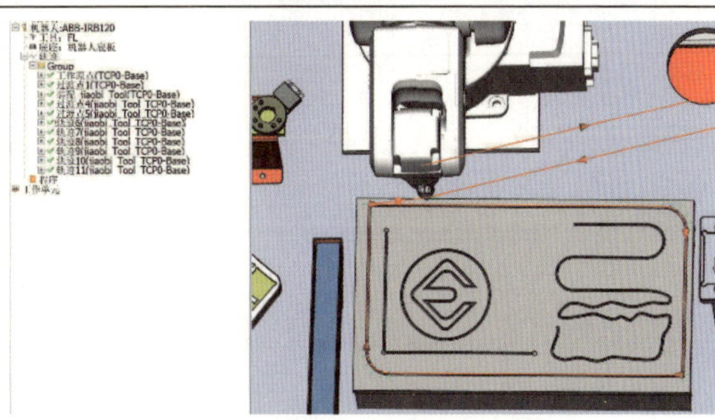

参照 A 轨迹的编程方法完成 B、C 轨迹的编程。

3. D 涂胶轨迹离线编程

复杂轨迹离线编程具体步骤见表 3-4-4。

表 3-4-4　复杂轨迹离线编程具体步骤

序号	操作步骤	图示
1	点击【生成轨迹】，方法跟上述一样完成轨迹线选择等	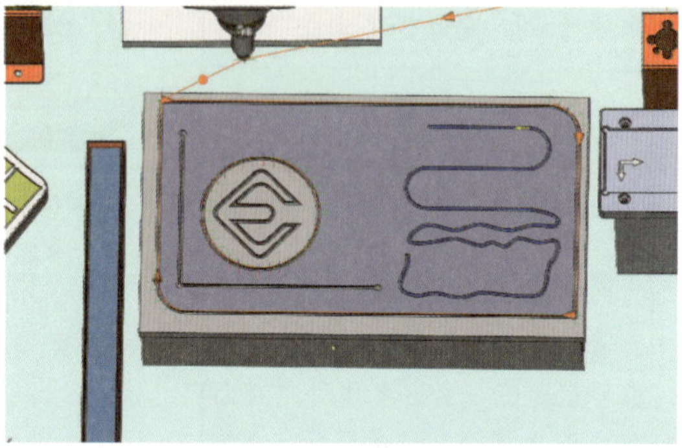
2	点击【生成轨迹】属性面板上方的【√】，完成轨迹生成	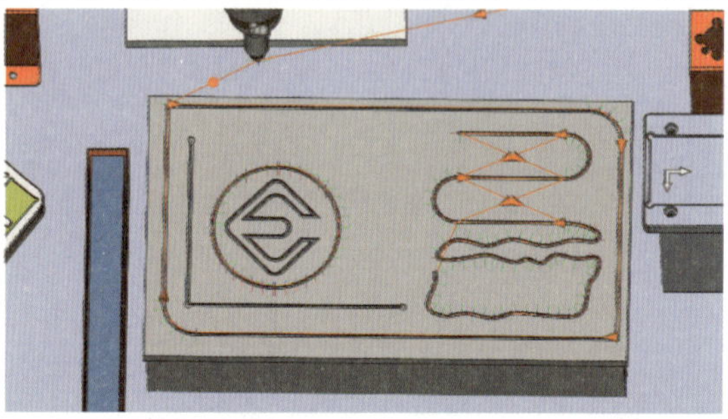
3	由于生成轨迹出现了十字交叉的符号，需要做修改，选择刚刚生成的轨迹，右击，在弹出的对话框中选择【轨迹反向】	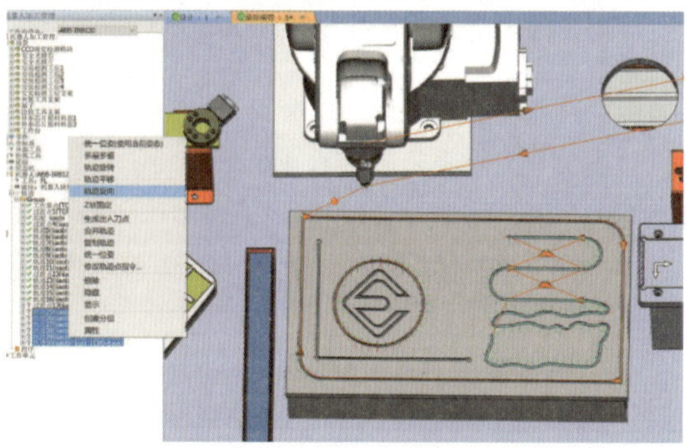
4	参照 A 轨迹的方法完成 D 轨迹的偏移	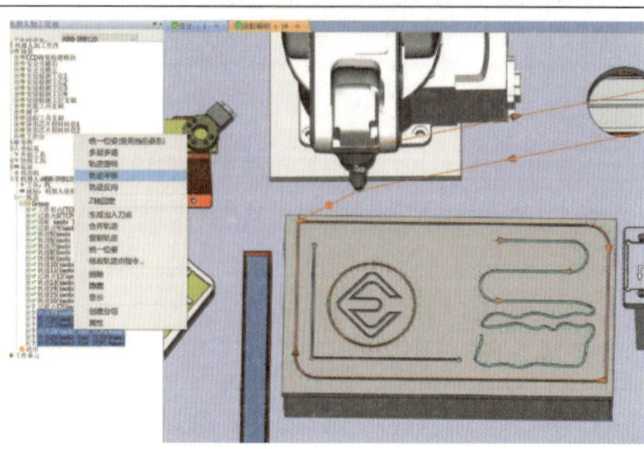

续表

序号	操作步骤	图示
5	将机器人回到【过渡点 1】位置，右键选择涂胶工具，在弹出的菜单中选择【卸载（生成轨迹）】，在弹出的对话框中选择【确定】，机器人完成卸载涂胶工具动作	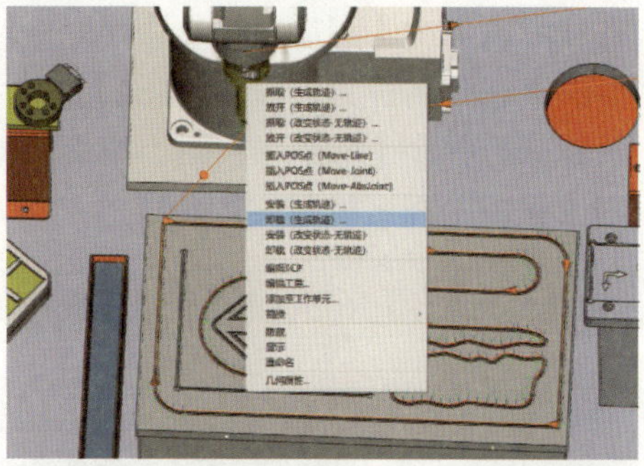 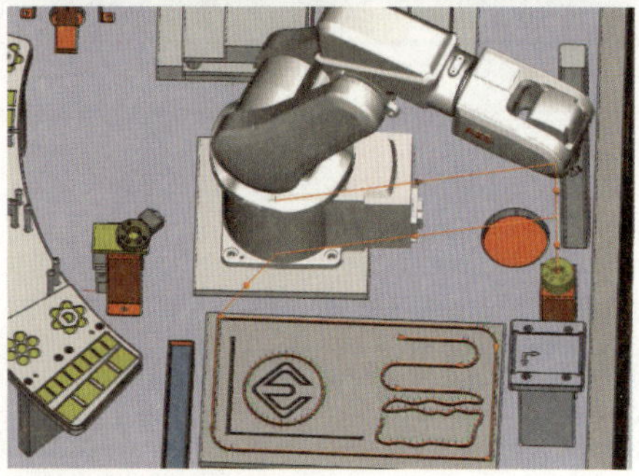
6	【编译】完成轨迹的生成。选中矩形运行的轨迹，在弹出的对话框中输入分组名称，这里命名为【juxing】。同样完成其他轨迹的分组	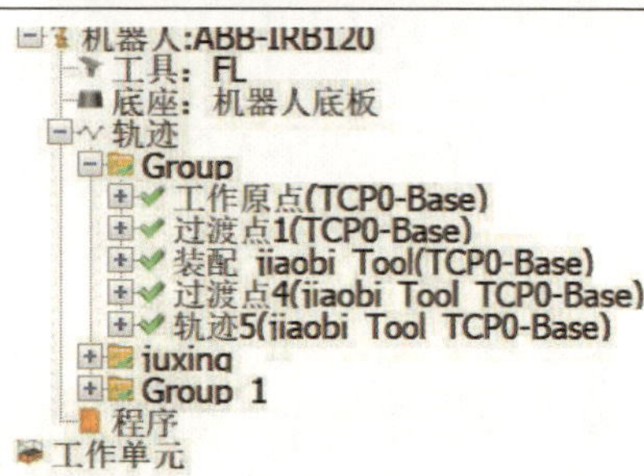
7	单击【后置】，在弹出的【后置处理】对话框中，输入文件名称【tujiao】	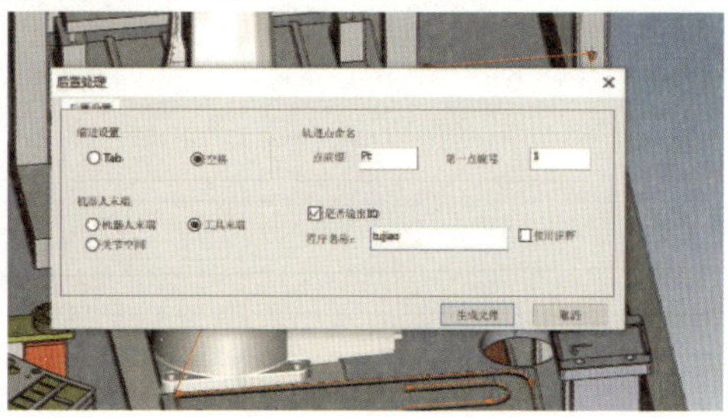
8	点击【生成文件】进入【后置代码编辑器】界面，点击【导出】，选择要导入的 U 盘，点击【确定】，完成文件导出	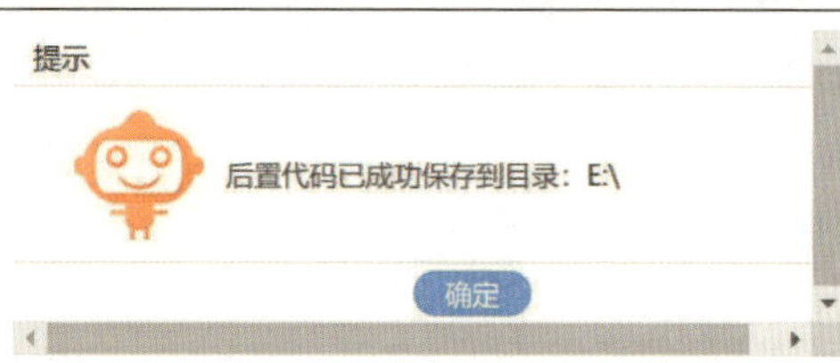

注意：涂胶轨迹文件可以用记事本打开再次进行修改。

4. 离线程序导入机器人

（1）将前面步骤导入程序的U盘插入示教器的USB接口。

（2）打开示教器中【程序编辑器】，单击【模块】选择【文件按钮】，在菜单栏中点击【加载模块】找到名称为【tujiao.mod】的文件，点击【确定】。

（3）新建例行程序【main】，依次调用生成的ABCD轨迹的程序。

（4）调试程序，观察机器人运动轨迹是否正确。

码垛离线编程

学习活动3　利用RobotArt仿真软件完成码垛编程

码垛离线编程步骤见表3-4-5。

表3-4-5　码垛离线编程步骤

序号	操作步骤	图示
1	安装物料:选择1块物料，点击【三维球】，按下【空格】键，解除【三维球】与物料的关联	
2	右键选择【三维球】中心点，在下拉菜单中选择【到中心点】，选择物料的底下边	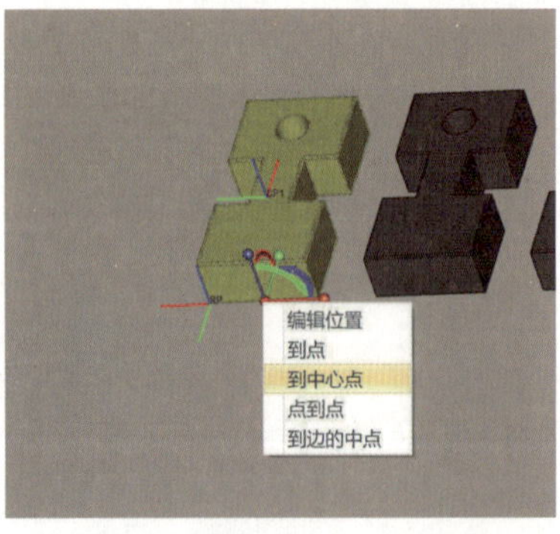
3	右键选择【三维球】中心点，在弹出菜单中选择【到中心点】，选择平台A内槽下方边	

续表

序号	操作步骤	图示
4	右键选择【三维球】Y 向平移轴，在弹出菜单中选择【与边平行】，单击选择平台 A 外壁的一条边，物料安装完成	
5	右键选择夹爪工具，在弹出菜单中选择【安装（生成轨迹）】，在弹出对话框中输入【180】，点击【确定】，生成轨迹	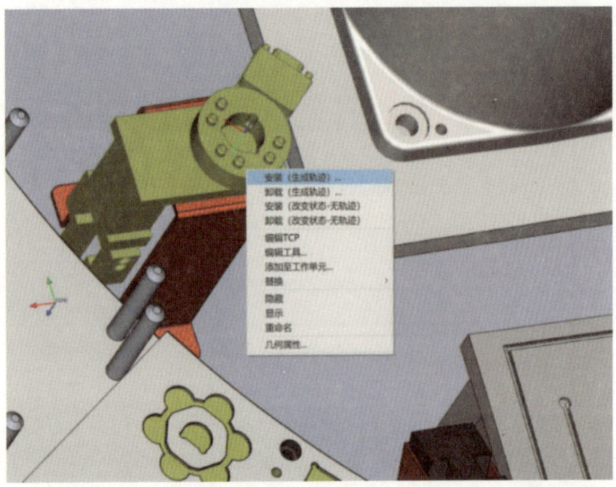
6	在【调试面板】中将 J5 改成 90°，其他各轴改为 0°，生成轨迹，重命名为【工作原点】	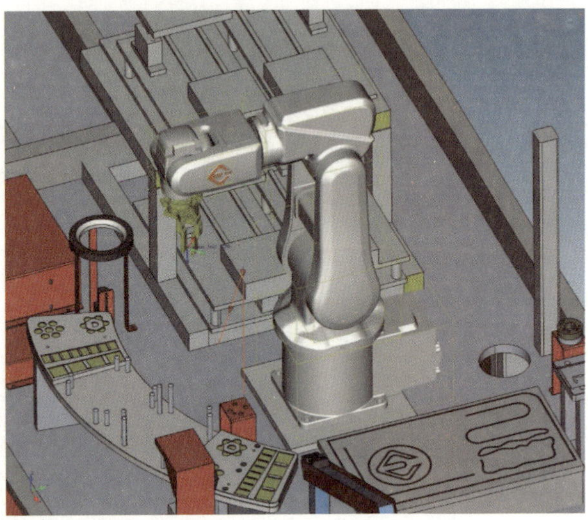

续表

序号	操作步骤	图示
7	右键夹爪工具，在弹出的菜单中选择【抓取（生成轨迹）】，在弹出菜单中选择【物料 1】，点击【增加】，点击【确定】	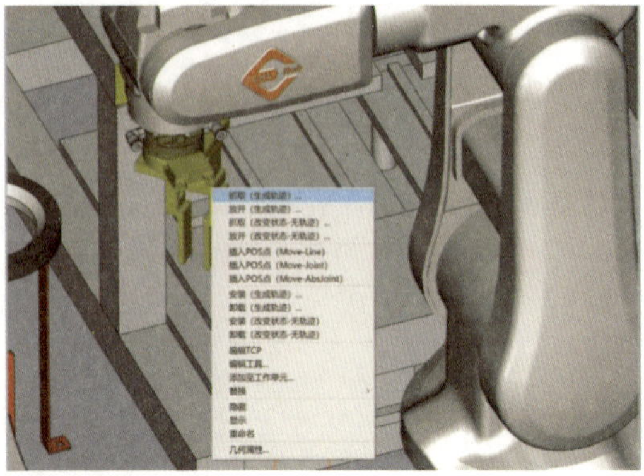 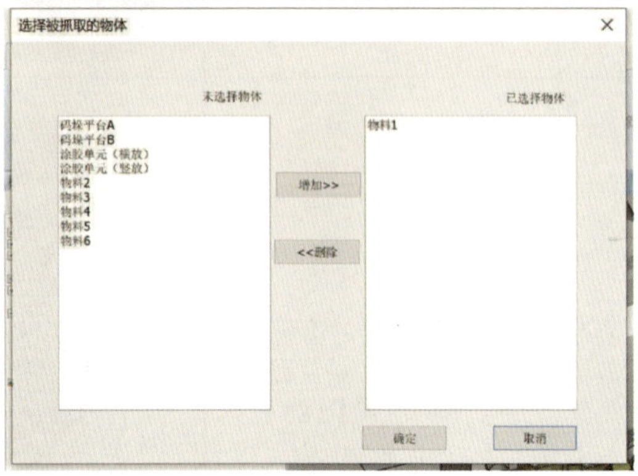
8	在弹出对话框中选择【CP1】，点击【增加】，单击【确定】	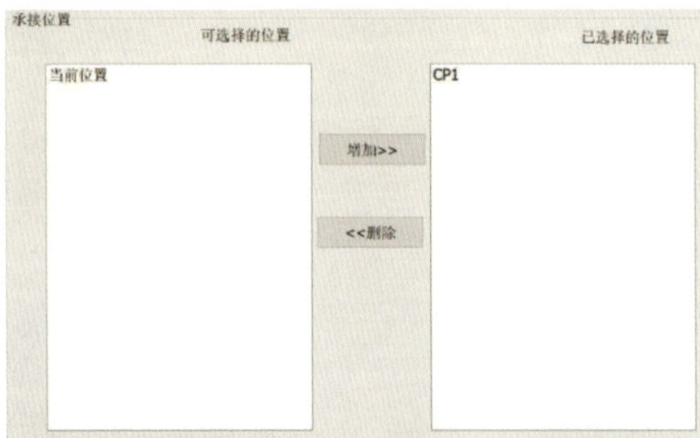 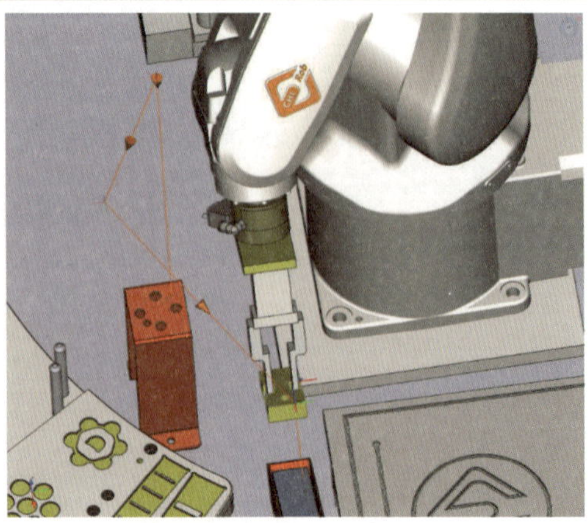

续表

序号	操作步骤	图示
9	右键选择夹爪工具，在弹出菜单中选择【放开（生成轨迹）】，在弹出对话框中选择【物料 1】	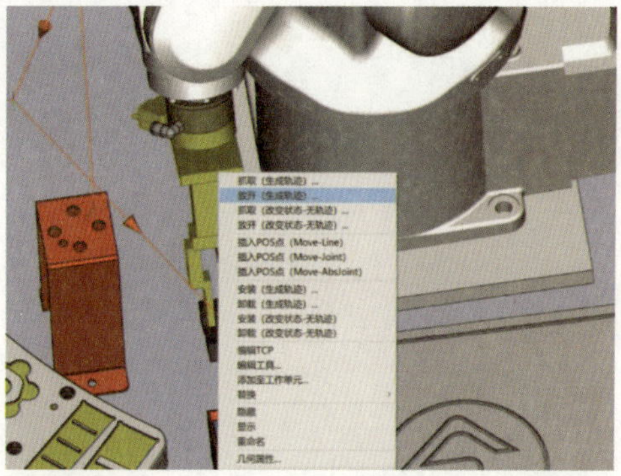
10	单击【增加】按钮，点击【确定】，在弹出对话框中选择【RP2】，点击【增加】，其中【RP1】为普通垛形，即为三横垛形，【RP2】为垛形 1，即一横两竖，【RP3】为垛形 2，即两竖一横	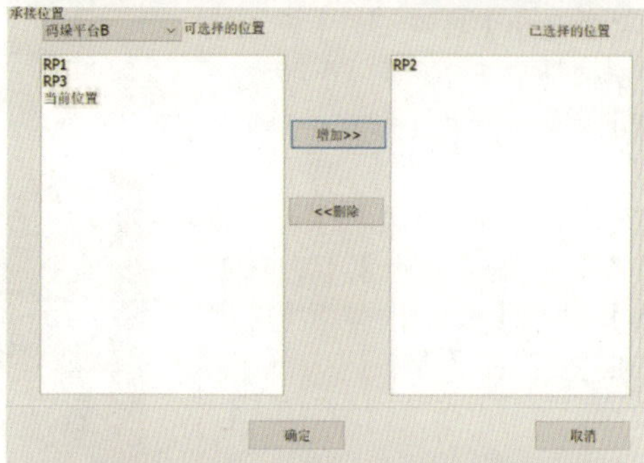
11	点击【确定】，生成放料轨迹	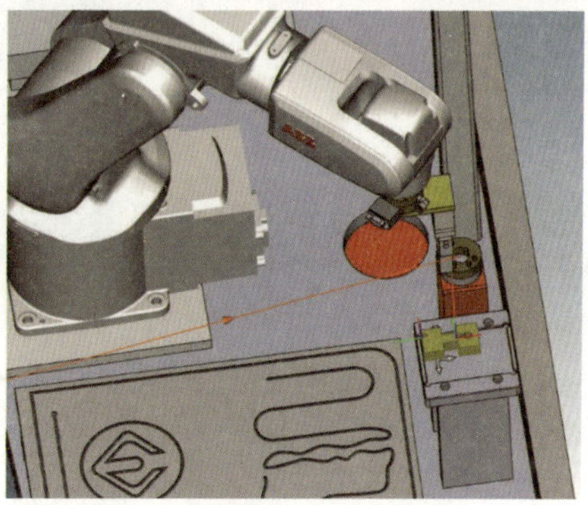
12	右键选择【放开物料】轨迹，在弹出菜单中选择【合并至前一个轨迹】	

续表

<table>
<tr><th>序号</th><th>操作步骤</th><th>图示</th></tr>
<tr><td>13</td><td>单击高级编程中的【码垛】按钮，在弹出【码垛工艺】对话框中选择【抓取_物料 1】并点击【>】按钮，对比【垛形 1】布局和模型中的坐标关系，在【码垛类型】中选择【三花垛】、【X 轴偏移】，选择【正向】、【Y 轴偏移】，选择【反向】，单击【确定按钮】，点击【编译】</td><td>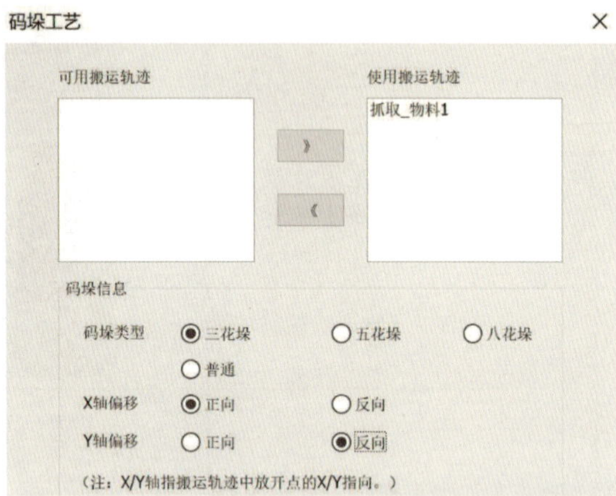

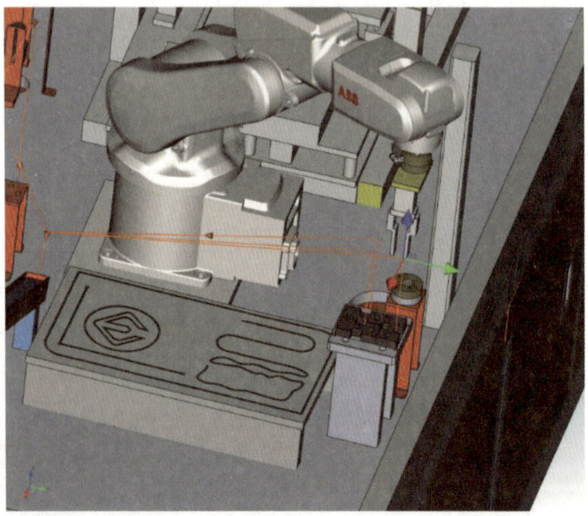</td></tr>
<tr><td>14</td><td>双击【工作原点】轨迹，机器人回到工作原点，右键选择机器人，在弹出菜单中选择【插入 POS 点（Move-AbsJoint）】</td><td>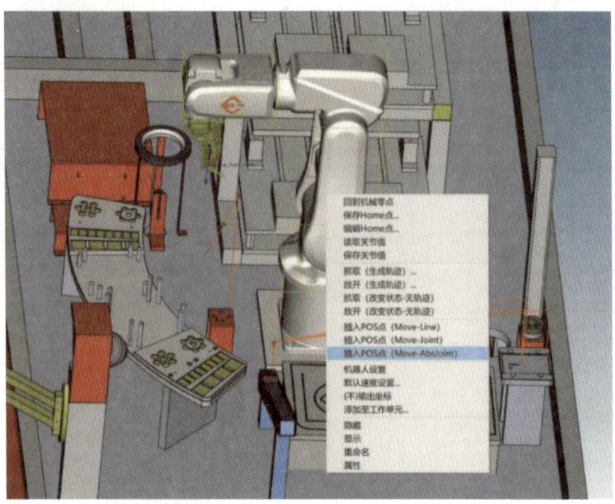
</td></tr>
</table>

续表

序号	操作步骤	图示
15	右键选择【抓取物料 1-码垛】，在弹出菜单中选择【合并至前一个轨迹】	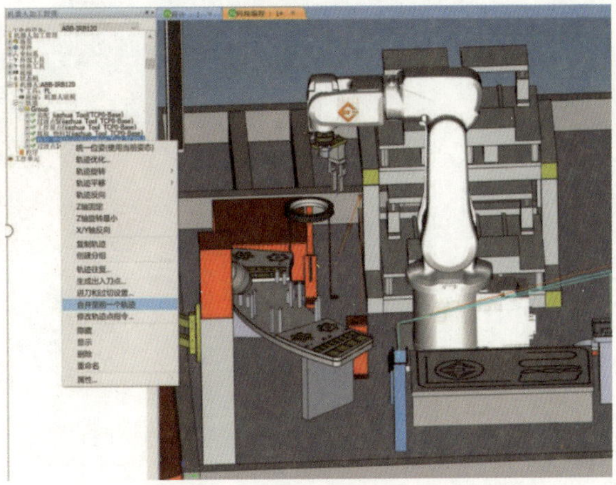
16	点击高级编程中的【拆垛】按钮，在弹出的对话框中选择【抓取_物料 1】	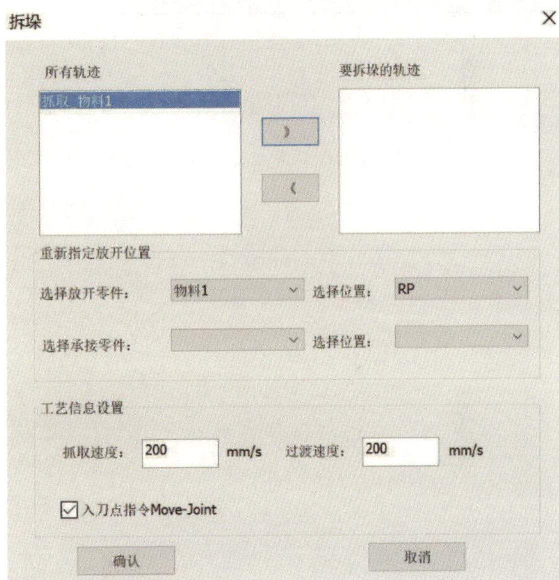
17	单击【>】按钮，在【选择承接零件】项中选择【码垛平台A】，点击【确定】，点击【编译】，完成拆垛编程	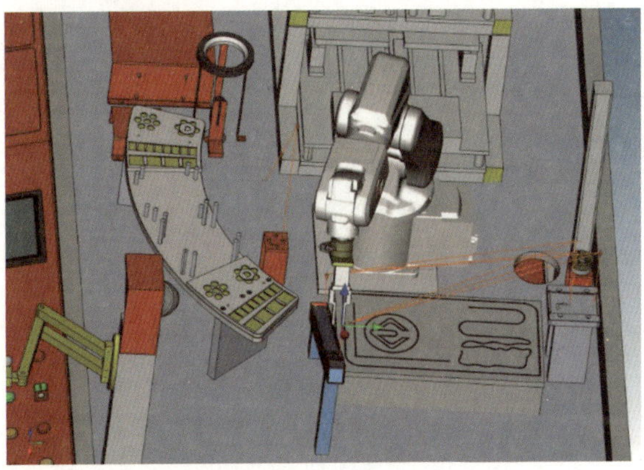

续表

序号	操作步骤	图示
18	将机器人回到原点，右键选择夹爪工具，在弹出的菜单中选择【卸载（生成轨迹）】，在弹出对话框中单击【确定】，夹爪工具卸载完成	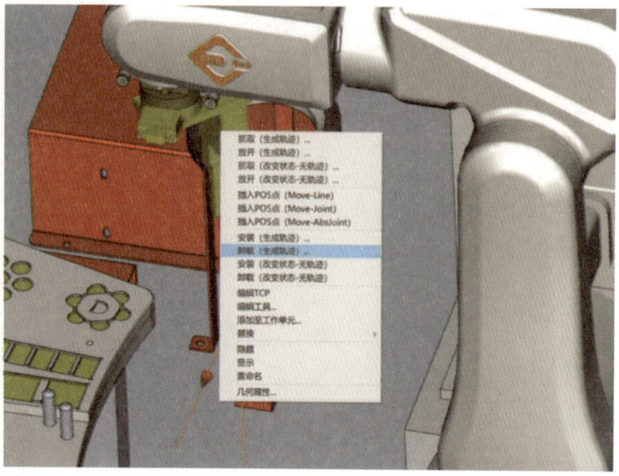
19	将机器人移动到原点后置处理，导出程序	

【做一做】

表 3-4-6 课中测试

小组编号：	小组成员：
课 中 做	
1. 简述在 RobotArt 中搭建仿真环境的步骤 2. 简述在 RobotArt 中完成轨迹涂胶离线编程的步骤及注意事项 3. 简述在 RobotArt 中完成码垛和拆垛的步骤及注意事项 4. 简述在 RobotArt 中导出程序的方法 5. 简述离线仿真程序导入机器人的步骤 6. 记录离线编程及调试中遇到的问题、出现原因和解决方法	

问题	出现原因	解决方法

7. 课中记录

【评一评】

1. 学习过程自我评价

表 3-4-7　学习过程自评表

<table>
<tr><td>班级</td><td></td><td>姓名</td><td></td><td>学号</td><td></td><td>日期</td><td colspan="4">年　月　日</td></tr>
<tr><td rowspan="2">评价指标</td><td rowspan="2" colspan="5"></td><td rowspan="2">权重/%</td><td colspan="4">等级评定</td></tr>
<tr><td>A</td><td>B</td><td>C</td><td>D</td></tr>
<tr><td rowspan="3">信息检索</td><td colspan="5">能有效利用网络资源、工作手册查找有效信息</td><td>5</td><td></td><td></td><td></td><td></td></tr>
<tr><td colspan="5">能用自己的语言有条理地解释、表述所用知识</td><td>5</td><td></td><td></td><td></td><td></td></tr>
<tr><td colspan="5">能将查找到的信息有效地转换到工作中</td><td>5</td><td></td><td></td><td></td><td></td></tr>
<tr><td rowspan="2">感知工作</td><td colspan="5">是否熟悉工作岗位、认同工作价值</td><td>5</td><td></td><td></td><td></td><td></td></tr>
<tr><td colspan="5">在工作中，是否获得满足感</td><td>5</td><td></td><td></td><td></td><td></td></tr>
<tr><td rowspan="3">参与状态</td><td colspan="5">教师、同学之间是否相互尊重、理解、平等</td><td>5</td><td></td><td></td><td></td><td></td></tr>
<tr><td colspan="5">教师、同学之间是否保持多向、丰富、适宜的信息交流</td><td>5</td><td></td><td></td><td></td><td></td></tr>
<tr><td colspan="5">探究学习，自主学习不流于形式，能处理好合作学习和独立思考的关系，做到有效学习</td><td>5</td><td></td><td></td><td></td><td></td></tr>
<tr><td rowspan="4">学习方法</td><td colspan="5">能提出有意义的问题或发表个人见解；能按要求正确操作；能够倾听、协作、分享</td><td>5</td><td></td><td></td><td></td><td></td></tr>
<tr><td colspan="5">能积极参与，在产品加工过程中不断学习，能提高综合运用信息技术的能力</td><td>5</td><td></td><td></td><td></td><td></td></tr>
<tr><td colspan="5">工作计划、操作技能是否符合规范要求</td><td>5</td><td></td><td></td><td></td><td></td></tr>
<tr><td colspan="5">是否获得进一步发展的能力</td><td>5</td><td></td><td></td><td></td><td></td></tr>
<tr><td rowspan="3">工作过程</td><td colspan="5">遵守管理规程，操作过程符合现场管理要求</td><td>5</td><td></td><td></td><td></td><td></td></tr>
<tr><td colspan="5">平时上课能按时出勤，每天能及时完成工作任务</td><td>5</td><td></td><td></td><td></td><td></td></tr>
<tr><td colspan="5">善于多角度思考问题，能主动发现，提出有价值的问题</td><td>5</td><td></td><td></td><td></td><td></td></tr>
<tr><td>思维状态</td><td colspan="5">能发现问题、提出问题、分析问题、解决问题、创新问题</td><td>5</td><td></td><td></td><td></td><td></td></tr>
<tr><td rowspan="4">自评反馈</td><td colspan="5">能按时按质完成工作任务</td><td>5</td><td></td><td></td><td></td><td></td></tr>
<tr><td colspan="5">能较好地掌握专业知识点</td><td>5</td><td></td><td></td><td></td><td></td></tr>
<tr><td colspan="5">具有较强的信息分析能力和理解能力</td><td>5</td><td></td><td></td><td></td><td></td></tr>
<tr><td colspan="5">具有较为全面严谨的思维能力并能条理明晰地表述成文</td><td>5</td><td></td><td></td><td></td><td></td></tr>
<tr><td colspan="6">自评等级</td><td colspan="5"></td></tr>
<tr><td>有益的经验与做法</td><td colspan="10"></td></tr>
<tr><td>总结反思建议</td><td colspan="10">（通过本任务学习，你获得哪些新知识，下次再做类似任务，你应当有哪些改进？）</td></tr>
<tr><td colspan="11">等级评定：A. 好　B. 较好　C. 一般　D. 有待提高</td></tr>
</table>

2. 学习过程三方评价

表 3-4-8　学习活动过程三方评价表

班级		姓名		学号		日期	年　月　日
评价内容（满分 100 分）		学生自评/分	同学互评/分	教师评价/分	总评/分		
专业技能（60 分）	任务学习完成进度（30 分）				A（86～100） B（76～85） C（60～75） D（60 以下）		
	对理论知识的掌握程度（10 分）						
	理论知识的应用能力（10 分）						
	改进能力（10 分）						
综合素质（40 分）	遵守现场操作的职业规范（10 分）						
	信息获取的途径（10 分）						
	按时完成学习和工作任务（10 分）						
	团队合作精神（10 分）						
总分							
综合得分（学生自评 10%、同学互评 10%、教师评价 80%）							
小结建议							

3. 现场测试考核评价

表 3-4-9　现场测试考核评价表

班级		姓名		学号		日期	年　月　日
序号	评价要点	配分/分	得分/分	总评/分			
1	能查阅资料，正确填写任务导学所提问题	10		A（86～100） B（76～85） C（60～75） D（60 以下）			
2	学习任务 3.4，正确理解填写“做一做”，错 1 处扣 2 分	50					
3	能根据工作要求，对小组成员进行合理分工	5					
4	能列出工业机器人选型主要技术参数	10					
5	能遵守劳动纪律，以积极的态度接受工作任务	5					
6	能积极参与小组讨论、团队间互相合作	10					
7	能及时完成老师布置的任务	10					
总分		100					
综合得分（学生自评 10%、同学互评 10%、教师评价 80%）							
小结建议							

【巩固与提高】

在线测试

项目 4　视觉分拣芯片工作站集成与调试

项目导入

工业机器人 PCB 异形插件工作站料仓含芯片原料区、废料回收区、盖板放置区和合格品放置区。对料仓进行盘点，主要是核实芯片原料区、废料回收区中每个仓位是否有芯片，如果有芯片，是什么类型的芯片，并将这些信息收集入库，以方便后续异形芯片的分拣与安装。本项目需要完成吸盘工具抓取示教编程、仓位芯片视觉检测示教编程，涉及常见编程指令、欧姆龙视觉系统的使用及各类数组的创建知识学习。

任务 4.1　视觉分拣芯片工作站的搭建与配置

【任务目标】

知识目标：

（1）掌握视觉分拣芯片工作站硬件组成。

（2）掌握视觉分拣芯片工作站电气连接。

（3）掌握视觉分拣芯片工作站通信连接。

（4）掌握视觉分拣芯片工作站检测软件安装。

技能目标：

（1）认识视觉分拣芯片工作站硬件。

（2）会视觉分拣芯片工作站电气连接。

（3）会视觉分拣芯片工作站通信连接。

（4）会视觉分拣芯片工作站检测软件安装。

素质目标：

（1）培养动手、观察、分析问题和解决问题能力。

（2）培养查阅资料和自学的能力。

（3）培养信息接收能力、处理能力和创新能力。

【任务导学】

（1）查阅资料，完成视觉系统分拣工作站行业分析。________________________

____

____

（2）查阅资料，视觉系统分拣工作站由哪些组成？____

（3）查阅资料，视觉系统与机器人的通信方式有哪些？____

【学一学】

学习活动 1　视觉分拣芯片工作站系统安装

1. 视觉分拣芯片机器人工作站

视觉分拣芯片机器人工作站主要由四部分组成，如图 4-1-1 所示，分别为工业机器人、视觉检测系统、异形芯片原料托盘、安装检测装配单元。

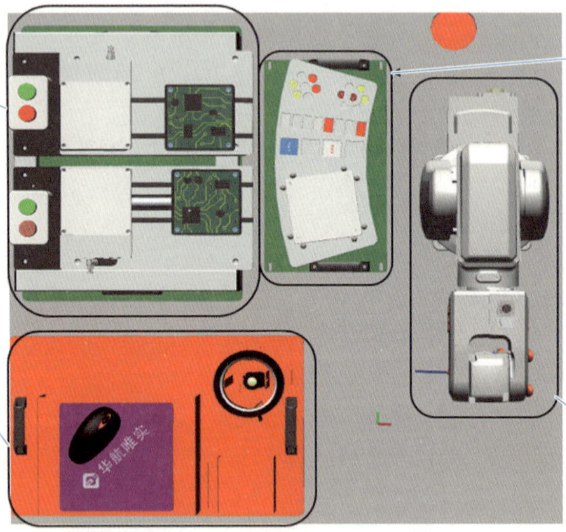

图 4-1-1　视觉分拣芯片工作站布局

1）工业机器人

在工业机器人的第六轴末端法兰装有吸盘工具，其作用是用来完成异形芯片原料料盘中物料的吸取和转移。

2）视觉检测系统

视觉检测系统主要用来检测原料料盘中异形芯片的外观特征，再通过串口与工业机器人进行通信，从而将检测过程值或检测结果发送至上层控制器，进而决策整个后续工艺流程的实施方向。在此，主要对异形芯片的形状和颜色进行检测。

视觉检测系统目前主要分为两种，即智能视觉系统和 PC（个人计算机）式机器视觉系统。本工作站的检测单元使用的便是 PC 式机器视觉系统。如图 4-1-2 所示，PC 式机器视觉系统是一种基于计算机的视觉系统，一般由光学镜头、CCD（感光耦合组件）相机、光源、图像采集卡、传感器、图像处理软件、控制单元以及一台 PC 构成。这一类系统一般尺寸较大，结构复杂，但可以实现理想的检测速度和精度。各组件主要功能见表 4-1-1。

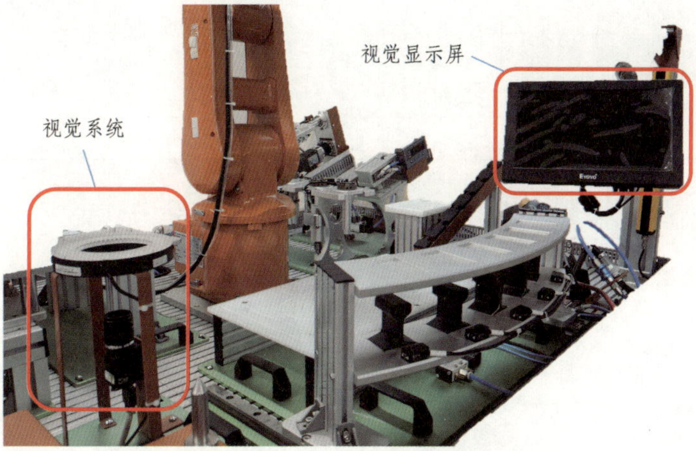

图 4-1-2　PC 机器视觉系统

表 4-1-1　视觉系统各组件主要功能

序号	组件	主要功能
1	光源	辅助成像器件，对成像质量起关键作用
2	PC	计算机是视觉系统的核心，在这里完成图像数据的处理与转换和绝大部分逻辑控制
3	传感器	通常以光纤开关、接近开关等的形式出现，用来判断被测对象的位置和状态，告知图像传感器进行采集
4	图像处理软件	图像处理软件用来完成对输入的图像数据处理，再通过运算得出相应结果，这个输出的结果可能是字符串、坐标等
5	光学镜头	这两个组件构成成像系统，通常的视觉系统都是由一套或者多套这样的成像系统组成的。如果有多路相机，则可通过配套的图像卡来切换获取数据，也可以同步控制实现同时获取多相机通道的数据
6	相机	
7	控制单元	包含 I/O、电平转化、运动控制模块等。图像处理软件完成图像分析后，需要和外部单元进行通信以辅助完成对生产过程的控制
8	图像采集卡	通常以集成在板卡的形式安装在 PC 中，主要功能是把相机输出的图像传送给计算机主机。它将来自相机的模拟或数字信号转换为计算机能识别的数据流，同时它可以控制相机的一些参数，如曝光时间、快门速度等

在实际的使用场景中，针对不同的检测任务，其组件可自由组合，以实现功能为需求，如本工作站中，检测单元的检测功能的触发是由机器人来控制的，所以在选择组件时可不考虑传感器组件。

3）异形芯片原料料盘

异形芯片原料料盘（后称原料盘），主要是放置形状和颜色各异的 PCB 芯片物料，芯片将通过工业机器人安装至安装检测装配单元的 PCB 电路板中，用来模拟企业的电路主板的安装过程。如图 4-1-3 所示，料盘中的异形芯片主要包括 CPU（正方形，蓝色、红色）、集成芯片（矩形，白色、红色）、电容（圆形，红色、黄色）、三极管（半圆形，黄色、红色）。

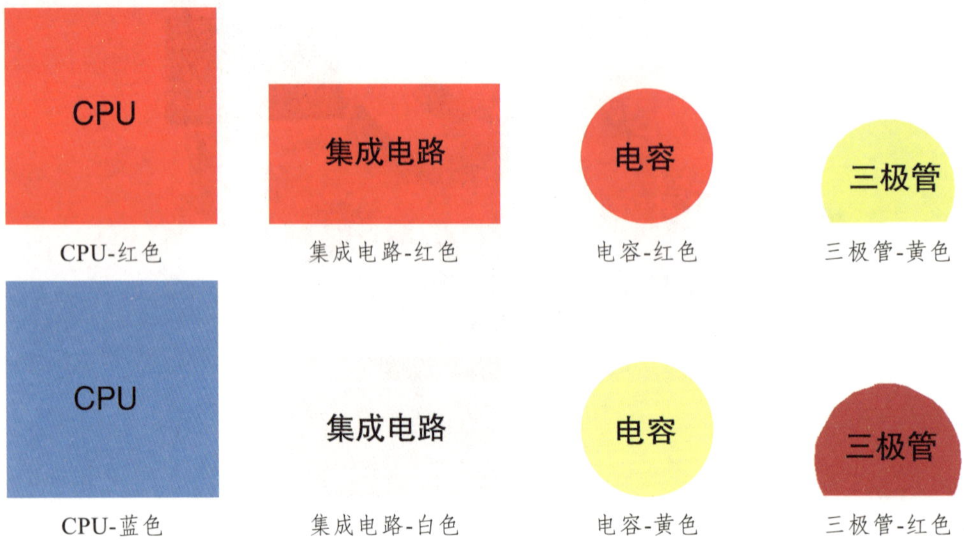

图 4-1-3　料盘中的异形芯片

4）安装检测装配单元

如图 4-1-4 所示，在视觉分拣工艺中，安装检测装配单元中有两种类型的 PCB 装配平台，完成视觉检测的异形芯片将被安装至电路板的对应位置。在操作过程中，可以针对不同的检测结果，根据电路板特征特点选择不同的装配工艺。

电路板 A　　电路板 B

图 4-1-4　PCB 电路板

在此选择不同的案例，为后续分拣装配工艺做参考。

（1）形状检测：应用于机器人检测的取料不确定，主要根据检测出的形状参数来判断其安装位置。当物料形状为正方形时，放置在电路板 A 上的 1 位置；当物料形状为圆形时，放置在电路板 A 上的 3 位置。

（2）颜色检测：当分拣的物料形状都一样时，主要根据颜色来决定其安装位置。当 CPU 颜色为蓝色时，安装至电路板 A 的 1 位置；当 CPU 颜色为红色时，安装至电路板 B 的 1 位置。

学习活动 2　视觉单元的电气与通信连接

1. 电气连接

视觉系统认识

在工作站中，如图 4-1-5 所示，视觉单元内部光源控制器与视觉控制器在控制架构上相对独立：视觉控制器与工业机器人之间采用并行通信（LAN 口），而光源控制器与 PLC 通过 I/O 直接控制其启动。接入时，只需将视觉单元的电源插头插入工作站的电源插座，即可保证量控制器正常启动。

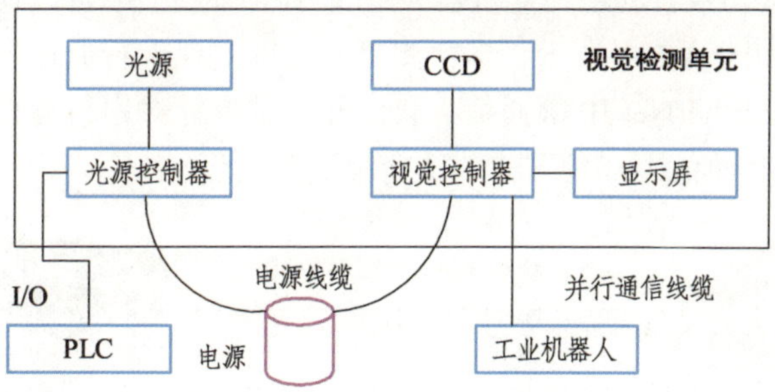

图 4-1-5　电气连接示意图

2. 通信连接

在本工作站中，工业机器人与视觉（CCD）控制器采用并行通信，对应具体的通道连接关系见表 4-1-2，在此只需连接对应的端口，即可完成视觉控制器与工业机器人的通信硬件连接。图 4-1-6 所示为视觉控制器端的并行通信线缆连接情况。

表 4-1-2　通信端口连接表

硬件设备端口	视觉控制器对应端口
机器人 DSQC652 I/O 板（XS13 端口 DI）	GATE 端口
	OR 端口
	RUN 端口
机器人 DSQC652 I/O 板（XS15 端口 DO）	STEP0 端口
	DI-DI3 端口
	DI7 端口

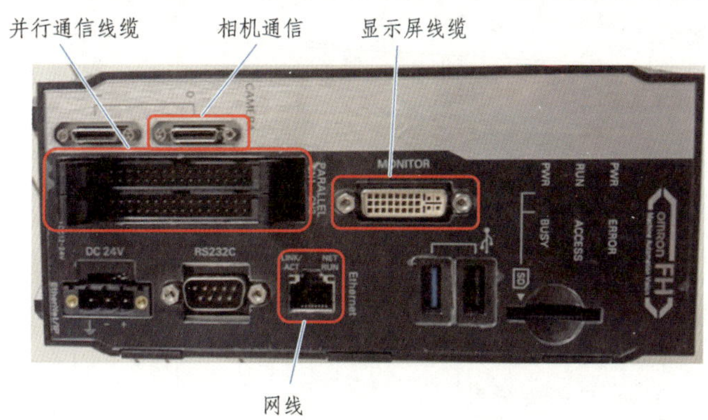

图 4-1-6　视觉控制器通信线缆接口

3. 工业机器人与视觉单元的通信

对视觉系统而言，通信非常重要，视觉控制系统的上位机通常是 PC、PLC（可编程逻辑控制器）或工业机器人控制柜。在联网后，视觉系统可以向 PC 传输检测结果以进行进一步分析。在工业应用场景中，更常见的是直接传输给控制系统中的 PLC、工业机器人或者其他接收设备。

要把视觉系统集成到 PLC、工业机器人或其他自动化装置上，需要有一种二者都相互支持的通信方式或协议。利用工业机器人、PC 等外部装置，可以通过各种通信协议来控制视觉控制器，如图 4-1-7 所示，本检测单元可以实现串行通信、并行通信、无协议（TCP）、PLC Link、EtherNet/IP 等通信方式。此处主要针对串行通信、并行通信和工业以太网（无协议 TCP 通信）三种方式着重介绍说明。

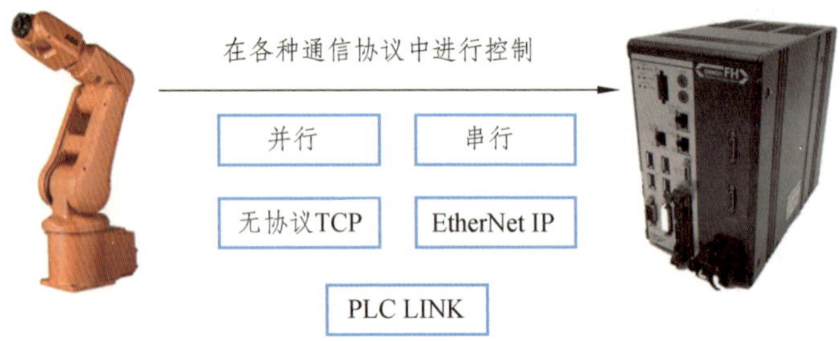

图 4-1-7　视觉控制器通信方式

（1）并行通信：通过并行接口，在视觉系统和外部装置之间进行通信。

（2）串行通信：通过 RS-232 或 RS-485 串行接口，可与绝大多数工业机器人控制器通信。

（3）工业以太网通信（无协议 TCP）：允许通过以太网连接 PLC 和其他设置，无须复杂的接线方案和价格高昂的网络网关。以上三种通信方式各自的特点见表 4-1-3。

表 4-1-3　视觉系统不同通信方式的优缺点

通信方式	并行通信	串行通信	工业以太网通信
优势	多位数据一起传输，传输速度很快	使用的数据线很少，在远距离通信中可以节约通信成本，不存在信号线之间的干扰，还可采用低压差分信号，可以大大提高它的抗干扰性，实现更高的传输速率	实时性强，一定时间内发送一个指令一定要被处理，不然系统就会丢失数据
缺点	需要与内存位相匹配，成本高。在高速传输状态下，并行接口的几根数据线之间存在串扰，而并行接口传输方法是信号在发送的同时接收信号，任何一根数据线的延迟都会引起问题	每次只能传输一位数据，传输速度比较低	对周边温度、干扰要求会更高

学习活动 3　视觉检测软件安装

视觉检测软件可以用来完成对输入图像数据的处理，然后输出图像处理结果，其类型包括被检测工件的面积、长度尺寸、数量，以及是否符合模板设定标准等参数。另外，该软件中也可对视觉检测流程进行逻辑编辑，以完成符合各种检测工艺要求的模板检测。表 4-1-4 详细地列举其详细安装步骤。

表 4-1-4　视觉检测软件安装步骤

序号	操作步骤	图示
1	下载视觉检测仿真软件	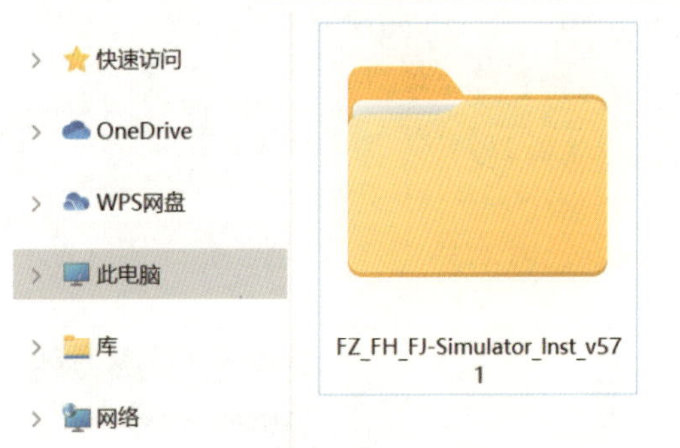
2	打开软件安装包，点击安装应用“Setup.exe”	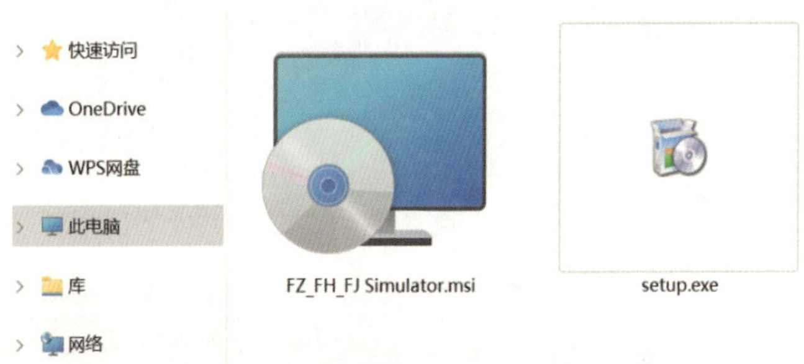
3	点“Accept”，选择接受安装协议	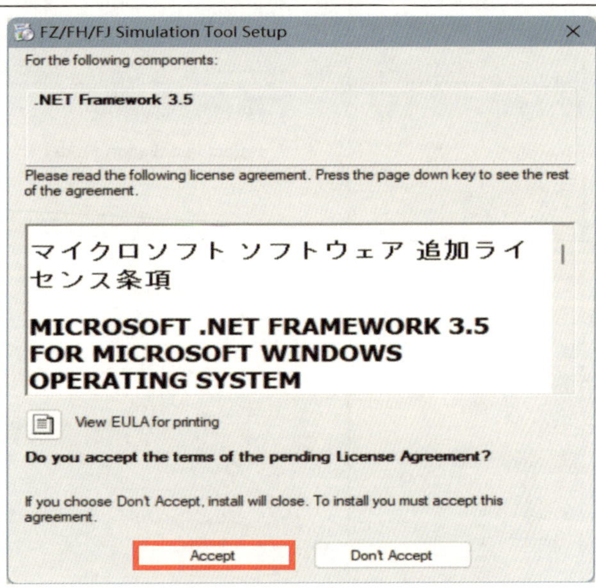

续表

序号	操作步骤	图示
4	点击“Next”	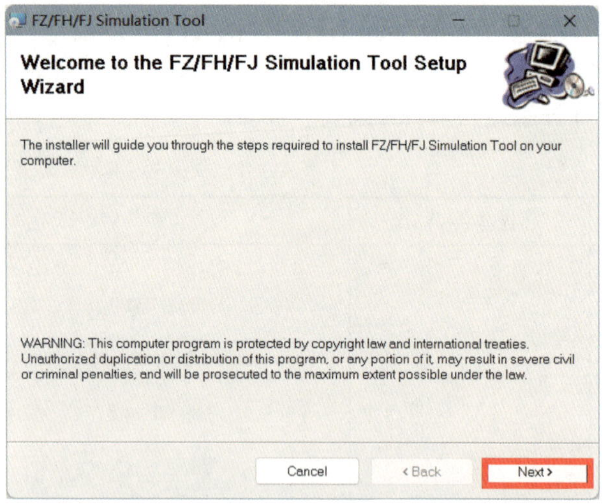
5	先选择“I Agree”，再点击“Next”	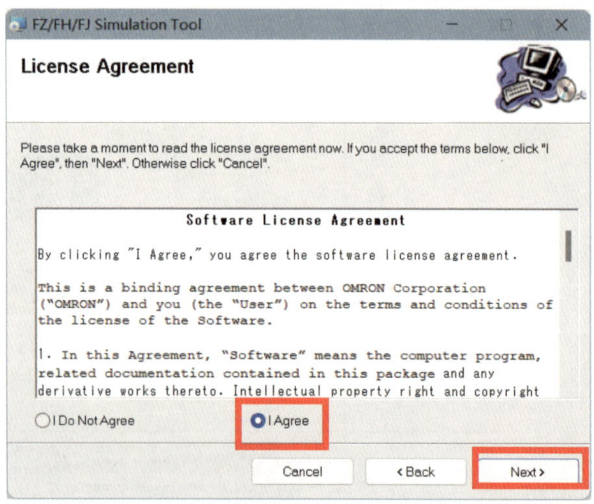
6	选择软件的安装位置，图示安装在PC的“D盘”（位置无特殊要求，可根据实际需求选择），再点击“Next”	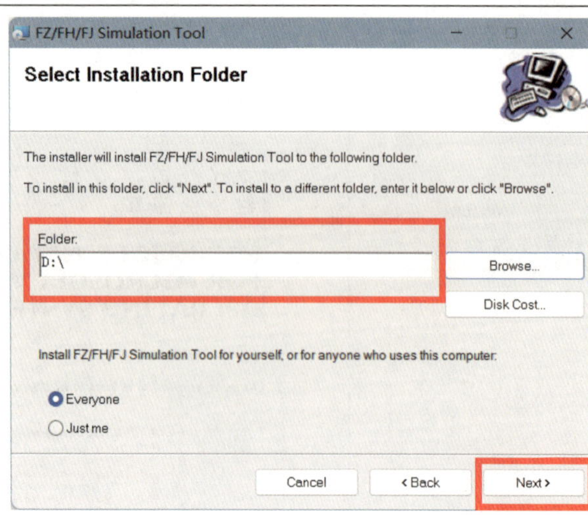

续表

序号	操作步骤	图示
7	安装完毕后点击“Close”，关闭安装窗口	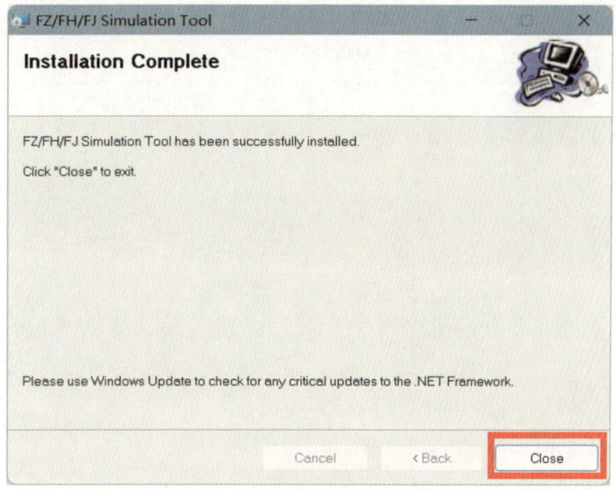
8	安装完成后，在计算机桌面上将生成右侧所示图标	
9	第一次启动时需要设置软件的显示语言，图示的设置为简体中文“Simplifed Chinese”	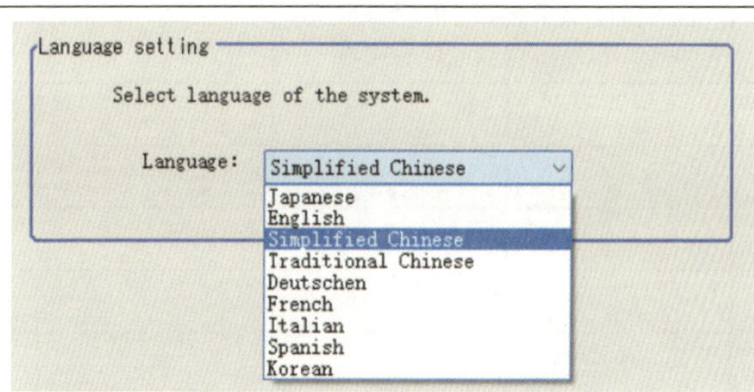
10	打开软件，可以正常使用	

【做一做】

表 4-1-5　课中测试

小组编号：	小组成员：
课　中　做	
1. 学生分组完成视觉分拣芯片工作站电气连接，录制安装过程视频	
2. 学生分组绘制视觉分拣芯片工作站的气动回路图并进行气路连接及气路调试	
3. 绘制视觉分拣芯片工作站电气原理图	
4. 根据电气原理，配置视觉分拣芯片工作站信号	

信号配置信息					
序号	信号名称	信号类型	所属板卡	地址	备注

5. 课中记录

【评一评】

1. 学习过程自我评价

表 4-1-6　学习过程自评表

<table>
<tr><td>班级</td><td></td><td>姓名</td><td></td><td>学号</td><td></td><td>日期</td><td colspan="4">年　月　日</td></tr>
<tr><td rowspan="2">评价指标</td><td colspan="5" rowspan="2"></td><td rowspan="2">权重/%</td><td colspan="4">等级评定</td></tr>
<tr><td>A</td><td>B</td><td>C</td><td>D</td></tr>
<tr><td rowspan="3">信息检索</td><td colspan="5">能有效利用网络资源、工作手册查找有效信息</td><td>5</td><td></td><td></td><td></td><td></td></tr>
<tr><td colspan="5">能用自己的语言有条理地解释、表述所用知识</td><td>5</td><td></td><td></td><td></td><td></td></tr>
<tr><td colspan="5">能将查找到的信息有效地转换到工作中</td><td>5</td><td></td><td></td><td></td><td></td></tr>
<tr><td rowspan="2">感知工作</td><td colspan="5">是否熟悉工作岗位、认同工作价值</td><td>5</td><td></td><td></td><td></td><td></td></tr>
<tr><td colspan="5">在工作中，是否获得满足感</td><td>5</td><td></td><td></td><td></td><td></td></tr>
<tr><td rowspan="3">参与状态</td><td colspan="5">教师、同学之间是否相互尊重、理解、平等</td><td>5</td><td></td><td></td><td></td><td></td></tr>
<tr><td colspan="5">教师、同学之间是否保持多向丰富、适宜的信息交流</td><td>5</td><td></td><td></td><td></td><td></td></tr>
<tr><td colspan="5">探究学习，自主学习不流于形式，能处理好合作学习和独立思考的关系，做到有效学习</td><td>5</td><td></td><td></td><td></td><td></td></tr>
<tr><td rowspan="4">学习方法</td><td colspan="5">能提出有意义的问题或发表个人见解；能按要求正确操作；能够倾听、协作、分享</td><td>5</td><td></td><td></td><td></td><td></td></tr>
<tr><td colspan="5">能积极参与，在产品加工过程中不断学习，能提高综合运用信息技术的能力</td><td>5</td><td></td><td></td><td></td><td></td></tr>
<tr><td colspan="5">工作计划、操作技能是否符合规范要求</td><td>5</td><td></td><td></td><td></td><td></td></tr>
<tr><td colspan="5">是否获得进一步发展的能力</td><td>5</td><td></td><td></td><td></td><td></td></tr>
<tr><td rowspan="3">工作过程</td><td colspan="5">遵守管理规程，操作过程符合现场管理要求</td><td>5</td><td></td><td></td><td></td><td></td></tr>
<tr><td colspan="5">平时上课能按时出勤，每天能及时完成工作任务</td><td>5</td><td></td><td></td><td></td><td></td></tr>
<tr><td colspan="5">善于多角度思考问题，能主动发现，提出有价值的问题</td><td>5</td><td></td><td></td><td></td><td></td></tr>
<tr><td>思维状态</td><td colspan="5">能发现问题、提出问题、分析问题、解决问题、创新问题</td><td>5</td><td></td><td></td><td></td><td></td></tr>
<tr><td rowspan="4">自评反馈</td><td colspan="5">能按时按质完成工作任务</td><td>5</td><td></td><td></td><td></td><td></td></tr>
<tr><td colspan="5">能较好地掌握专业知识点</td><td>5</td><td></td><td></td><td></td><td></td></tr>
<tr><td colspan="5">具有较强的信息分析能力和理解能力</td><td>5</td><td></td><td></td><td></td><td></td></tr>
<tr><td colspan="5">具有较为全面严谨的思维能力并能条理明晰地表述成文</td><td>5</td><td></td><td></td><td></td><td></td></tr>
<tr><td colspan="6">自评等级</td><td colspan="5"></td></tr>
<tr><td>有益的经验与做法</td><td colspan="10"></td></tr>
<tr><td>总结反思建议</td><td colspan="10">（通过本任务学习，你获得哪些新知识，下次再做类似任务，你应当有哪些改进？）</td></tr>
<tr><td colspan="11">等级评定：A. 好　B. 较好　C. 一般　D. 有待提高</td></tr>
</table>

2. 学习过程三方评价

表 4-1-7　学习活动过程三方评价表

<table>
<tr><td>班级</td><td></td><td>姓名</td><td></td><td>学号</td><td></td><td>日期</td><td colspan="2">年　月　日</td></tr>
<tr><td colspan="5">评价内容（满分 100 分）</td><td>学生自评/分</td><td>同学互评/分</td><td>教师评价/分</td><td>总评/分</td></tr>
<tr><td rowspan="4">专业技能
（60 分）</td><td colspan="4">任务学习完成进度（30 分）</td><td></td><td></td><td></td><td rowspan="8">A（86～100）
B（76～85）
C（60～75）
D（60 以下）</td></tr>
<tr><td colspan="4">对理论知识的掌握程度(10 分)</td><td></td><td></td><td></td></tr>
<tr><td colspan="4">理论知识的应用能力（10 分）</td><td></td><td></td><td></td></tr>
<tr><td colspan="4">改进能力（10 分）</td><td></td><td></td><td></td></tr>
<tr><td rowspan="4">综合素质
（40 分）</td><td colspan="4">遵守现场操作的职业规范（10 分）</td><td></td><td></td><td></td></tr>
<tr><td colspan="4">信息获取的途径（10 分）</td><td></td><td></td><td></td></tr>
<tr><td colspan="4">按时完成学习和工作任务（10 分）</td><td></td><td></td><td></td></tr>
<tr><td colspan="4">团队合作精神（10 分）</td><td></td><td></td><td></td></tr>
<tr><td colspan="5">总分</td><td colspan="4"></td></tr>
<tr><td colspan="6">综合得分
（学生自评 10%、同学互评 10%、教师评价 80%）</td><td colspan="3"></td></tr>
<tr><td>小结建议</td><td colspan="8"></td></tr>
</table>

3. 现场测试考核评价

表 4-1-8　现场测试考核评价表

<table>
<tr><td>班级</td><td></td><td>姓名</td><td></td><td>学号</td><td></td><td>日期</td><td>年　月　日</td></tr>
<tr><td>序号</td><td colspan="4">评价要点</td><td>配分/分</td><td>得分/分</td><td>总评/分</td></tr>
<tr><td>1</td><td colspan="4">能查阅资料，正确填写任务导学所提问题</td><td>10</td><td></td><td rowspan="7">A（86～100）
B（76～85）
C（60～75）
D（60 以下）</td></tr>
<tr><td>2</td><td colspan="4">学习任务 4.1，正确理解填写“做一做”，错 1 处扣 2 分</td><td>50</td><td></td></tr>
<tr><td>3</td><td colspan="4">能根据工作要求，对小组成员进行合理分工</td><td>5</td><td></td></tr>
<tr><td>4</td><td colspan="4">能列出工业机器人选型主要技术参数</td><td>10</td><td></td></tr>
<tr><td>5</td><td colspan="4">能遵守劳动纪律，以积极的态度接受工作任务</td><td>5</td><td></td></tr>
<tr><td>6</td><td colspan="4">能积极参与小组讨论、团队间互相合作</td><td>10</td><td></td></tr>
<tr><td>7</td><td colspan="4">能及时完成老师布置的任务</td><td>10</td><td></td></tr>
<tr><td colspan="5">总分</td><td>100</td><td colspan="2"></td></tr>
<tr><td colspan="6">综合得分
（学生自评 10%、同学互评 10%、教师评价 80%）</td><td colspan="2"></td></tr>
<tr><td>小结建议</td><td colspan="7"></td></tr>
</table>

【巩固与提高】

在线测试

任务 4.2　视觉检测模块设置

【任务目标】

知识目标：

（1）掌握视觉检测通信设置方法。

（2）掌握视觉检测环境设置方法。

（3）掌握视觉检测芯片颜色和形状的方法。

技能目标：

（1）能设置视觉检测通信。

（2）能设置视觉检测环境。

（3）能设置视觉检测芯片的颜色、形状。

素质目标：

（1）培养动手、观察、分析问题和解决问题能力。

（2）培养查阅资料和自学的能力。

（3）培养信息接收能力、处理能力和创新能力。

【任务导学】

（1）查阅资料，视觉系统通信主要参数有哪些？各自的作用是什么？____________

____

____

（2）查阅资料，视觉系统成像环境的设置条件是什么？____________________

____

____

（3）查阅资料，视觉系统通常检测范围是什么？__________________________

____

____

【学一学】

学习活动 1　视觉检测软件通信设置

通信硬件连接完成后即可在视觉检测软件上设备相关的通信，通信参数的设置主要包括通信方式的设定、信号的输出周期（启动时间）的设定、信号输出模式（保持或非保持）的设定。具体操作流程见表 4-2-1。

表 4-2-1　视觉检测软件通信设置

序号	操作步骤	图示
1	在显示屏上选择“工具”→“系统设置”	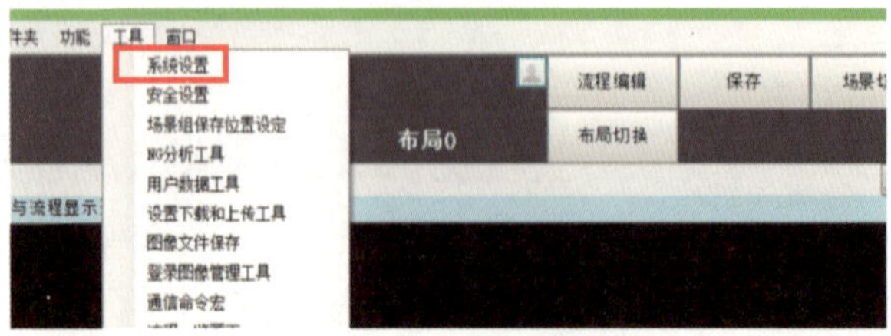
2	点击“启动设定”，在通信模块选择“标准并行 I/O”，再点击“适用”	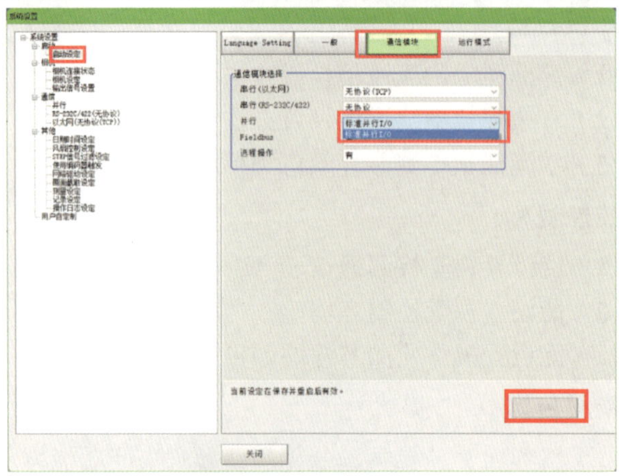
3	“保存”设定后点击“系统重启”	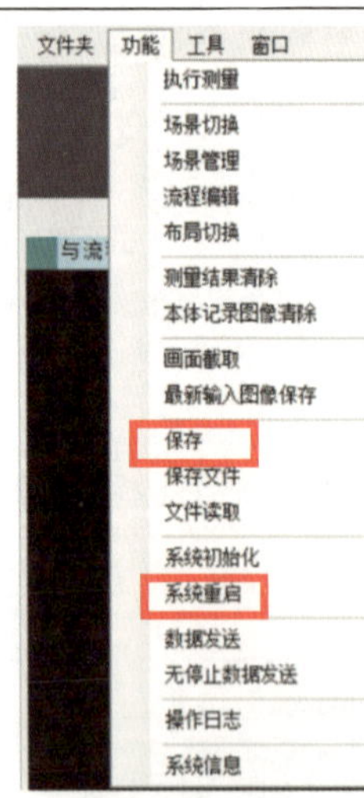
4	在显示屏上选择“工具”→“系统设置”	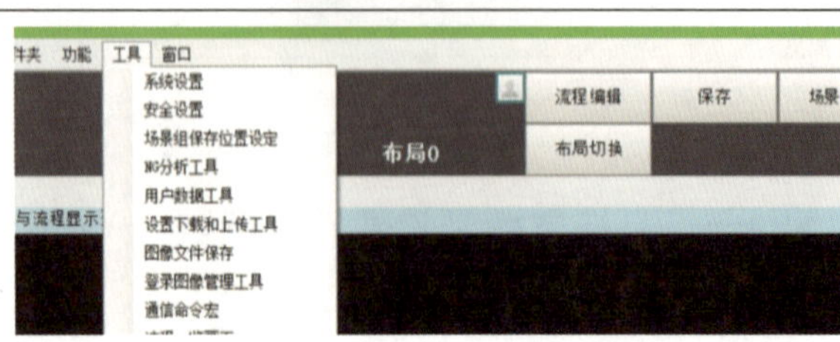

续表

序号	操作步骤	图示
5	在“系统设置”界面，点击“通信”，选择子选项“并行”，将输出极性设置为“OK 时 ON”，即综合判定结果为 OK 时输出为 ON	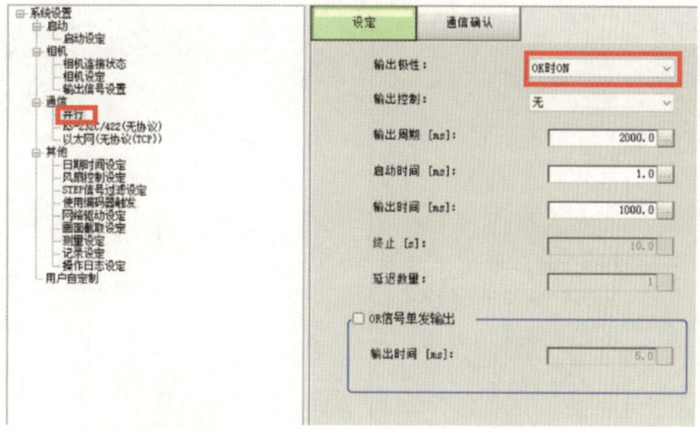
6	输出周期设置为 2000 ms，此值应大于“启动时间+输出时间”并小于测量间隔	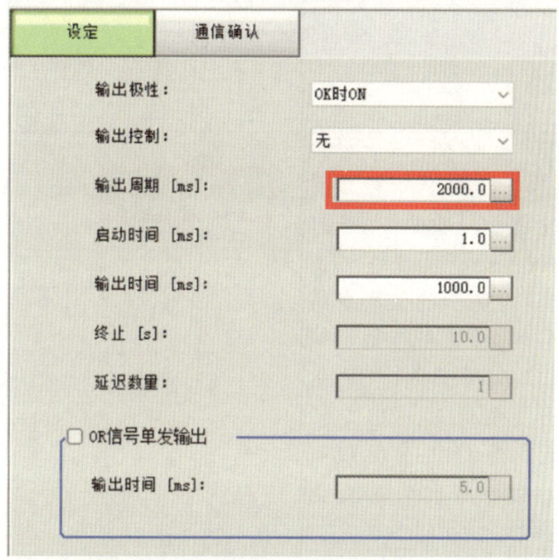
7	启动时间设置为 1 ms，既视觉控制器输出信号需要准备的时间	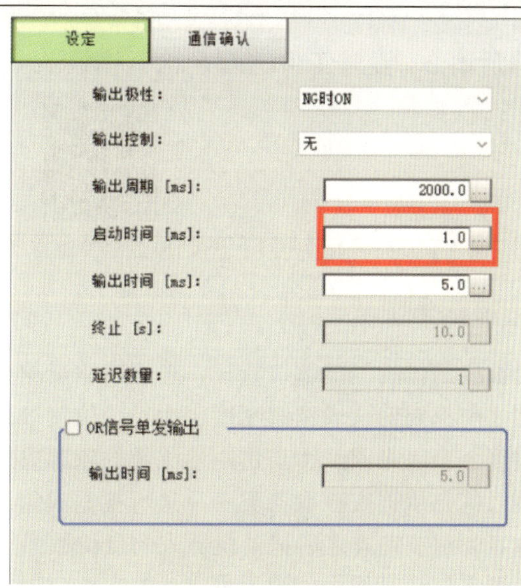

续表

序号	操作步骤	图示
8	输出时间设置为 1000 ms，即从“启动时间”结束到 PLC 接收信号需要的时间	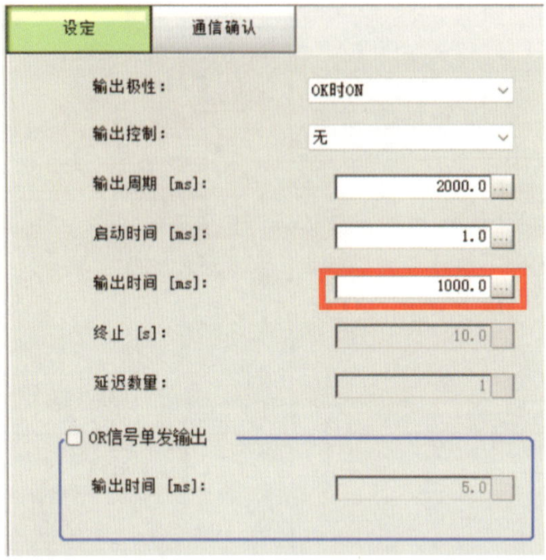
9	勾选“OR 信号单发输出”，输出时间为 1000 ms，再点击“适用”。注：确认测量结果后，如果符合判定输出的 ON 条件，OR 信号将在单次输出中指定的时间内，变为 ON，超过指定时间后变为 OFF	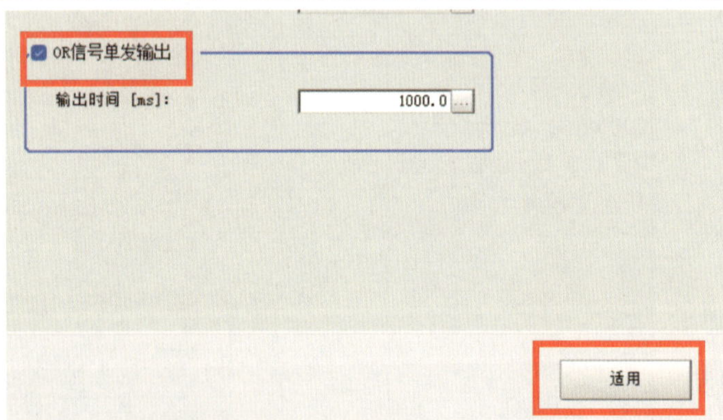

学习活动 2　设置工件的颜色检测模板

检测芯片颜色

1. 成像环境调试

拍摄被测物体的关键部位特征，得到高质量的光学图像，是图像采集的首要目的。视觉检测之前都要确认成像清晰度、大小、位置等是否符合检测要求，在此可以通过调剂光源亮度、镜头光圈、镜头焦距使成像的轮廓更加清晰，显示更加明亮。

调试目标是机器人吸取各类芯片进行视觉成像调试，主要包括 CPU、集成电路、三极管、电容。调节完成之后记录机器人的点位数据至 Area0601W，此点位即为各类芯片的视觉检测点位。具体操作流程见表 4-2-2。

表 4-2-2　成像环境调试

序号	操作步骤	图示
1	在机器人手动模式下吸取 CPU 芯片，移动到视觉检测拍照位置	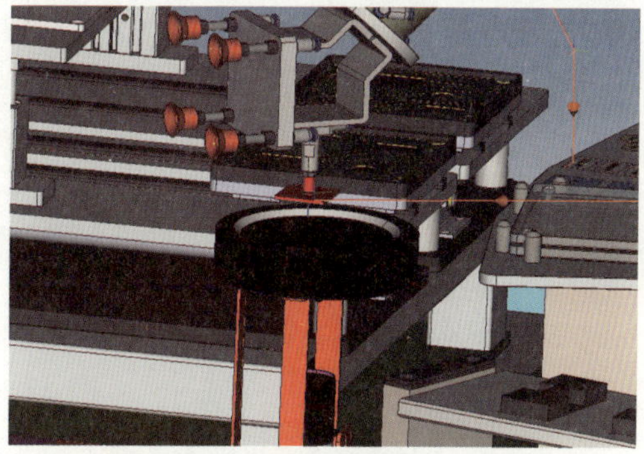
2	点击左上角的“与流程显示联动”按钮，图像模式选择“相机图像-动态”，完成设置后即可显示相机的实时拍摄场景	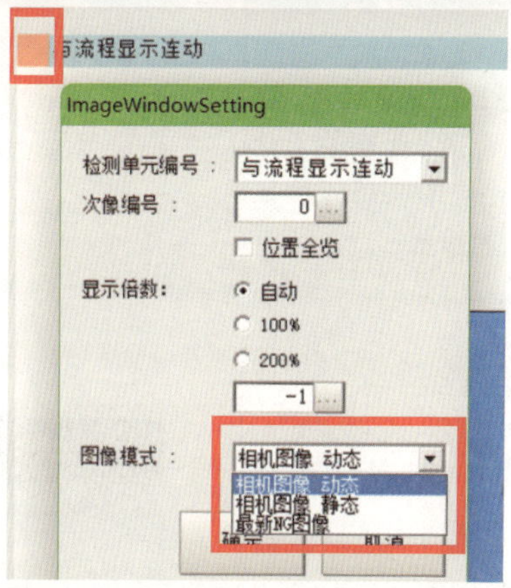
3	观察屏幕中 CPU 芯片大小和位置是否合适，如果不合适需要手动操纵机器人调节检测位置；取下吸盘工具上的 CPU 芯片，依次换成集成芯片、电容、三极管芯片，观察它们在屏幕中的大小和位置是否合适，并做类似调整，保证所有芯片在屏幕中的饿成像大小合适且位置居中	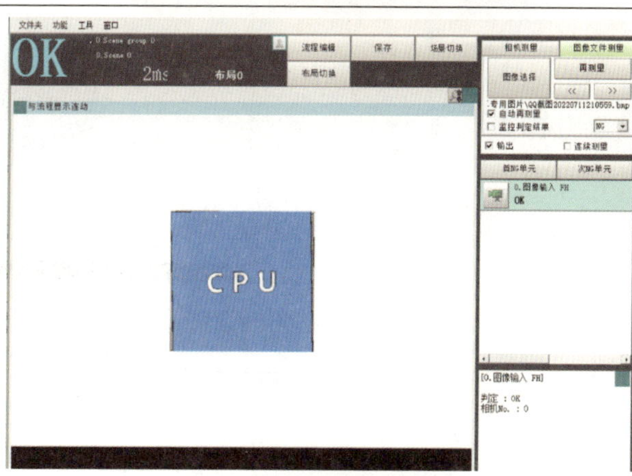
4	旋转光源控制器旋钮，调节光源亮度，微调至观测的最佳状态	

续表

序号	操作步骤	图示
5	松开1号锁紧螺钉，旋转镜头外圈微调镜头焦距，使图像显示更加清晰	
6	松开2号锁紧螺钉，旋转镜头光圈，调整进光量和景深，使图像局部特征显示更加清晰	
7	光源、相机镜头调节完毕后，屏幕中图像即可比较清晰，待检测的特征也比较明显	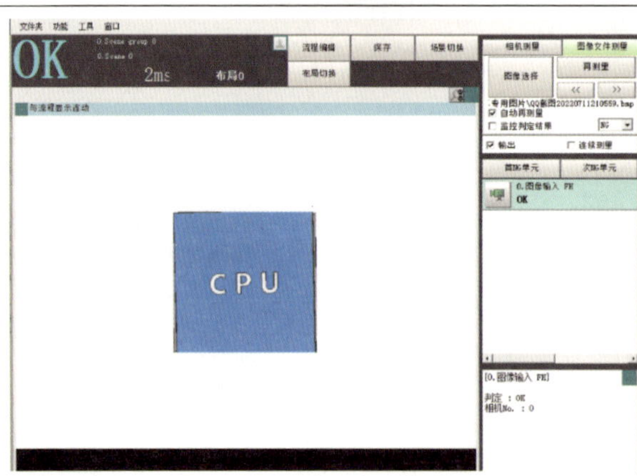
8	打开机器人示教器，点击菜单，打开数据类型	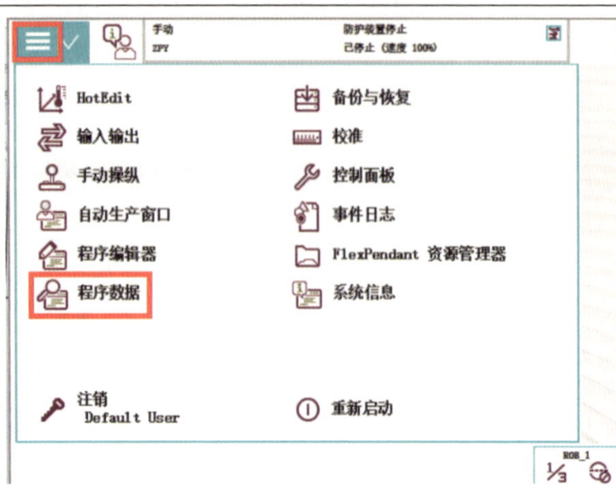

续表

序号	操作步骤	图示
9	点击“robtarget”	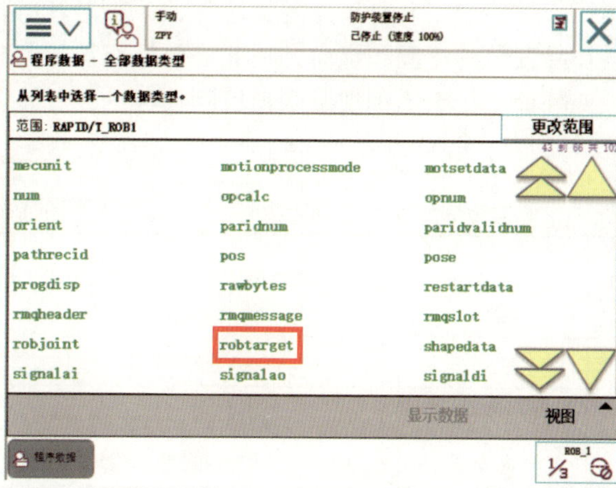
10	点击“新建”	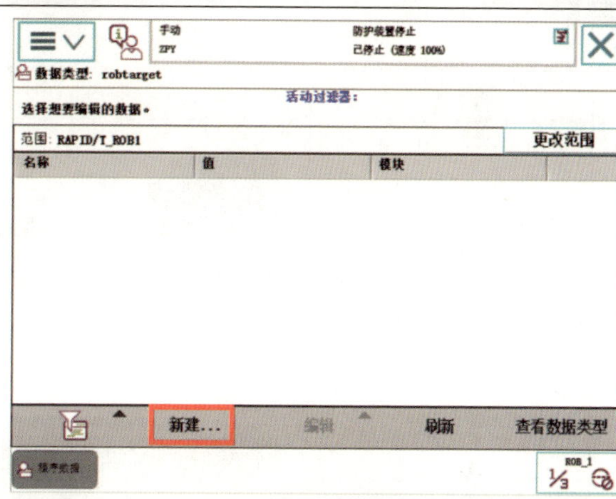
11	记录下机器人视觉检测的位置，自定义名称为CCD_seat，然后点击“确定”，视觉检测位置信息记录完成	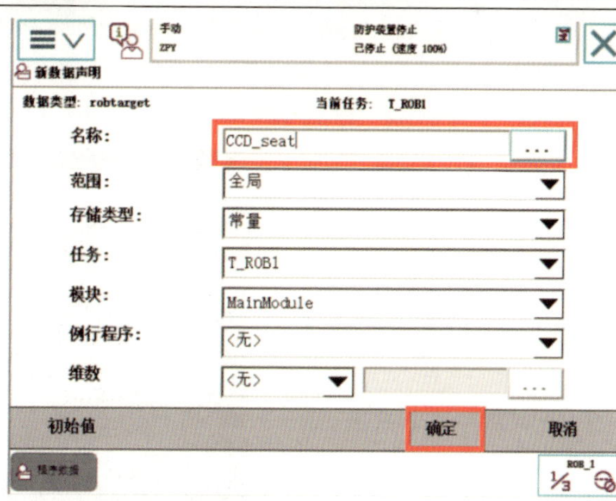

2. 设置颜色检测模板

视觉检测的原理即先设定标准检测模板，然后将视觉系统实时拍摄的工件图样与标准模板进行对比，如果检测的特征在模板的容错范围内，即可输出一种检测结果，此时一般综合判定结果为 OK；若不一致，则可输出另外一种检测结果，一般设定中的综合判定结果为 NG。

本工作站中的安装对象为各类芯片，各类芯片的形状与颜色各不相同。芯片的外观决定着产品安装的流程和走向，在此需要针对芯片的外形尺寸以及颜色编辑具体的检测流程。此处以三极管为例展示颜色检测模板的设置步骤。工件颜色检测模板的设置参数见表 4-2-3，具体步骤见表 4-2-4。

表 4-2-3　颜色检测模板参数

序号	模板对象	模板特征（检测结果 OK）	场景组	场景
1	CPU	颜色-蓝色	0	2
2	电容	颜色-红色	0	4
3	三极管	颜色-黄色	0	3
4	集成电路	颜色-白色	0	5

表 4-2-4　设置工件的颜色检测模板操作步骤

序号	操作步骤	图示
1	在主菜单点击“场景切换”	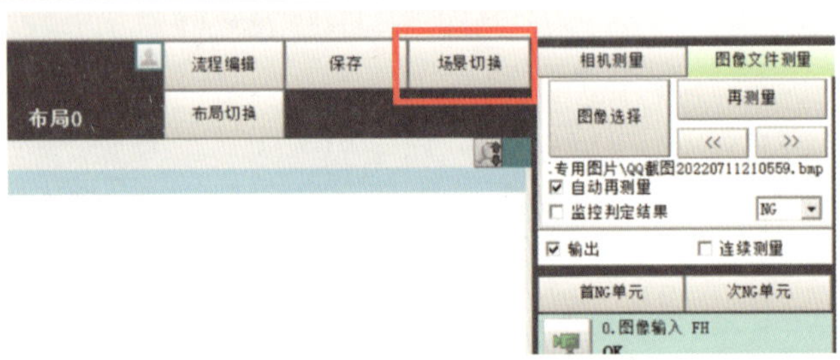
2	场景组选择“0. Scene group 0”，场景选择“4. Scene 4”	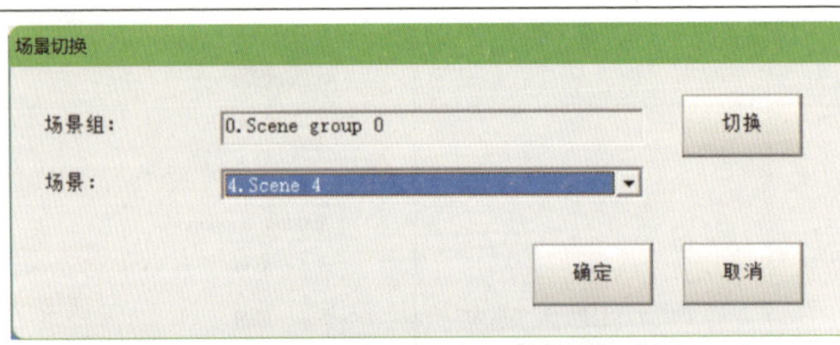
3	在吸盘工具装上黄色三极管芯片	

续表

序号	操作步骤	图示
4	点击“流程编辑”	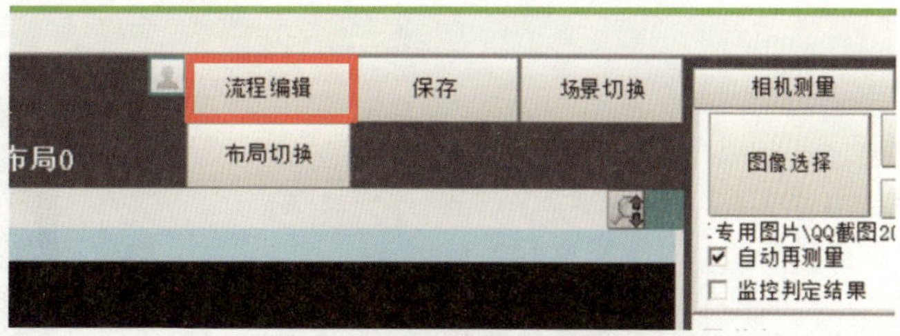
5	进行视觉检测流程设置，选择“标签”，将其插入流程1，然后点击关闭	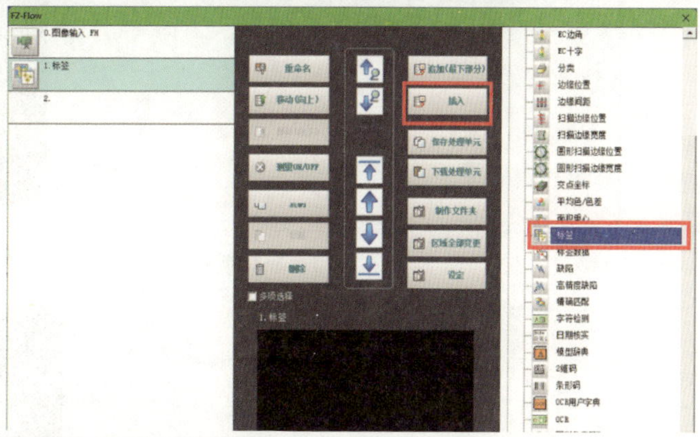
6	在主界面双击“标签图标”进入参数设置	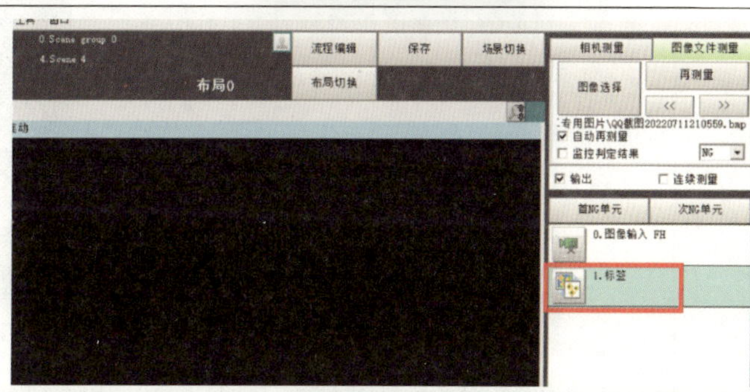
7	勾选“自动设定”，在观测窗口用鼠标左键点击合适的颜色，如右图提取了黄色	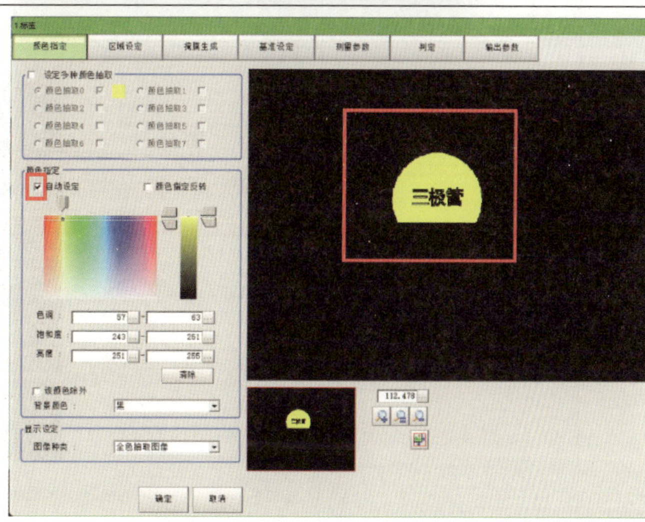

续表

序号	操作步骤	图示
8	单击“区域设定”，在登录图像右侧点击长方形符号，调整至合适大小后（保证检测时芯片都在矩形框内），点击“适用”，再点击“确定”	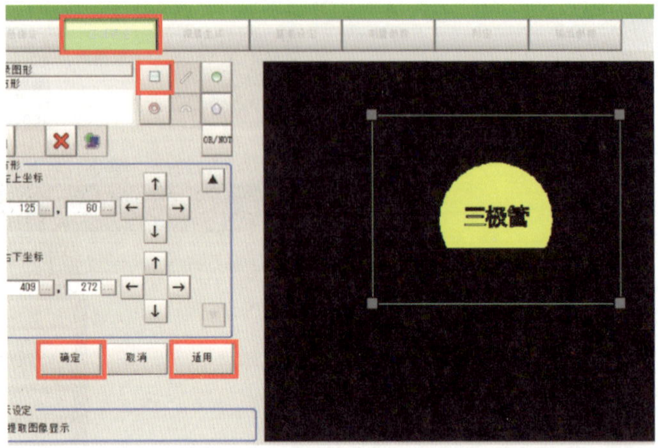
9	单击“判定”，将判定条件选择设置为“面积”，点击“测量”，显示当前面积测量值	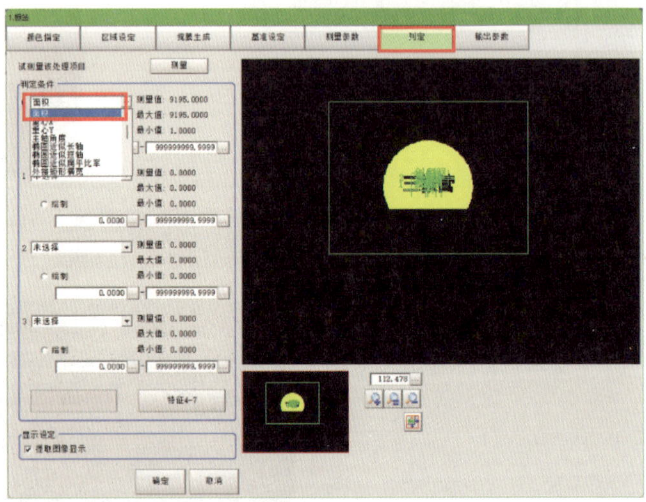
10	将最小值设为1000，避免相同颜色小色块的误检，设置完成后点击“确定”回到主页面	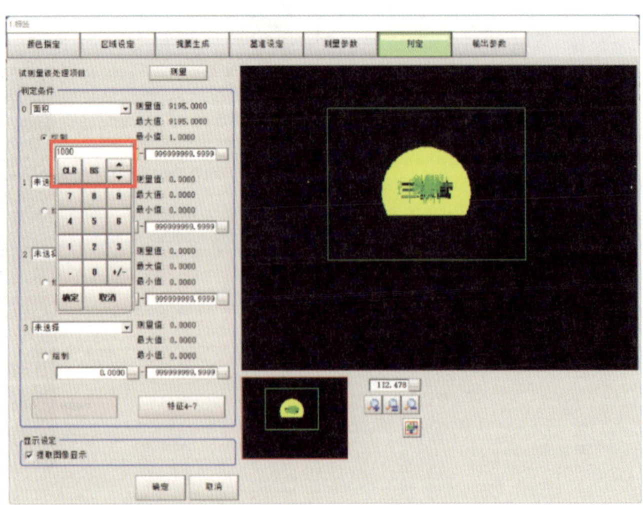

续表

序号	操作步骤	图示
11	在主页面点击“流程编辑”	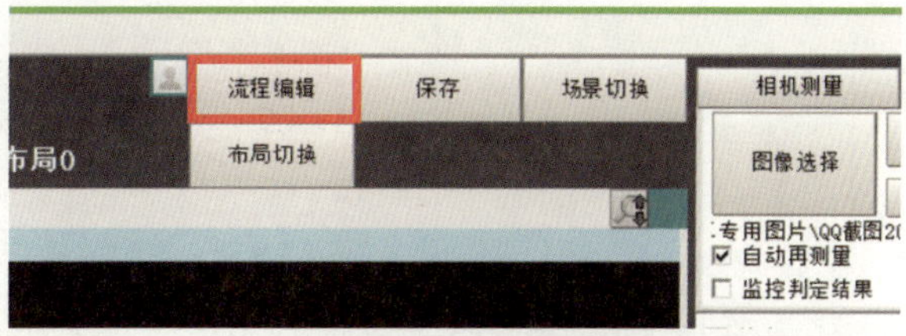
12	进行视觉检测流程设置，选择“并行数据输出”，将其插入流程 2，然后点击关闭	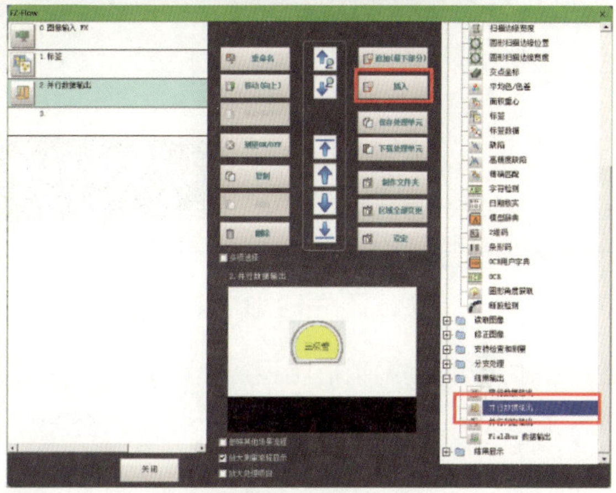
13	在主页面双击“并行数据输出”图标进行参数配置	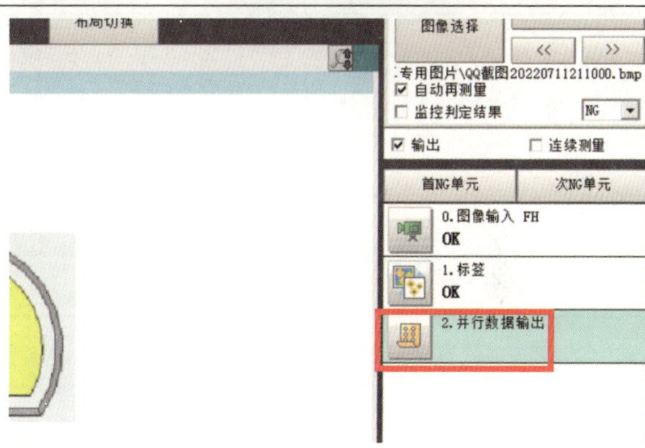
14	点击“表达式”，选择判定 JG，将标签的综合判定结果通过并行数据输出，完成后点击“确定”	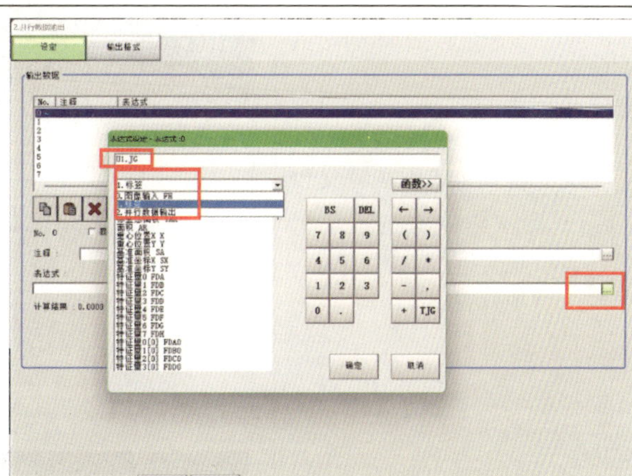

续表

序号	操作步骤	图示
15	保存场景，点击“确定”。注：其他颜色模板可以参考步骤 1～15，依次完成设置	

学习活动 3　设置工件的形状检测模板

此处以 CPU 为例展示形状检测模板的设置步骤。工件形状检测模板的设置参数见表 4-2-5，具体设置步骤见表 4-2-6。

检测芯片形状

表 4-2-5　形状检测模板参数

序号	模板对象	模板特征（检测结果 OK）	场景组	场景
1	集成电路	矩形	0	1
2	三极管	半圆形	0	6
3	CPU	正方形	0	7
4	电容	圆形	0	8

表 4-2-6　设置工件形状检测模板任务操作步骤

序号	操作步骤	图示
1	手动操作机器人吸取 CPU 芯片，移动到 CCD_seat 点处，点击场景 1 中的“流程编辑”，进行视觉检测流程设置	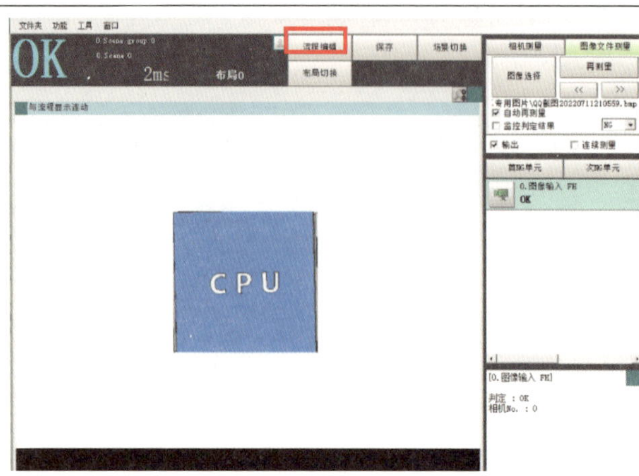

续表

序号	操作步骤	图示
2	选择“修正图像”中的“测量前处理”，拖动或点击“插入”的方式在流程中插入“测量前处理”步骤，完成后点击关闭回到主页面	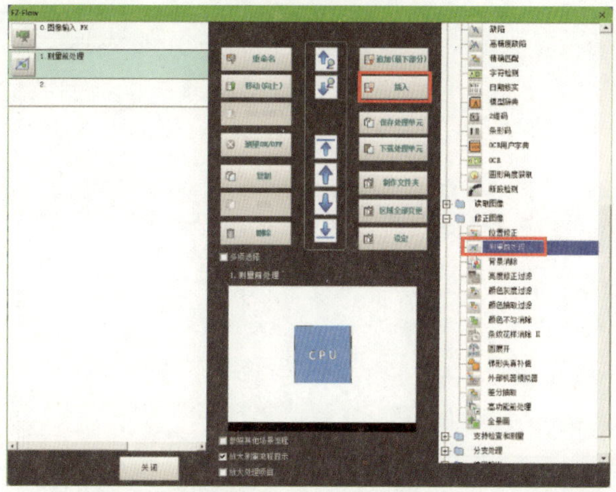
3	回到主页面，点击“测量前处理”进行参数设置	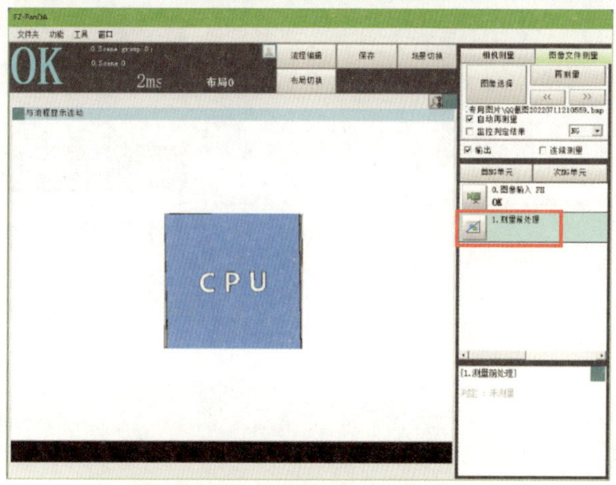
4	在“测量前处理设定”的下拉框中选择“边缘抽取”	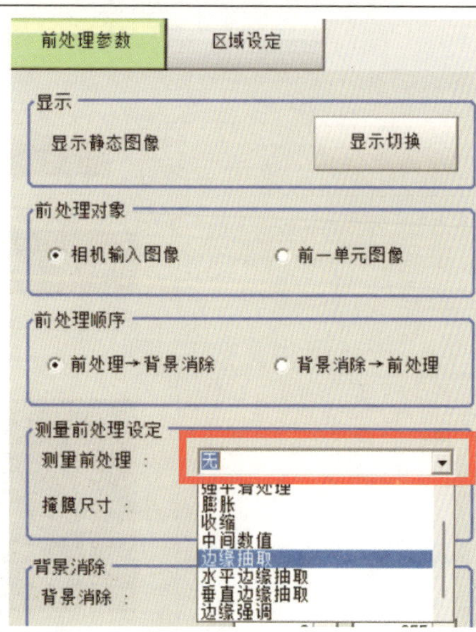

续表

序号	操作步骤	图示
5	在“区域设定”选项卡中，点击“编辑”，使用矩形框来框选需要处理的区域，完成后先点击“适用”，再点击“确定”	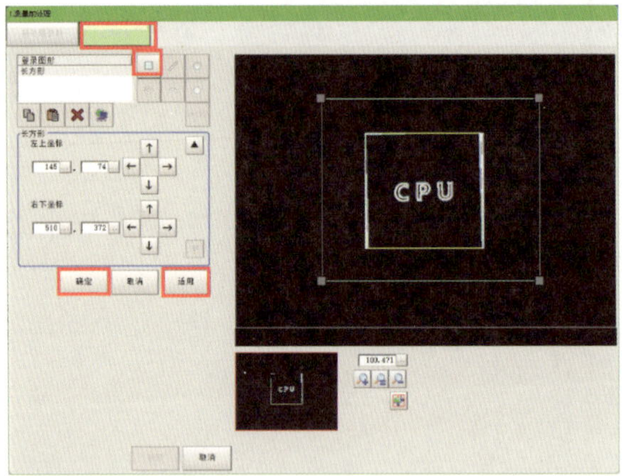
6	回到主页面，点击“流程编辑”，进行视觉检测流程设置	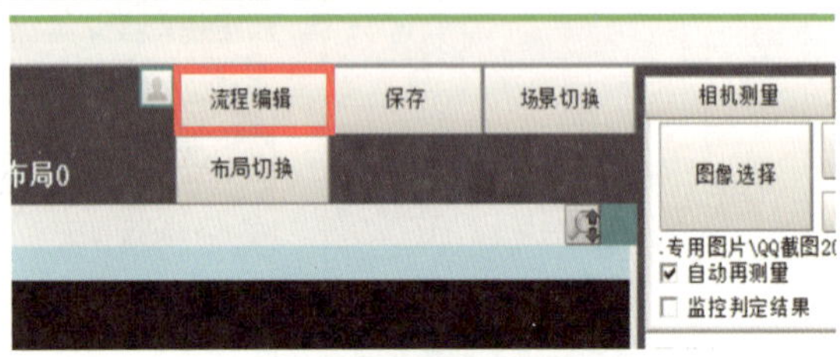
7	选择“形状搜索Ⅲ”，参照步骤 2 将其插入流程中	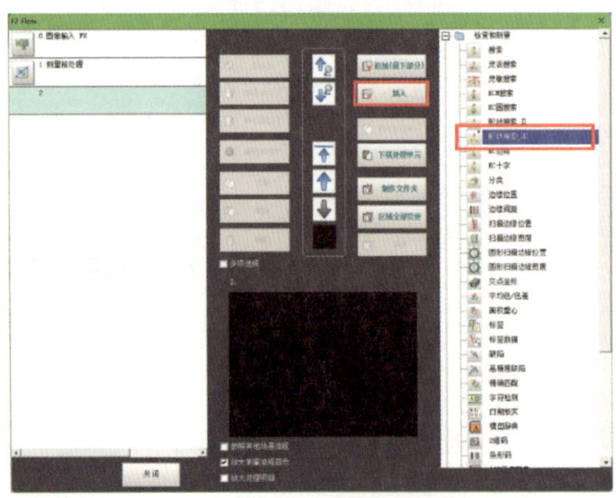
8	回到主页面，进入“形状搜索Ⅲ”界面	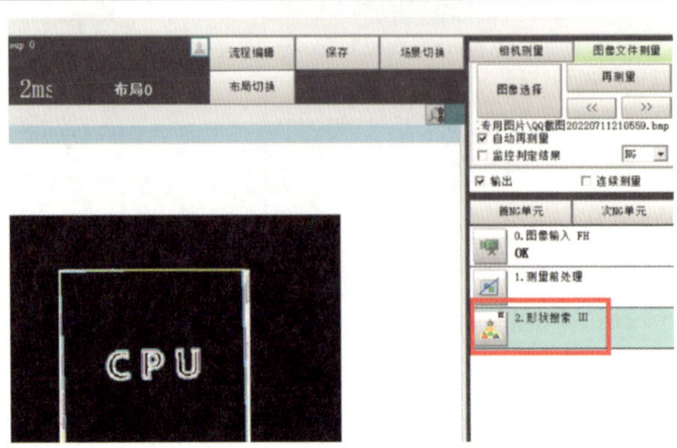

续表

序号	操作步骤	图示
9	点击“编辑”，选择符合芯片形状的框选图形，此处选择矩形框选搜索区域，在“保存模型登录图像”处打钩，完成后先点击“适用”，再点击“确定”	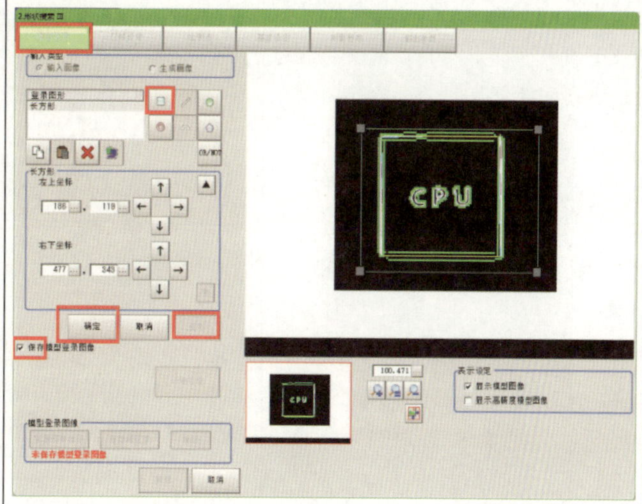
10	单击“区域设定”，在登录图形右侧点击长方形符号，调整至合适大小后（保证检测时芯片都在矩形框内），点击“适用”，再点击“确定”	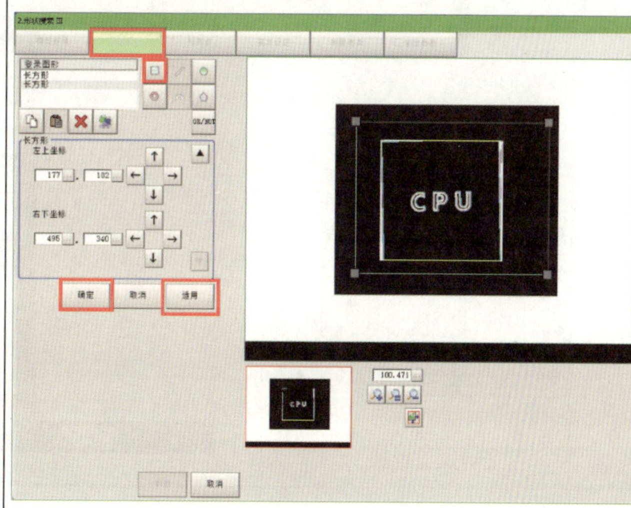
11	点击“测量参数”，进入测量参数设置界面，确定测量条件中“旋转”已勾选，确保检测芯片与模型登录图像比有 - 180 至+180 的转角时也不影响检测结果	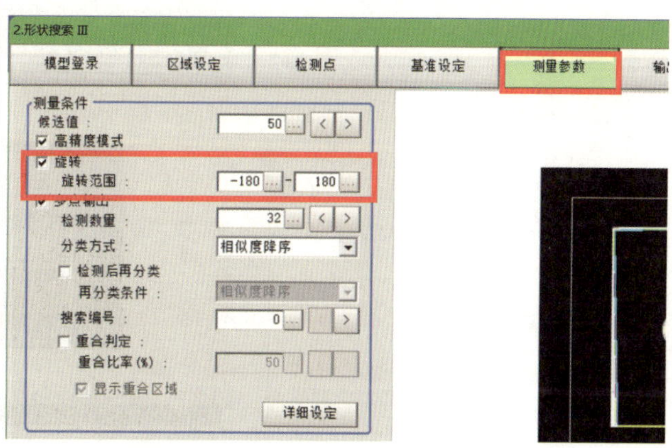

续表

序号	操作步骤	图示
12	将相似度修改为 80～100，设置完毕后点击“确定”	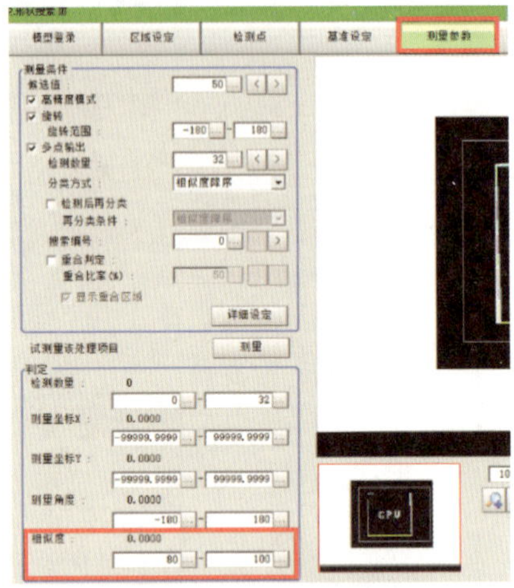
13	参考步骤 2 的方法在流程编辑界面中插入“并行数据输出”	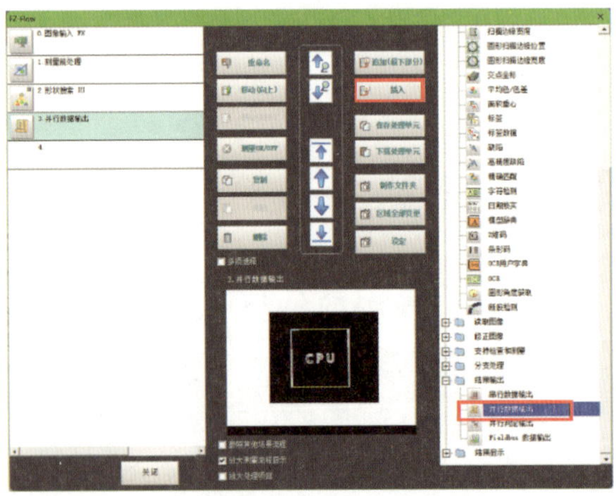
14	回到主页面，进入“并行数据输出”编辑界面	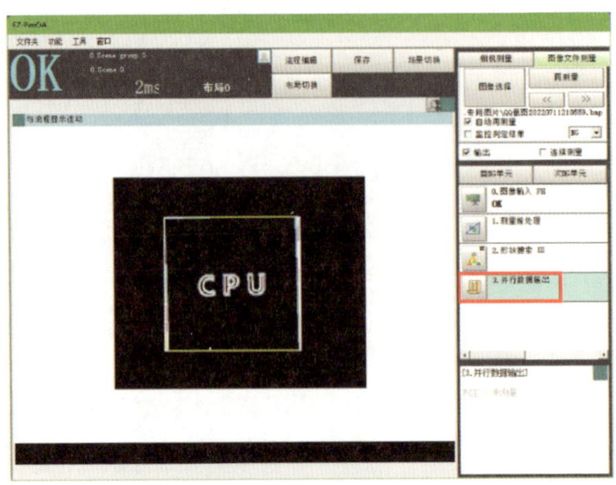

续表

序号	操作步骤	图示
15	点击“表达式”，选择判定“TJG”，点击“确定”，即将当前项目判定结果输出给工业机器人	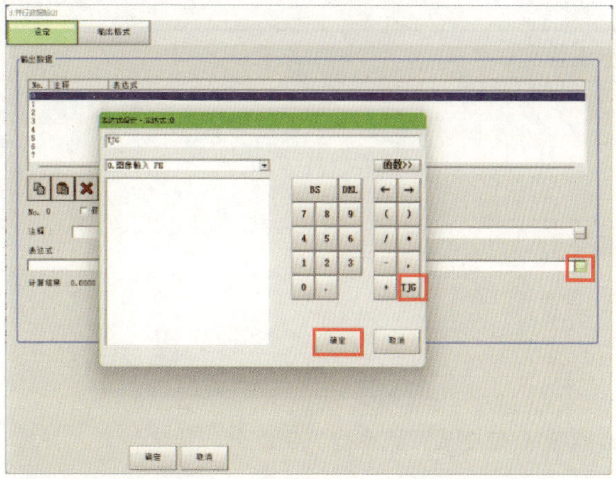
16	点击“保存”按钮，对场景 1 的设定进行保存	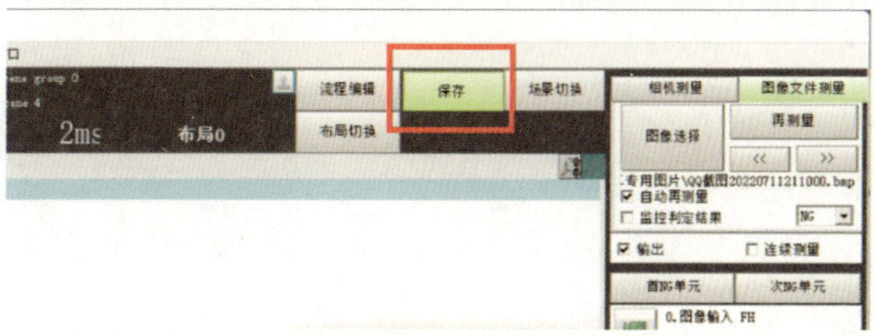

【做一做】

表 4-2-7　课中测试

<table>
<tr><td>小组编号：</td><td colspan="2">小组成员：</td></tr>
<tr><td colspan="3">课　中　做
1. 学生分组完成视觉检测软件通信设置，并写出通信设置过程

2. 学生分组设置视觉系统工件颜色、形状检测，并写出设置过程

3. 视觉系统检查模块设置记录</td></tr>
<tr><td>序号</td><td>存在问题</td><td>解决方法</td></tr>
<tr><td></td><td></td><td></td></tr>
<tr><td></td><td></td><td></td></tr>
<tr><td></td><td></td><td></td></tr>
<tr><td></td><td></td><td></td></tr>
<tr><td colspan="3">4. 课中记录

</td></tr>
</table>

【评一评】

1. 学习过程自我评价

表 4-2-8　学习过程自评表

<table>
<tr><td>班级</td><td></td><td>姓名</td><td></td><td>学号</td><td></td><td>日期</td><td colspan="4">年　月　日</td></tr>
<tr><td rowspan="2">评价指标</td><td colspan="5" rowspan="2"></td><td rowspan="2">权重/%</td><td colspan="4">等级评定</td></tr>
<tr><td>A</td><td>B</td><td>C</td><td>D</td></tr>
<tr><td rowspan="3">信息检索</td><td colspan="5">能有效利用网络资源、工作手册查找有效信息</td><td>5</td><td></td><td></td><td></td><td></td></tr>
<tr><td colspan="5">能用自己的语言有条理地解释、表述所用知识</td><td>5</td><td></td><td></td><td></td><td></td></tr>
<tr><td colspan="5">能将查找到的信息有效地转换到工作中</td><td>5</td><td></td><td></td><td></td><td></td></tr>
<tr><td rowspan="2">感知工作</td><td colspan="5">是否熟悉工作岗位、认同工作价值</td><td>5</td><td></td><td></td><td></td><td></td></tr>
<tr><td colspan="5">在工作中，是否获得满足感</td><td>5</td><td></td><td></td><td></td><td></td></tr>
<tr><td rowspan="3">参与状态</td><td colspan="5">教师、同学之间是否相互尊重、理解、平等</td><td>5</td><td></td><td></td><td></td><td></td></tr>
<tr><td colspan="5">教师、同学之间是否保持多向及丰富、适宜的信息交流</td><td>5</td><td></td><td></td><td></td><td></td></tr>
<tr><td colspan="5">探究学习，自主学习不流于形式，能处理好合作学习和独立思考的关系，做到有效学习</td><td>5</td><td></td><td></td><td></td><td></td></tr>
<tr><td rowspan="4">学习方法</td><td colspan="5">能提出有意义的问题或发表个人见解；能按要求正确操作；能够倾听、协作、分享</td><td>5</td><td></td><td></td><td></td><td></td></tr>
<tr><td colspan="5">能积极参与，在产品加工过程中不断学习，能提高综合运用信息技术的能力</td><td>5</td><td></td><td></td><td></td><td></td></tr>
<tr><td colspan="5">工作计划、操作技能是否符合规范要求</td><td>5</td><td></td><td></td><td></td><td></td></tr>
<tr><td colspan="5">是否获得进一步发展的能力</td><td>5</td><td></td><td></td><td></td><td></td></tr>
<tr><td rowspan="3">工作过程</td><td colspan="5">遵守管理规程，操作过程符合现场管理要求</td><td>5</td><td></td><td></td><td></td><td></td></tr>
<tr><td colspan="5">平时上课能按时出勤，每天能及时完成工作任务</td><td>5</td><td></td><td></td><td></td><td></td></tr>
<tr><td colspan="5">善于多角度思考问题，能主动发现，提出有价值的问题</td><td>5</td><td></td><td></td><td></td><td></td></tr>
<tr><td>思维状态</td><td colspan="5">能发现问题、提出问题、分析问题、解决问题、创新问题</td><td>5</td><td></td><td></td><td></td><td></td></tr>
<tr><td rowspan="4">自评反馈</td><td colspan="5">能按时按质完成工作任务</td><td>5</td><td></td><td></td><td></td><td></td></tr>
<tr><td colspan="5">能较好地掌握专业知识点</td><td>5</td><td></td><td></td><td></td><td></td></tr>
<tr><td colspan="5">具有较强的信息分析能力和理解能力</td><td>5</td><td></td><td></td><td></td><td></td></tr>
<tr><td colspan="5">具有较为全面严谨的思维能力并能条理明晰地表述成文</td><td>5</td><td></td><td></td><td></td><td></td></tr>
<tr><td colspan="6">自评等级</td><td colspan="5"></td></tr>
<tr><td>有益的经验与做法</td><td colspan="10"></td></tr>
<tr><td>总结反思建议</td><td colspan="10">（通过本任务学习，你获得哪些新知识，下次再做类似任务，你应当有哪些改进？）</td></tr>
<tr><td colspan="11">等级评定：A. 好　B. 较好　C. 一般　D. 有待提高</td></tr>
</table>

2. 学习过程三方评价

表 4-2-9　学习活动过程三方评价表

<table>
<tr><td>班级</td><td></td><td>姓名</td><td></td><td>学号</td><td></td><td>日期</td><td colspan="2">年　月　日</td></tr>
<tr><td colspan="4">评价内容（满分 100 分）</td><td colspan="2">学生自评/分</td><td>同学互评/分</td><td>教师评价/分</td><td>总评/分</td></tr>
<tr><td rowspan="4">专业技能（60 分）</td><td colspan="3">任务学习完成进度（30 分）</td><td colspan="2"></td><td></td><td></td><td rowspan="8">A（86～100）
B（76～85）
C（60～75）
D（60 以下）</td></tr>
<tr><td colspan="3">对理论知识的掌握程度（10 分）</td><td colspan="2"></td><td></td><td></td></tr>
<tr><td colspan="3">理论知识的应用能力（10 分）</td><td colspan="2"></td><td></td><td></td></tr>
<tr><td colspan="3">改进能力（10 分）</td><td colspan="2"></td><td></td><td></td></tr>
<tr><td rowspan="4">综合素质（40 分）</td><td colspan="3">遵守现场操作的职业规范（10 分）</td><td colspan="2"></td><td></td><td></td></tr>
<tr><td colspan="3">信息获取的途径（10 分）</td><td colspan="2"></td><td></td><td></td></tr>
<tr><td colspan="3">按时完成学习和工作任务（10 分）</td><td colspan="2"></td><td></td><td></td></tr>
<tr><td colspan="3">团队合作精神（10 分）</td><td colspan="2"></td><td></td><td></td></tr>
<tr><td colspan="4">总分</td><td colspan="5"></td></tr>
<tr><td colspan="5">综合得分
（学生自评 10%、同学互评 10%、教师评价 80%）</td><td colspan="4"></td></tr>
<tr><td>小结建议</td><td colspan="8"></td></tr>
</table>

3. 现场测试考核评价

表 4-2-10　现场测试考核评价表

<table>
<tr><td>班级</td><td></td><td>姓名</td><td></td><td>学号</td><td></td><td>日期</td><td>年　月　日</td></tr>
<tr><td>序号</td><td colspan="4">评价要点</td><td>配分/分</td><td>得分/分</td><td>总评/分</td></tr>
<tr><td>1</td><td colspan="4">能查阅资料，正确填写任务导学所提问题</td><td>10</td><td></td><td rowspan="7">A（86～100）
B（76～85）
C（60～75）
D（60 以下）</td></tr>
<tr><td>2</td><td colspan="4">学习任务 4.2，正确理解填写“做一做”，错 1 处扣 2 分</td><td>50</td><td></td></tr>
<tr><td>3</td><td colspan="4">能根据工作要求，对小组成员进行合理分工</td><td>5</td><td></td></tr>
<tr><td>4</td><td colspan="4">能列出工业机器人选型主要技术参数</td><td>10</td><td></td></tr>
<tr><td>5</td><td colspan="4">能遵守劳动纪律，以积极的态度接受工作任务</td><td>5</td><td></td></tr>
<tr><td>6</td><td colspan="4">能积极参与小组讨论、团队间互相合作</td><td>10</td><td></td></tr>
<tr><td>7</td><td colspan="4">能及时完成老师布置的任务</td><td>10</td><td></td></tr>
<tr><td colspan="5">总分</td><td>100</td><td colspan="2"></td></tr>
<tr><td colspan="5">综合得分
（学生自评 10%、同学互评 10%、教师评价 80%）</td><td colspan="3"></td></tr>
<tr><td>小结建议</td><td colspan="7"></td></tr>
</table>

【巩固与提高】

在线测试

任务 4.3　视觉分拣芯片工作站编程与调试

【任务目标】

知识目标：

（1）掌握机器人常见输入输出、条件逻辑判断指令。

（2）掌握配置视觉分拣工作站的信号方法。

（3）掌握视觉系统分拣工艺及机器人路径规划。

（4）掌握视觉系统分拣编程。

技能目标：

（1）能说出机器人常见输入输出、条件逻辑判断指令。

（2）能配置视觉分拣工作站的信号。

（3）能规划机器人路径。

（4）会视觉系统分拣编程。

素质目标：

（1）培养动手、观察、分析问题和解决问题能力。

（2）培养查阅资料和自学的能力。

（3）培养信息接收能力、处理能力和创新能力。

【任务导学】

（1）查阅资料，机器人常见输入输出 I/O 指令有哪些？各指令的功能是什么？______

____

____

（2）查阅资料，机器人常见条件逻辑判断指令有哪些？各指令的功能是什么？______

____

____

（3）查阅资料，视觉芯片分拣工艺流程是怎样的？______________

____

____

【学一学】

赋值指令

学习活动 1　视觉分拣工作站编程指令

1. 赋值指令

赋值指令（:=）应用于对系统内所有变量或可变量数据进行赋值，在数据赋值时，可以进行相应计算。程序通过赋值指令可以自动改变数据值，从而控制使程序运行逻辑。赋值对象是常量或数学表达式。

常量赋值格式：reg1:=17；

程序段含义：将 17 赋值于 reg1。

数学表达式赋值格式：reg2:=reg1+8；

程序段含义：将 reg1+8 赋值于 reg2。

2. 输入输出 I/O 指令

1）输出指令 SetDO

SetDO 应用于设置机器人单一数字输出信号的值，与指令 Set 与 Reset 雷同，可以设置延时，延时范围为 0.1 ~ 32 s，默认状态为没有延时。

输出指令 SetDO 的格式如下：

Set DOScene_Affrm，1;

程序含义：设置 Scene_Affrm 为 1。

2）组输出指令 SetGO

SetGO 应用于设置机器人相应组合输出信号的值（采用 8421 码），可以设置延时输出，延时范围为 0.1 ~ 32s，默认状态为没有延时。

组输出指令 SetGO 的格式如下：

SetGO GO10_11_14，0;

程序含义：设置 GO10_11_14 为 1。

3）数字输入信号判断指令 WaitDI

WaitDI 用于判断数字输入信号的值是否与目标一致。例如，di1 为数字输入信号，相应指令格式为

WaitDIdi1，1；

程序含义：执行此指令时，等待 di1 的值为 1。如果 di1 为 1，则程序继续往下执行；如果到达最大等待时间（如 300 s，此时间可根据实际进行设定）以后，di1 的值还不为 1，则机器人报警或进入出错处理程序。

4）数字输出信号判断指令 WaitDO

WaitDO 用于判断数字输出信号的值是否与目标一致。指令格式为

WaitDO dOl，1；

程序含义：执行此指令时，等待 do1 的值为 1。如果 do1 为 1，则程序继续往下执行；如果到达最大等待时间（如 300 s，此时间可根据实际进行设定）以后，do1 的值还不为 1，则机器人报警或进入出错处理程序。

5）等待直至满足逻辑条件指令 WaitUntil

WaitUntil 可用于布尔量、数字量和 I/O 信号值的判断。如果条件到达指令中的设定值，程序继续往下执行；否则就一直等待，除非设定了最大等待时间。例如 flag1 为布尔量型数据，numl 为数字型数据，相应指令格式为

WaitUntildi1=1，直到 di1 为 1 时结束等待；

WaitUntildo1=0，直到 do1 为 0 时结束等待；

WaitUntilflag=TURE，直到 flag 为 TURE（真）时结束等待；

WaitUntilnum1=8；直到 num1 的数值为 8 时结束等待。

3. 条件逻辑判断指令

条件逻辑判断指令用于对条件进行判断后，执行相应的操作。该指令是 RAPID 程序中的重要组成部分。

1）Compact IF 紧凑型条件判断指令

Compact IF 紧凑型条件判断指令用于当一个条件满足了以后，就执行一句指令。指令格式：

```
IF flag1=TRUE Set do1;
```

如果 flag1 的状态为 TRUE，则 do1 被置位为 1。

2）IF 条件判断指令

IF 条件判断指令用于根据不同的条件执行不同的指令。示例程序：

```
IF num1=1 THEN
Flag1:=TURE;
ELSEIF num1=2 THEN
Flag1:=FALSE;
ELSE
Setdo1;
ENDIF
```

指令解析：如果 num1 为 1，则 flag1 会赋值为 TRUE。如果 num1 为 2，则 flag 会赋值为 FALSE。除了以上两种条件之外，则执行 do1 置位为 1。判定的条件数量可以根据实际情况进行增加与减少。

3）FOR 重复执行判断指令

FOR 重复执行判断指令适用于一个或多个指令需要重复执行数次的情况。示例程序如下：

```
FOR i FROM 1 TO 6 DO
Routinel
ENDFOR
```

例行程序 Routinetl 将重复执行 6 次。

4）WHILE 条件判断指令

WHILE 条件判断指令用于在给定条件满足的情况下，一直重复执行对应的指令。示例程序如下：

WhlLE num1>num2 DO

num1:= num1-1

ENDWHILE

在 nun1>num2 条件满足的情况下，一直执行 num1:= num1-1 的操作。

5）其他常用指令

（1）ProcCall 调用例行程序指令。

通过使用此指令可在指定的位置调用例行程序，见表 4-3-1。

表 4-3-1　ProcCall 调用例行程序指令

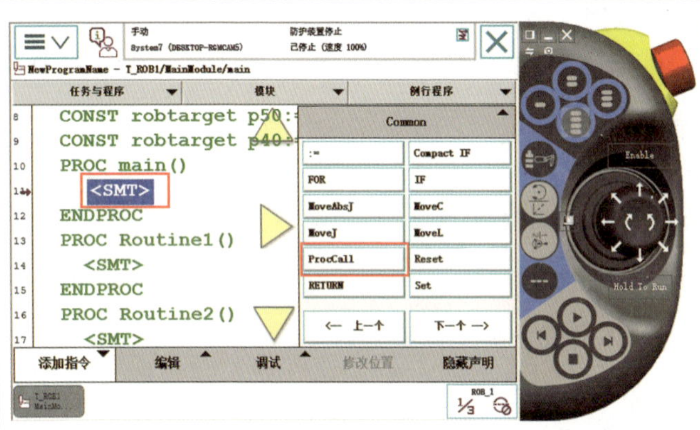	1. 选中“<SMT>”为要调用的例行程序，添加指令的列表中选择“ProcCall”指令
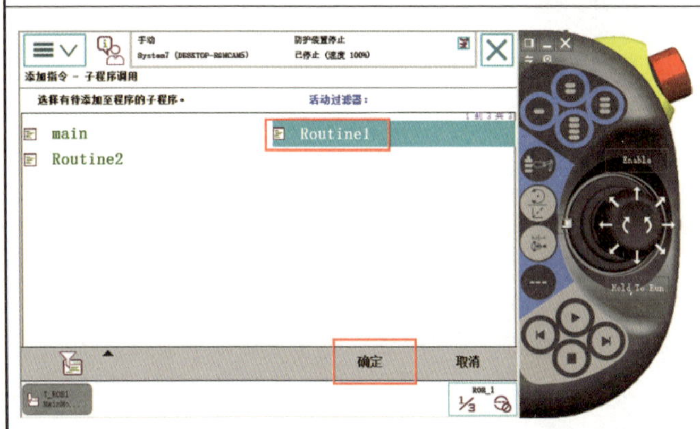	2. 选中需要调用的例行程序 Routine1，然后单击“确定”
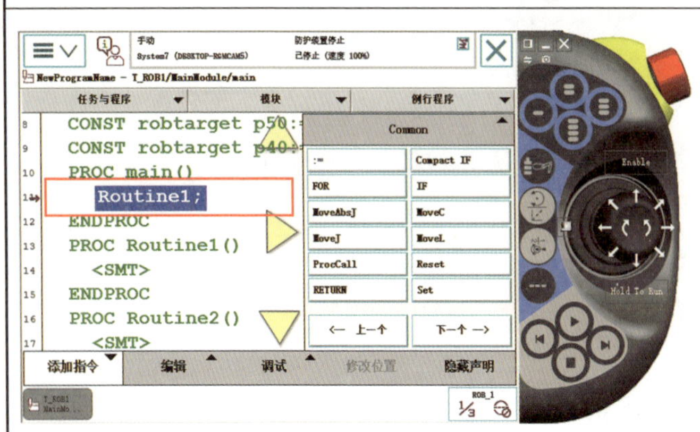	3. 调用结果

（2）RETURN 返回例行程序指令。

RETURN 为返回例行程序指令，当此指令被执行时，则马上结束本例行程序的执行，程序指针将返回到调用此例行程序的位置。示例程序如下：

```
PROCRoutine1（）
MoveL p10，v200.tool1\Wobj:=wobj1;
Routine2;
Setdo1
ENDPROC

PROCRoutine2（）
IF di1=1 THEN
RETURE
ELSE
Stop;
ENDIF
ENDPROC
```

当 di1=1 时，执行 RETURE 指令，程序指针返回到调用 Routine2 的位置并继续向下执行 Setdo1 这个指令。

（3）WaitTime 时间等待指令。

WaitTime 时间等待指令用于程序在等待一个指定的时间以后，再继续向下执行。示例程序如下：

```
WaitTime4;
Resetdo1;
```

等待 4 s 后，程序向下执行 Resetdo1 指令。

学习活动 2　芯片分拣工艺与机器人运动轨迹规划

1. 分拣流程

分拣流程如图 4-3-1 所示，分拣轨迹方向示意图如图 4-3-2 所示，其中轨迹 1 中工业机器人使用末端工具吸取异形芯片；轨迹 2 中工业机器人持芯片运动至视觉检测点位进行检测；轨迹 3 中工业机器人将检测后的异形芯片安装至电路板。

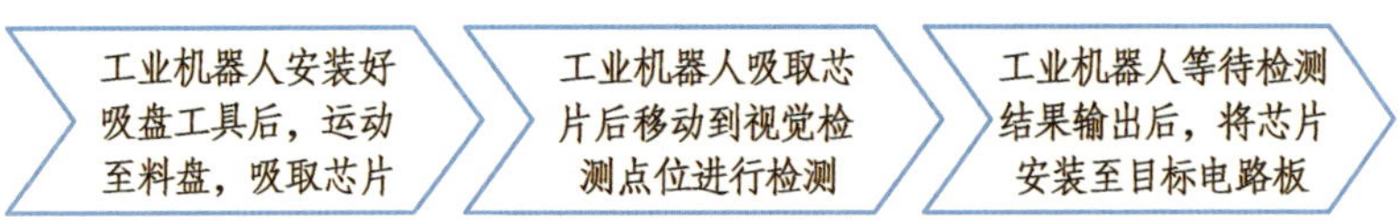

图 4-3-1　芯片分拣基本流程

2. 安装位置

图 4-3-3 所示为 CPU、电容、集成电路、三极管四种芯片工件在装配托盘的具体安装位置。

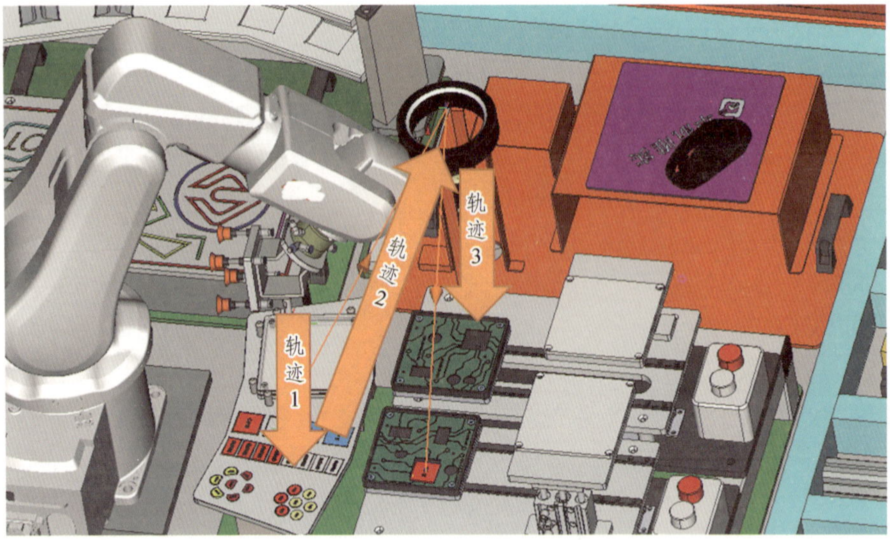

图 4-3-2　芯片分拣轨迹示意图

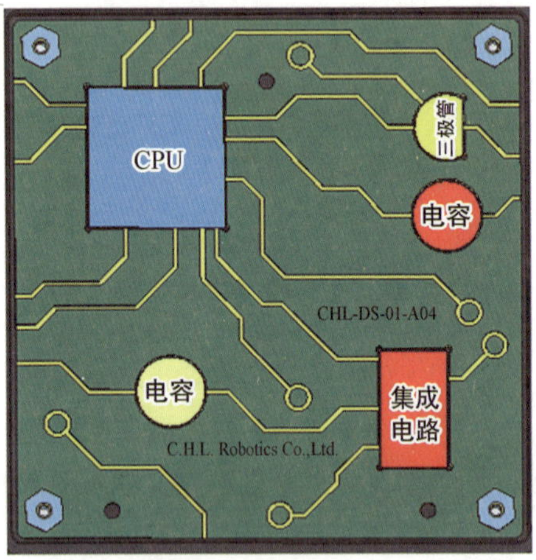

（a）电路板 A 芯片安装位置

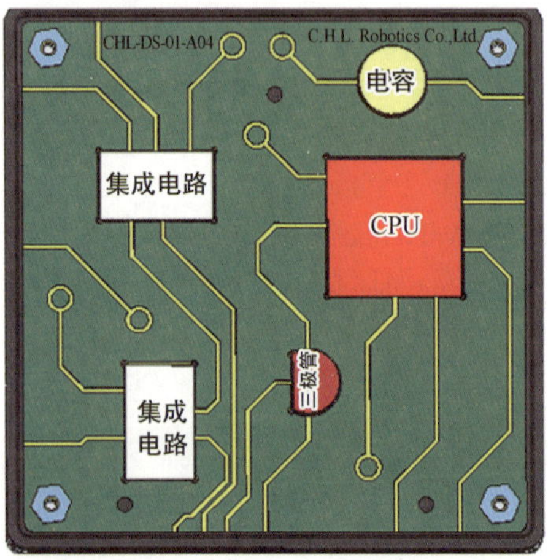

（b）电路板 B 芯片安装位置

图 4-3-3　芯片安装位置

3. 分拣流程设计

由于待检芯片的外观较为多样化，在此分别以颜色和形状为例来展示不同工件的不同检测标准对应的分拣流程。

例 1：以芯片颜色为依据的分拣。

当前原料盘中有两种颜色的 CPU，需要利用视觉检测系统中的场景 2（预先设置好了标签检测流程，参考表 4-2-3）区分这两种芯片的颜色。

当被检测的 CPU 为蓝色时，检测结果为 OK，此时将工件安装至电路板 A 的 CPU 位置；当检测结果为 NG 时，将工件安装至电路板 B 的 CPU 位置。

例 2：以芯片形状为依据的分拣。

当前原料盘中的第一个 CPU 存放的位置随机放有 CPU 或集成电路芯片，需要利用视觉检测系统中的场景 3（预先设置好了标签检测流程，参考表 4-2-5）区分这两种芯片。

注意：为了保证芯片的吸取位置一致，在原料盘中尽量放置于位置中心。

当视觉检测结果为 OK 时，即被测芯片形状符合目标 CPU 的外形特点，此时工件安装在电路板 A 的 CPU 安装位置；当视觉检测结果为 NG 时，即被测芯片形状符合目标集成电路的外形特点，此时将工件安装在电路板 A 的集成电路安装位置。

学习活动 3　芯片分拣工作站变量分配与信号配置

1. PLC 变量与地址分配

在视觉工作站中，需要工业机器人与可编程控制器进行配合完成联调才能实现最终的分拣效果，为此，使用西门子 1200 系列 PLC 来驱动芯片装配托盘的推出与缩回运动。

在表 4-3-2 中，通过工业机器人主程序对 I/O 信号的控制，实现 I3.0 得电置 1 后装配托盘气缸推出，开始装配工艺，完成工艺后，置位 I2.6 让装配托盘气缸复位，托盘回到原点，至此，完成了工业机器人与可编程控制器的联合调试，也是视觉分拣芯片工作站的完整工作流程。

表 4-3-2　I/O 地址分配

序号	地址	数据类型	功能描述	对应 D652 地址
1	I3.0	Bool	对应工业机器人板卡信号 DO10_2，当工业机器人将其置 1，对应 PLC 地址的 I3.0 也会置 1	2
2	Q0.2	Bool	当得到置 1 信号后，对应气缸接通，装配托盘推出	
3	I2.6	Bool	对应工业机器人板卡信号 DO10_0，当工业机器人将其置 1，对应 PLC 地址的 I2.6 也会置 1	0

2. 在博图编写视觉检测 PLC 梯形图

PLC 编程

分配好地址后，即可打开博图软件，按照工作站运行思路编写梯形图，以配合工业机器人的分拣工作，在工业机器人启动装配程序后，PLC 输出信号控制装配托盘推出，待完成芯片装配工艺后，PLC 复位信号，装配托盘复位。具体操作步骤见表 4-3-3。

表 4-3-3　在博图编写视觉检测 PLC 梯形图

序号	步骤	图示
1	打开博图软件，在主界面点击“创建新项目”	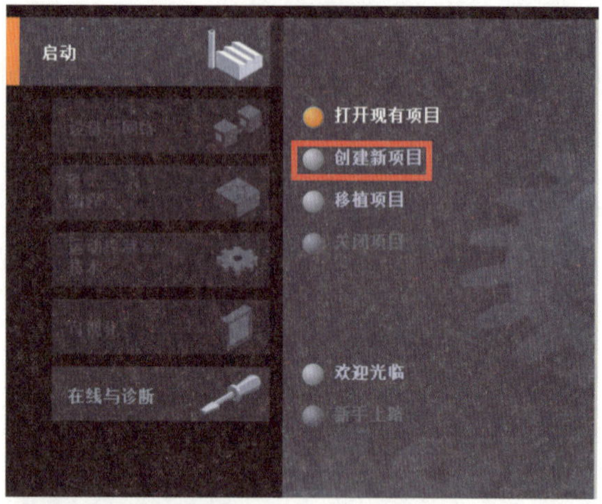
2	项目名称与路径自定，确定好后点击创建	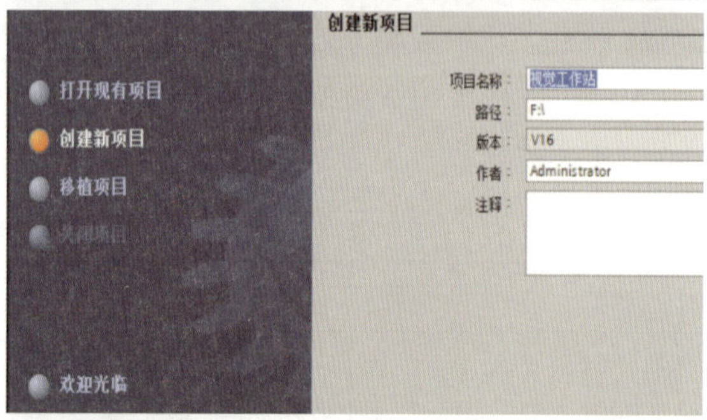
3	创建完成后会进入“新手上路”，点击“组态设备”	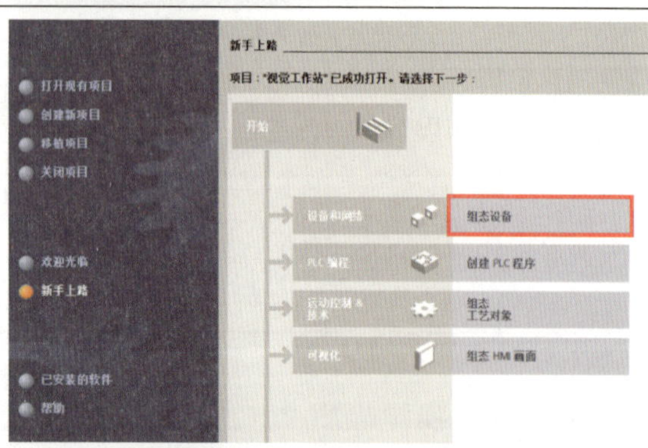
4	点击“添加设备”	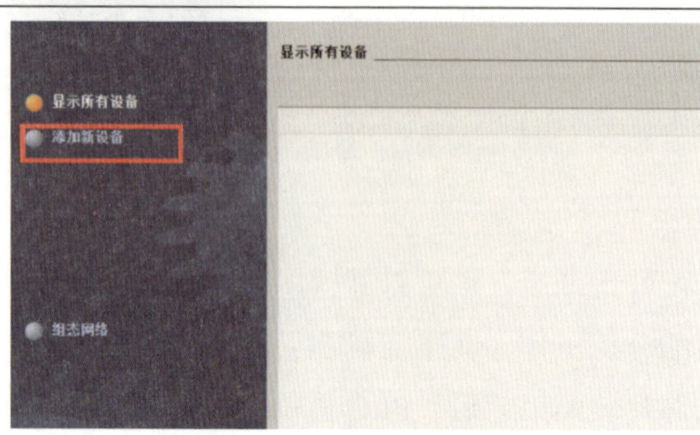

续表

序号	步骤	图示
5	在控制器内点击“S7-1200”文件夹，选择“CPU 1214C DC/DC/DC”文件夹，再选择文件夹内最后一个控制器，点击“添加”	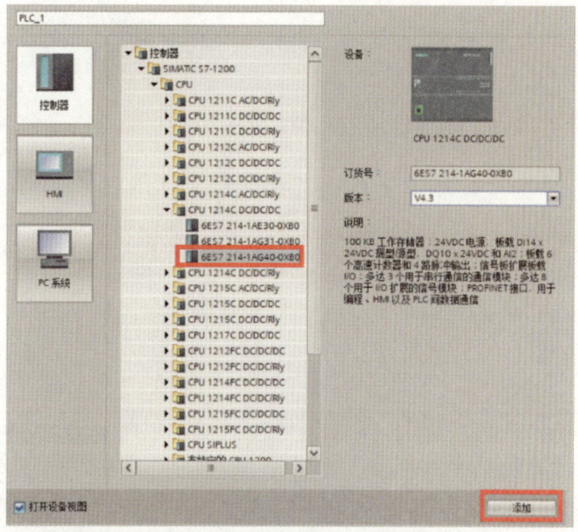
6	点击“程序块”，进入“Main[OB1]”中	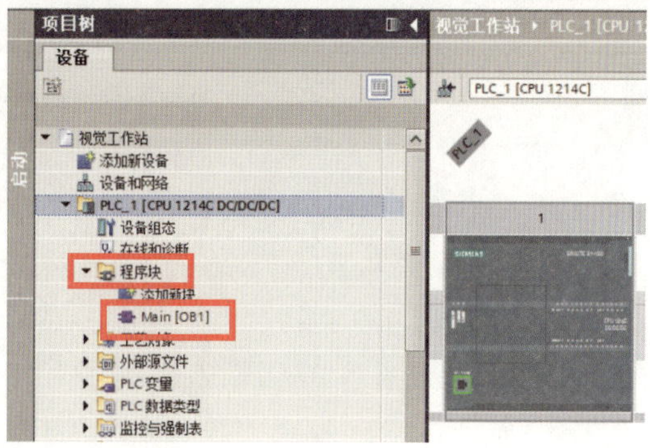
7	完成梯形图的编写，实现了装配托盘的推出与缩回功能	
8	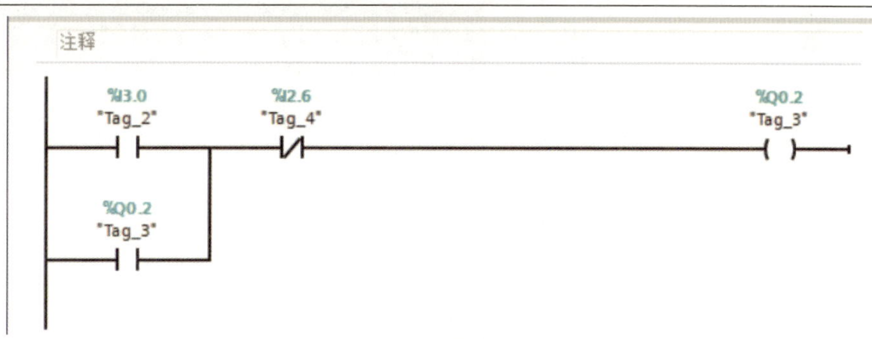	
9	在界面上方找到“转至在线”并点击，就会弹出右图所示的窗口	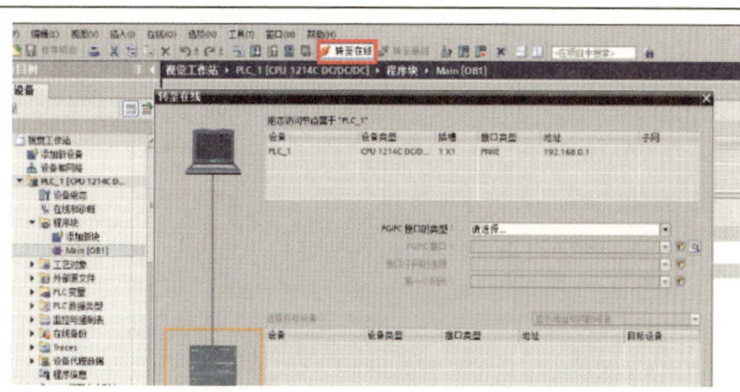

续表

序号	步骤	图示
10	配置好接口类型“PN/IE”，选择好PC接口后，即可点击“开始搜索”，在设备栏就会搜索出已连接的现场设备	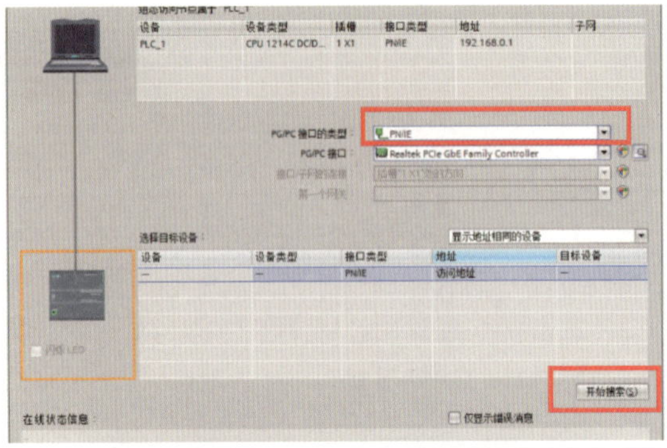
11	等待编译完成	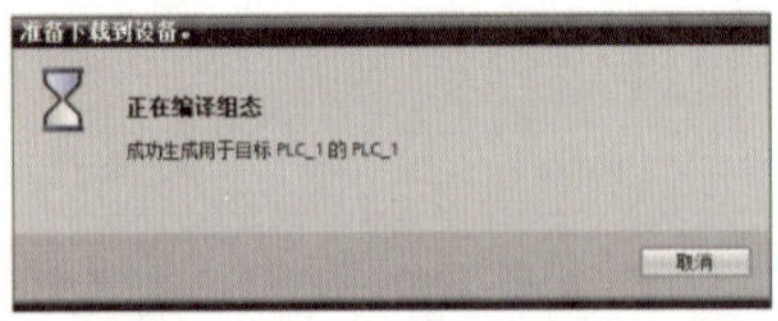
12	在下载预览中点击“装载”	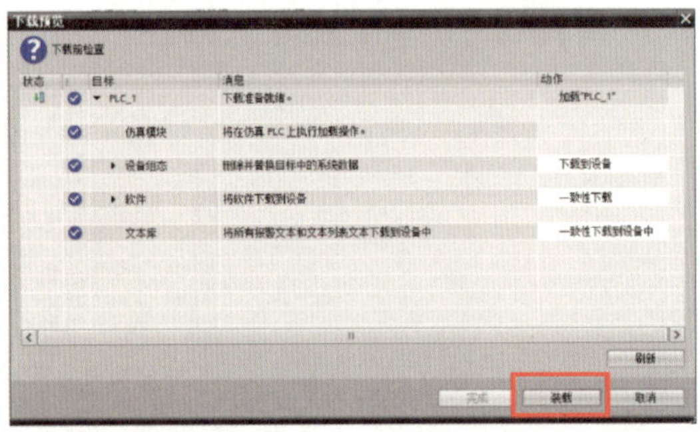
13	选择“启动模块”后，再点击“完成”	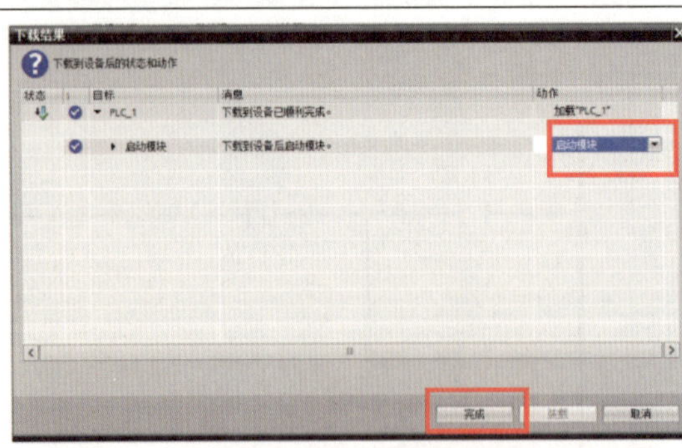
14	在Main窗口，点击“转至在线”按钮，即可在线监视梯形图运行情况	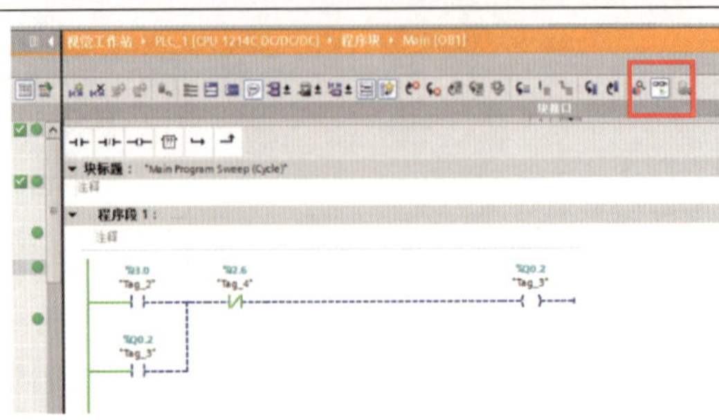

3. 工业机器人信号及变量分配

在对芯片分拣工艺熟练认知的基础上，需要对分拣工艺具体的位置点位、变量以及通信信号进行规划，为后续的芯片分拣工艺编程与联调做铺垫。工业机器人芯片分拣路径轨迹点位、变量见表 4-3-4。

表 4-3-4　工业机器人芯片分拣路径轨迹点位、变量

序号	名称	数据类型	功能描述	点位示意图/注释
工业机器人作业轨迹点（位置信息）				
1	Home	Jointtarget	工业机器人机械原点	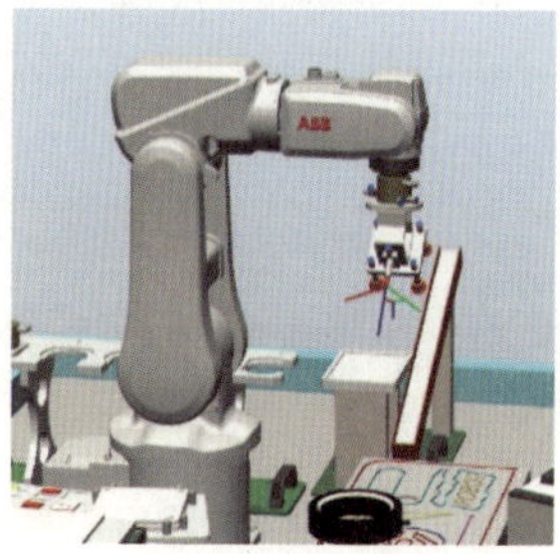
2	QL_GDD	Robtarget	芯片原料料盘取料过渡点（防碰撞和奇点）	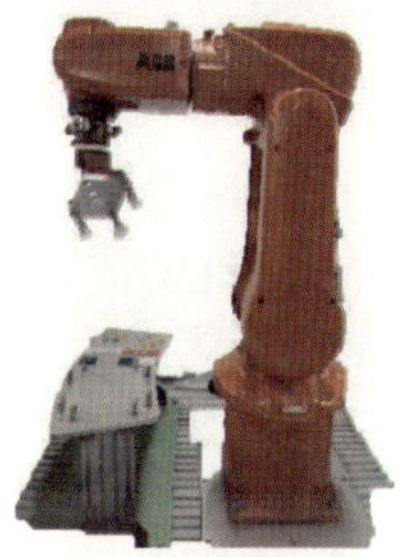
3	QL_CPU1	Robtarget	芯片原料料盘第一个 CPU 芯片对应的吸取位置	
4	CCD_seat	Robtarget	芯片视觉检测点位	

续表

序号	名称	数据类型	功能描述	点位示意图/注释
5	FL_GDD	Robtarget	电路板芯片安装放料过渡点	
6	FL_CPU1	Robtarget	CPU1 对应电路板 A 上的装配位置	
7	FL_CPU2	Robtarget	CPU2 对应电路板 A 上的装配位置	
8	FL_JCDL1	Robtarget	集成电路对应电路板 A 上的装配位置	
变量				
9	SceneNum	Num	储存视觉场景编号	1：场景 1——CPU 工件形状检测； 2：场景 2——CPU 工件颜色检测
10	CCDResult	Num	储存视觉检测结果	0：检测结果为 NG； 1：检测结果为 OK

在此分拣工艺中，主要涉及工业机器人信号有吸盘动作、工业机器人与视觉控制器之间的通信。具体信号及功能见表 4-3-5。

表 4-3-5　工业机器人 I/O 信号

硬件设备端口	名称	功能描述	对应设备端口
工业机器人 DSQC652 I/O 板 （XS13）-DI	FrCDigCCDFinish	视觉检测完成反馈信号 1：可输出检测数据 2：无数据输出	视觉检测系统—— GATE 端口
	FrCDigCCDOK	视觉检测结果反馈信号 1：检测结果为 OK 2：检测结果为 NG	视觉检测系统—— OR 端口
工业机器人 DSQC652 I/O 板 （XS13）-DO	ToTDigSuckerl	小吸盘工具动作信号 1：吸取物料 2：放下物料	小吸盘工具
	ToCDigPhoto	请求视觉系统执行拍照	视觉检测系统—— STEP0 端口
	ToCGroScene	视觉检测系统场景编号参数。信号值为 1、2 时分别对应场景 1、2。注意：该组信号只提供场景参数，不控制视觉检测系统执行切换动作	视觉检测系统—— DI0-DI3 端口
	ToCDigAffirm	场景切换信号，值为 1 时切换至指定场景	视觉检测系统—— DI7 端口

学习活动 4　芯片分拣工作站程序设计

1. 在示教器编写视觉检测子程序

1）程序架构

工业机器人与视觉检测系统通信程序 Cvision（num SceneNum）是带参数的例行子程序，通过调用不同数值参数实现切换到视觉检测中不同的场景并进行检测，在后续的例程中也可继续使用。例如，由表 4-2-5 对应场景的模板设置可知，如果调用“Cvision7”表示切换到视觉检测系统场景 7 进行工件形状检测，判断被检测芯片是否为 CPU 芯片；如果调用“Cvision5”表示切换到视觉检测系统中场景 5 进行颜色检测，判断是否为白色的集成电路。工业机器人与视觉检测系统通信程序逻辑流程结构如图 4-3-4 所示。

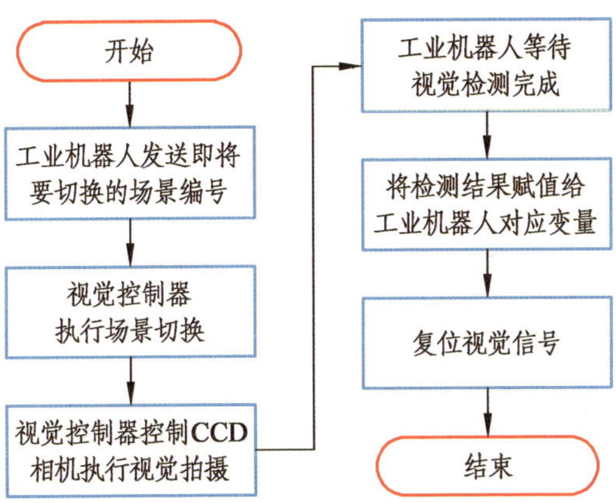

图 4-3-4　机器人视觉检测系统通信程序逻辑结构

2）视觉检测程序编程步骤

视觉检测程序编程步骤见表 4-3-6。编程时需要注意的是，每一步信号的置位，最好都添加延时语句“WaitTime”，以此来确保视觉信号传输的准确性，防止硬件响应过慢导致程序调试故障。

表 4-3-6　视觉检测程序编程步骤

序号	操作步骤	图示
1	在示教器主页点击右上角“菜单”键，进入菜单后点击“程序编辑器”	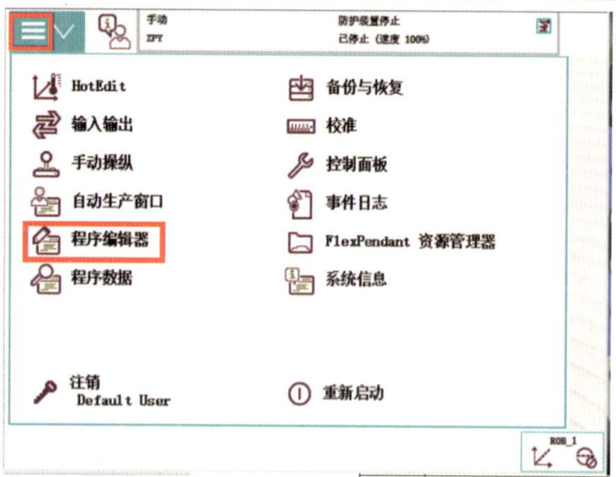
2	若提示不存在程序，则点击“新建”，新建一个程序，若未出现此弹窗，则跳过这一步	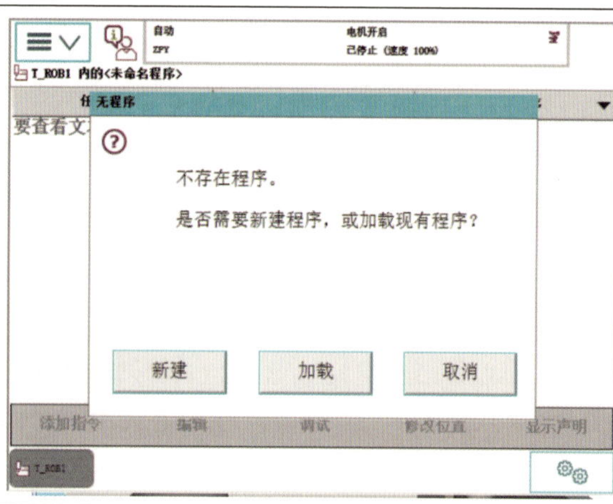
3	点击“例行程序”	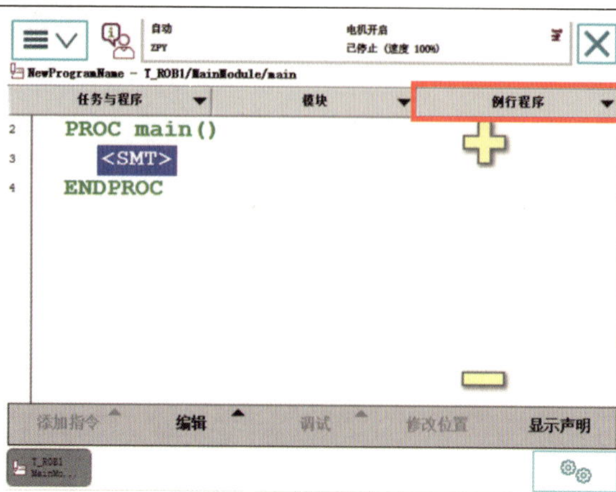

续表

序号	操作步骤	图示
4	在例行程序界面点击“文件”→“新建例行程序”	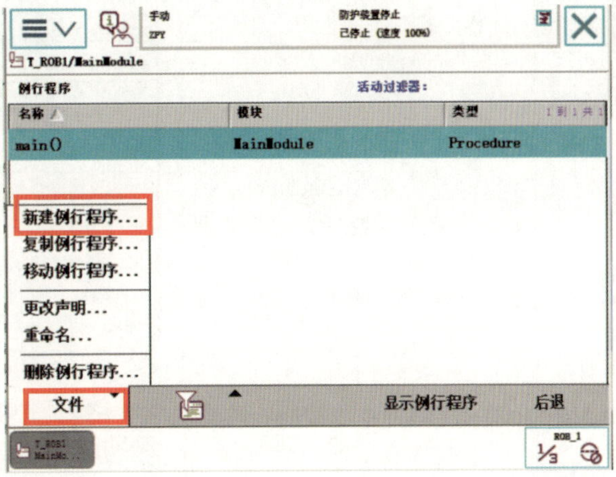
5	建立带参数的例行程序 Cvision (num SceneNum)，参数设置在下一步	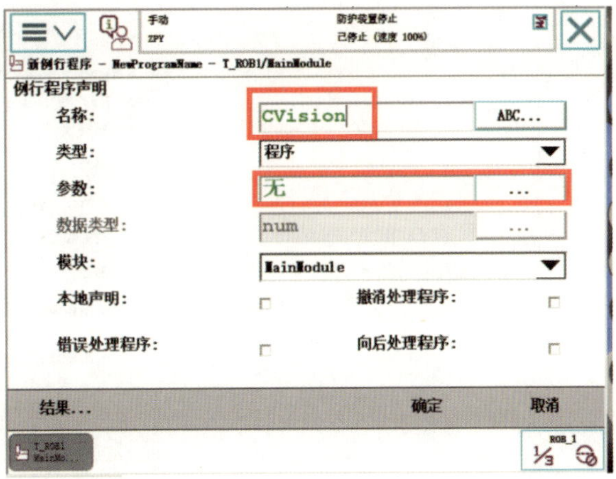
6	在参数设置界面，点击“添加”→“添加参数”	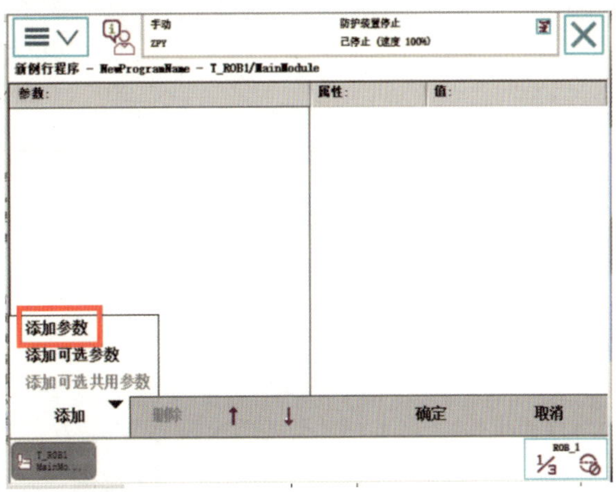

续表

<table>
<tr><th>序号</th><th>操作步骤</th><th>图示</th></tr>
<tr><td>7</td><td>输入参数名“SceneNum”后，点击“确定”即可到达右图界面，其中本参数的数据类型是“num”，点击“确定”完成设置</td><td>
</td></tr>
<tr><td>8</td><td>右图为设置好的界面，设置完成后点击“确定”</td><td>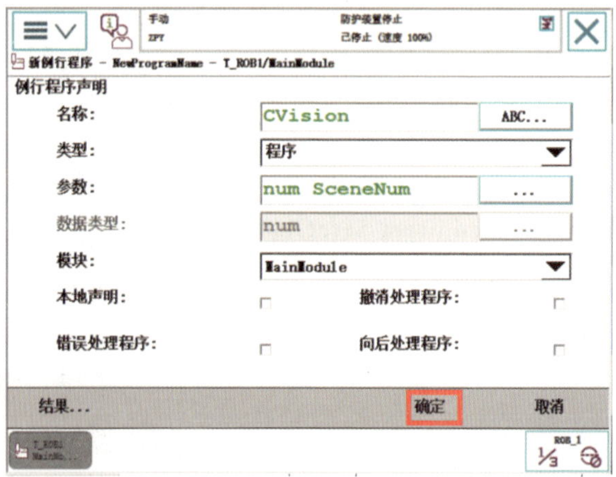
</td></tr>
<tr><td>9</td><td>选中刚刚创建的子程序，点击“显示例行程序”进入程序编辑界面</td><td>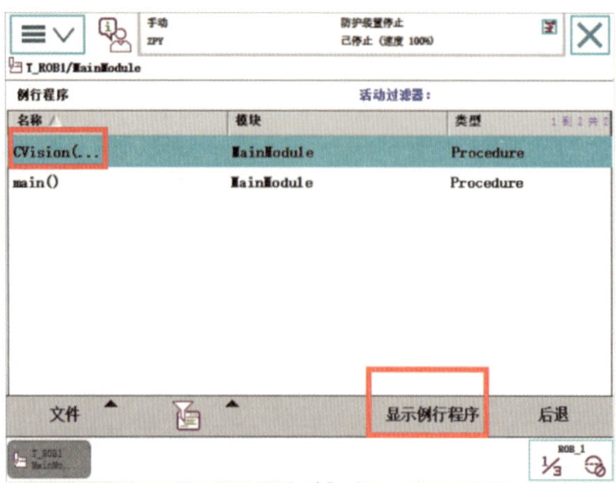
</td></tr>
</table>

续表

序号	操作步骤	图示
10	发送信号检测系统场景编号，编号值为 SceneNum 的数值，并添加了等待时间 0.5 s	`SetGO ToCGroScene, SceneNum;` `WaitTime 0.5;`
11	置位场景切换信号，添加等待时间 0.5 s	`Set ToCDigAffirm;` `WaitTime 0.5;`

12	置位视觉系统拍照信号“ToCDigPhoto”，等待视觉检测完成，即“FrCDigCCDFinish”信号状态为 1	`Set ToCDigPhoto;`
		`WaitTime 0.5;`
		`WaitDI FrCDigCCDFinish, 1;`

13	利用赋值指令将检测结果保存至变量“CCDResult”中	`CCDResult := FrCDigCCDOK;`

14	复位视觉检测各数字量（组）输出信号	`Reset ToCDigPhoto;`
		`Reset ToCDigAffirm;`
		`SetGO ToCGroScene, 0;`

15	完整视觉检测程序： PROC Cvision（num SceneNum） SetGO ToCGroScene，SceneNum; WaitTime 0.5; Set ToCDigAfiirm; WaitTime 0.5; Set ToCDigPhoto; WaitTime 0.5; WaitDI FrCDigCCDFinish，1; CCDResult := FeCDigCCDOK; Reset ToCDigPhoto; Reset ToCDigAffirm; SetGO ToCGroScene，0; ENDPROC	

2. 示教器编写芯片分拣程序

1）分拣工艺及程序架构

视觉检测结果在分拣流程工艺中起决策的角色。工业机器人已经安装吸盘工具，可以对进行芯片工件的吸取和安装。

（1）对于形状，分拣例程只正对 CPU 和电容两个工件做形状区分。图 4-3-5 所示为以工件形状为依据的分拣程序流程，流程中具体示教位置如图 4-3-6 所示。

（2）对于颜色，分拣例程只针对 CPU 的两种颜色（蓝色、红色）做区别。图 4-3-7 所示为工件以颜色为依据的分拣程序流程，流程中具体示教位置如图 4-3-8 所示。

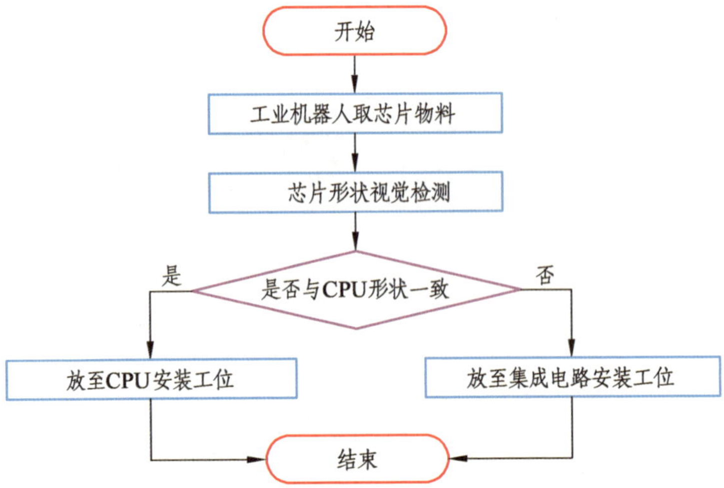

图 4-3-5　以工件形状为依据的分拣流程

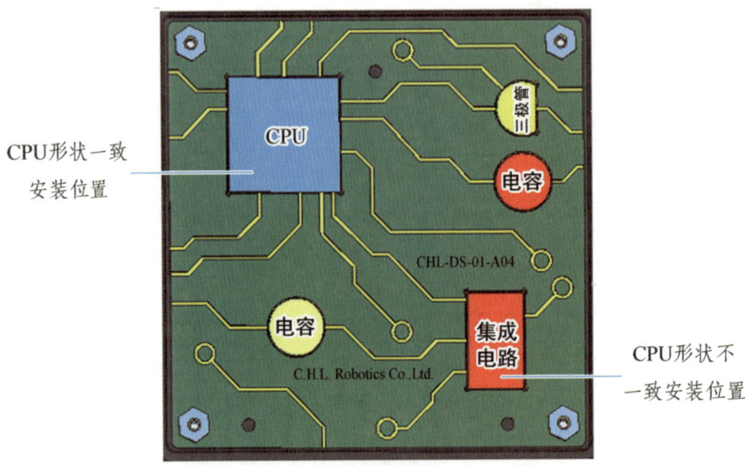

图 4-3-6　形状分拣示意位置

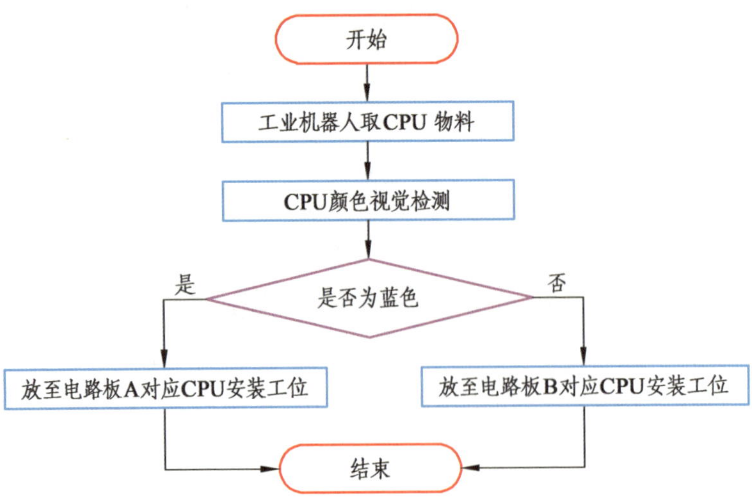

图 4-3-7　以工件颜色为依据的分拣

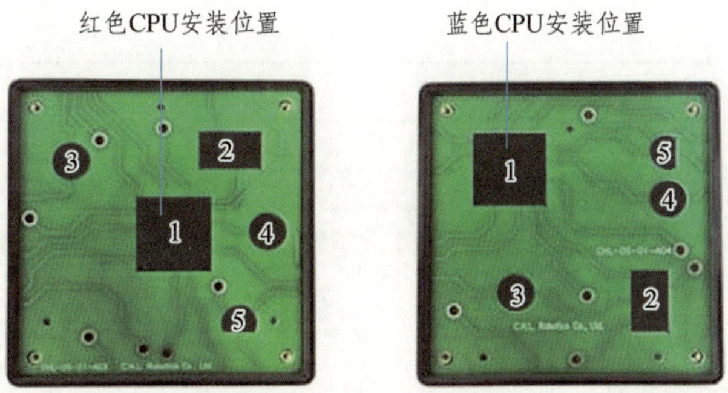

图 4-3-8　颜色分拣示意

2）分拣程序编写步骤

下面以形状检测为例来说明芯片视觉检测在分拣流程中的主要作用。标签颜色检测的分拣流程与形状检测的分拣流程类似，其核心程序附在操作步骤之后以供参考，具体程序编写步骤见表 4-3-7。

表 4-3-7　分拣程序编写步骤

序号	操作步骤	图示
1	在示教器主页点击右上角“菜单”键，进入菜单后点击“程序编辑器”	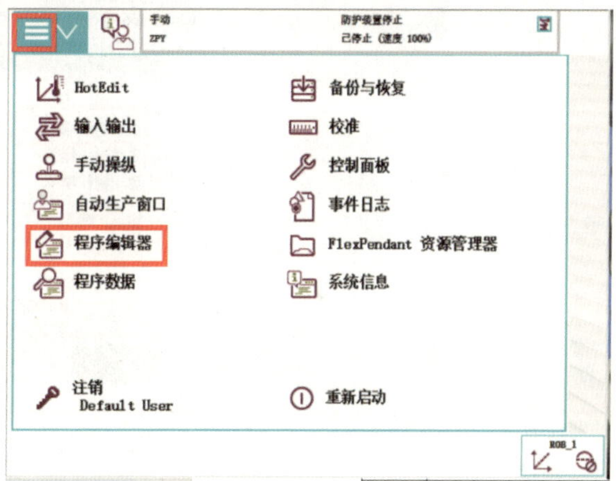
2	若提示不存在程序，则点击“新建”，新建一个程序，若未出现此弹窗，则跳过这一步	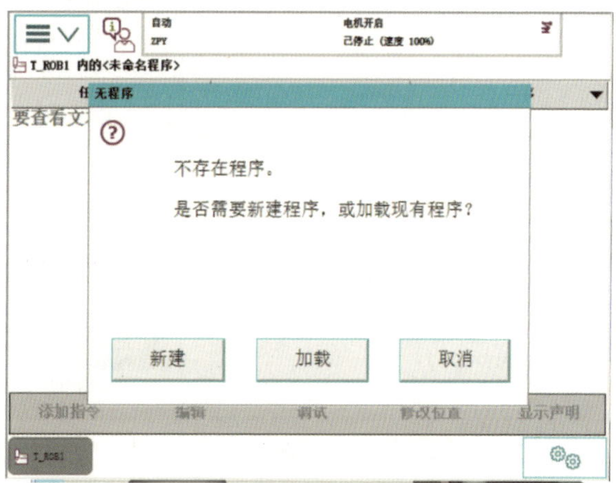

续表

序号	操作步骤	图示
3	点击“例行程序”	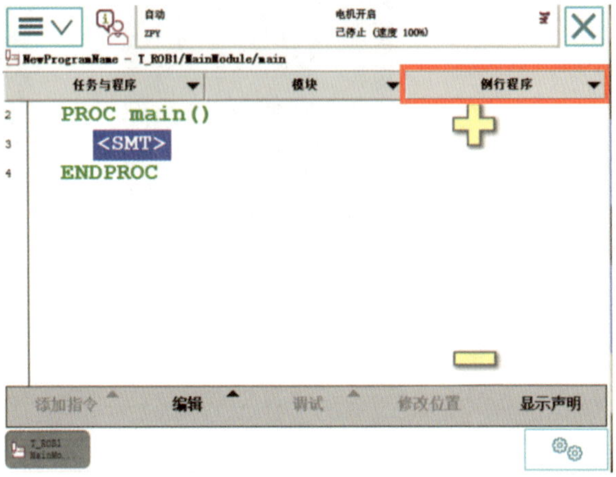
4	在例行程序界面点击“文件”→“新建例行程序”	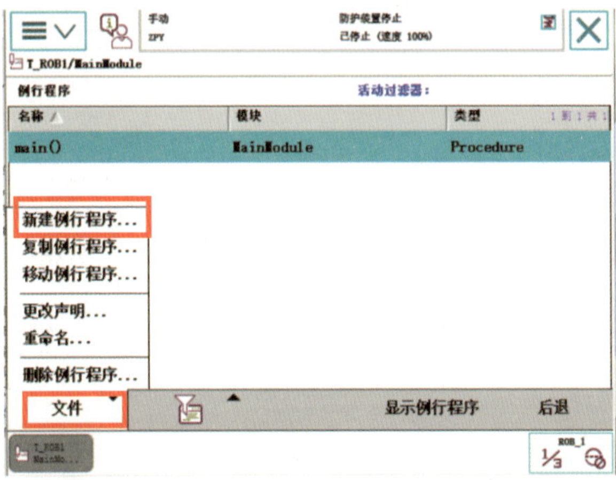
5	新建以工件形状为依据的芯片分拣程序 PSortShape	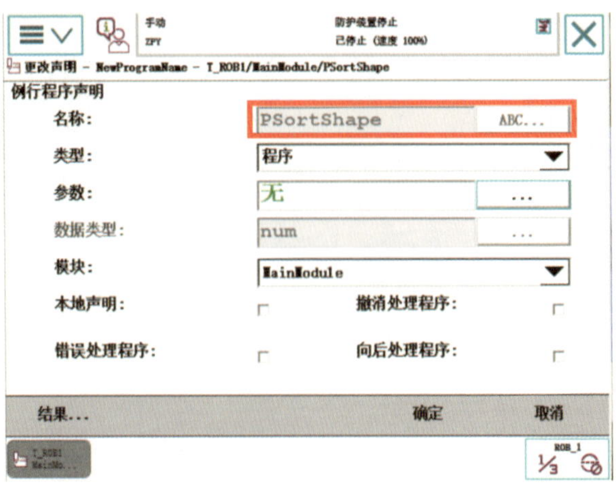
6	添加机器人回到机械原点的程序	26 MoveAbsJ Home\NoEOffs, v1000, z50, tool0;

续表

<table>
<tr><th>序号</th><th>操作步骤</th><th>图示</th></tr>
<tr><td>7</td><td>添加关节运动指令，经过芯片料盘取料过渡点和取料点，先复位，然后再置位吸盘取料信号“ToTDigSucker1”，吸取物料后返回至过渡点。完成取料过程程序编写</td><td>MoveJ QL_GDD, v300, z50, tool0;
Reset ToTDigSucker1;
MoveL Offs(QL_CPU1,0,0,90), v300, fine, tool0;
MoveL QL_CPU1, v100, fine, tool0;
Set ToTDigSucker1;
WaitTime 1;
MoveL Offs(QL_CPU1,0,0,90), v300, fine, tool0;
MoveJ QL_GDD, v300, z50, tool0;</td></tr>
<tr><td>8</td><td>工业机器人先运动至视觉检测位置，然后利用程序调用指令“ProcCall”，调用视觉检测程序“Cvision 1”，检测完毕后运动至电路板安装过渡点等待。注意：因进行 CPU 芯片形状检测，故视觉检测程序的参数值为 1；同理，若要进行 CPU 芯片颜色检测，此时参数值应选择 2</td><td>MoveL CCD_seat, v300, fine, tool0;
CVision 1;
MoveJ FL_GDD, v300, fine, tool0;</td></tr>
<tr><td>9</td><td>当视觉回传的结果为 1 时，即检测结果为 OK 时，机器人则运动至 CPU 安装点，否则机器人运动至集成电路安装点</td><td>IF CCDResult = 1 THEN
  MoveL Offs(FL_CPU1,0,0,50), v300, fine, tool0;
  MoveL FL_CPU1, v100, fine, tool0;
ELSE
  MoveL Offs(FL_JCDL1,0,0,50), v300, fine, tool0;
  MoveL FL_JCDL1, v100, fine, tool0;
ENDIF</td></tr>
<tr><td>10</td><td>加入延时，使芯片放置平稳后，复位吸盘信号，完成安装动作，最后机器人返回原点，分拣流程结束</td><td>WaitTime 1;
Reset ToTDigSucker1;
WaitTime 1;
MoveJ FL_GDD, v300, fine, tool0;
MoveAbsJ Home\NoEOffs, v1000, z50, tool0;</td></tr>
<tr><td>11</td><td colspan="2">视觉形状检测参考程序：
  PROC PsortShape（）
MoveAbsJ Home\NoEOffs，v1000，z50，tool0;
MoveJ QL_GDD，v300，z50，tool0;
Reset ToTDigSucker1;
MoveL Offs（QL_CPU1，0，0，90），v300，fine，tool0;
MoveL QL_CPU1，v100，fine，tool0;
Set ToTDigSucker1;
WaitTime 1;
MoveL Offs（QL_CPU1，0，0，90），v300，fine，tool0;
MoveJ QL_GDD，v300，z50，tool0;
MoveL CCD_seat，v300，fine，tool0;
Cvision 1;
MoveJ FL_GDD，v300，fine，tool0;
IF CCDResult = 1 THEN
  MoveL Offs（FL_CPU1，0，0，50），v300，fine，tool0;
  MoveL FL_CPU1，v100，fine，tool0;
ELSE
  MoveL Offs（FL_JCDL1，0，0，50），v300，fine，tool0;
  MoveL FL_JCDL1，v100，fine，tool0;
ENDIF
WaitTime 1;
Reset ToTDigSucker1;
WaitTime 1;
MoveJ FL_GDD，v300，fine，tool0;
MoveAbsJ Home\NoEOffs，v1000，z50，tool0;
ENDPROC</td></tr>
</table>

续表

<table>
<tr><th>序号</th><th>操作步骤</th><th>图示</th></tr>
<tr><td>12</td><td colspan="2">视觉颜色检测参考程序：
PROC PsortColour（ ）
MoveAbsJ Home\NoEOffs，v1000，z50，tool0;
MoveJ QL_GDD，v300，z50，tool0;
Reset ToTDigSucker1;
MoveL Offs（QL_CPU1，0，0，90），v300，fine，tool0;
MoveL QL_CPU1，v100，fine，tool0;
Set ToTDigSucker1;
WaitTime 1;
MoveL Offs（QL_CPU1，0，0，90），v300，fine，tool0;
MoveJ QL_GDD，v300，z50，tool0;
MoveL CCD_seat，v300，fine，tool0;
Cvision 2;
MoveJ FL_GDD，v300，fine，tool0;
IF CCDResult = 1 THEN
MoveL Offs（FL_CPU1，0，0，50），v300，fine，tool0;
MoveL FL_CPU1，v100，fine，tool0;
ELSE
MoveL Offs（FL_CPU2，0，0，50），v300，fine，tool0;
MoveL FL_CPU2，v100，fine，tool0;
ENDIF
WaitTime 1;
Reset ToTDigSucker1;
WaitTime 1;
MoveJ FL_GDD，v300，fine，tool0;
MoveAbsJ Home\NoEOffs，v1000，z50，tool0;
ENDPROC</td></tr>
</table>

学习活动 5　芯片分拣工作站程序调试

1. 视觉检测程序调试步骤

视觉检测程序的调试先在视觉检测系统端置位、复位输出信号，然后监测工业机器人端相关信号状态，验证视觉检测系统与工业机器人的通信状态。确认工业机器人末端已安装好吸盘工具后，再调试视觉检测程序，验证程序功能能否实现。具体调试见表 4-3-8。

表 4-3-8　视觉检测程序调试步骤

序号	操作步骤	图示
1	在视觉软件界面，点击“工具”，选择“系统设置”	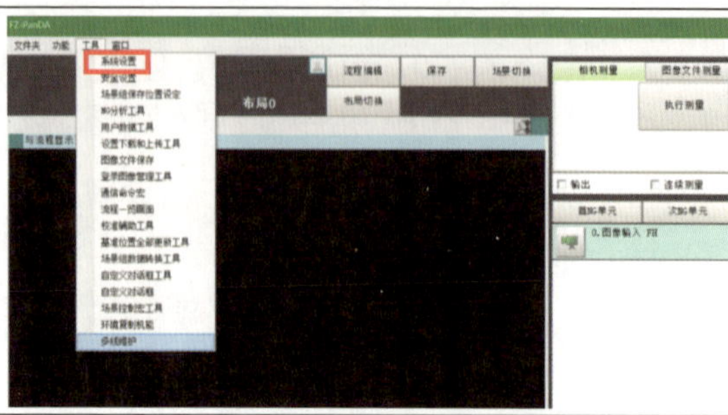

续表

<table>
<tr><th>序号</th><th>操作步骤</th><th>图示</th></tr>
<tr><td>2</td><td>在“系统设置”主菜单点击“通信”下的“并行”，进入并行通信设置界面。然后点击“通信确认”进入输入输出信号手动测试界面</td><td>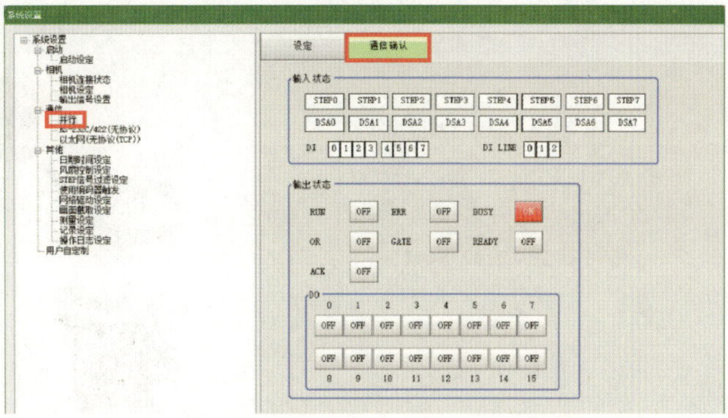</td></tr>
<tr><td>3</td><td>进入示教器“输入输出”界面，在视图中选择“数字输入”进行监视</td><td>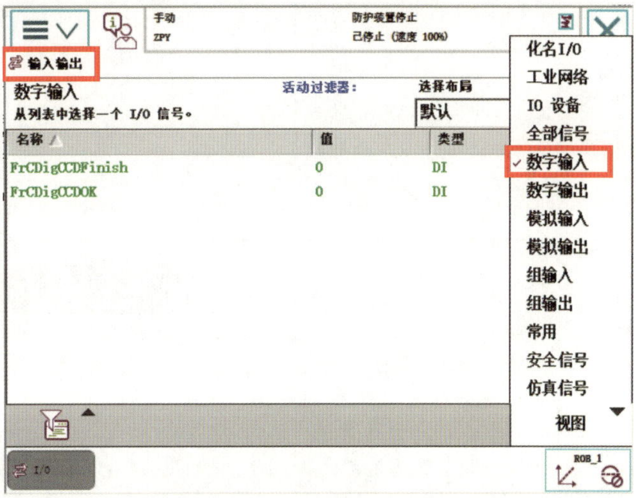
</td></tr>
<tr><td>4</td><td>在视觉软件中，手动强制置位再复位“OR”信号，查看示教器上的FrCDigCCDOK信号是否变为1，然后又变为0</td><td>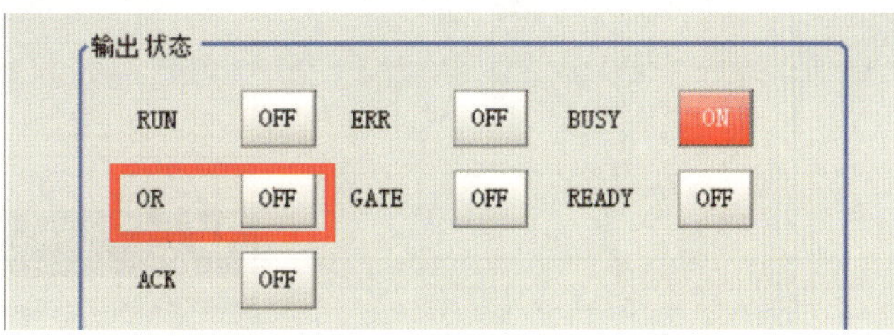
</td></tr>
<tr><td>5</td><td>手动强制置位再复位“GATE”信号，查看示教器上的FrCDigCCDFinish信号是否变为1，然后又变为0</td><td>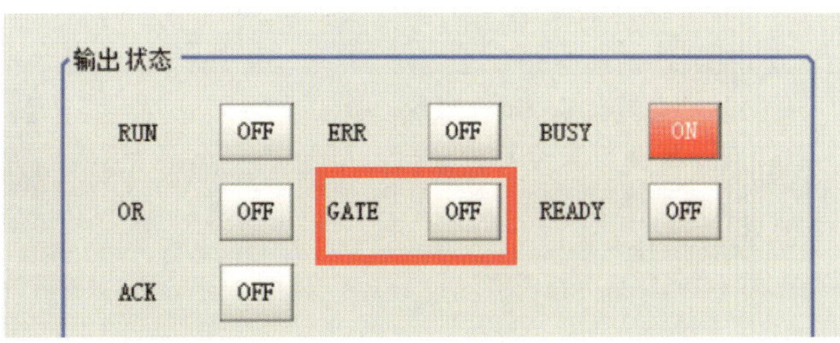
</td></tr>
</table>

续表

序号	操作步骤	图示
6	在示教器手动模式下移动工业机器人吸取 CPU 芯片并移动到视觉检测位置 CCD_seat	
7	新建一个例行程序 Routine 1，在程序中使用“ProcCall”指令，调用机器人与视觉检测通信程序 Cvision 1（新建程序方法见上文，此处跳过）	
8	手动调试该例行程序，查看视觉检测屏幕上的场景是否切换为场景 1，检测结果是否为 OK（合格）。如图所示检测工件形状为正方形，显示 OK	
9	参考上述方法，运行调用程序“Cvision 2”，查看视觉检测屏幕上的场景是否切换为场景 2，并查看检测结果。如右图所示，检测图像为蓝色，与模板蓝色相符合，因此显示为 OK	

2. 工业机器人芯片分拣程序调试准备

如图 4-3-9 所示，芯片分拣程序调试前要保证以下条件：

（1）电路板 A 和电路板 B 上的芯片安装位置为空，以避免某一安装位置发生撞机。

（2）保证气路的通畅，使吸盘工具可以正常地吸取和放置工件。

（3）保证异形芯片料盘有料，且工业机器人末端已安装吸盘工具。

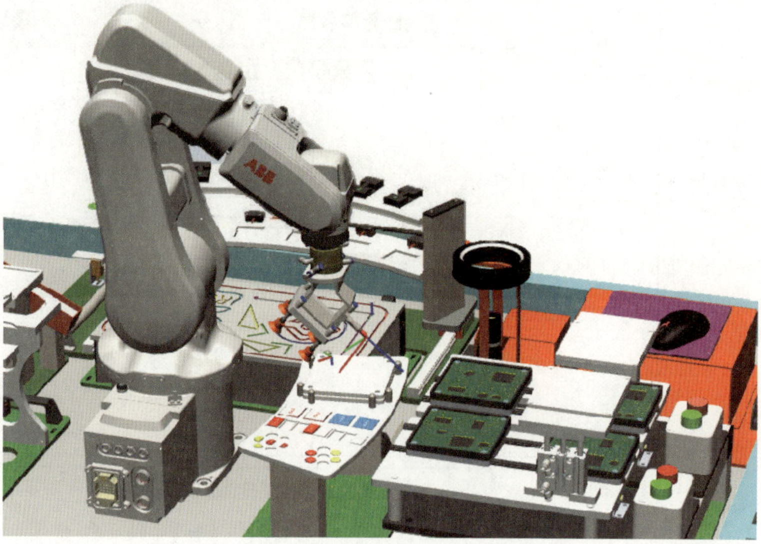

图 4-3-9　芯片分拣程序运行准备

3. 工业机器人芯片分拣程序调试步骤

芯片分拣运行程序

1）机器人手动模式下运行和调试芯片分拣程序

手动控制模式下运行分拣程序的操作步骤见表 4-3-9。

表 4-3-9　手动控制模式下运行分拣程序的操作步骤

序号	操作
1	将机器人控制柜模式开关转到手动模式
2	进入程序编辑界面，将程序指针移至分拣程序
3	握持示教器，按下使能按钮并保持在中间挡；逐行运行指令，完成程序的调试
4	完成程序的单步调试后，可按下“启动（ ）”按钮，进行分拣程序的连续运行
5	观察最终 CPU 芯片以及集成电路芯片是否按照分拣流程安装至指定位置

2）自动控制模式下运行分拣程序

自动控制模式下运行分拣程序的操作步骤见表 4-3-10。

表 4-3-10　自动控制模式下运行分拣程序的操作步骤

序号	操作步骤	图示
注意：在自动控制模式下运行程序前，需在手动控制模式下完成程序的调试，以防发生意外		
1	将控制柜模式开关转到自动模式，并在示教器上点击“确定”，完成确认模式的更改操作	
2	在主程序 main( ) 中分别调用形状分拣程序 PSortColour	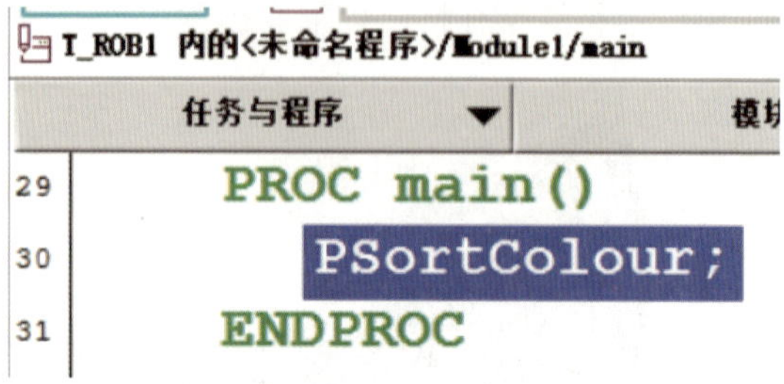 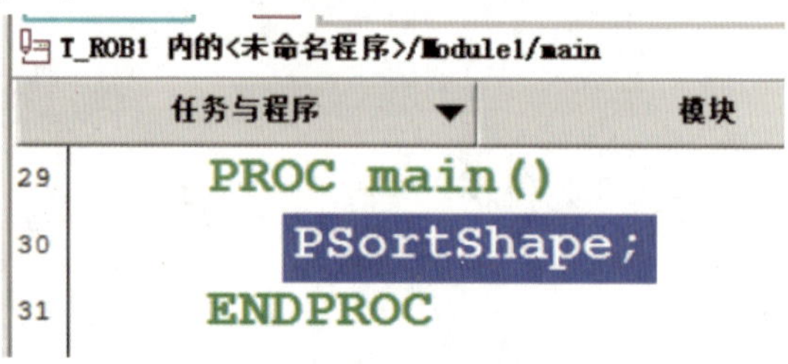
3	置位 DO10_0，让装配托盘推出，等待 1 s 后复位信号，等待下一次使用	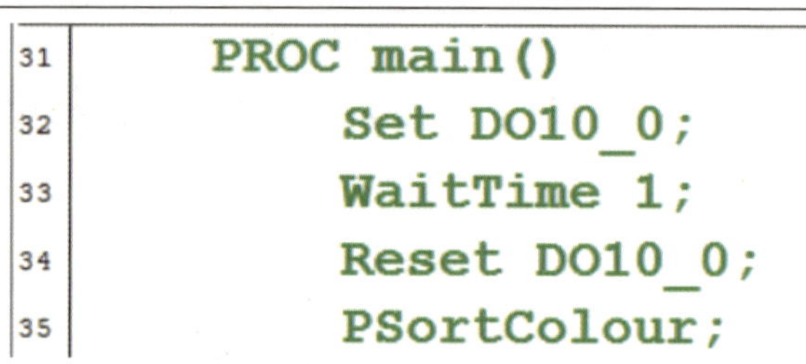
4	置位 DO10_2，让装配托盘复位回到原点，等待 1 s 后复位信号，等待下一次使用	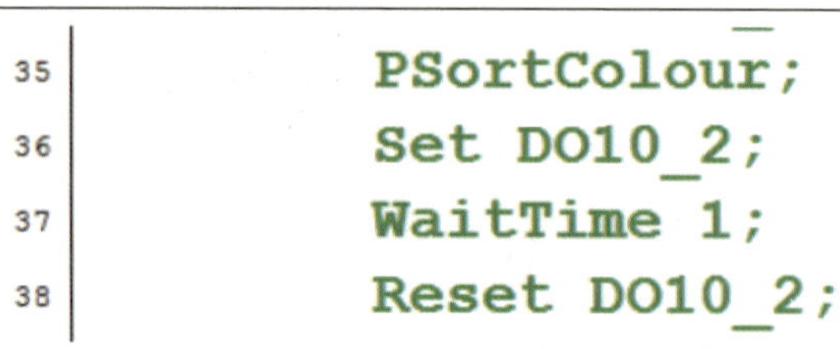
5	在调试界面点击“PP 移至 Main”，将程序指针移动至 main( ) 程序	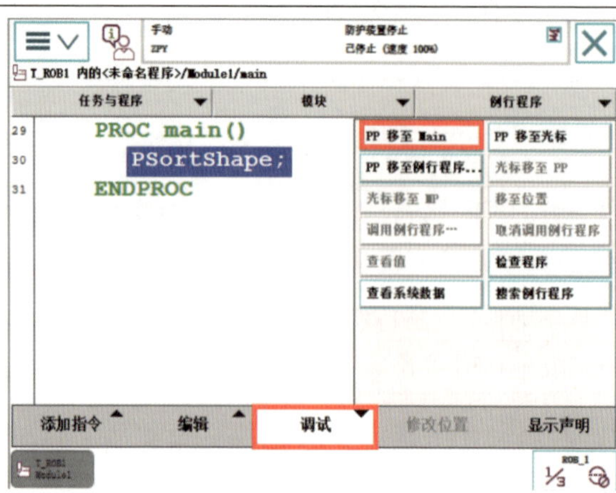

续表

序号	操作步骤	图示
6	按下“电机开启”按钮，如右图所示	
7	按“前进一步”按钮，可逐步运行分拣程序，按“启动”按钮，可直接连续运行分拣程序 main ( )	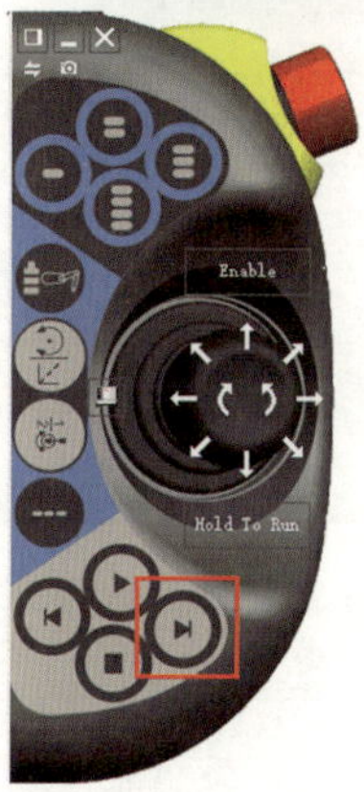 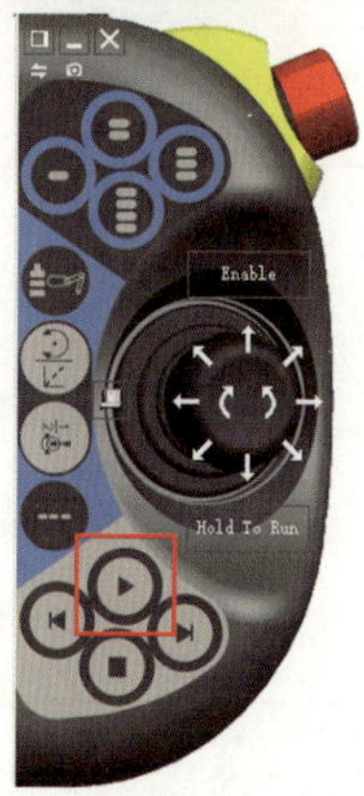
8	最终观察 CPU 芯片以及集成电路芯片是否按照分拣流程安装至指定位置	

【做一做】

表 4-3-11 课中测试

小组编号：	小组成员：
课 中 做	

1. 芯片分拣工艺轨迹规划

2. 根据工业机器人运动轨迹规划，列出芯片分拣工作站机器人运动过程中所需点位数据

数据列表				
序号	数据名称	数据类型	存储类型	备注

3. 列出芯片分拣工作站机器人控制程序

程序列表 1	
程序	备注

4. 记录调试机器人码垛工作站程序时遇到的问题、出现原因和解决方法

问题	出现原因	解决方法

5. 课中记录

【评一评】

1. 学习过程自我评价

表 4-3-12　学习过程自评表

<table>
<tr><td>班级</td><td></td><td>姓名</td><td></td><td>学号</td><td></td><td>日期</td><td colspan="4">年　月　日</td></tr>
<tr><td rowspan="2">评价指标</td><td colspan="5" rowspan="2"></td><td rowspan="2">权重/%</td><td colspan="4">等级评定</td></tr>
<tr><td>A</td><td>B</td><td>C</td><td>D</td></tr>
<tr><td rowspan="3">信息检索</td><td colspan="5">能有效利用网络资源、工作手册查找有效信息</td><td>5</td><td></td><td></td><td></td><td></td></tr>
<tr><td colspan="5">能用自己的语言有条理地解释、表述所用知识</td><td>5</td><td></td><td></td><td></td><td></td></tr>
<tr><td colspan="5">能将查找到的信息有效地转换到工作中</td><td>5</td><td></td><td></td><td></td><td></td></tr>
<tr><td rowspan="2">感知工作</td><td colspan="5">是否熟悉工作岗位、认同工作价值</td><td>5</td><td></td><td></td><td></td><td></td></tr>
<tr><td colspan="5">在工作中，是否获得满足感</td><td>5</td><td></td><td></td><td></td><td></td></tr>
<tr><td rowspan="3">参与状态</td><td colspan="5">教师、同学之间是否相互尊重、理解、平等</td><td>5</td><td></td><td></td><td></td><td></td></tr>
<tr><td colspan="5">教师、同学之间是否保持多问及丰富、适宜的信息交流</td><td>5</td><td></td><td></td><td></td><td></td></tr>
<tr><td colspan="5">探究学习，自主学习不流于形式，能处理好合作学习和独立思考的关系，做到有效学习</td><td>5</td><td></td><td></td><td></td><td></td></tr>
<tr><td rowspan="4">学习方法</td><td colspan="5">能提出有意义的问题或发表个人见解；能按要求正确操作；能够倾听、协作、分享</td><td>5</td><td></td><td></td><td></td><td></td></tr>
<tr><td colspan="5">能积极参与，在产品加工过程中不断学习，能提高综合运用信息技术的能力</td><td>5</td><td></td><td></td><td></td><td></td></tr>
<tr><td colspan="5">工作计划、操作技能是否符合规范要求</td><td>5</td><td></td><td></td><td></td><td></td></tr>
<tr><td colspan="5">是否获得进一步发展的能力</td><td>5</td><td></td><td></td><td></td><td></td></tr>
<tr><td rowspan="3">工作过程</td><td colspan="5">遵守管理规程，操作过程符合现场管理要求</td><td>5</td><td></td><td></td><td></td><td></td></tr>
<tr><td colspan="5">平时上课能按时出勤，每天能及时完成工作任务</td><td>5</td><td></td><td></td><td></td><td></td></tr>
<tr><td colspan="5">善于多角度思考问题，能主动发现，提出有价值的问题</td><td>5</td><td></td><td></td><td></td><td></td></tr>
<tr><td>思维状态</td><td colspan="5">能发现问题、提出问题、分析问题、解决问题、创新问题</td><td>5</td><td></td><td></td><td></td><td></td></tr>
<tr><td rowspan="4">自评反馈</td><td colspan="5">能按时按质完成工作任务</td><td>5</td><td></td><td></td><td></td><td></td></tr>
<tr><td colspan="5">能较好地掌握专业知识点</td><td>5</td><td></td><td></td><td></td><td></td></tr>
<tr><td colspan="5">具有较强的信息分析能力和理解能力</td><td>5</td><td></td><td></td><td></td><td></td></tr>
<tr><td colspan="5">具有较为全面严谨的思维能力并能条理明晰地表述成文</td><td>5</td><td></td><td></td><td></td><td></td></tr>
<tr><td colspan="6">自评等级</td><td colspan="5"></td></tr>
<tr><td>有益的经验与做法</td><td colspan="10"></td></tr>
<tr><td>总结反思建议</td><td colspan="10">（通过本任务学习，你获得哪些新知识，下次再做类似任务，你应当有哪些改进？）</td></tr>
<tr><td colspan="11">等级评定：A. 好　B. 较好　C. 一般　D. 有待提高</td></tr>
</table>

2. 学习过程三方评价

表 4-3-13 学习活动过程三方评价表

班级		姓名	学号	日期	年 月 日
评价内容（满分 100 分）		学生自评/分	同学互评/分	教师评价/分	总评/分
专业技能（60 分）	任务学习完成进度（30 分）				A（86～100） B（76～85） C（60～75） D（60 以下）
	对理论知识的掌握程度（10 分）				
	理论知识的应用能力（10 分）				
	改进能力（10 分）				
综合素质（40 分）	遵守现场操作的职业规范（10 分）				
	信息获取的途径（10 分）				
	按时完成学习和工作任务（10 分）				
	团队合作精神（10 分）				
总分					
综合得分（学生自评 10%、同学互评 10%、教师评价 80%）					
小结建议					

3. 现场测试考核评价

表 4-3-14 现场测试考核评价表

班级	姓名	学号	日期	年 月 日
序号	评价要点	配分/分	得分/分	总评/分
1	能查阅资料，正确填写任务导学所提问题	10		A（86～100） B（76～85） C（60～75） D（60 以下）
2	学习任务 4.3，正确理解填写“做一做”，错 1 处扣 2 分	50		
3	能根据工作要求，对小组成员进行合理分工	5		
4	能列出工业机器人选型主要技术参数	10		
5	能遵守劳动纪律，以积极的态度接受工作任务	5		
6	能积极参与小组讨论、团队间互相合作	10		
7	能及时完成老师布置的任务	10		
总分		100		
综合得分（学生自评 10%、同学互评 10%、教师评价 80%）				
小结建议				

【巩固与提高】

在线测试

项目 5　工业机器人日常维护

项目导入

工业机器人的出现取代了传统的人力模式，提高了工作效率，助力企业的发展，大大节省了企业的人力成本。但是机器人在长时间的使用，以及现场的工作环境下，会产生不同的垃圾和碎屑，与汽车一样，经过一定的使用时间就必须换新机油，定期对电瓶的维护，维护机器的使用寿命，避免一些不必要的小故障导致拖延生产速度。机器人的定期保养有助于减少停机时间，保证生产过程的安全性和稳定性，提高生产效率。

任务 5.1　工业机器人本体日常维护

【任务目标】

知识目标：

（1）掌握 ABB 机器人 120 本体日常维护。

（2）掌握 ABB 机器人 1200 本体日常维护　。

技能目标：

（1）能维护机器人本体日常维护。

（2）能更换机器人电池。

（3）会机器人转数计数器更新操作。

素质目标：

（1）培养动手、观察、分析问题和解决问题能力。

（2）培养查阅资料和自学的能力。

（3）培养信息接收能力、处理能力和创新能力。

（4）培养与他人沟通的能力，塑造自我形象、展示自我。

（5）培养团队合作意识及企业员工意识。

【任务导学】

（1）工业机器人本体维护需要准备哪些工具？________________________

____

____

（2）查阅资料，描述定期点检工业机器人本体内容。________________

____

____

____

____

（3）查阅资料，描述如何更换电池。________________

____

____

____

____

（4）查阅资料，工业机器人转数计数器如何更新？

____

____

____

____

【学一学】

学习活动 1　ABB 机器人 120 本体日常维护

机器人正常运行下，功能性组件（包括润滑油）的性能由于磨损、老化、腐蚀等因素而逐渐降低。针对那些可以预料到随着时间或使用会产生变化的零件进行调整与更换，就是“标准保养”。其目的是保持机器人的性能一直处于最佳状态，防止小问题变成大故障，确保机器人连续运行，得到较佳的经济性与较长的使用寿命。所以正确的保养是延长机器人使用寿命、保证设备连续运行的重要环节。

（1）ABB 机器人 120 本体清洁维护操作步骤见表 5-1-1。

表 5-1-1　ABB 机器人 120 本体清洁维护操作步骤

图示	操作步骤
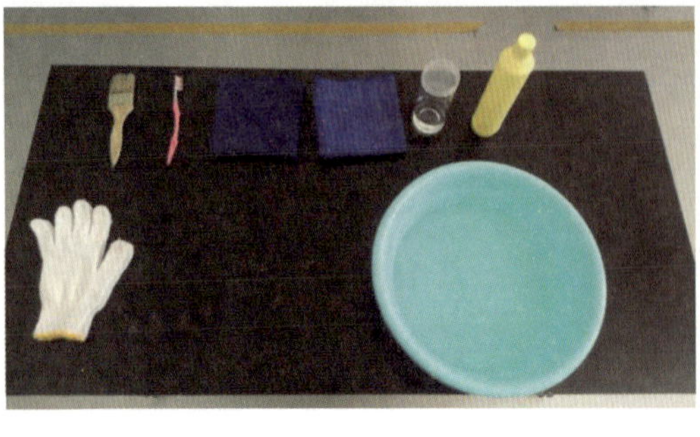	1. 清洁工具准备： 防静电手套、毛刷、清洁刷、湿抹布、干抹布、酒精、清洁液、清水

续表

图示	操作步骤
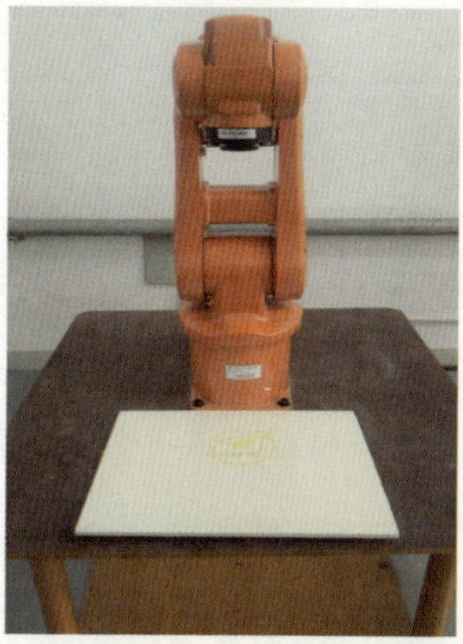	2. 清洁前期准备与注意事项： （1）首先对机器人数据进行备份； （2）断开机器人电源，以防清洁过程漏电； （3）检查机器人固定装置； （4）切勿在机械手臂上加装重物； （5）勿将液体溶液直接洒入各个线缆接口； （6）抹布的湿度应适中； （7）切勿使用具有强腐蚀性的清洁液； （8）断电时间不宜过长； （9）静电保护
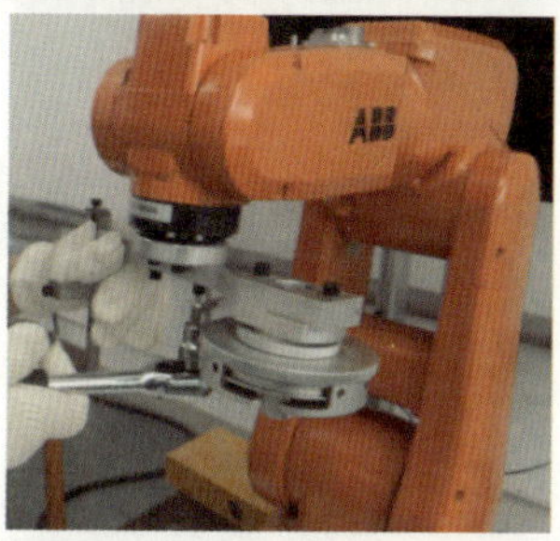	3. 先把机器人姿态调整到适当位置并备份机器人系统资料，然后断开一切电源，最后取下六轴上的夹具与工件
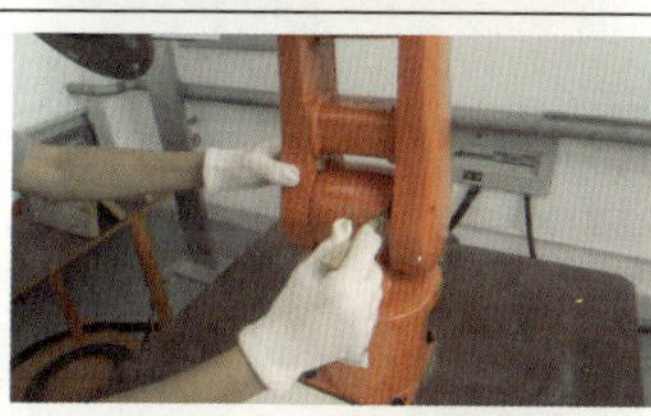 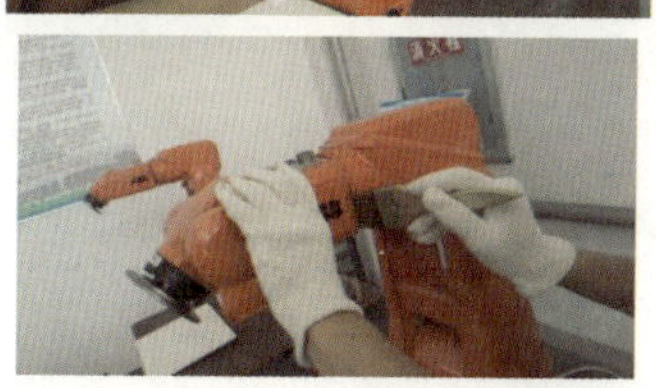	4. 用毛刷（可加少许清洁液）对细微部位与六轴进行除尘、清理
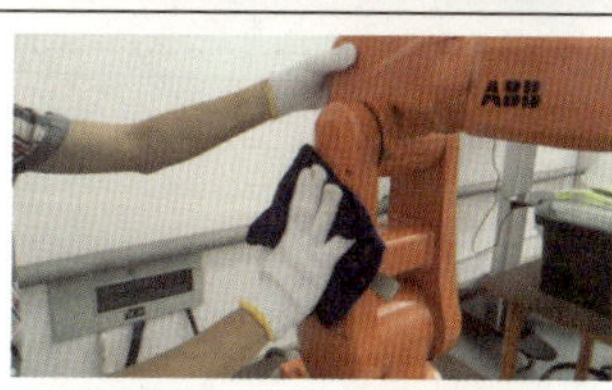	5. 将毛巾沾湿到合适湿度，擦拭轴 1 ~ 5
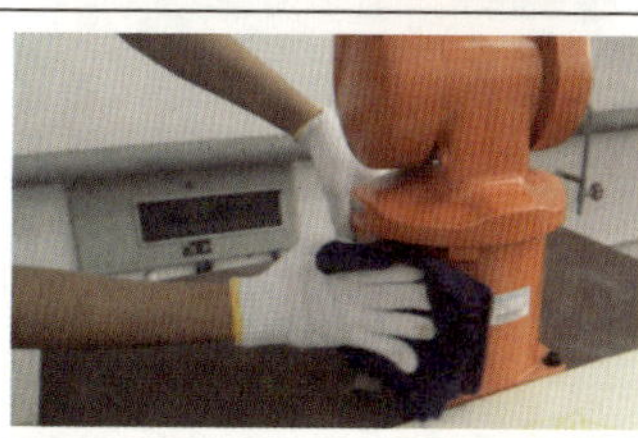	6. 将毛巾进行清理，继续擦拭机器人基座，完成清洁，检查是否清洁干净

（2）机器人各轴功能状态检查见表 5-1-2。

表 5-1-2　机器人各轴功能状态检查

图示	操作步骤
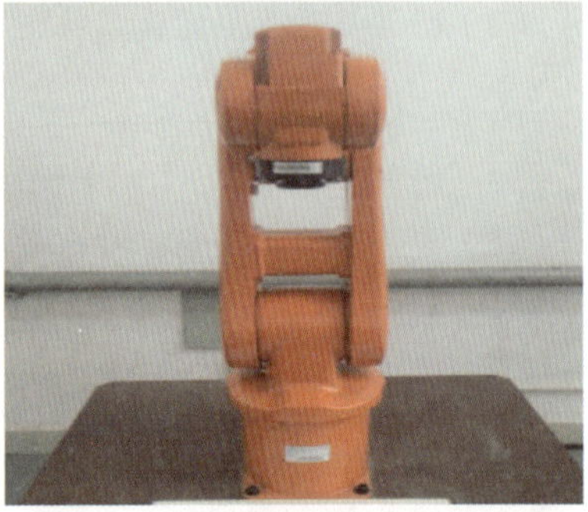	1. 操作前注意事项 （1）在电源断开状态下进行本体松动检查； （2）检查中一定要戴防静电手套； （3）不能擦损与碰撞机器人本体，力度适中； （4）开机运动状态下应仔细观看机器人是否运行流畅，是否有杂音； （5）每一轴都应该运动到各自接近的极限位置； （6）在操作机器人应时刻注意机器人的运动范围
	2. 检查工具：手套、安全帽
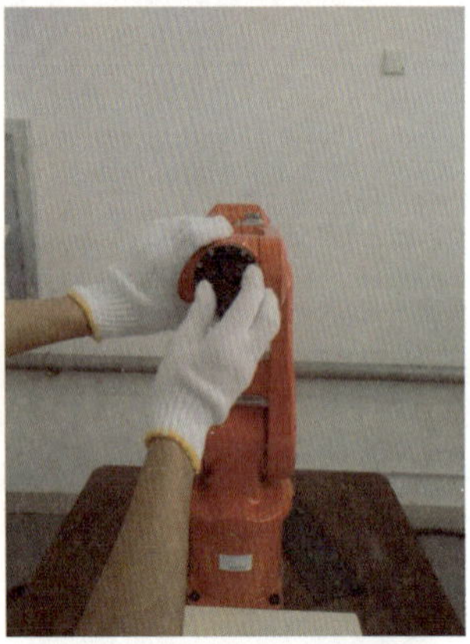	3. 在电源断开状态进行 5、6 轴松动检查
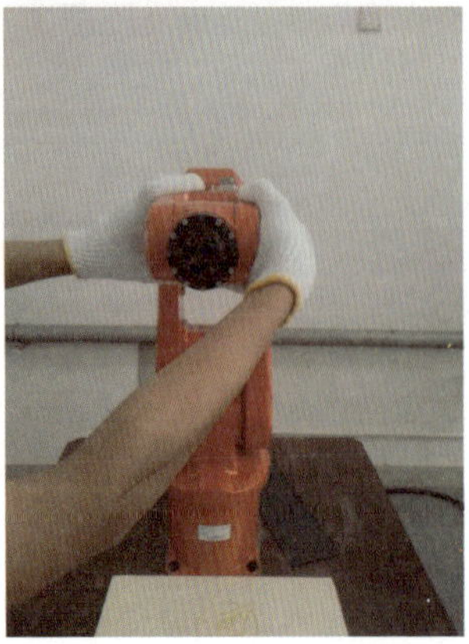	4. 在电源断开状态进行 4 轴松动检查

续表

图示	操作步骤
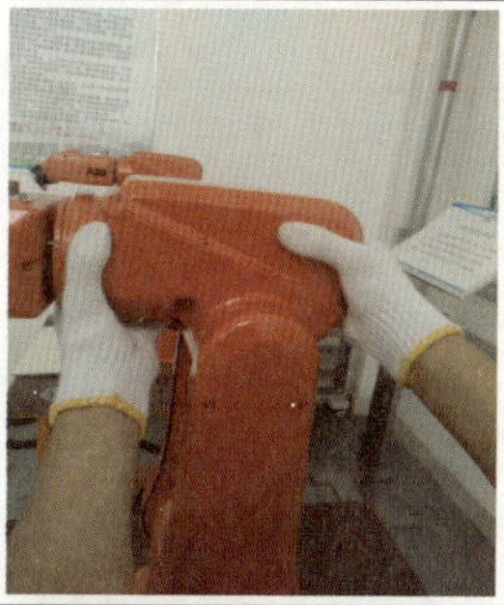	5. 在电源断开状态进行 3 轴松动检查
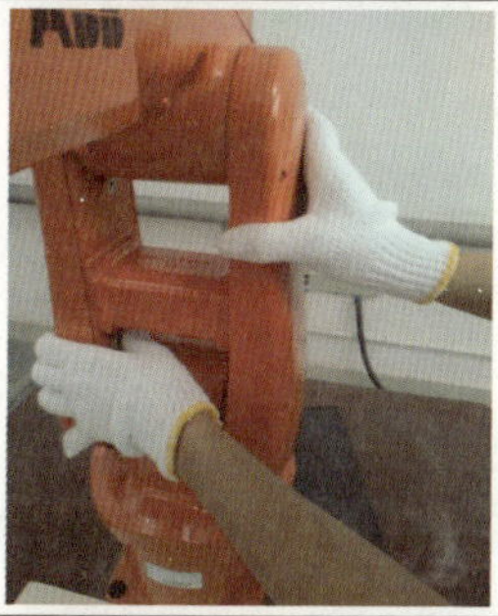	6. 在电源断开状态进行 2 轴松动检查
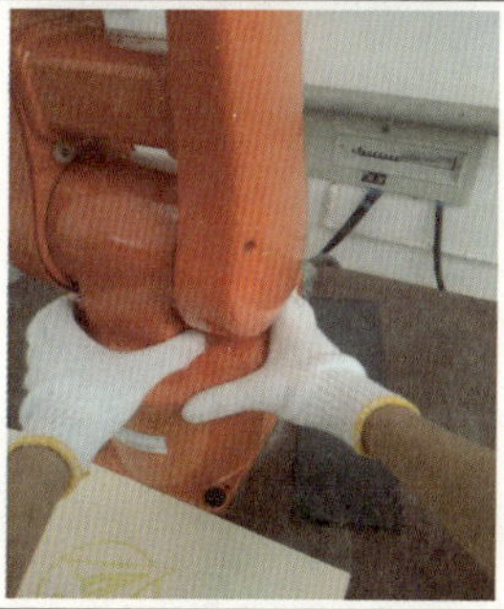	7. 在电源断开状态进行 1 轴松动检查

（3）定期点检机器人线缆见表 5-1-3。

表 5-1-3　定期点检机器人线缆

图示	操作步骤及说明
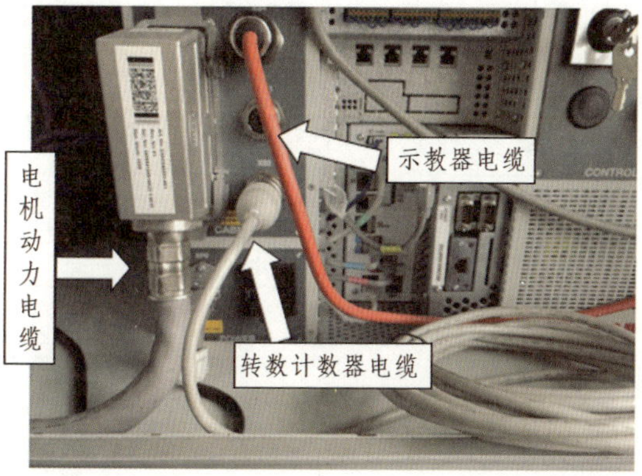	机器人布线包含机器人与控制器机柜之间的线缆，主要是电机动力电缆、转数计数器电缆、示教器电缆和用户电缆（选配），通常采用目视检查。操作方法如下： 1. 进入机器人工作区域之前，关闭连接到机器人的所有电源和系统： （1）机器人的电源； （2）机器人的液压供应系统； （3）机器人的气压供应系统。 2. 目视检查机器人与控制器机柜之间的控制线缆，查找是否有磨损、切割或挤压损坏。 3. 如果检测到磨损或损坏，则更换线缆

（4）定期点检机器人机械限位见表 5-1-4。

表 5-1-4　定期点检机器人机械限位

图示	操作步骤及说明
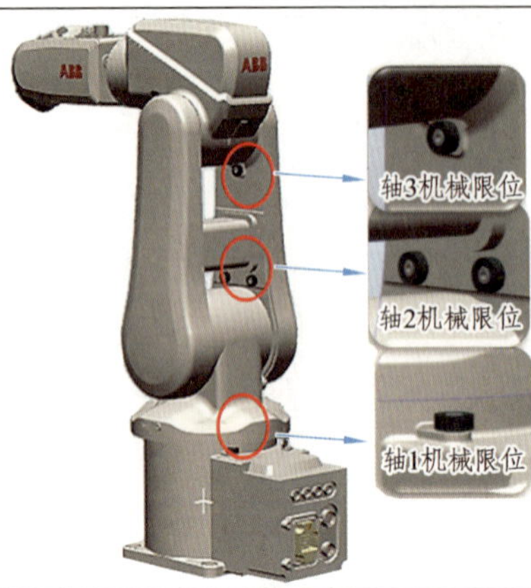	轴 1～3 的运动极限位置有机械限位，用于限制轴运动范围，以满足应用中的需要。为了安全，要定期点检所有的机械限位是否完好，功能是否正常
检查机械限位： 使用以下操作步骤检查轴 1～3 上的机械限位。 1. 进入机器人工作区域之前，关闭连接到机器人的所有电源和系统： （1）机器人的电源； （2）机器人的液压供应系统； （3）机器人的压缩空气供应系统。 2. 检查机械限位 机械限位出现以下情况时，须马上更换： （1）弯曲变形； （2）松动； （3）损坏。 注意：与机械限位的碰撞会导致齿轮箱的预期使用寿命缩短，在示教与调试工业机器人时要特别小心	

（5）定期点检塑料盖见表 5-1-5。

表 5-1-5　定期点检塑料盖

图示	操作步骤及说明
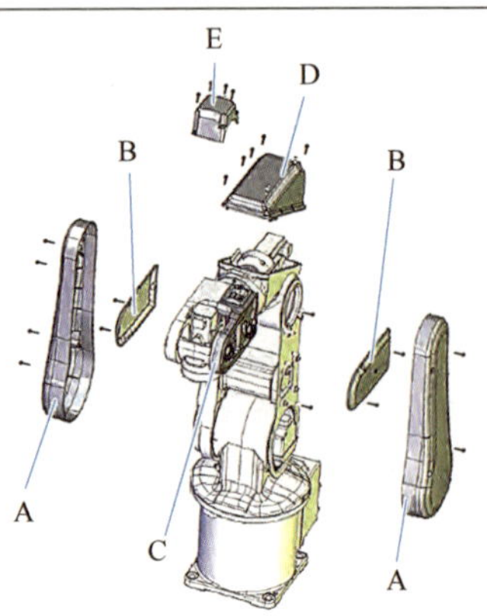	IRB120 机器人本体使用了塑料盖，主要是基于轻量化的考量。为了保持完整的外观和可靠的运行，需要定期对机器人本体的塑料盖进行维护。 <table><tr><td>位置</td><td>名称</td></tr><tr><td>A</td><td>下臂盖（2pcs）</td></tr><tr><td>B</td><td>腕侧盖（2pcs）</td></tr><tr><td>C</td><td>上臂盖</td></tr><tr><td>D</td><td>轴 4 保护盖</td></tr><tr><td>E</td><td>轴 6 保护盖</td></tr></table>
操作流程： 1. 开始操作前，须关闭机器人的所有电力、液压和气压供给。 2. 检查塑料盖是否存在裂纹或其他类型的损坏。 3. 如果检测到裂纹或损坏，则更换塑料盖	

（6）定期点检信息标签、安全标志与操作提示见表 5-1-6。

表 5-1-6　定期点检信息标签、安全标志与操作提示

图示	操作步骤及说明
	危险： 警告如果不依照说明操作，就会发生事故，并导致严重或致命的人员伤害和/或严重的产品损坏。该标志适用于以下险情：碰触高压电气装置、爆炸或火灾、有毒气体、压轧、撞击和从高处跌落等
	警告： 警告如果不依照说明操作，可能会发生事故，造成严重的伤害（可能致命）和/或重大的产品损坏。该标志适用于以下险情：触碰高压电气单元、爆炸、火灾、吸入有毒气体、挤压、撞击、高空坠落等
	电击： 针对可能会导致严重的人身伤害或死亡的电气危险的警告
	小心： 警告如果不依照说明操作，可能会发生能造成伤害和/或产品损坏的事故。该标志适用于以下险情：灼伤、眼部伤害、皮肤伤害、听力损伤、挤压或滑倒、跌倒、撞击、高空坠落等。此外，它还适用于某些涉及功能要求的警告消息，即在装配和移除设备过程中出现有可能损坏产品或引起产品故障的情况时，也会采用这一标志
	静电放电（ESD）： 针对可能会导致严重产品损坏的电气危险的警告。在看到此标志时，在作业前要进行释放人体静电的操作，最好佩戴静电手环并确保可靠接地后，再开始相关操作
	注意： 描述重要的事实和条件。一定要重视相关的说明
	禁止： 此标志要与其他标志组合使用才会代表具体的意思
	请参阅用户文档： 请阅读用户文档，了解详细信息
	在拆卸之前，请参阅产品手册

续表

图示	操作步骤及说明
	不得拆卸： 有此标志提示的机器人部件，绝对不能拆卸此部件，否则会导致对人身的严重伤害
	旋转更大： 此轴的旋转范围（工作区域）大于标准范围。一般用于大型机器人（如IRB 6700）的轴 1 旋转范围的扩大
	制动闸释放： 按此按钮将会释放机器人对应轴电机的制动闸。这意味着机器人可能会掉落。特别是在释放轴 2、轴 3 和轴 5 时，要注意机器人对应轴因地球引力的作用而向下失控的运动
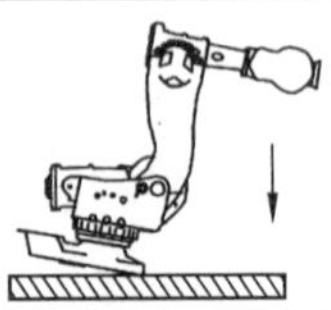  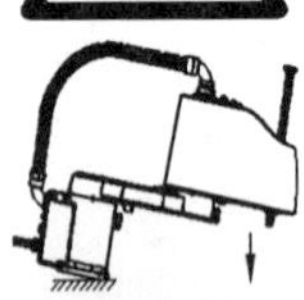	倾翻风险： 如果机器人底座固定用的螺栓没有在地面做牢靠的固定或松动，那就可能造成机器人的翻倒。所以要将机器人固定好并定期检查螺栓的松紧
	小心被挤压： 此标志处有人身被挤压伤害的风险，应格外小心
	高温： 此标志处由于长期和高负荷运行，部件表面的高温存在可能导致灼伤的风险
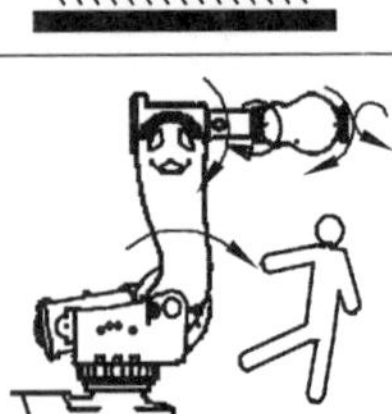	注意机器人移动： 机器人可能会意外移动

续表

图示	操作步骤及说明
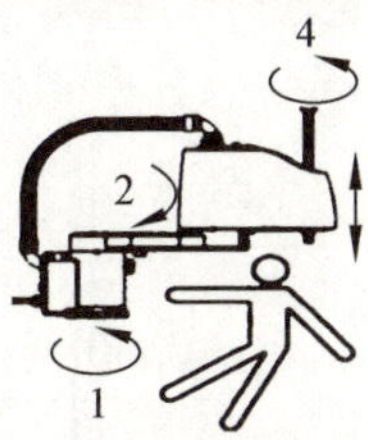	注意机器人移动： 机器人可能会意外移动
	储能部件： 警告此部件蕴含储能，不得拆卸。一般会与不得拆卸标志一起使用
	不得踩踏： 警告如果踩踏此标志处的部件，会造成机器人部件的损坏
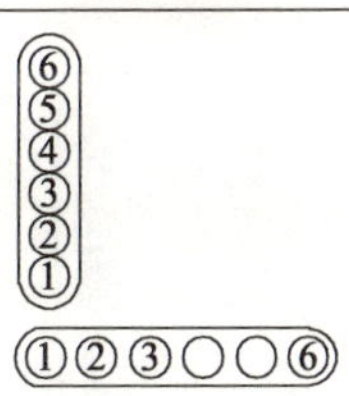	制动闸释放按钮： 点击对应编号的按钮，对应的电机抱闸会打开
	吊环螺栓： 一种紧固件，其主要作用是起吊机器人
	加注润滑油： 如果不允许使用润滑油，则可与禁止标签一起使用
	机械限位： 起到定位作用或限位作用

续表

图示	操作步骤及说明
	无机械限位： 表示没有机械限位
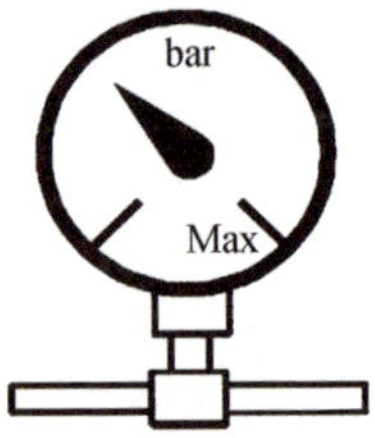	压力： 警告此部件承受了压力。通常另外印有文字，标明压力大小
	使用手柄关闭： 使用控制器上的电源开关
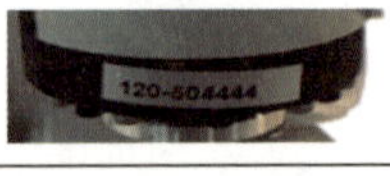	机器人序列号标志
	写明该款机器人的额定数值
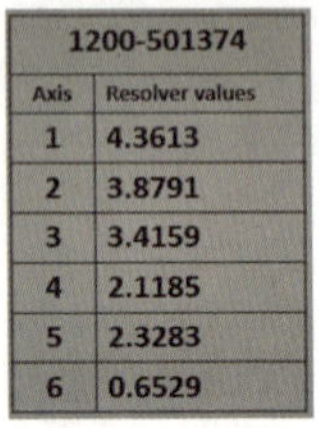	标明该款机器人每根轴转速计数器更新的偏移数据
	UL 标签： 产品认证安全标志
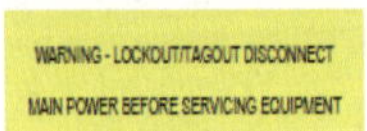	警告标签： 在维修控制器前将电源断开
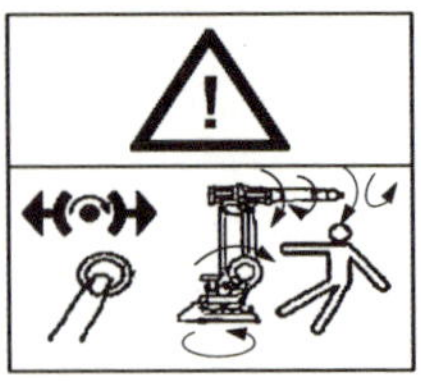	说明标签： 制动闸释放 机器人可能发生移动 制动闸释放按钮

续表

<table>
<tr><th>图示</th><th>操作步骤及说明</th></tr>
<tr><td>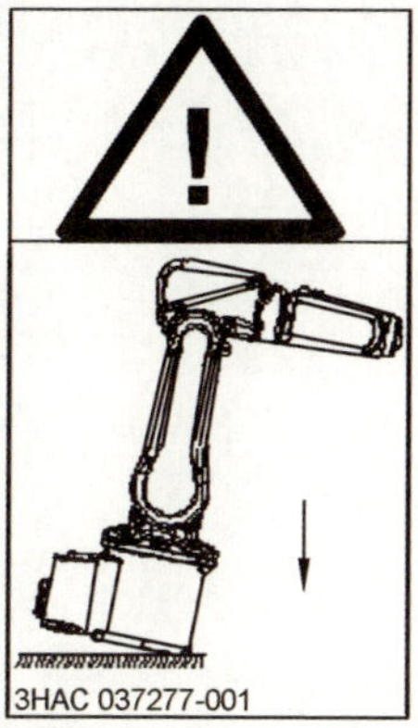
</td><td>警告标签：
拧松螺栓有倾翻风险</td></tr>
<tr><td colspan="2">操作流程：
1. 进入机器人工作区域之前，关闭连接到机器人的所有电源和系统：
（1）机器人的电源；
（2）机器人的液压供应系统；
（3）机器人的压缩空气供应系统。
2. 检查位于图示位置的各种标签。
3. 更换所有丢失或受损的标签</td></tr>
</table>

（7）定期点检同步带见表 5-1-7。

表 5-1-7 定期点检同步带

<table>
<tr><th>图示</th><th>操作步骤及说明</th></tr>
<tr><td>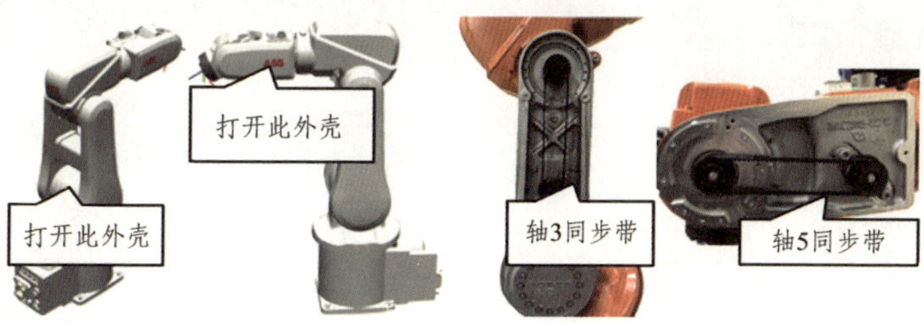
</td><td>同步带的位置：见左图。
所需工具和设备：
（1）公制内六角圆头扳手套装。
（2）皮带张力计</td></tr>
<tr><td colspan="2">检查同步带操作步骤：
1. 进入机器人工作区域之前，关闭连接到机器人的所有电源和系统：
（1）机器人的电源；
（2）机器人的液压供应系统；
（3）机器人的压缩空气供应系统。
2. 卸除盖子即可看到每条同步带。
3. 检查同步带是否损坏或磨损。
4. 检查同步皮带轮是否损坏。
5. 如果检查到任何损坏或磨损，则必须更换该部件。
6. 使用张力计对皮带的张力进行检查。</td></tr>
</table>

续表

<table>
<tr><th>图示</th><th>操作步骤及说明</th></tr>
<tr><td colspan="2">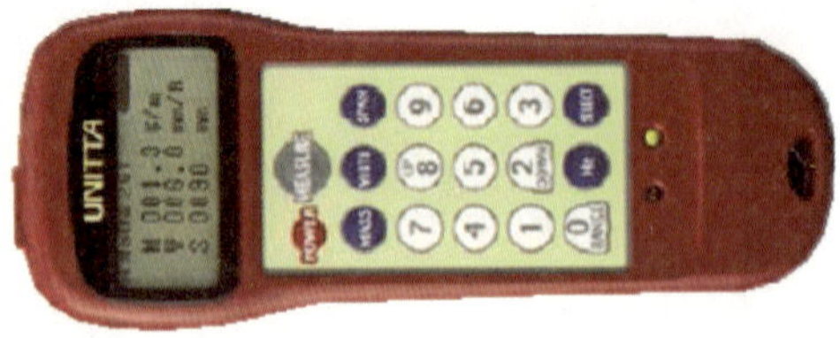
7. 检查每条皮带的张力。
轴 3：新皮带 F=18—19.7 N
旧皮带 F=12.5—14.3 N
轴 5：新皮带 F=7.6—8.4 N
旧皮带 F=5.3—6.1 N
8. 如果皮带张力不正确，应进行调整</td></tr>
</table>

（8）更换电池组操作步骤见表 5-1-8。

表 5-1-8　更换电池组操作步骤

<table>
<tr><th>图示</th><th>操作步骤及说明</th></tr>
<tr><td>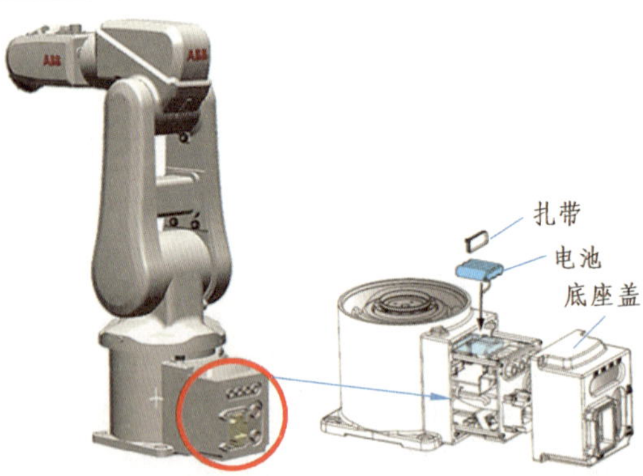
</td><td>电池的剩余后备电量（机器人电源关闭）不足 2 个月时，将显示电池低电量警告（38213 电池电量低）。通常，如果机器人电源每周关闭 2 天，则新电池的使用寿命为 36 个月，而如果机器人电源每天关闭 16 h，则新电池的使用寿命为 18 个月。对于较长时间的生产中断，通过电池关闭服务例行程序可延长使用寿命（大约提高使用寿命 3 倍）
电池组的位置：见左图</td></tr>
<tr><td colspan="2">所需工具和设备：公制内六角圆头扳手和刀具。
耗材：塑料扎带。
1. 准备工作。
（1）将机器人各个轴调至其机械原点位置，有助于后续的转数计数器更新操作。
（2）进入机器人工作区域之前，关闭连接到机器人的所有电源和系统：①机器人的电源；②机器人的液压供应系统；③机器人的压缩空气供应系统。
2. 卸下电池组。
（1）确保电源、液压和压缩空气都已经全部关闭。
（2）静电放电：该装置易受 ESD（静电释放）影响。在操作之前，需先阅读任务 5.1 中的安全信息及操作说明。
（3）对于 Clean Room 版机器人，在拆卸机器人的零部件时，务必使用刀具切割漆层，以免漆层开裂，并打磨漆层毛边以获得光滑表面。
（4）卸下底座盖子。
（5）割断固定电池的线缆扎带并拔下电池电线后取出电池。
注意：电池包含保护电路。须使用规定的备件或 ABB 认可的同等质量的备件进行更换。</td></tr>
</table>

续表

<table>
<tr><th>图示</th><th>操作步骤及说明</th></tr>
<tr><td colspan="2">3. 重新安装电池组
（1）静电放电。该装置易受 ESD 影响，在操作之前，需先阅读任务 5.1 中的安全信息及操作说明。
（2）Clean Room 版机器人：清洁已打开的接缝。
（3）安装电池并用线缆捆扎带固定。
注意：电池包含保护电路。须使用规定的备件或 ABB 认可的同等质量的备件进行更换。
（4）插好电池连接插头。
（5）将底座盖子重新安装好。
（6）Clean Room 版机器人：密封并对盖子与本体的接缝进行涂漆处理。
注意：完成所有维修工作后，用蘸有酒精的无绒布擦掉机器人上的颗粒物</td></tr>
</table>

（9）IRB 120 工业机器人机械原点位置及转数计数器更新。

ABB 机器人 IRB 120 的六个关节轴都有一个机械原点的位置，即各轴的零点位置。若系统中设定原点数据丢失，则需要进行转数计数器更新，找回原点，见表 5-1-9。

转速计数器更新

表 5-1-9　转数计数器更新

<table>
<tr><th>图示</th><th>操作步骤及说明</th></tr>
<tr><td>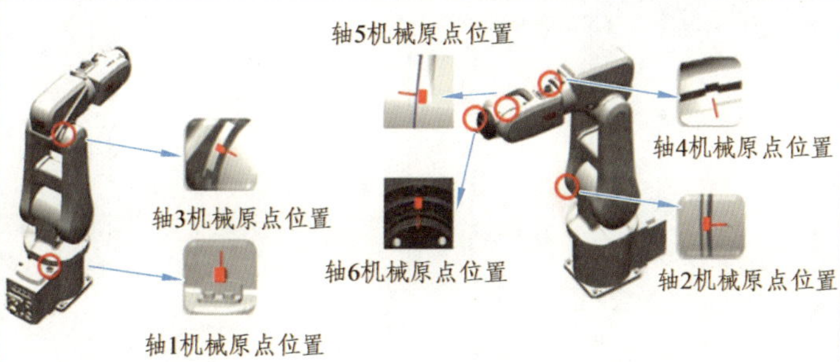
</td><td>1. 将 6 个轴都对准各自的机械原点标记，见左图</td></tr>
<tr><td>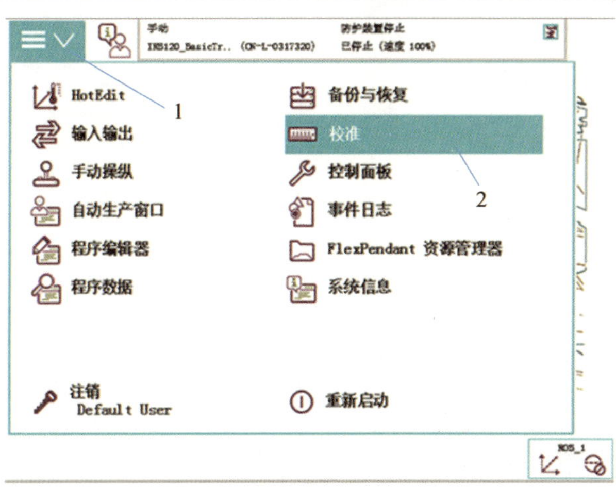
</td><td>2. 单击左上角主菜单，选择“校准”</td></tr>
</table>

续表

图示	操作步骤及说明
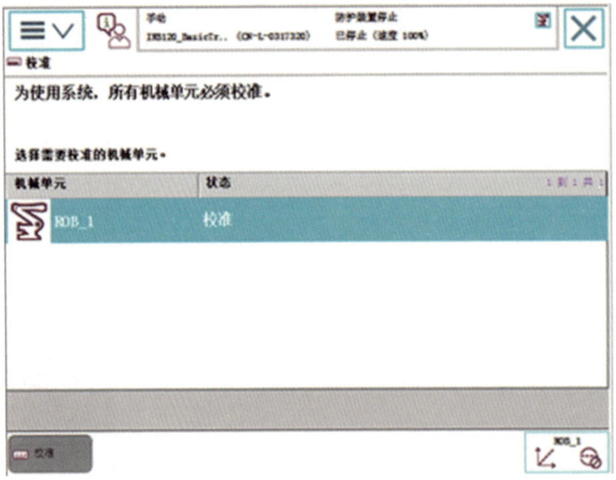	3. 单击“ROB_1”
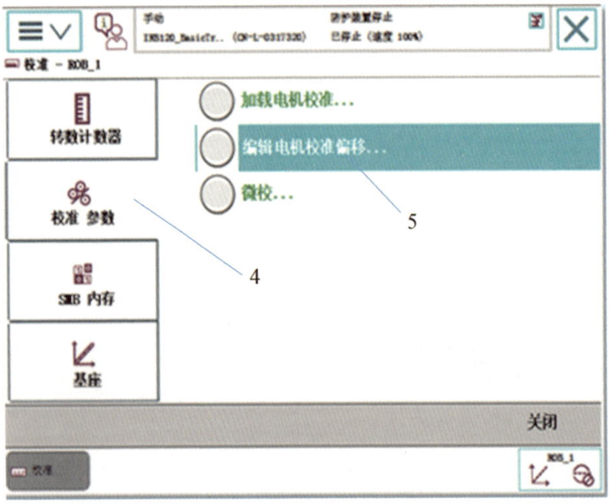	4. 选择“校准参数”。 5. 选择“编辑电机校准偏移”
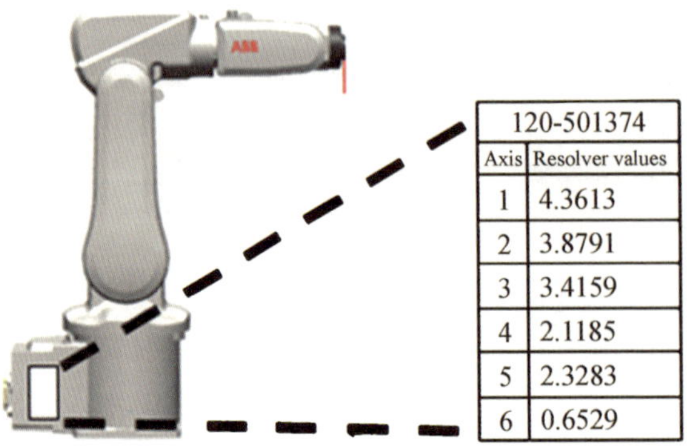	6. 将机器人本体上电机校准偏移记录下来

续表

图示	操作步骤及说明
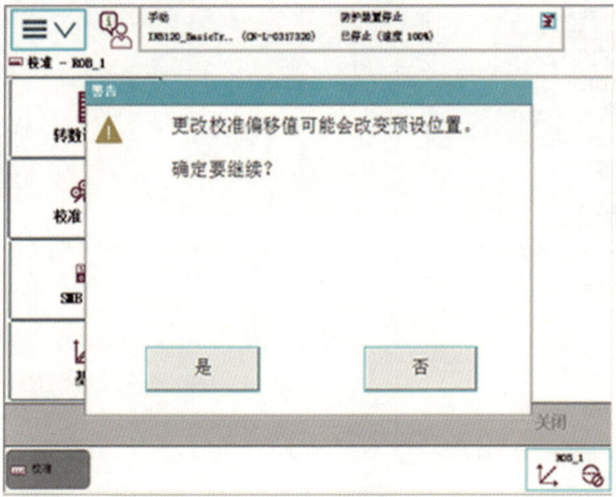	7. 单击“是”
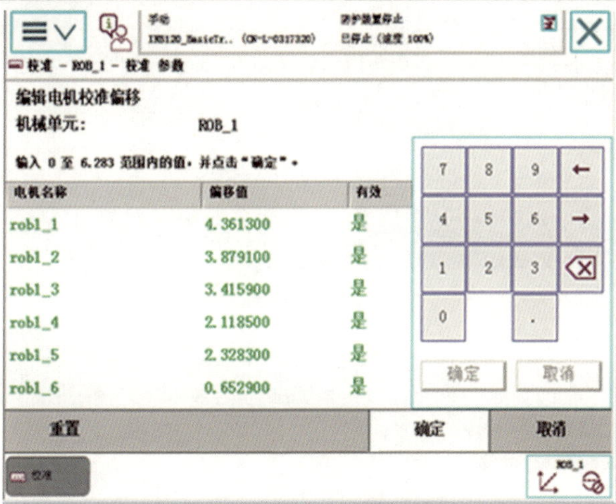	8. 输入刚才从机器人本体记录的电机校准偏移数据，然后单击“确定”。如果示教器中显示的数值与机器人本体上的标签数值一致，则无须修改，直接单击“取消”退出，跳到第 12 步
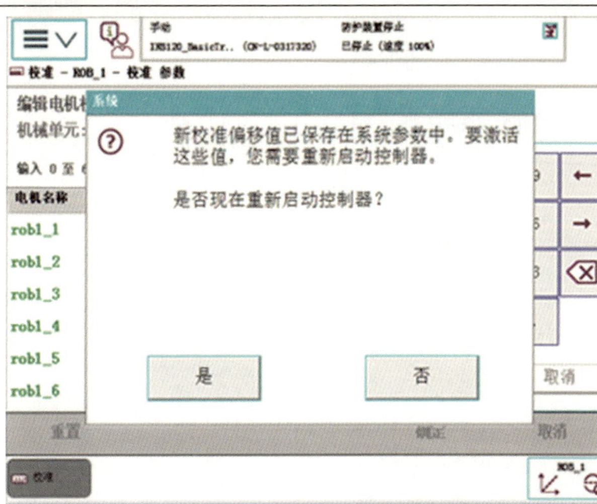	9. 单击“是”

续表

<table>
<tr><th>图示</th><th>操作步骤及说明</th></tr>
<tr><td>
</td><td>10. 重启后选择“校准”</td></tr>
<tr><td>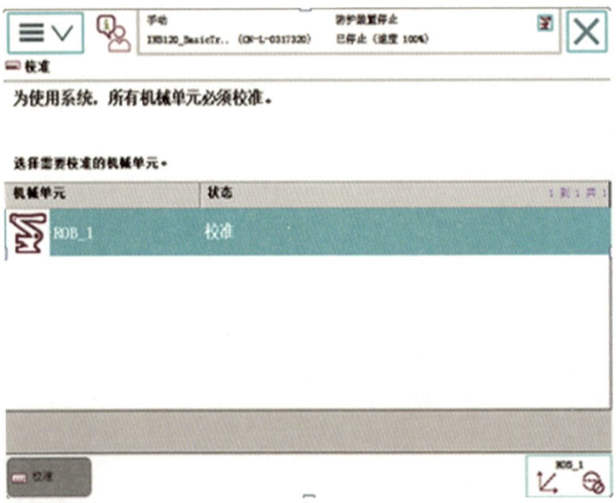
</td><td>11. 单击“ROB_1”</td></tr>
<tr><td>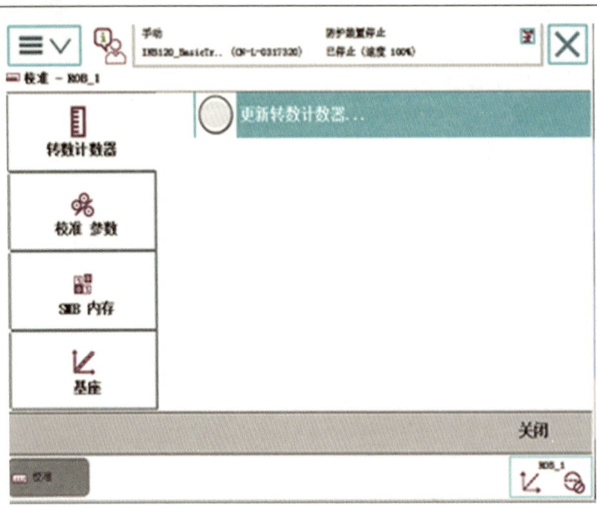
</td><td>12. 选择“更新转数计数器”</td></tr>
</table>

续表

图示	操作步骤及说明
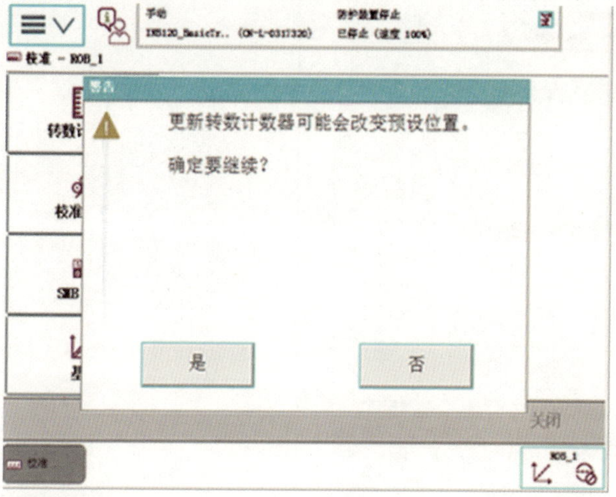	13. 单击“是”
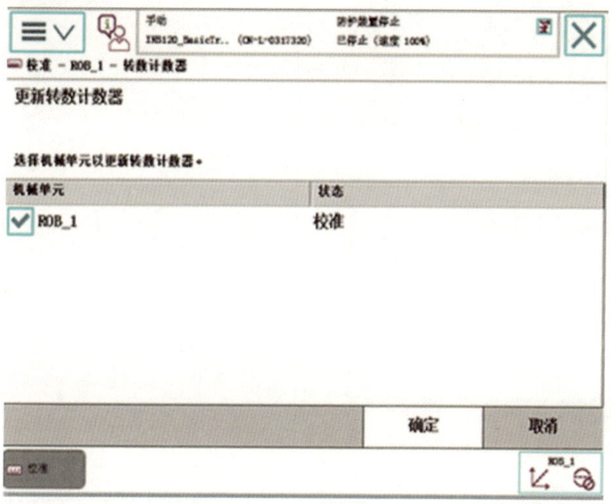	14. 单击“确定”
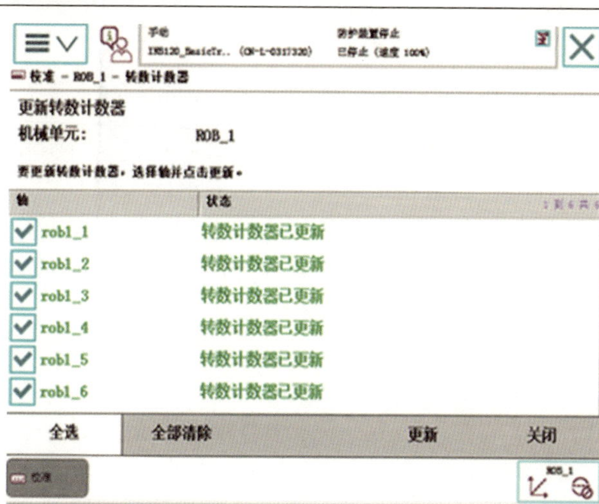	15. 单击“全选”，然后单击“更新”

续表

图示	操作步骤及说明
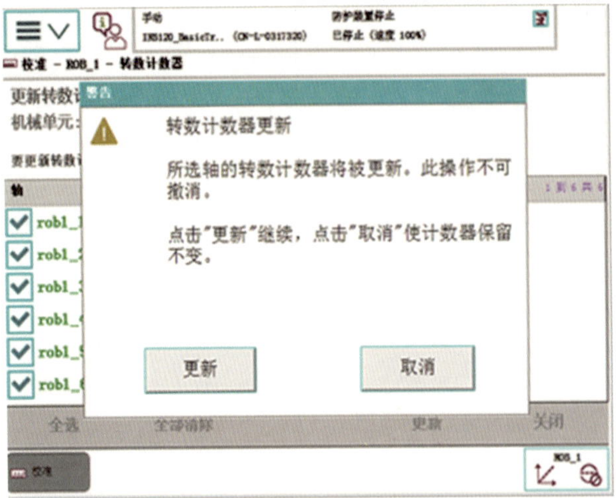	16. 单击"更新"
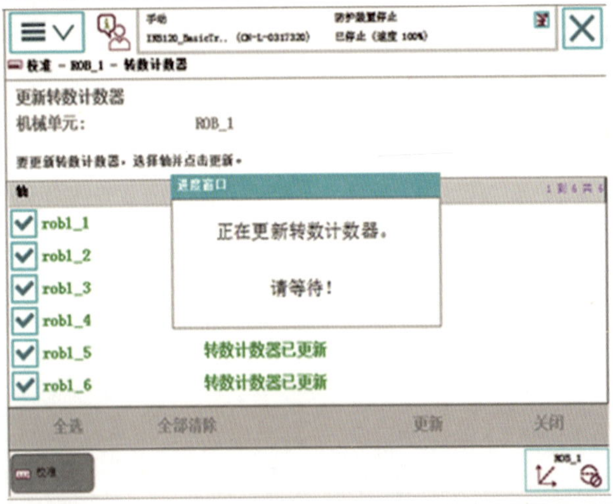	17. 操作完成后转数计数器更新完成

学习活动 2 ABB 机器人 1200 本体日常维护

必须对机器人进行定期维护，以确保其功能正常。即便在不可预测的情形下，也应对机器人进行检查。在日常工业机器人的运行过程中，还必须及时留意任何损坏情况。

设备点检是一种科学的设备管理方法。它是利用人的五官或简单的仪器工具，对设备进行定点、定期的检查，对照标准发现设备的异常现象和隐患，掌握设备故障的初期信息，以便及时采取对策，将故障消灭在萌芽阶段的一种管理方法。

接下来针对工业机器人 IRB 1200 制定日常点检及定期点检。

定期点检项目 1：清洁机器人。

关闭机器人的所有电源，然后再进入机器人的工作空间。

1. 概　述

为保证较长的正常运行时间，须定期清洁 IRB 1200。清洁的时间间隔取决于机器人工作的环境。根据 IRB 1200 的不同防护类型，可采用不同的清洁方法。

注意：清洁之前务必确认机器人的防护类型。

注意事项：务必按照规定使用清洁设备！任何其他清洁设备都可能会缩短机器人的使用寿命。清洁前，务必先检查是否所有保护盖都已安装到机器人上！

切勿进行以下操作：

（1）切勿将清洗水柱对准连接器、接点、密封件或垫圈！

（2）切勿使用压缩空气清洁机器人！

（3）切勿使用未获机器人厂家批准的溶剂清洁机器人！

（4）喷射清洗液的距离切勿低于 0.4 m！

（5）清洁机器人之前，切勿卸下任何保护盖或其他保护装置！

2. 清洁方法

（1）用布擦拭：食品行业中高清洁等级的食品级润滑机器人在清洁后，确保没有液体流入机器人或滞留在缝隙或表面。

（2）用水和蒸汽清洁：防护类型 IP67（选件）的 IRB 1200 可以用水冲洗（水清洗器）的方法进行清洁。须满足以下操作前提：

① 喷嘴处的最大水压：不超过 700 kPa。

② 应使用扇形喷嘴，最小散布角度 45°。

③ 从喷嘴到封装的最小距离：0.4 m。

④ 最大流量：20 L/min。

定期点检项目 2：检查机器人线缆。

检查机器人线缆操作步骤见表 5-1-10。

表 5-1-10 检查机器人线缆操作步骤

图示	操作步骤及说明
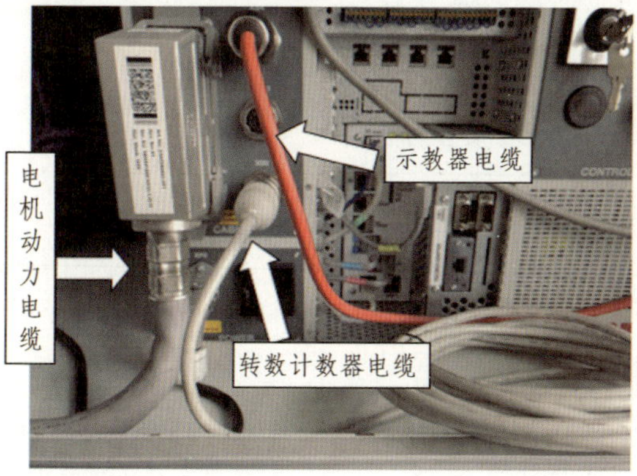	机器人布线包含机器人与控制器机柜之间的线缆，涉及电机动力电缆、转数计数器电缆、示教器电缆和用户电缆
检查机器人布线操作步骤： 1. 进入机器人工作区域之前，关闭连接到机器人的所有电源和系统： （1）机器人的电源；（2）机器人的液压供应系统；（3）机器人的气压供应系统。 2. 目视检查机器人与控制器机柜之间的控制线缆，查找是否有磨损、切割或挤压损坏。 3. 如果检测到磨损或损坏，则更换线缆	

定期点检项目 3：检查机械限位。

轴 1～3 的运动极限位置有机械限位，用于限制轴运动范围，以满足应用中的需要。为了安全要定期点检所有的机械限位是否完好，功能是否正常。

检查机械限位操作步骤见表 5-1-11。

表 5-1-11 检查机械限位操作步骤

图示	操作步骤及说明
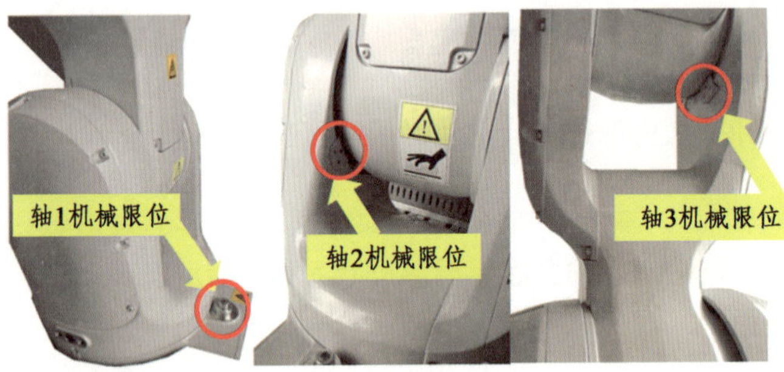 	左图所示为轴 1～3 上的机械限位
检查机械限位操作步骤： 1. 进入机器人工作区域之前，关闭连接到机器人的所有电源和系统： （1）机器人的电源； （2）机器人的液压供应系统 （3）机器人的压缩空气供应系统。 2. 检查机械限位。机械限位出现以下情况时，须马上进行更换： （1）弯曲变形； （2）松动； （3）损坏。 注意：与机械限位的碰撞会导致齿轮箱的预期使用寿命缩短，在示教与调试工业机器人时要特别小心	

定期点检项目 4：检查同步带。

检查同步带操作步骤见表 5-1-12。

表 5-1-12 检查同步带操作步骤

图示	操作步骤及说明
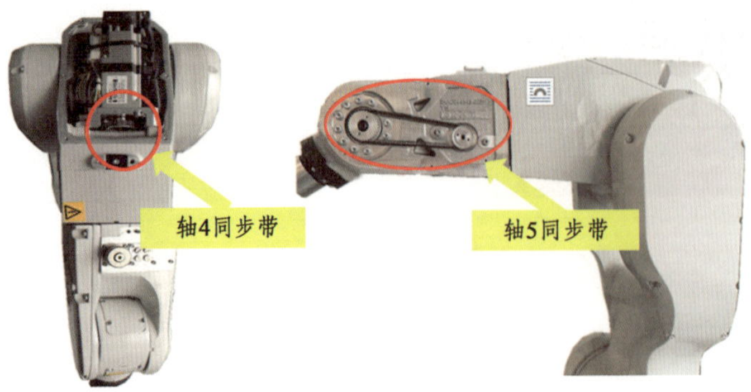 	同步带的位置见左图

续表

图示	操作步骤及说明
所需工具和设备：2.5 mm 内六角圆头扳手，长 110 mm。 检查同步带操作步骤： 1. 进入机器人工作区域之前，关闭连接到机器人的所有电源和系统： （1）机器人的电源； （2）机器人的液压供应系统； （3）机器人的压缩空气供应系统。 2. 卸除盖子即可看到每条同步带。 3. 检查同步带是否损坏或磨损。 4. 检查同步皮带轮是否损坏。 5. 如果检查到任何损坏或磨损，则必须更换该部件！ 6. 检查每条皮带的张力。如果皮带张力不正确，须进行调整（轴 4：F=30 N；轴 5：F=26 N）	

定期点检项目 5：更换电池组。

电池的剩余后备电量（机器人电源关闭）不足 2 个月时，将显示电池低电量警告（38213 电池电量低）。通常，如果机器人电源每周关闭 2 天，则新电池的使用寿命为 36 个月，而如果机器人电源每天关闭 16 h，则新电池的使用寿命为 18 个月。对于较长时间的生产中断，通过电池关闭服务例行程序可延长使用寿命（大约提高使用寿命 3 倍）。

更换电池组

（1）卸下电池组操作步骤见表 5-1-12。

表 5-1-12　卸下电池组操作步骤

图示	操作步骤及说明
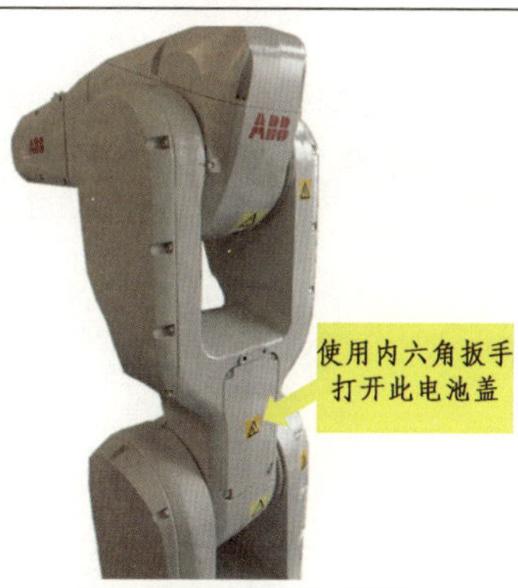	1. 电池组的位置如左图所示
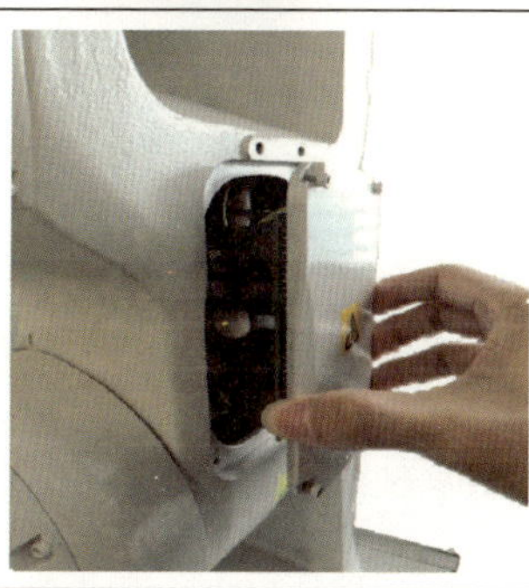	2. 卸下下臂连接器盖的螺钉并小心地打开盖子。小心：注意盖子上连着线缆

续表

<table>
<tr><th>图示</th><th>操作步骤及说明</th></tr>
<tr><td>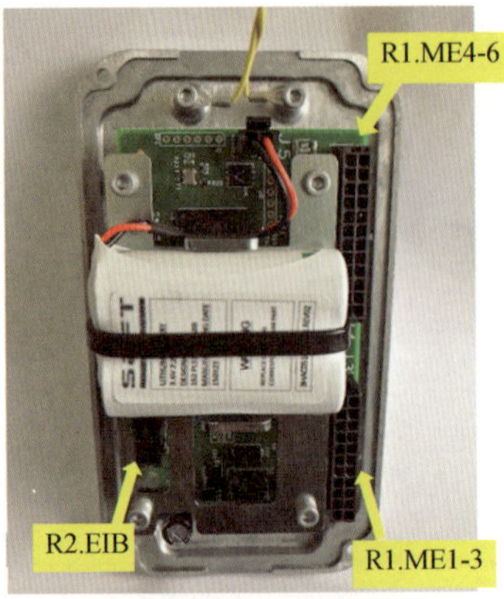
</td><td>3. 拔下 EIB 单元的 R1.ME1-3、R1.ME4-6 和 R2.EIB 连接器</td></tr>
<tr><td>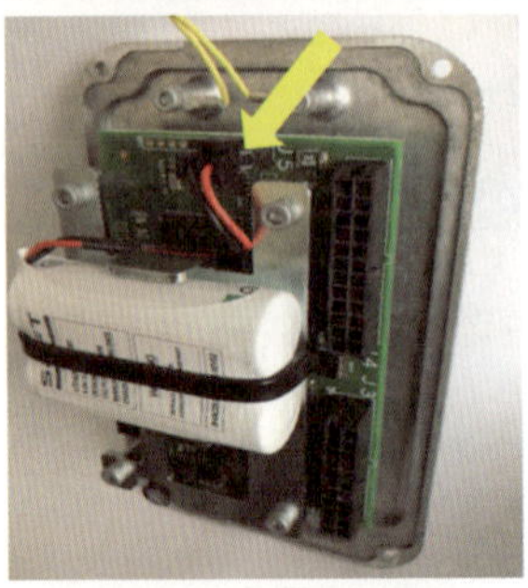</td><td>4. 拔掉电池线缆插头</td></tr>
<tr><td>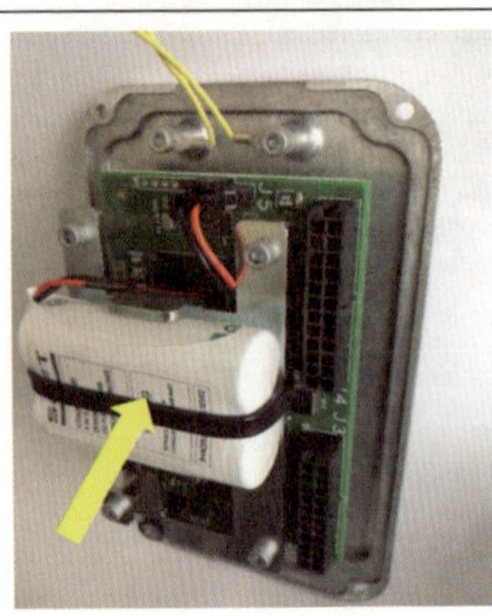</td><td>5. 割断固定电池的线缆扎带并从 EIB 单元取出电池。注意：电池包含保护电路，须使用规定的备件或 ABB 认可的同等质量的备件进行更换</td></tr>
<tr><td colspan="2">卸下电池组操作步骤：
1. 将机器人各个轴调至其机械原点位置（有助于后续的转数计数器更新操作）。
2. 进入机器人工作区域之前，关闭连接到机器人的所有电源和系统：
（1）机器人的电源；
（2）机器人的液压供应系统；
（3）机器人的压缩空气供应系统。
危险：确保电源、液压和压缩空气都已经全部关闭。
静电放电：该装置易受 ESD 影响。在操作之前，需先阅读任务 5.1 中的安全信息及操作说明。
小心：对于 Clean Room 版机器人，在拆卸机器人的零部件时，务必使用刀具切割漆层，以免漆层开裂，并打磨漆层毛边以获得光滑表面</td></tr>
</table>

（2）安装电池组操作步骤见表 5-1-13。

表 5-1-13　安装电池组操作步骤

图示	操作步骤及说明
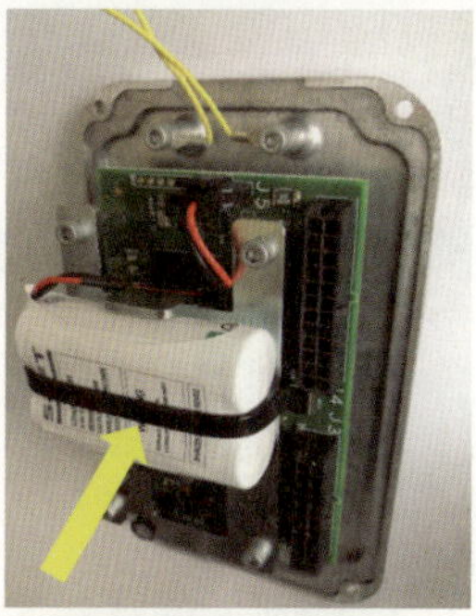	1. 安装电池并用线缆捆扎带固定。 注意：（1）电池包含保护电路，须使用规定的备件或 ABB 认可的同等质量的备件进行更换。 （2）静电放电：该装置易受 ESD 影响。在操作之前，需先阅读任务 5.1 中的安全信息及操作说明
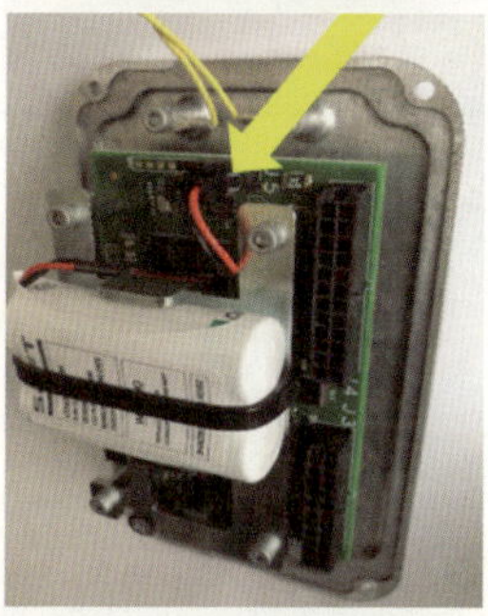	2. 连接电池线缆插头
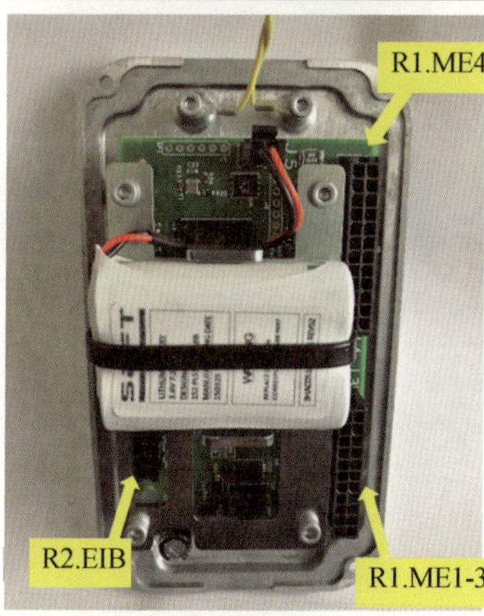	3. 将 R1.ME1-3、R1.ME4-6 和 R2.EIB 连接器连接到 EIB 单元。 小心：确保不要搞混 R2.EIB 和 R2.ME2，否则轴 2 可能会严重受损。可查看连接器标签了解正确的连接信息
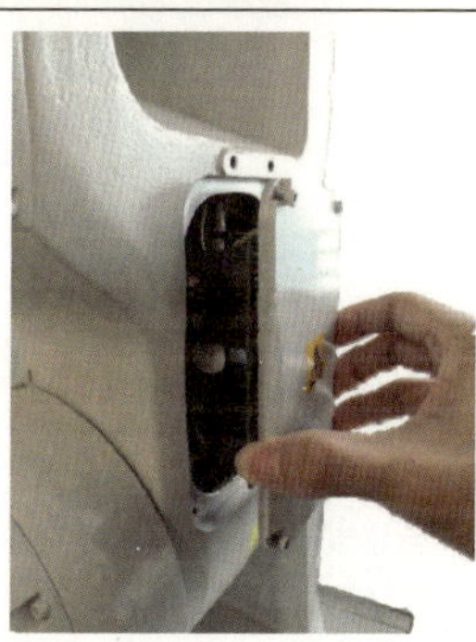	4. 用螺钉将 EIB 盖装回到下臂。 注意：使用原来的螺钉，切勿用其他螺钉替换 螺钉：M3×8。 拧紧转矩：1.5 N·m

续表

图示	操作步骤及说明
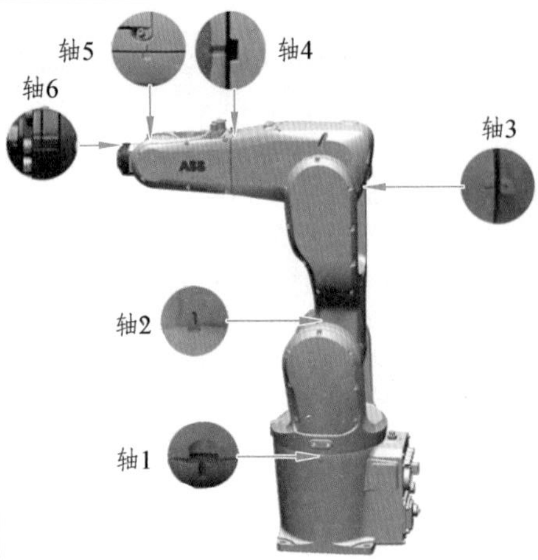	5. ABB 机器人 IRB 1200 的 6 根关节轴都有一个机械原点的位置，即各轴的零点位置。若系统中设定原点数据丢失，就需要进行转数计数器更新，找回原点。 （1）将 6 根轴都对准各自的机械原点标记，如左图所示。 （2）转数计数器的更新操作方法，参考任务 5.1 中学习活动 1 中转数计数器的更新操作流程

【做一做】

表 5-1-14 课中测试

小组编号：	小组成员：
课 中 做 1. 学生分组对 ABB 机器人 120 本体进行清洁维护，录制维护过程视频 2. 学生分组更换 ABB 机器人 120 电池，录制更换过程视频 3. 找出工业机器人机械原点位置并进行转数计数器更新操作 4. 课中记录：	

【评一评】

1. 学习过程自我评价

表 5-1-15 学习过程自评表

<table>
<tr><td>班级</td><td></td><td>姓名</td><td></td><td>学号</td><td></td><td>日期</td><td colspan="4">年 月 日</td></tr>
<tr><td rowspan="2">评价指标</td><td colspan="5" rowspan="2"></td><td rowspan="2">权重/%</td><td colspan="4">等级评定</td></tr>
<tr><td>A</td><td>B</td><td>C</td><td>D</td></tr>
<tr><td rowspan="3">信息检索</td><td colspan="5">能有效利用网络资源、工作手册查找有效信息</td><td>5</td><td></td><td></td><td></td><td></td></tr>
<tr><td colspan="5">能用自己的语言有条理地解释、表述所用知识</td><td>5</td><td></td><td></td><td></td><td></td></tr>
<tr><td colspan="5">能将查找到的信息有效地转换到工作中</td><td>5</td><td></td><td></td><td></td><td></td></tr>
<tr><td rowspan="2">感知工作</td><td colspan="5">是否熟悉工作岗位、认同工作价值</td><td>5</td><td></td><td></td><td></td><td></td></tr>
<tr><td colspan="5">在工作中，是否获得满足感</td><td>5</td><td></td><td></td><td></td><td></td></tr>
<tr><td rowspan="3">参与状态</td><td colspan="5">教师、同学之间是否相互尊重、理解、平等</td><td>5</td><td></td><td></td><td></td><td></td></tr>
<tr><td colspan="5">教师、同学之间是否保持多向及丰富、适宜的信息交流</td><td>5</td><td></td><td></td><td></td><td></td></tr>
<tr><td colspan="5">探究学习，自主学习不流于形式，能处理好合作学习和独立思考的关系，做到有效学习</td><td>5</td><td></td><td></td><td></td><td></td></tr>
<tr><td rowspan="4">学习方法</td><td colspan="5">能提出有意义的问题或发表个人见解；能按要求正确操作；能够倾听、协作、分享</td><td>5</td><td></td><td></td><td></td><td></td></tr>
<tr><td colspan="5">能积极参与，在产品加工过程中不断学习，能提高综合运用信息技术的能力</td><td>5</td><td></td><td></td><td></td><td></td></tr>
<tr><td colspan="5">工作计划、操作技能是否符合规范要求</td><td>5</td><td></td><td></td><td></td><td></td></tr>
<tr><td colspan="5">是否获得进一步发展的能力</td><td>5</td><td></td><td></td><td></td><td></td></tr>
<tr><td rowspan="3">工作过程</td><td colspan="5">遵守管理规程，操作过程符合现场管理要求</td><td>5</td><td></td><td></td><td></td><td></td></tr>
<tr><td colspan="5">平时上课能按时出勤，每天能及时完成工作任务</td><td>5</td><td></td><td></td><td></td><td></td></tr>
<tr><td colspan="5">善于多角度思考问题，能主动发现，提出有价值的问题</td><td>5</td><td></td><td></td><td></td><td></td></tr>
<tr><td>思维状态</td><td colspan="5">能发现问题、提出问题、分析问题、解决问题、创新问题</td><td>5</td><td></td><td></td><td></td><td></td></tr>
<tr><td rowspan="4">自评反馈</td><td colspan="5">能按时按质完成工作任务</td><td>5</td><td></td><td></td><td></td><td></td></tr>
<tr><td colspan="5">能较好地掌握专业知识点</td><td>5</td><td></td><td></td><td></td><td></td></tr>
<tr><td colspan="5">具有较强的信息分析能力和理解能力</td><td>5</td><td></td><td></td><td></td><td></td></tr>
<tr><td colspan="5">具有较为全面严谨的思维能力并能条理明晰地表述成文</td><td>5</td><td></td><td></td><td></td><td></td></tr>
<tr><td colspan="6">自评等级</td><td colspan="5"></td></tr>
<tr><td>有益的经验与做法</td><td colspan="10"></td></tr>
<tr><td>总结反思建议</td><td colspan="10">（通过本任务学习，你获得哪些新知识，下次再做类似任务，你应当有哪些改进？）</td></tr>
<tr><td colspan="11">等级评定：A. 好 B. 较好 C. 一般 D. 有待提高</td></tr>
</table>

2. 学习过程三方评价

表 5-1-16　学习活动过程三方评价表

<table>
<tr><td>班级</td><td></td><td>姓名</td><td></td><td>学号</td><td></td><td>日期</td><td>年　月　日</td></tr>
<tr><td colspan="4">评价内容（满分 100 分）</td><td>学生自评/分</td><td>同学互评/分</td><td>教师评价/分</td><td>总评/分</td></tr>
<tr><td rowspan="4">专业技能（60 分）</td><td colspan="3">任务学习完成进度（30 分）</td><td></td><td></td><td></td><td rowspan="8">A（86～100）
B（76～85）
C（60～75）
D（60 以下）</td></tr>
<tr><td colspan="3">对理论知识的掌握程度（10 分）</td><td></td><td></td><td></td></tr>
<tr><td colspan="3">理论知识的应用能力（10 分）</td><td></td><td></td><td></td></tr>
<tr><td colspan="3">改进能力（10 分）</td><td></td><td></td><td></td></tr>
<tr><td rowspan="4">综合素质（40 分）</td><td colspan="3">遵守现场操作的职业规范（10 分）</td><td></td><td></td><td></td></tr>
<tr><td colspan="3">信息获取的途径（10 分）</td><td></td><td></td><td></td></tr>
<tr><td colspan="3">按时完成学习和工作任务（10 分）</td><td></td><td></td><td></td></tr>
<tr><td colspan="3">团队合作精神（10 分）</td><td></td><td></td><td></td></tr>
<tr><td colspan="4">总分</td><td colspan="4"></td></tr>
<tr><td colspan="5">综合得分
（学生自评 10%、同学互评 10%、教师评价 80%）</td><td colspan="3"></td></tr>
<tr><td>小结建议</td><td colspan="7"></td></tr>
</table>

3. 现场测试考核评价

表 5-1-17　现场测试考核评价表

<table>
<tr><td>班级</td><td></td><td>姓名</td><td></td><td>学号</td><td></td><td>日期</td><td>年　月　日</td></tr>
<tr><td>序号</td><td colspan="3">评价要点</td><td colspan="2">配分/分</td><td>得分/分</td><td>总评/分</td></tr>
<tr><td>1</td><td colspan="3">能查阅资料，正确填写任务导学所提问题</td><td colspan="2">10</td><td></td><td rowspan="7">A（86～100）
B（76～85）
C（60～75）
D（60 以下）</td></tr>
<tr><td>2</td><td colspan="3">学习任务 5.1，正确理解填写“做一做”，错 1 处扣 2 分</td><td colspan="2">50</td><td></td></tr>
<tr><td>3</td><td colspan="3">能根据工作要求，对小组成员进行合理分工</td><td colspan="2">5</td><td></td></tr>
<tr><td>4</td><td colspan="3">能列出工业机器人选型主要技术参数</td><td colspan="2">10</td><td></td></tr>
<tr><td>5</td><td colspan="3">能遵守劳动纪律，以积极的态度接受工作任务</td><td colspan="2">5</td><td></td></tr>
<tr><td>6</td><td colspan="3">能积极参与小组讨论、团队间互相合作</td><td colspan="2">10</td><td></td></tr>
<tr><td>7</td><td colspan="3">能及时完成老师布置的任务</td><td colspan="2">10</td><td></td></tr>
<tr><td colspan="4">总分</td><td colspan="2">100</td><td colspan="2"></td></tr>
<tr><td colspan="5">综合得分
（学生自评 10%、同学互评 10%、教师评价 80%）</td><td colspan="3"></td></tr>
<tr><td>小结建议</td><td colspan="7"></td></tr>
</table>

【巩固与提高】

在线测试

任务 5.2　工业机器人电气控制柜的日常维护

【任务目标】

知识目标：

（1）掌握机器人本体与电气控制柜各个电缆连接。

（2）掌握 ABB 机器人电气控制柜构成。

（3）掌握 ABB 机器人标准型电气控制柜的周期性维护。

（4）掌握 ABB 机器人紧凑型控制柜的周期性维护。

技能目标：

（1）能将机器人本体与电气控制柜各个电缆连接。

（2）能对 ABB 机器人标准型电气控制柜进行周期性维护。

（3）能对 ABB 机器人紧凑型控制柜进行周期性维护。

素质目标：

（1）培养动手、观察、分析问题和解决问题能力。

（2）培养查阅资料和自学的能力。

（3）培养信息接收能力、处理能力和创新能力。

（4）培养与他人沟通的能力，塑造自我形象、展示自我。

（5）培养团队合作意识及企业员工意识。

【任务导学】

（1）观察实训平台，工业机器人机械本体与电气控制柜是怎么样连接的？________

____

____

（2）观察实训平台，列出工业机械本体和控制柜的接口。________

____

____

____

（3）查阅资料，描述工业机器人电气控制柜定期点检内容。________

____

____

____

（4）查阅资料，描述工业机器人维护时的日常点检内容。

____

____

____

【学一学】

学习活动 1　机器人本体与控制的连接

工业机器人的连接主要涉及控制柜与机器人本体两部分，以 ABB 机器人为例，机器人本体与控制柜的连接操作步骤见表 5-2-1。

ABB 机器人
电缆连接

表 5-2-1　机器人本体与控制柜的连接操作步骤

图示	操作步骤
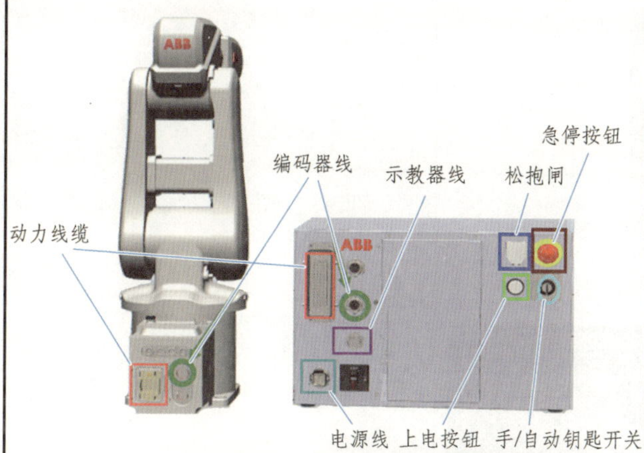 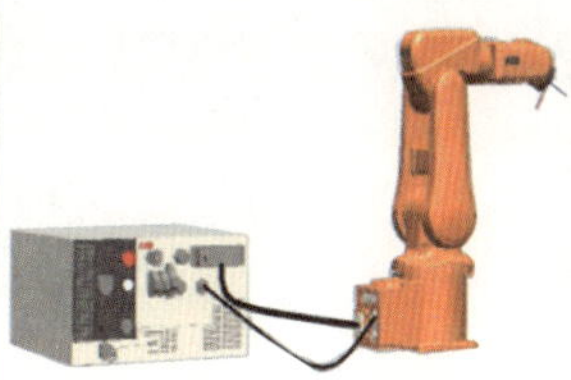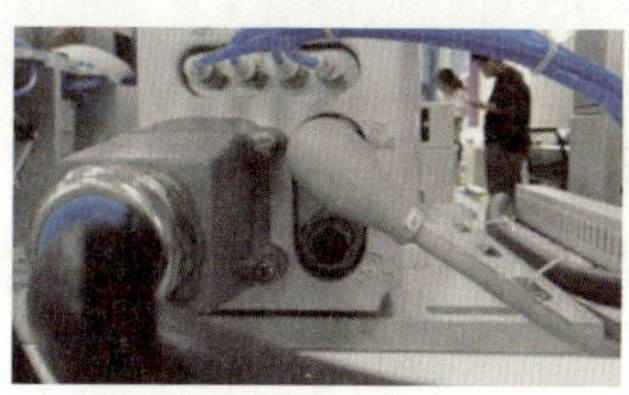	机器人本体与控制柜之间的连接主要是电动机动力电缆与转数计数器电缆、用户电缆的连接。动力线缆和编码器线缆分开走线，防止电磁干扰。示教器接在控制器上，机器人电源线缆接在控制柜上。急停按钮有两个，分别在示教器和控制柜
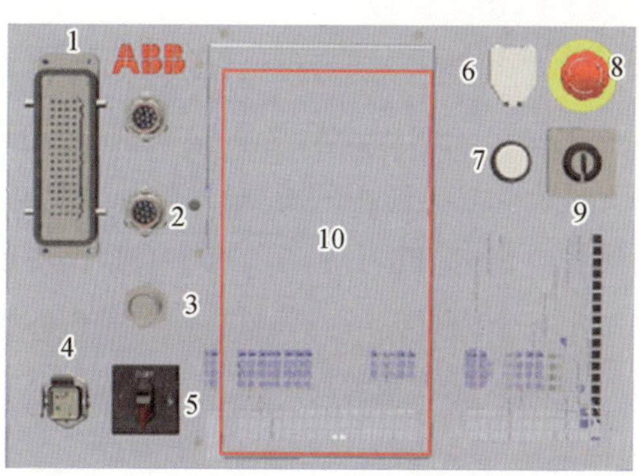	1. 动力线接口：提供手臂电源。 2. 编码器线接口：供应各轴数据给手臂。 3. 示教器接口：连接机器人示教器。 4. 控制柜电源接口：控制柜外部电源输入。 5. 控制电源开关：控制柜电源打开与关闭。

续表

<table>
<tr><th>图示</th><th>操作步骤</th></tr>
<tr><td>

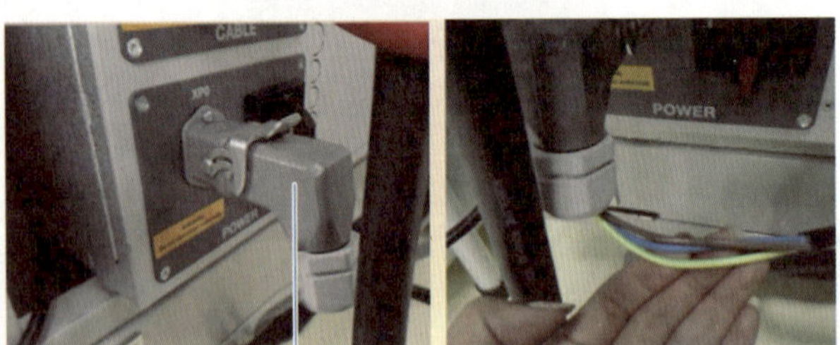

</td><td>
6. 刹车按钮：按下可关闭刹车功能。
7. 电机使能按钮：自动状态下需要按下。
8. 紧急停止按钮：机器人紧急停止。
9. 模式转换旋钮：切换手动、自动模式。
10. 机器人 I/O 信号面板：机器人输入/输出信号接口
</td></tr>
</table>

学习活动 2　ABB 工业机器人控制柜的构成

工业机器人控制柜是工业机器人的控制中枢。一般地，ABB 中大型机器人（10 kg 以上）使用标准控制柜，小型机器人（10 kg 及以下）使用紧凑型控制柜。标准型控制柜的防护等级为 IP54，而紧凑型控制柜的防护等级为 IP30，所以有时候会根据使用现场环境防护等级的要求选择标准或紧凑型控制柜。下面将标准型和紧凑型控制柜的模块构成进行详细说明，为下一步模块的故障诊断与排除打好基础。

（1）ABB 工业机器人标准型控制柜的构成见表 5-2-2。

表 5-2-2　ABB 工业机器人标准型控制柜的构成

图示	说明
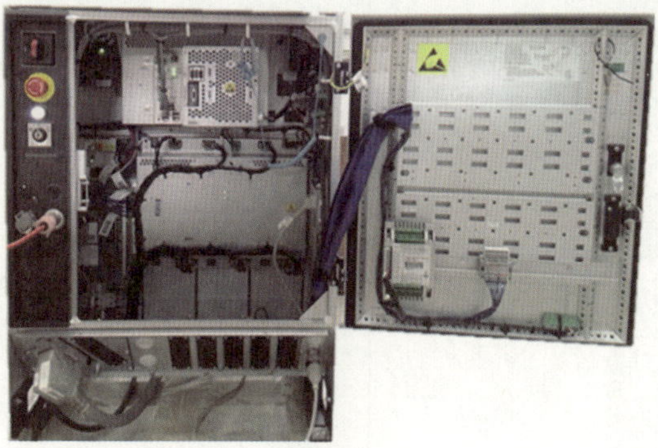	A 控制柜内主要模块包含变压器、主计算机、轴计算机、驱动单元和串行测量单元等。 B 控制柜门上挂载 ABB 标准 I/O 板、用户 DC 24 V 电源，以及第三方的 I/O 模块和中间继电器
	各种开关与接口
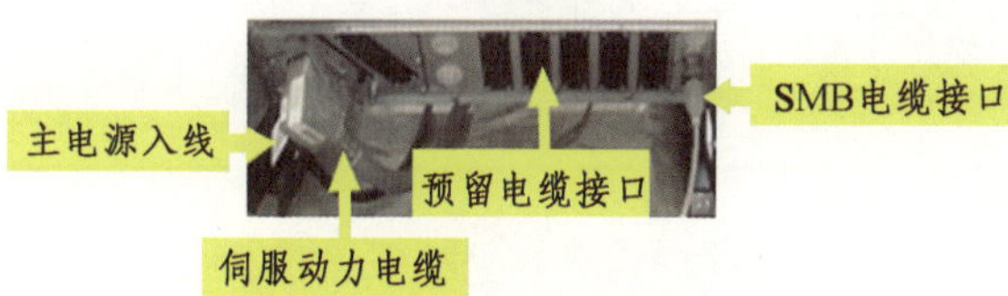	标准型控制柜的接线处
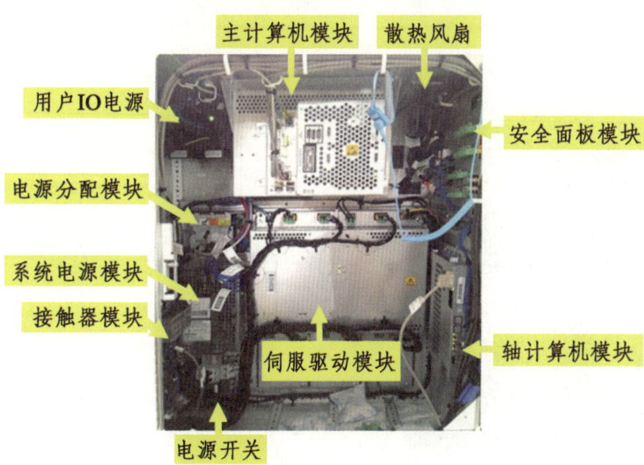	控制柜内的模块分布情况

续表

图示	说明
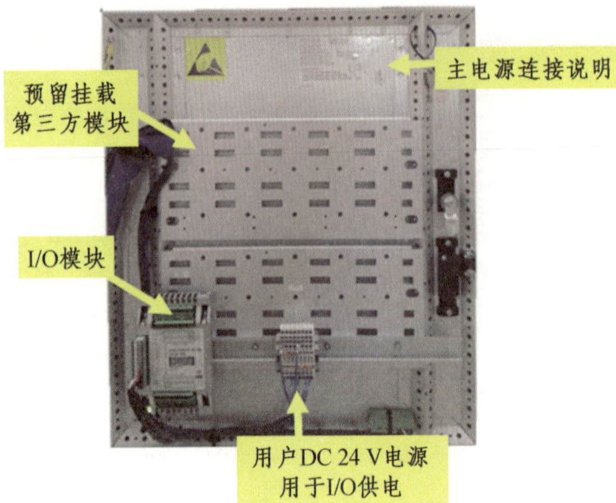	控制柜门上的模块分布
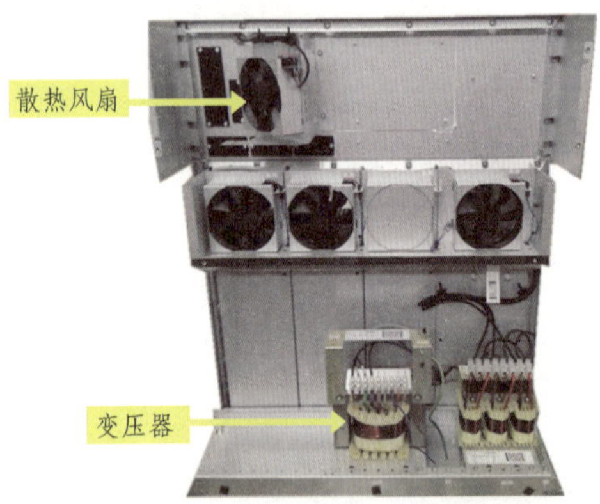	从控制柜的背面卸下防护盖，可以看到散热风扇与变压器。拆下防护盖前先断开主电源

（2）ABB 工业机器人紧凑型控制柜的构成见表 5-2-3。

表 5-2-3　ABB 工业机器人紧凑型控制柜的构成

图示	说明
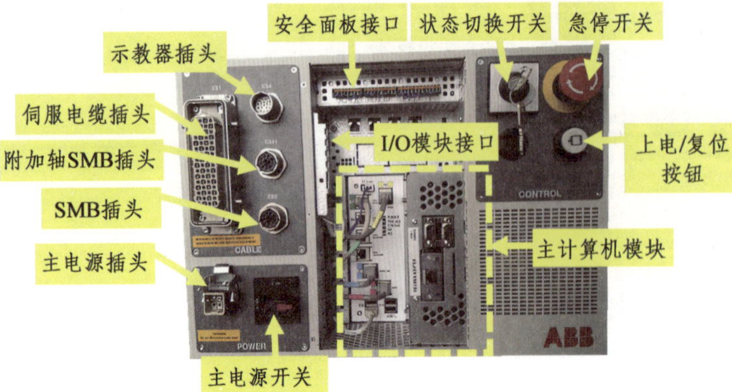	紧凑型控制柜正面的插头、按钮和开关分布

续表

图示	说明
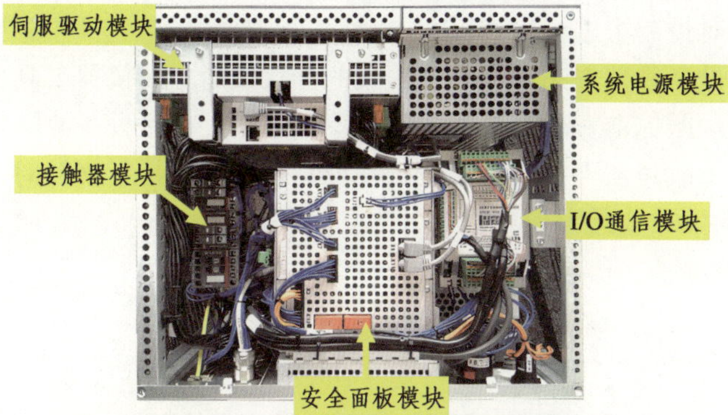	打开控制柜上方的盖子，查看内部的模块分布
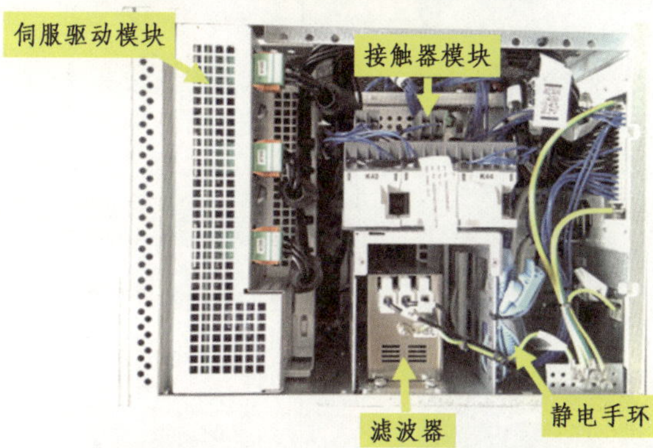	从左侧打开盖子，查看内部的模块分布
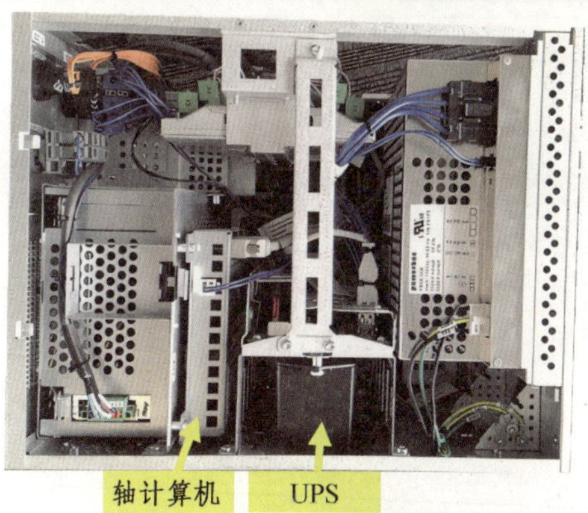	从右侧打开盖子，查看内部的模块
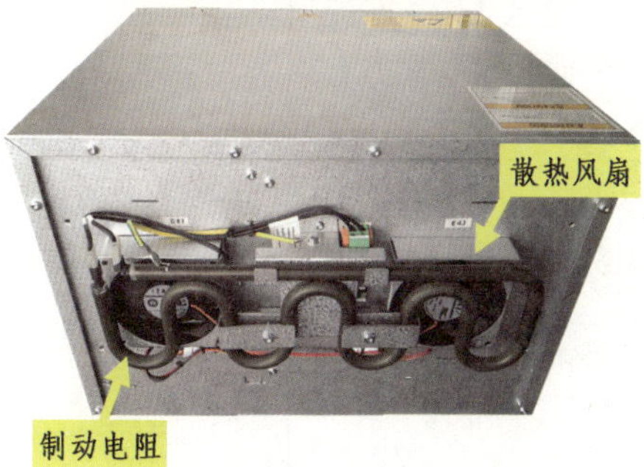	从后面打开盖子，查看内部的模块分布

学习活动 3　工业机器人标准型控制柜的周期性维护

必须对工业机器人标准型控制柜 IRC5 进行定期维护，以确保其功能正常。不可预测的情形下出现异常，也要对控制柜进行检查。

设备点检是一种科学的设备管理方法。它是利用人的五官或简单的仪器工具，对设备进行定点、定期的检查，对照标准发现设备的异常现象和隐患，掌握设备故障的初期信息，以便及时采取对策，将故障消灭在萌芽阶段的一种管理方法。接下来针对工业机器人标准型控制柜 IRC5 制订日常点检及定期点检计划。

（1）日常点检见表 5-2-4。

表 5-2-4　工业机器人标准型控制柜 IRC5 日常点检

项目	图示	点检内容及方法
1. 控制柜	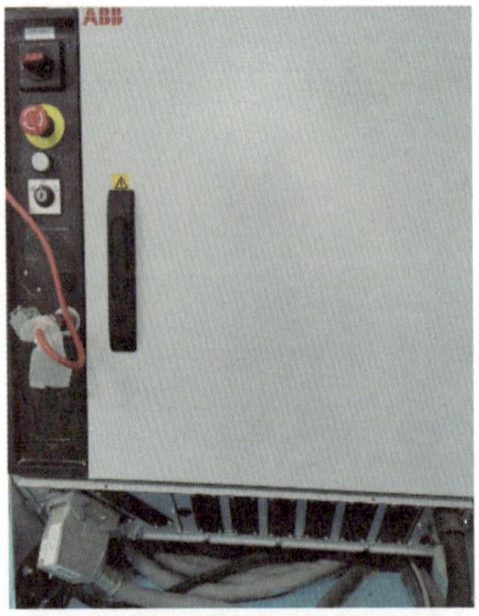	每天在开始操作之前，一定要先检查控制柜清洁，四周无杂物。 检查控制柜的通风是否正常，如果使用环境的温度过高，会触发机器人自身的保护机制而报警，如果不予处理，持续长时间的高温运行就会损坏机器人电气相关模块及元件
2. 示教器		每天在开始操作之前，一定要先检查示教器的触摸屏幕是否显示正常，触摸对象有无漂移；按钮、摇杆是否正常，否则可能会因为误操作而造成人身的安全事故
3. 控制柜运行情况	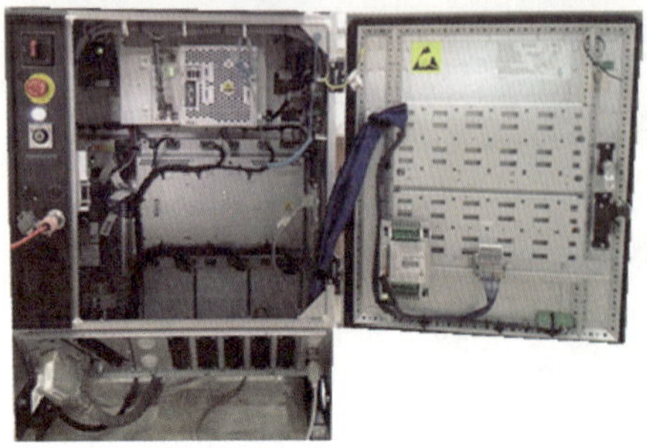	控制器正常上电后，示教器上无报警。控制器背面的散热风扇运行正常

续表

项目	图示	点检内容及方法
4. 检查安全防护装置	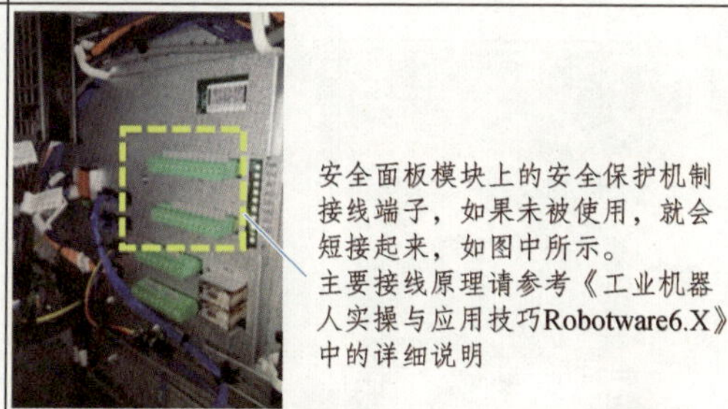	如果使用安全面板模块上的安全保护机制——AS(自动模式安全保护停止)、GS(常规模式安全保护停止)、SS(上级安全保护停止)和ES(紧急停止)，则对应的安全保护功能也要进行测试
5. 急停按钮	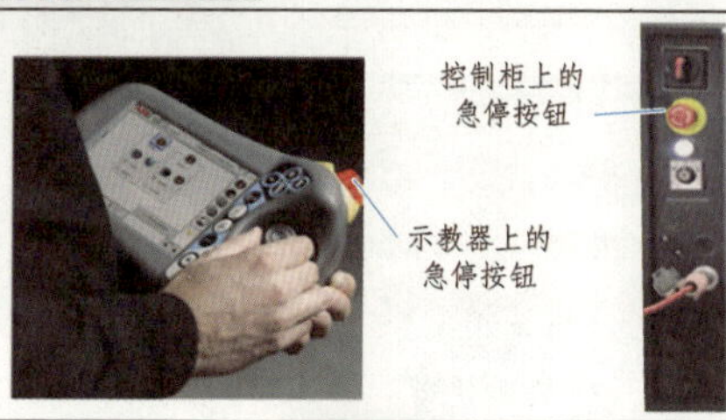	一般地，在遇到紧急情况时，第一时间按下急停按钮。ABB工业机器人的急停按钮标配有两个，分别位于控制柜及示教器上。可以在手动或自动状态下对急停按钮进行测试并复位，确认功能正常
6. 设备的开关	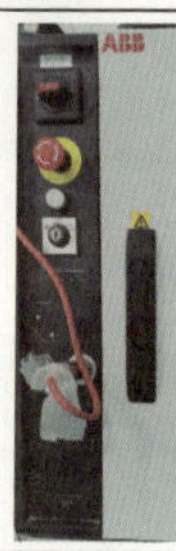	工业机器人在实际使用中周边必然会有配套的设备，同样是使用按钮/开关实现功能的使用，所以在开始作业之前，需要对工业机器人本身和周边设备的按钮/开关进行检查与确认

（2）定期点检见表5-2-5。

表5-2-5　工业机器人标准型控制柜IRC5定期点检

项目	图示	点检内容及方法
1. 清洁示教器（每1个月）	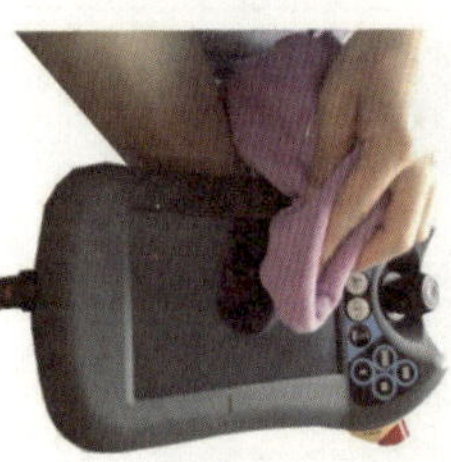	根据使用说明书要求，ABB工业机器人示教器要求至少每月清洁1次。一般地，使用纯棉的拧干的湿毛巾（防静电）进行擦拭。若有必要，可使用稀释的中性清洁剂
2. 散热风扇的检查（每6个月）	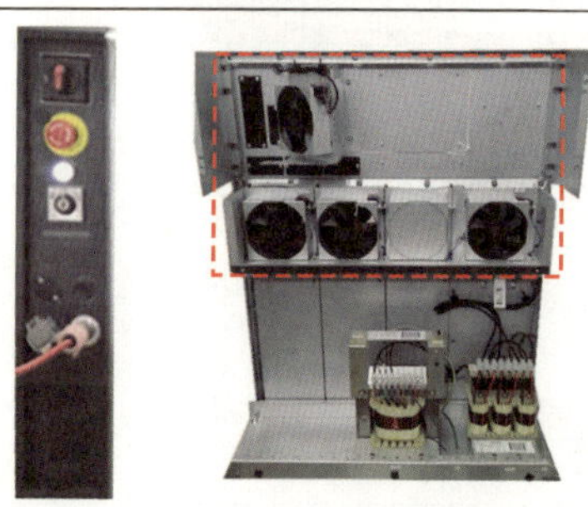	（1）关闭控制器主电源。 （2）从控制柜背面拆下外壳，可以看到控制柜散热风扇：① 检查叶片是否完整和有无破损，必要时更换；② 清洁叶片上的灰尘

续表

项目	图示	点检内容及方法
3. 散热风扇的清洁（每12个月）	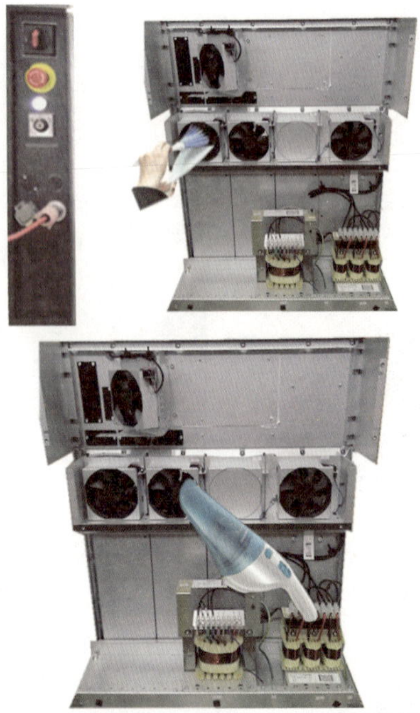	（1）关闭控制器主电源。 （2）使用小清洁扫清扫灰尘，并用小托板接住灰尘。 （3）使用手持吸尘器对遗留的灰尘进行吸取
4. 控制器内部的清洁（每12个月）	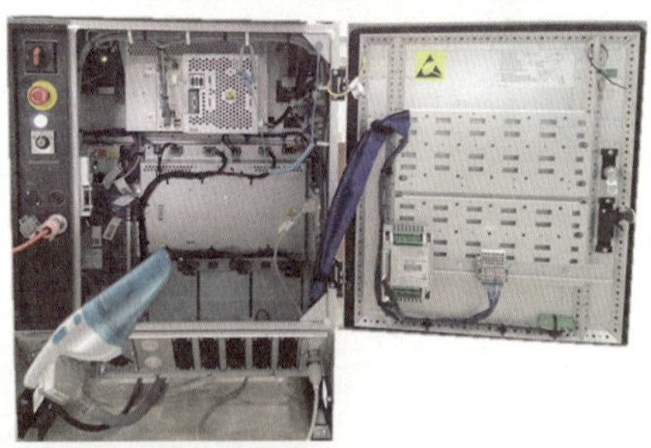	（1）关闭控制器主电源。 （2）打开控制柜门，使用手持吸尘器对灰尘进行吸取
5. 检查上电接触器K42、K43（每12个月）	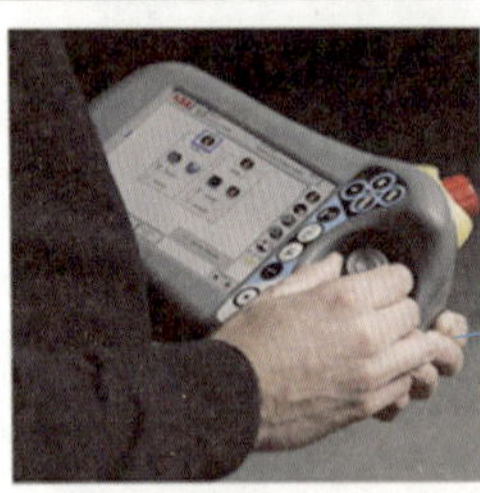 （1）在手动状态下，按下使能器到中间位置，使机器人进入电机上电状态 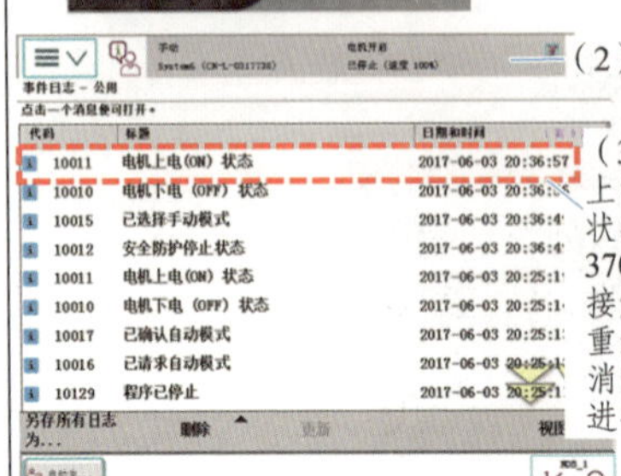 （2）点击“状态信息栏” （3）出现“10011电机上电（ON）状态”说明状态正常。如果出现“37001电机上电（ON）接触器启动错误”，需重新测试，如果还不能消除，应根据报警提示进行处理	（1）在手动状态下，按下使能器到中间位置，使机器人进入电机上电状态。 （2）出现“10011 电机上电（ON）”状态说明状态正常。 （3）如果出现“37001电机上电（ON）接触器启动错误”，需重新测试，如果还不能消除报警，应根据报警提示进行处理。

续表

项目	图示	点检内容及方法
5. 检查上电接触器 K42、K43(每 12 个月)	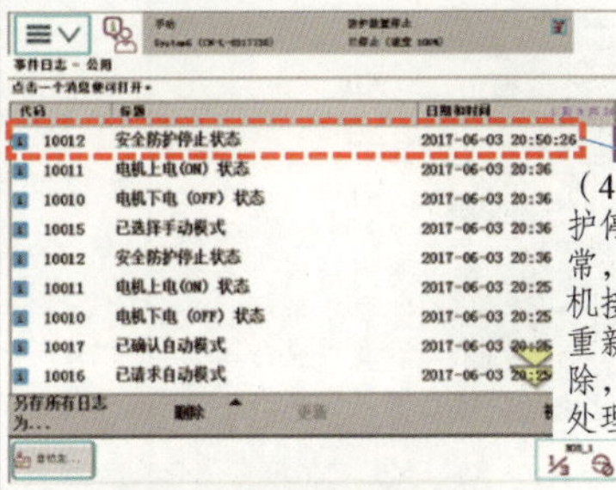	(4)出现“10012 电机上电(ON)”状态说明状态正常，如果出现“200227 电机上电接触器 DRV1”，需重新测试，如果还不能消除报警，应根据报警提示进行处理
6. 检查刹车接触器 K44(每 12 个月)	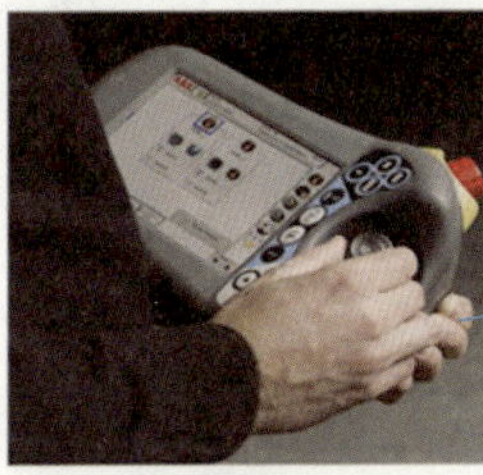 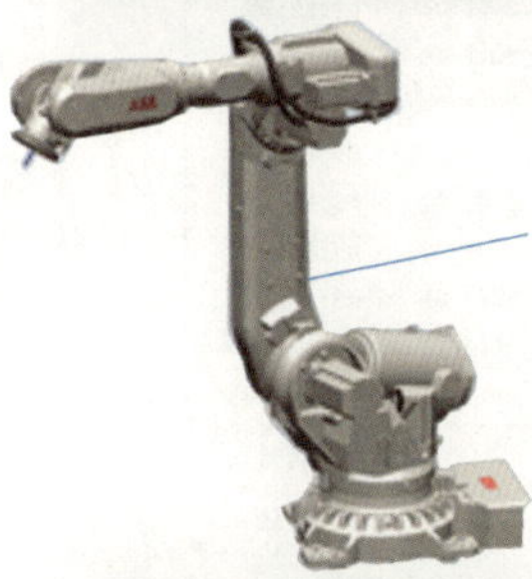  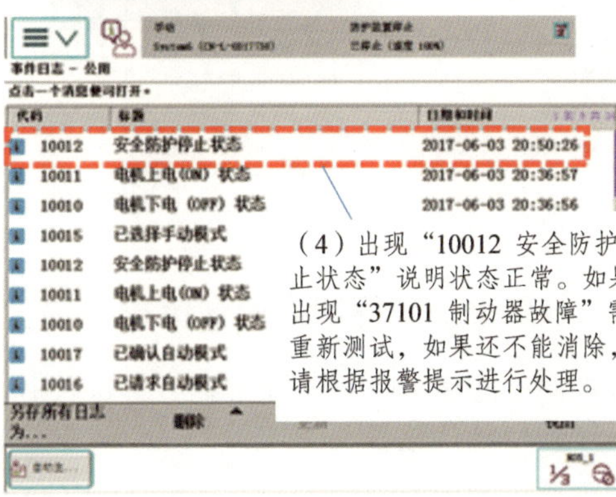	(1)在手动状态下，按下使能器到中间位置，使机器人进入电机上电状态。单轴运动慢速小范围运行机器人。 (2)细心观察机器人的运动，是否流畅和是否有异响。轴 1~6 分别单独运动进行观察。在测试过程中，如果出现“50056 关节碰撞”，需重新测试，如果还不能消除，应根据报警提示进行处理。 (3)在手动状态下松开使能器。 (4)出现“10012 安全防护停止状态”说明状态正常。如果出现“37101 制动器故障”，需重新测试，如果还不能消除，应根据报警提示进行处理

续表

项目	图示	点检内容及方法
7. 检查安全回路（每 12 个月）	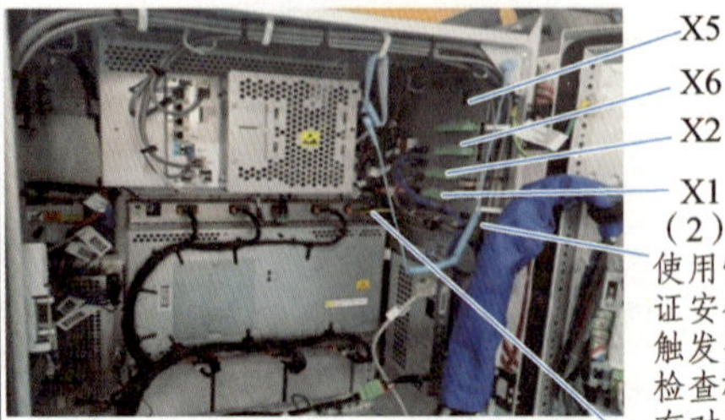 （2）根据实际的使用情况，在保证安全的情况下，触发安全信号，检查机器人是否有对应的响应 （1）安全回路面板上的接线端子X1、X2、X5、X6根据实际情况进行接线，具体的安全回路面板说明，可查看随机资料 触发以下的安全信号　示教器将会发生以下的报警信息 Auto stop自动停止　20205，自动停止已打开 General stop常规停止　20206，常规停止已打开 Superior stop上级停止　20215，上级停止已打开	（1）安全回路面板上的接线端子 X1、X2、X5、X6 根据实际情况进行接线，具体的安全回路面板说明，可查看随机资料。 （2）根据实际的使用情况，在保证安全的情况下触发安全信号，检查机器人是否有对应的响应
	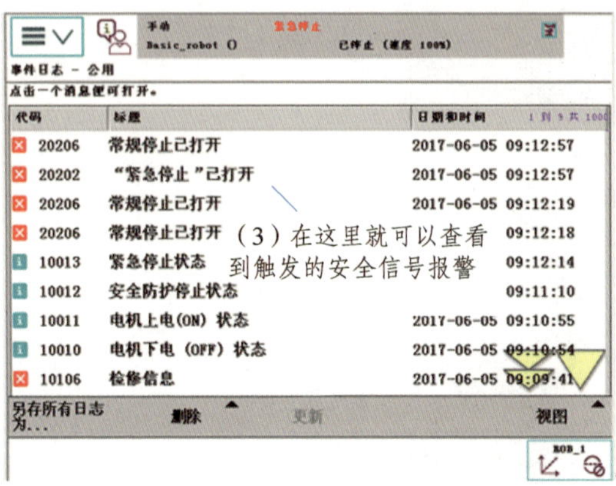 	（3）在示教器中，在这里就看到触发的安全信号报警
	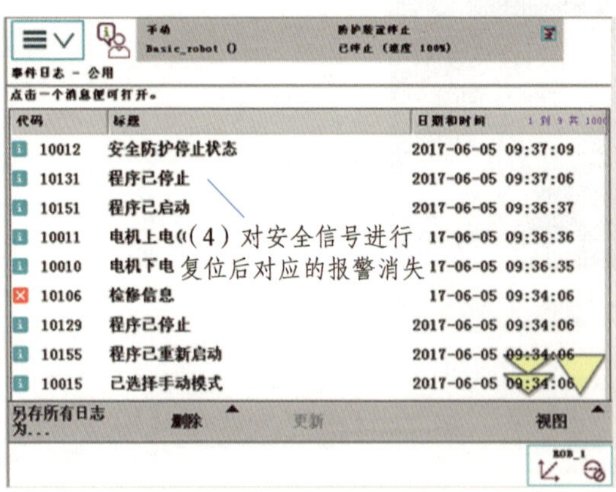 	（4）对安全信号进行复位后对应的报警消失

学习活动 4　工业机器人紧凑型控制柜的周期性维护

必须对工业机器人紧凑型控制柜 IRC5 进行定期维护，以确保其功能正常。不可预测的情形下出现异常，也应对控制柜进行检查。

接下来针对工业机器人紧凑型控制柜 IRC5 制订日常点检及定期点检计划。

（1）日常点检见表 5-2-6。

表 5-2-6　工业机器人紧凑型控制柜 IRC5 日常点检

<table>
<tr><th>项目</th><th>图示</th><th>点检内容及方法</th></tr>
<tr><td>1. 检查控制柜</td><td></td><td>在控制柜的周边要保留足够的空间与位置，以便操作与维护。如果不能达到要求，要及时做出整改。检查控制柜的通风是否正常。如果使用环境的温度过高，会触发机器人本身的保护机制而报警，如果不予处理，持续长时间的高温运行会损坏机器人电气相关的模块及元件</td></tr>
<tr><td>2. 控制柜运行情况</td><td>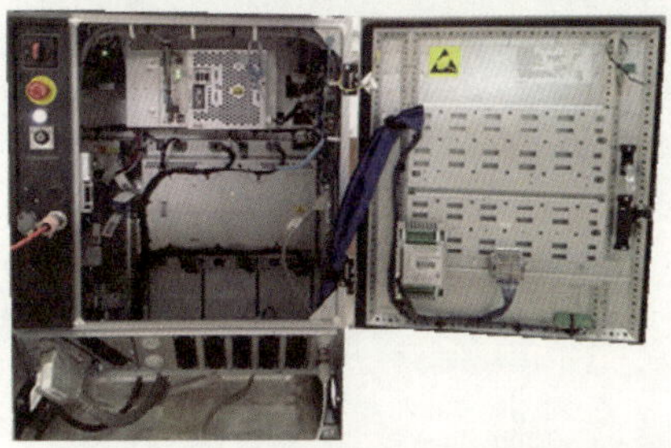</td><td rowspan="2">控制器正常上电后，示教器上无报警。控制器背面的散热风扇运行正常</td></tr>
<tr><td>3. 控制柜运行情况</td><td>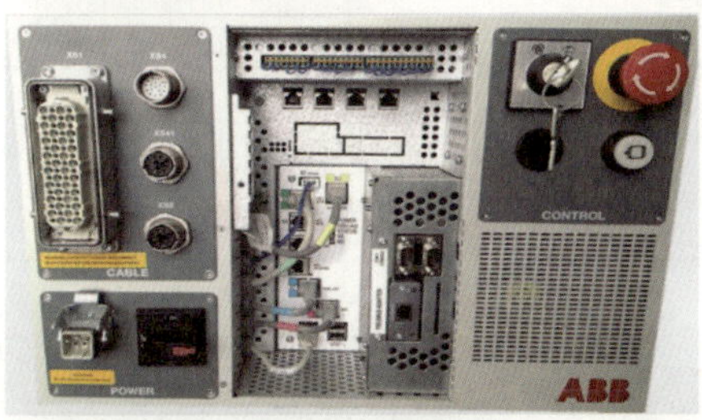</td></tr>
<tr><td>4. 检查急停按钮</td><td>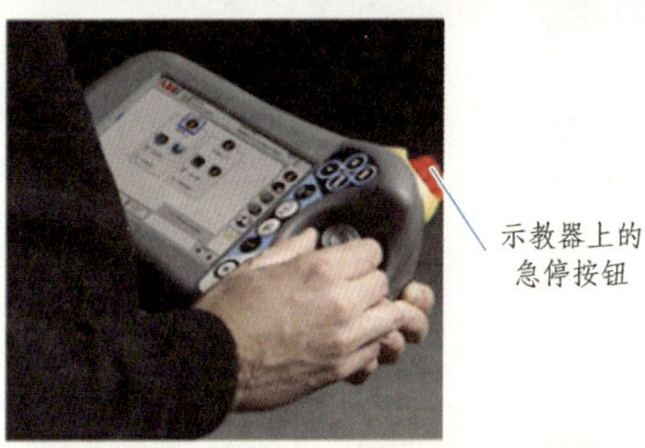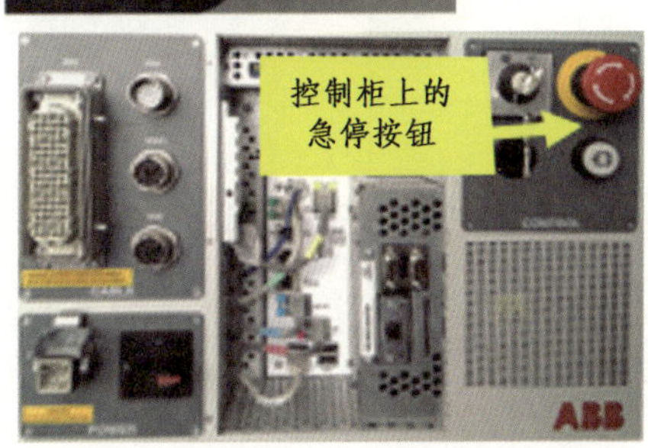</td><td>一般地，在遇到紧急的情况下，第一时间按下急停按钮。ABB 工业机器人的急停按钮标配有两个，分别位于控制柜及示教器上。可以在手动或自动状态下对急停按钮进行测试并复位，确认其功能正常</td></tr>
</table>

续表

项目	图示	点检内容及方法
5. 检查安全防护装置	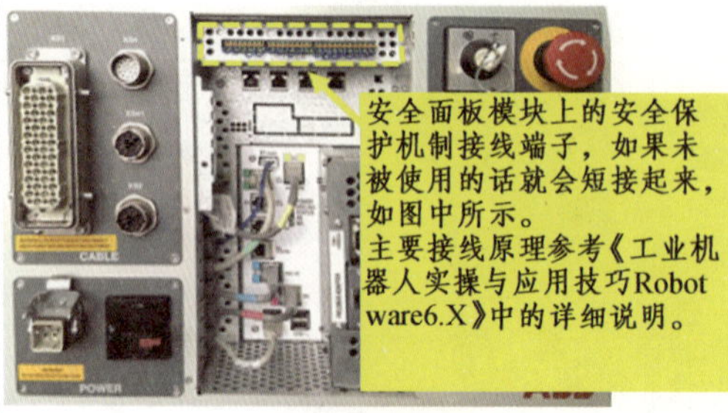	如果使用安全面板模块上的安全保护机制——AS（自动模式安全保护停止）、GS（常规模式安全保护停止）、ES（紧急停止），则对应的安全保护功能也要进行测试。 安全面板模块上的安全保护机制接线端子如果未使用，则会短接起来，如左图所示。主要接线原理见随机资料
6. 各种按钮检查		工业机器人在实际使用中周边必然会有配套的设备，同样是使用按钮/开关实现功能的使用。所以在开始作业之前，需要对工业机器人本身及周边设备的按钮/开关的进行检查和确认

（2）定期点检见表 5-2-7。

表 5-2-7　工业机器人紧凑型控制柜 IRC5 定期点检

项目	图示	点检内容及方法
1. 清洁示教器（每 1 个月）		根据使用说明书要求，ABB 工业机器人示教器要求至少每个月清洁 1 次。一般地，使用纯棉的拧干的湿毛巾（防静电）进行擦拭。若有必要，可使用稀释的中性清洁剂
2. 散热风扇的检查（每 6 个月）		（1）检查前须关闭控制器主电源

续表

项目	图示	点检内容及方法
2. 散热风扇的检查（每6个月）	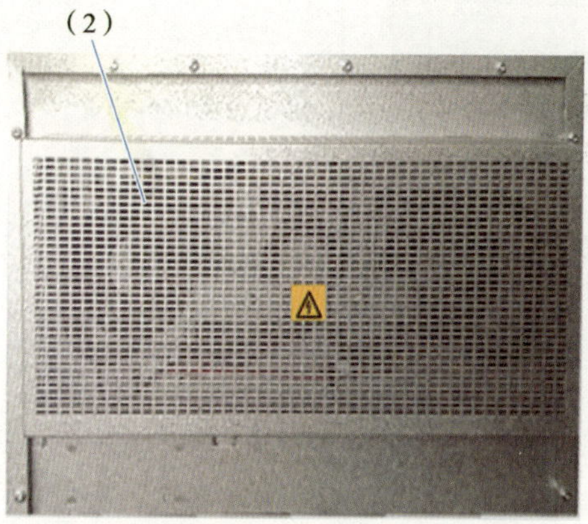	（2）卸下紧凑控制器背面散热风扇保护罩
	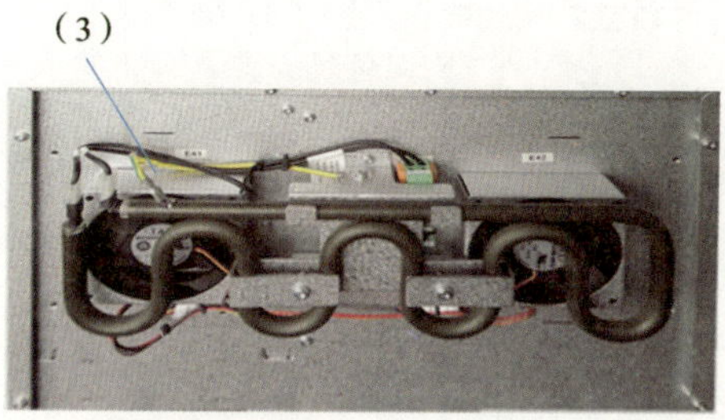	（3）从控制器背面拆下保护罩，可以看到控制器散热风扇和制动电阻。 ①查看制动电阻是否完整，有无破损。 ②检查叶片是否完整，有无破损，必要时更换。 ③清洁叶片上的灰尘
3. 散热风扇的清洁（每12个月）	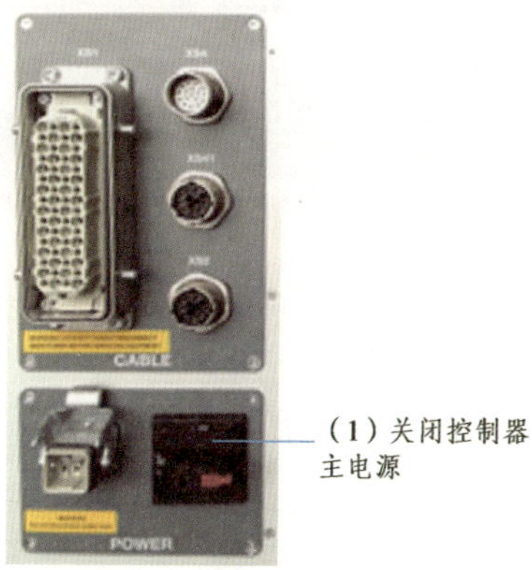	（1）在清洁前须关闭控制器的主电源
	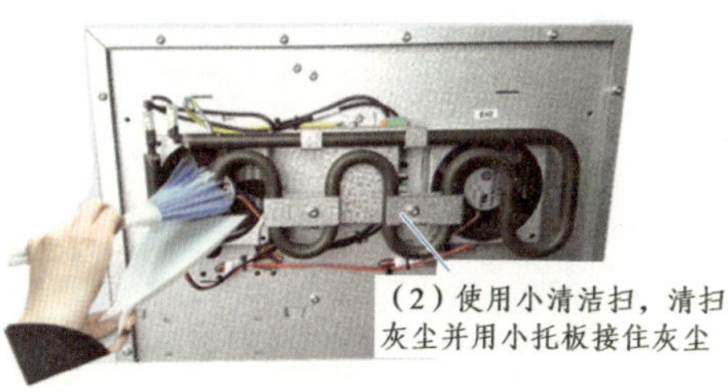	（2）使用小清洁扫清扫灰尘，并用小托板接住灰尘

续表

项目	图示	点检内容及方法
3. 散热风扇的清洁（每12个月）	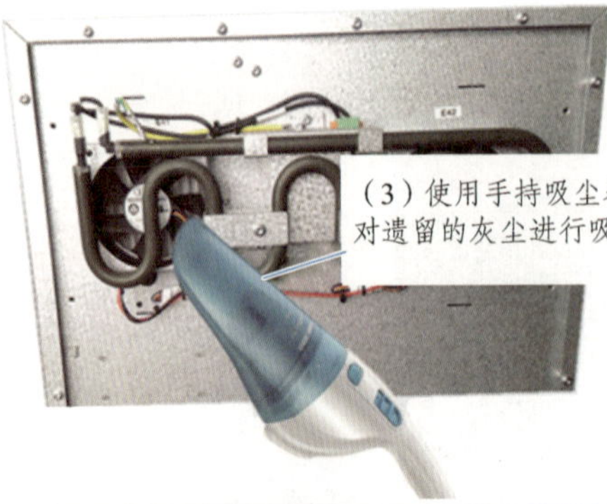	（3）使用手持吸尘器对遗留的灰尘进行吸取
5. 检查上电接触器K42、K43（每12个月）	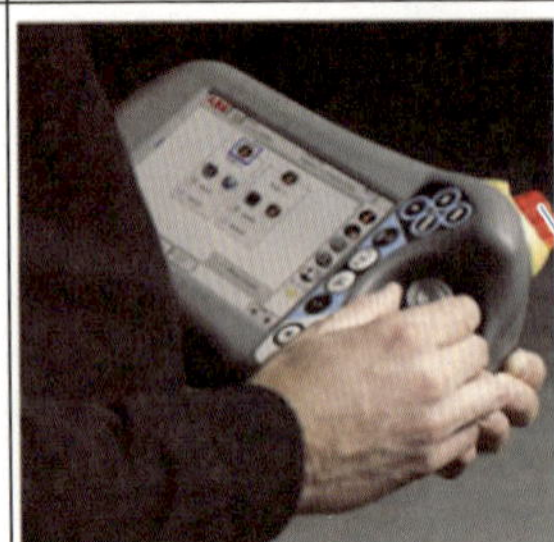	（1）在手动状态下，按下使能器到中间位置，使机器人进入电机上电状态
	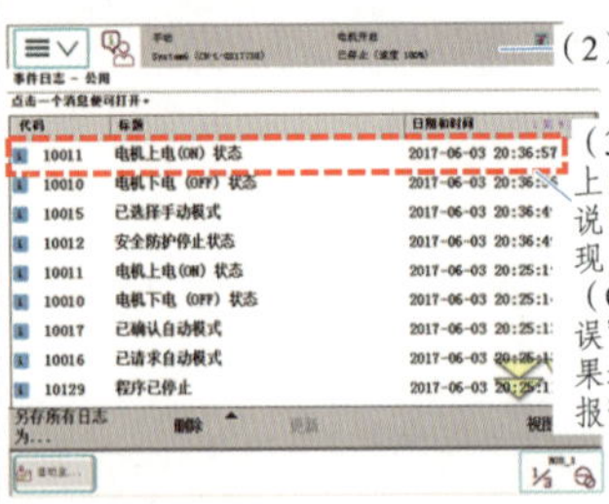	（2）点击状态信息栏。 （3）如果出现“10011 电机上电（ON）”状态说明状态正常。如果出现“37001 电机上电（ON）”接触器启动错误，需重新测试，如果还不能消除报警，应根据报警提示进行处理
	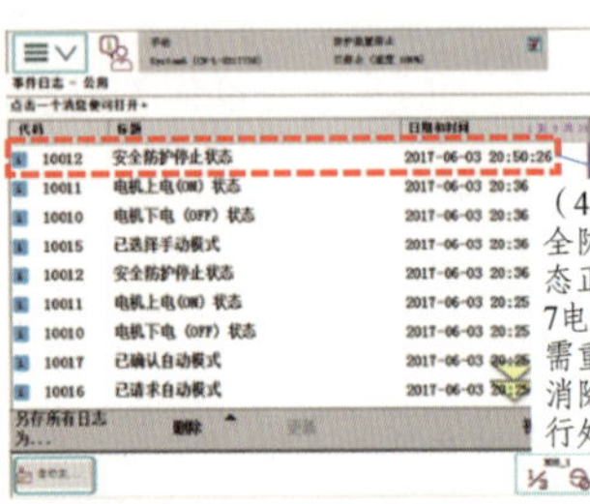	（4）如果出现“10012 电机上电（ON）”状态说明状态正常。如果出现“200227 电机上电接触器 DRV1”，需重新测试，如果还不能消除报警，应根据报警提示进行处理
6. 检查刹车接触器K44（每12个月）	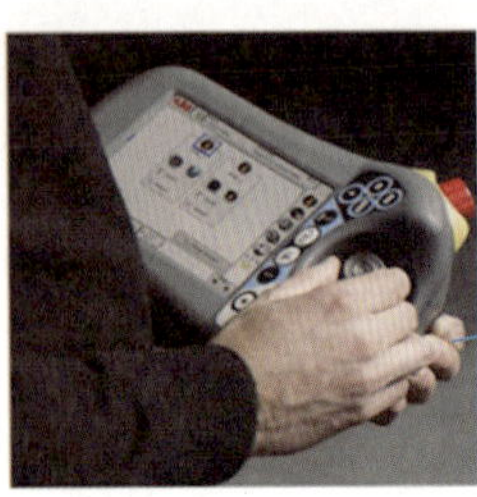	（1）在手动状态下，按下使能器到中间位置，使机器人进入电机上电状态。单轴运动慢速小范围运行机器人

续表

项目	图示	点检内容及方法
6. 检查刹车接触器 K44（每 12 个月）	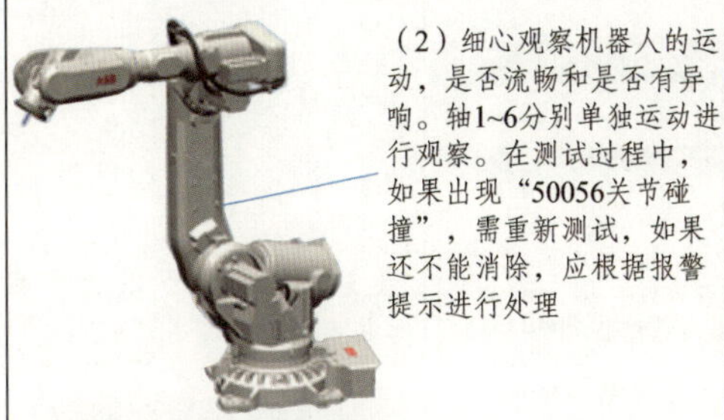	（2）细心观察机器人的运动，是否流畅和是否有异响。轴 1 ~ 6 分别单独运动进行观察。在测试过程中，如果出现“50056 关节碰撞”，需重新测试，如果还不能消除，应根据报警提示进行处理
	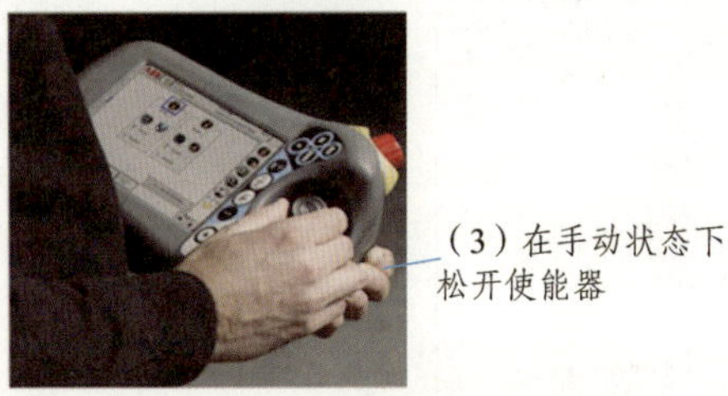	（3）在手动状态下松开使能器
	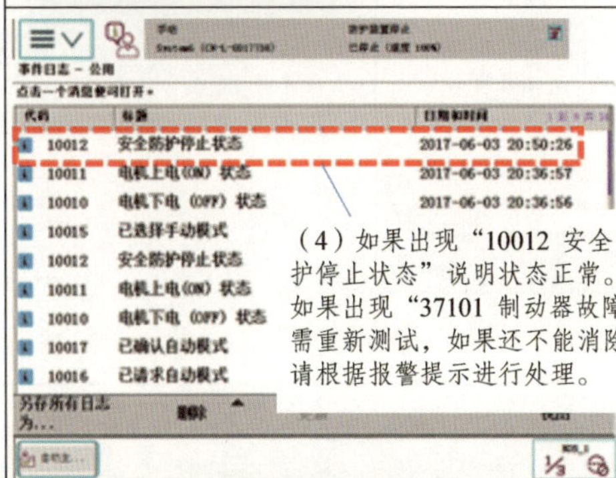	（4）如果出现“10012 安全防护停止状态”说明状态正常。如果出现“37101 制动器故障”，需重新测试，如果还不能消除，应根据报警提示进行处理
7. 检查安全回路	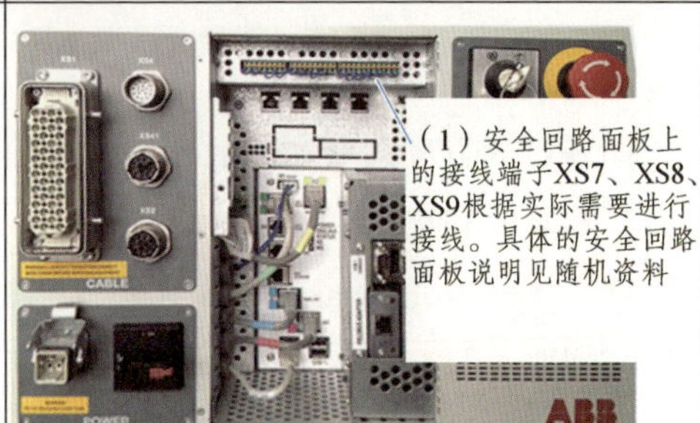	（1）安全回路面板上的接线端子 XS7、XS8、XS9 根据实际需要进行接线。具体的安全回路面板说明见随机资料
	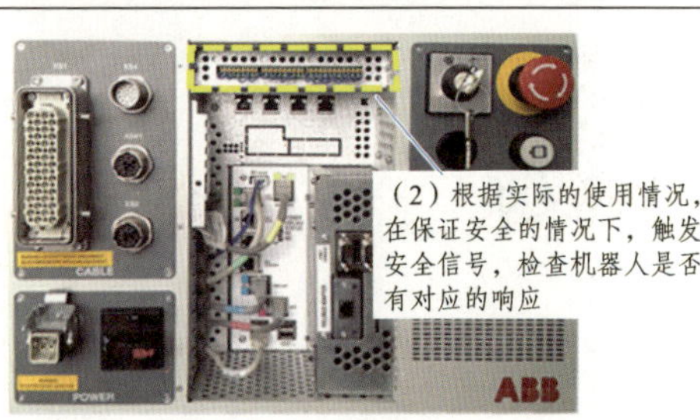	（2）根据实际的使用情况，在保证安全的情况下，触发安全信号，检查机器人是否有对应的响应

续表

<table>
<tr><th>项目</th><th>图示</th><th>点检内容及方法</th></tr>
<tr><td rowspan="2">7. 检查安全回路</td><td>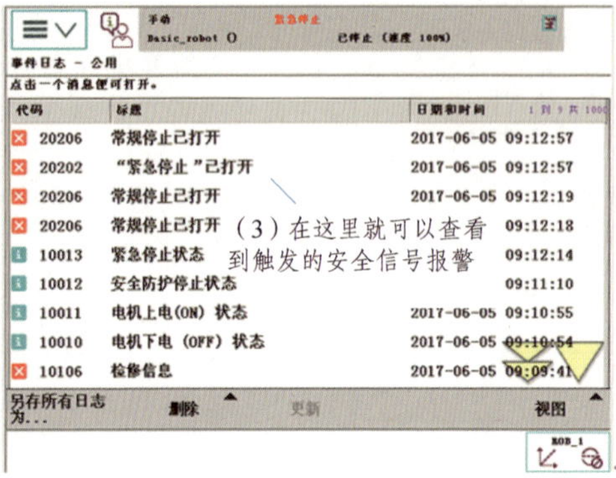</td><td>（3）在这里可以查看到触发的安全信号报警</td></tr>
<tr><td>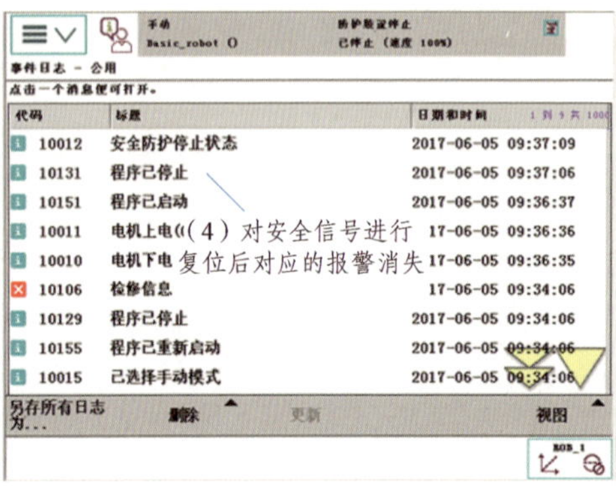</td><td>（4）对安全信号进行复位后对应的报警消失</td></tr>
</table>

学习活动 5　控制柜故障的诊断

机器人系统 Robotware 是机器人运行、编程、调试和功能设定与开发的软件运行平台。一般地，可以通过对 Robotware 定期升级的方法来增加新的功能与特性，同时修改一些已知的错误，从而使得机器人的运行更高效和更可靠。

在机器人正常运行的过程中，对机器人系统 Robotware 进行误操作（如意外删除系统模块、I/O 设定错乱等）引起的报警与停机，可以称之为软故障。

1. 软故障——系统故障

查看日志

系统故障诊断方法见表 5-2-8。

表 5-2-8　系统故障诊断方法

<table>
<tr><th>操作步骤说明</th><th>图示</th></tr>
<tr><td>1. 引起“系统故障”的原因很多，点击事件任务栏可查看详细说明</td><td>
</td></tr>
<tr><td>2. 对报警的信息进行分析，应该与系统输入的设定有关，所以可以打开系统输入的设置画面进行查看</td><td>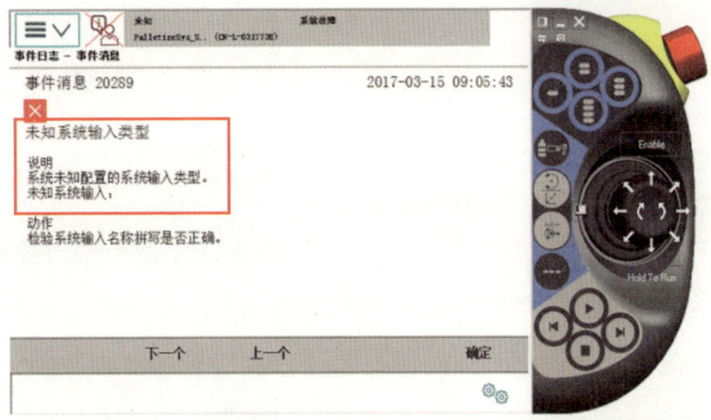
</td></tr>
<tr><td>3. 打开系统输入设置画面的菜单流程路径。
4. 双击“System Input”打开</td><td>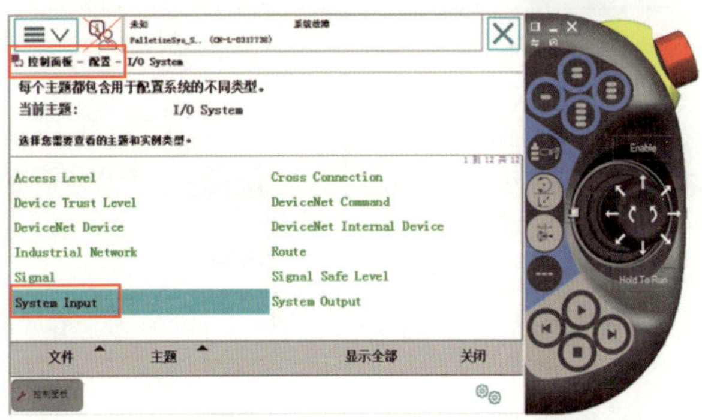
</td></tr>
<tr><td>5. 双击“diStart_”打开</td><td>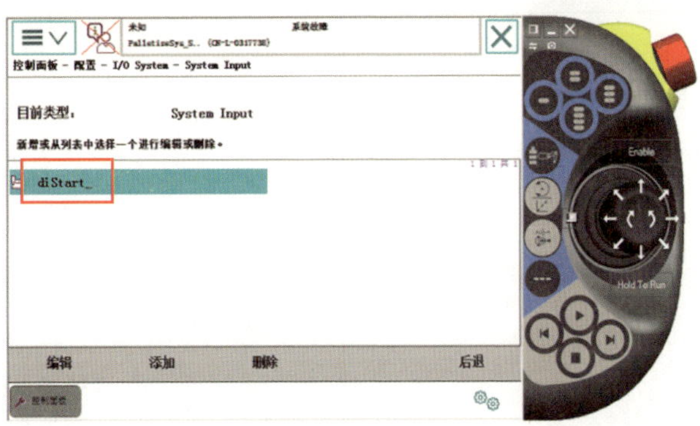
</td></tr>
</table>

续表

<table>
<tr><th>操作步骤说明</th><th>图示</th></tr>
<tr><td>6. “Action” 中必须要设定输入信号与系统关联的状态，不能为空，所以出现了对应的故障报警（在此任务中，工程师是想设定一个系统输入信号，实现在 PLC 对机器人运行启动控制，但是参数未被正确设定，所以要解决这个问题完善相关参数即可）</td><td>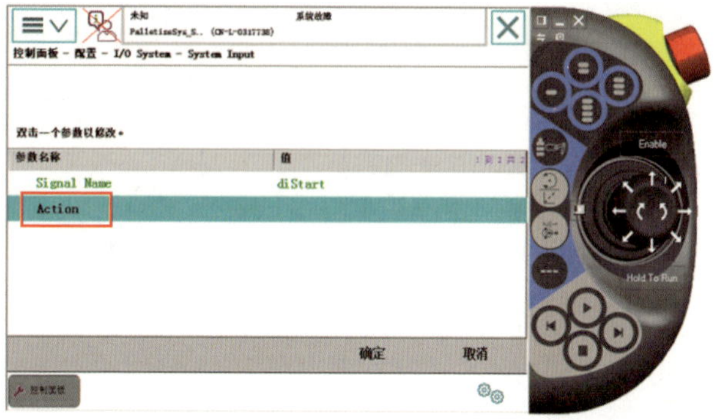
</td></tr>
<tr><td>7. “Action” 和 “Argument1” 中设定对应的参数。具体参数的含义可参考对应的说明书。
8. 设定完成后，点击 “确定”</td><td>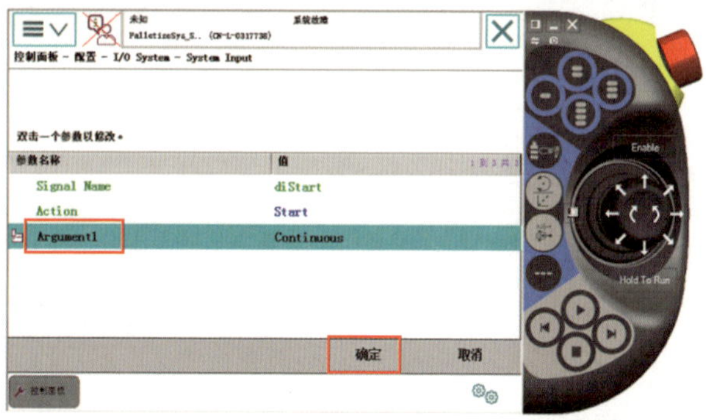
</td></tr>
<tr><td>9. 点击 “是”，重启后故障清除</td><td>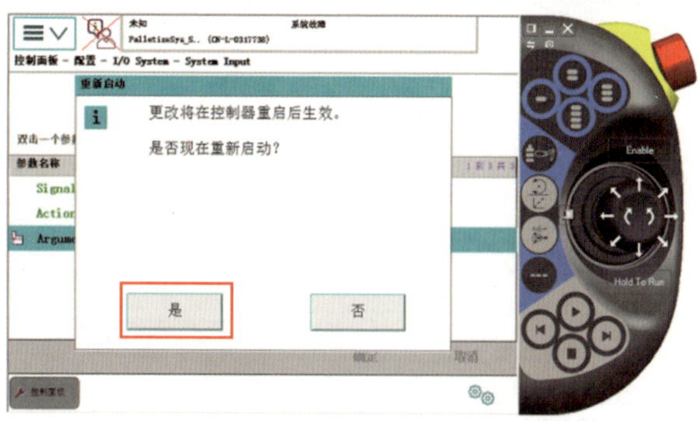
</td></tr>
<tr><td>故障解决方法：
（1）认真查看报警信息。
（2）根据报警信息的提示，定位故障的原因。
（3）修正故障错误。
（4）重启系统，确认故障是否已被消除</td><td>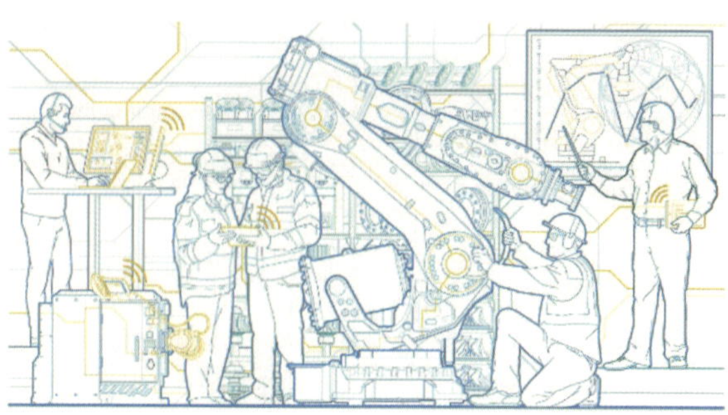</td></tr>
</table>

续表

操作步骤说明	图示
在实际机器人应用过程中，如果机器人运行稳定，功能正常的情况下，不建议随意修改机器人系统 Robotware，包括增减选项与版本升级。 只有在当前运行的 Robotware 有异常并影响到机器人的效率与可靠性时，才去考虑升级 Robotware 来解决软件本身的问题（在系统信息菜单中点击“系统属性”可以查看 Robotware 版本号）	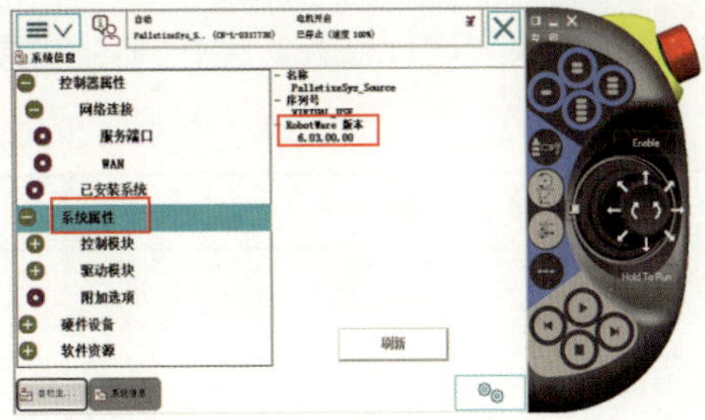
一般情况下，可以根据从外到里，从软到硬、从简单到复杂的流程对故障进行处理，尤其是软故障，可以通过重启的方法尝试修复。 （1）打开“ABB”菜单栏。 （2）点击“重新启动”	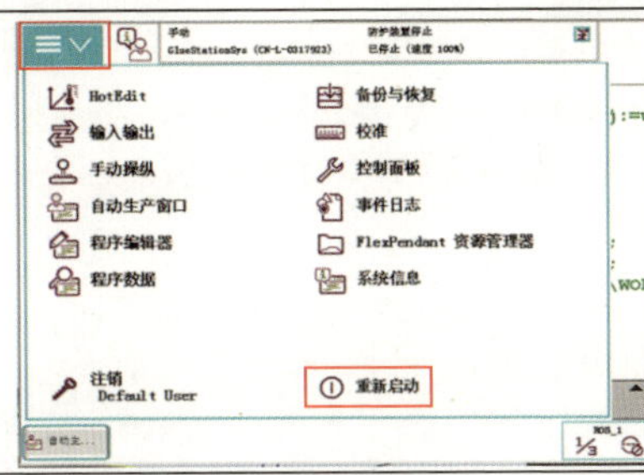
（3）点击“高级”	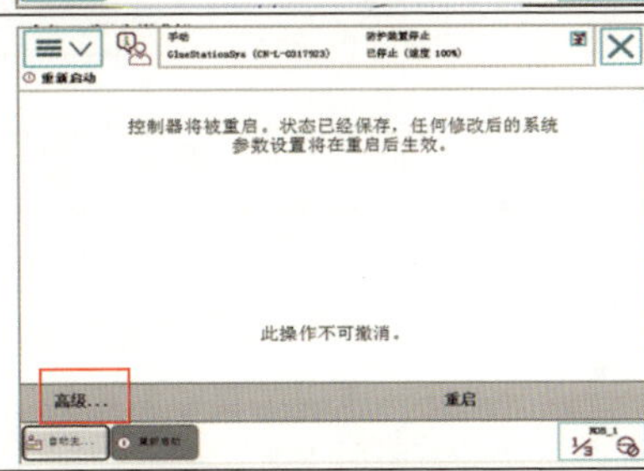
可以参考以下说明，根据出现的软件故障选择对应的重启方式，尝试修复故障。需要注意的是，不同的重启方式会不同程度地删除数据，应谨慎操作（故在进行重启等相关高级操作前，先对机器人系统进行一次备份，较为稳妥）	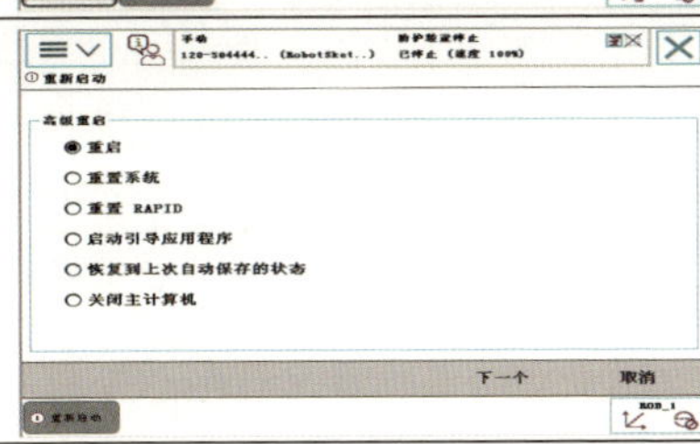

功能	消除的数据	说明
重启	不会	仅将系统重启一次
重置系统	所有的数据	系统恢复到出厂设置
重置 RAPID	所有 RAPID 程序代码及数据	RAPID 恢复到原始的编程环境
启动引导应用程序	不会	进入系统 IP 设置及系统管理界面
恢复到上次自动保存的状态	可能会	如果本次是因为误操作引起的，重启时会调用上一次正常关机时保存的数据
关闭主计算机	不会	关闭主计算机，然后再关闭主电源，是较为安全的关机方式

2. 机器人周边检查

工业机器人本身的可靠性是非常高的，大部分的故障可能都是人为操作不当所引起的。所以，当工业机器人发生故障时，先不用着急去将机器人拆装检查，而是应该对机器人周边的部件、接头进行检查。操作方法见表 5-2-9。

表 5-2-9　机器人周边检查操作方法

操作步骤及说明	图示
工业机器人一上电启动后，示教器就显示故障报警，如右图所示	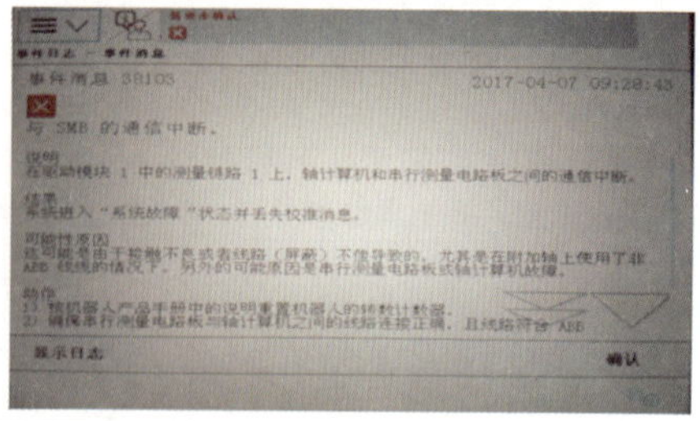

按照事件消息 38103 中对可能性原因进行分析，原因可能有三个方面：原因	描述
1	SMB 电缆有问题
2	机器人本体里面的串行测量电路板有问题
3	控制柜里面的轴计算机有问题

这三个方面都可能涉及硬件的更换。这台设备由于生产工艺的调整刚刚进行了搬运和重新布局，那么此次故障是否是这一原因所致？此时应当优先考虑检查这三个方面，重点在于对连接的插头以及电路板上的状态灯进行查看

步骤	描述
1	检查 SMB 电缆的连接及屏蔽（重点检查）
2	查看机器人本体内的串行测量电路板
3	查看控制柜里面的轴计算机

最终真相得以揭晓，致使此故障产生的原因是控制柜端的 SMB 电缆插头松动。依照下列步骤进行处理，看看能否将故障排除。

步骤	描述
1	关闭机器人总电源
2	将 SMB 电缆插头重新插好并拧紧
3	顺便检查机器人本体与控制柜上的所有插头是否正确插好
4	重新上电后故障报警消失

SMB电缆插头松了，重新拧紧

续表

<table>
<tr><th>操作步骤及说明</th><th>图示</th></tr>
<tr><td colspan="2">由上述这一实例可知，机器人故障报警信息所呈现的故障仅是由插头松动所致，并非如信息中所描述的硬件发生故障。故而在处理故障时，可先从以下几个方面入手，按照从简单到复杂、从机器人外部周边至内部硬件的顺序进行故障的查找与分析。
<table><tr><th>检查</th><th>描述</th></tr><tr><td>1</td><td>相关的紧固螺丝是否松动？</td></tr><tr><td>2</td><td>所有电缆的插头是否插好？</td></tr><tr><td>3</td><td>电缆表面是否有破损？</td></tr><tr><td>4</td><td>硬件电路模块是否清洁与潮湿？</td></tr><tr><td>5</td><td>各模块是否正确安装（周期保养后）？</td></tr></table></td></tr>
</table>

3. 一次只更换一个元件的操作方法

接下来仍以 SMB 通信中断这一故障为例进行探讨，在排除了插头与电缆的问题后，若故障仍无法排除，那么便可能确实涉及硬件故障。存在以下 3 种可能：

（1）SMB 电缆存在问题；

（2）机器人本体中的串行测量电路板存在问题；

（3）控制柜内的轴计算机存在问题。

此处牵涉两个硬件，其一为机器人本体中的串行测量电路板，其二为控制柜内的轴计算机。究竟是哪一个存在问题？抑或二者皆有问题？在此情形下，建议在对硬件进行故障诊断与排除时，采用一次只更换一个元件的操作方式。一次只更换一个元件的流程见表 5-2-10。

表 5-2-10　一次只更换一个元件的流程

步骤	描　述
1	关闭机器人的总电源
2	更换串行测量电路板
3	打开机器人的总电源，如果故障还没有排除，则继续进行下面的步骤
4	关闭机器人的总电源
5	恢复原来的串行测量电路板
6	更换轴计算机
7	打开机器人的总电源。如果故障还没有排除，则继续进行下面的步骤
8	关闭机器人的总电源
9	恢复原来的轴计算机
10	至此，如果故障还没有排除，则需要联系厂家进行检修

在实施更换元件以排除故障时，可运用如下这份工作表来记录所进行的更换操作，以利于元件的恢复及故障分析。现以上述故障处理的过程记录为例予以说明，见表 5-2-11。

表 5-2-11　故障处理过程记录

编号	日期	时间	部件名称/型号	操作	结果
1	3月6日	10:00	串行测量电路板备件	安装	故障依旧
2	3月6日	10:34	原串行测量电路板	恢复	
3	3月6日	11:54	轴计算机备件	安装	故障依旧
4	3月6日	12:54	原轴计算机	恢复	

学习活动 6　工业机器人控制柜常见故障的诊断

ABB 机器人常用的控制柜有两类，分别是标准型控制柜和紧凑型控制柜。二者的大部分模块皆可通用。因此，在本任务里，以标准型控制柜作为学习对象。在任务中可以查看到紧凑型控制柜对应模块的所在位置。

（1）主计算机模块的故障诊断见表 5-2-12。

表 5-2-12　主计算机模块的故障诊断

操作步骤说明	图示
主计算机模块就好比机器人的大脑，位于控制柜的正上方，如右图所示	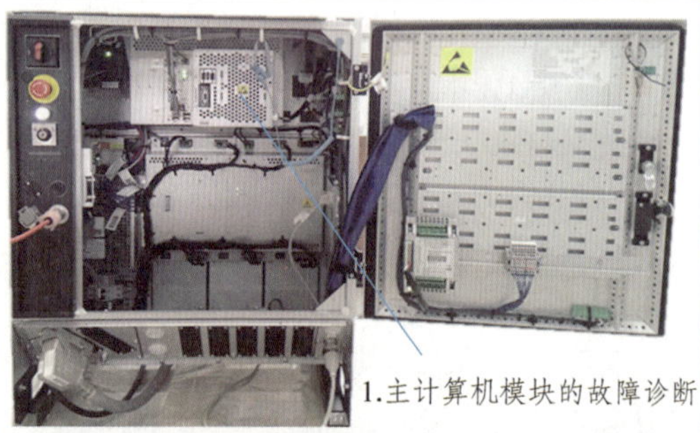
LED 状态指示灯位于主计算机的中央位置，如右图所示	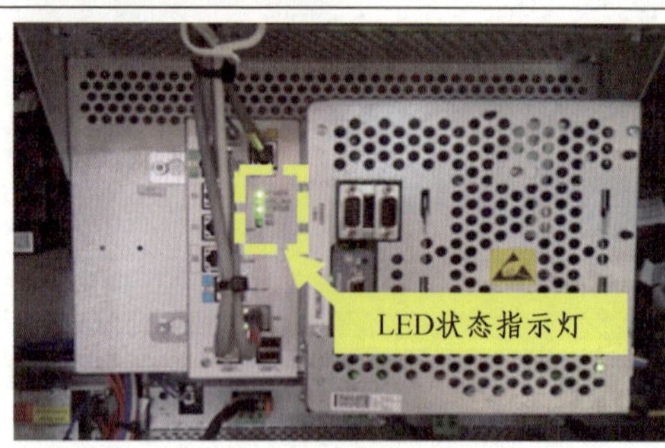

LED 状态指示灯位的状态及含义		
LED 灯名称	LED 灯状态	含义
POWER	长亮	正常启动时，计算机单元内的 COM 快速模块未启动
	1～4 下短闪，1 s 熄灭	启动期间遇到故障。可能是电源、FPGA 或 COM 快速模块故障
	1～5 下闪烁，20 下快速闪烁	运行时电源故障。应重启控制柜后检查主计算机电源电压

续表

操作步骤说明	图示

DISC-Act	闪烁	正在读写 SD 卡
STATUS	启动时红色长亮	正在加载 bootloader
	启动时红色闪烁	正在加载镜像数据
	启动时绿色闪烁	正在加载 RobotWare
	启动时绿色长亮	系统启动完成
	红色长亮或闪烁	检查 SD 卡
	绿色闪烁	查看示教器上的信息提示

（2）安全面板模块的故障诊断见表 5-2-13。

表 5-2-13　安全面板模块的故障诊断

<table>
<tr><th>操作步骤说明</th><th>图示</th></tr>
<tr><td>安全面板模块主要负责安全相关信号的处理，位于控制柜的右侧，如右图所示</td><td>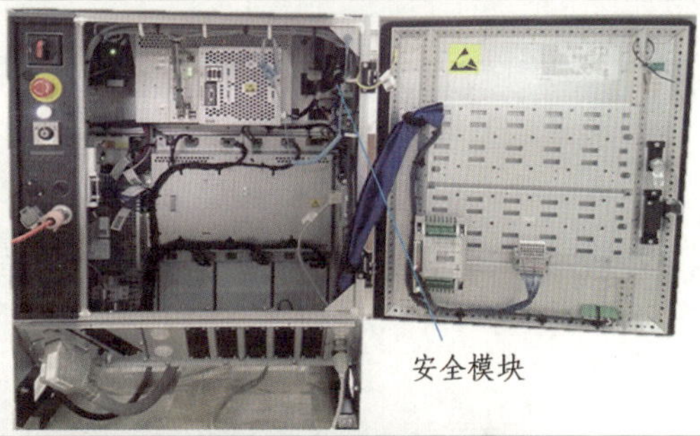
</td></tr>
<tr><td>LED 状态指示灯位于安全面板模块的右侧，如右图所示</td><td>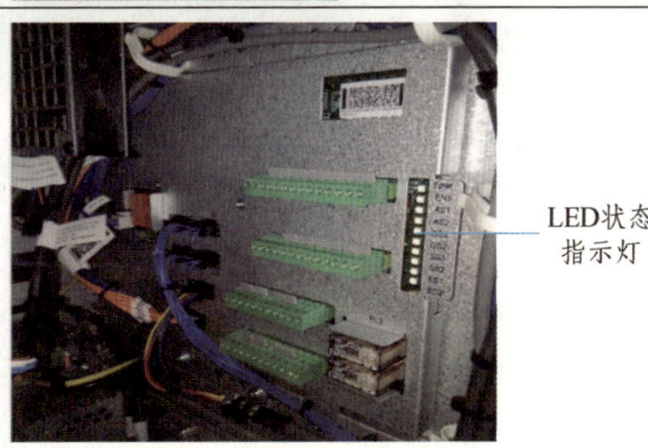
</td></tr>
</table>

LED 状态指示灯的状态及含义		
LED 灯名称	LED 灯状态	含义
Epwr	绿色闪烁	串行通信错误，检查与主计算机的通信连接
	绿色长亮	运行正常
	红色闪烁	系统上电自检中
	红色长亮	出现串行通信错误以外的错误

续表

操作步骤说明	图示

EN1	长亮	信号 ENABLE1=1 且 RS 通信正常
AS1	长亮	自动停止安全链 1 正常
AS2	长亮	自动停止安全链 2 正常
GS1	长亮	常规停止安全链 1 正常
GS2	长亮	常规停止安全链 2 正常
SS1	长亮	上级停止安全链 1 正常
SS2	长亮	上级停止安全链 2 正常
ES1	长亮	紧急停止安全链 1 正常
ES2	长亮	紧急停止安全链 2 正常

（3）驱动单元模块的故障诊断见表 5-2-14。

表 5-2-14　驱动单元模块的故障诊断

<table>
<tr><th colspan="2">操作步骤说明</th><th>图示</th></tr>
<tr><td colspan="2">驱动单元模块用于接收上位机指令，然后驱动机器人运动，位于控制柜的正面中间的位置，如右图所示</td><td>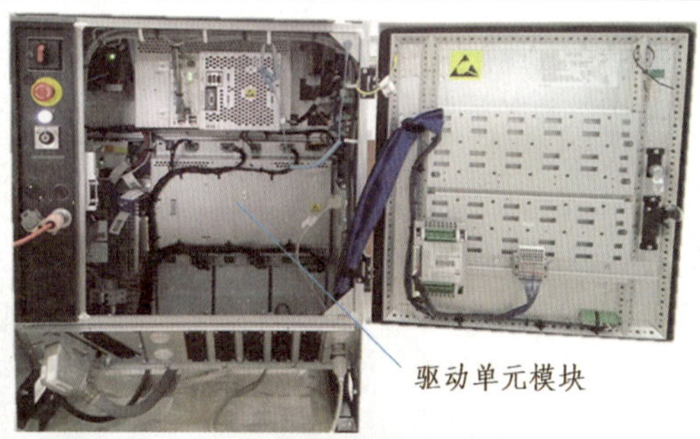
</td></tr>
<tr><td colspan="2">LED 状态指示灯位于驱动单元模块的中心，如右图所示</td><td>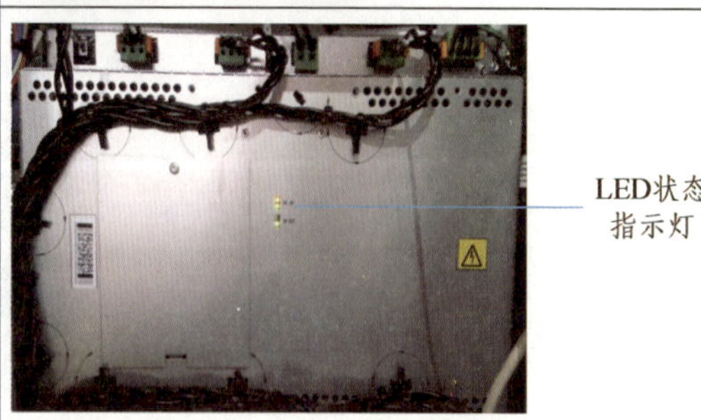
</td></tr>
<tr><td colspan="3">LED 状态指示灯的状态及含义</td></tr>
<tr><td>LED 灯名称</td><td>LED 灯状态</td><td>含义</td></tr>
<tr><td rowspan="3">X8 IN</td><td>黄灯闪烁</td><td>与上位机在以太网通道上进行通信</td></tr>
<tr><td>黄灯亮</td><td>以太网通道已建立连接</td></tr>
<tr><td>黄灯熄灭</td><td>与上位机以太网通道连接断开</td></tr>
</table>

续表

操作步骤说明		图示
X8 IN	绿灯熄灭	以太网通道的速率为 10 Mb/s
	绿灯长亮	以太网通道的速率为 100 Mb/s
X9 OUT	黄灯闪烁	与额外驱动单元在以太网通道上进行通信
	黄灯亮	以太网通道已建立连接
	黄灯熄灭	与额外驱动单元以太网通道连接断开
	绿灯熄灭	以太网通道的速率为 10 Mb/s
	绿灯长亮	以太网通道的速率为 100 Mb/s

（4）轴计算机模块的故障诊断见表 5-2-15。

表 5-2-15　轴计算机模块的故障诊断

操作步骤说明		图示
轴计算机单元模块用于接收主计算机的运动指令和串行测量板（SMB）的机器人位置反馈信号，然后发出驱动机器人运动的指令给驱动单元模块，位于控制柜的右侧位置，如右图所示		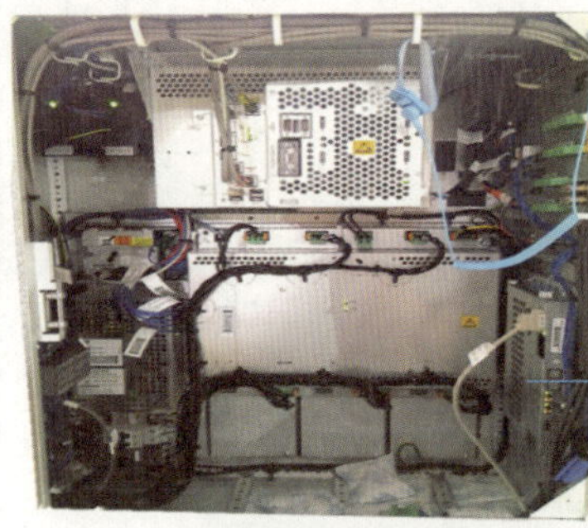
LED 状态指示灯位于轴计算机模块的右侧的位置，如右图所示		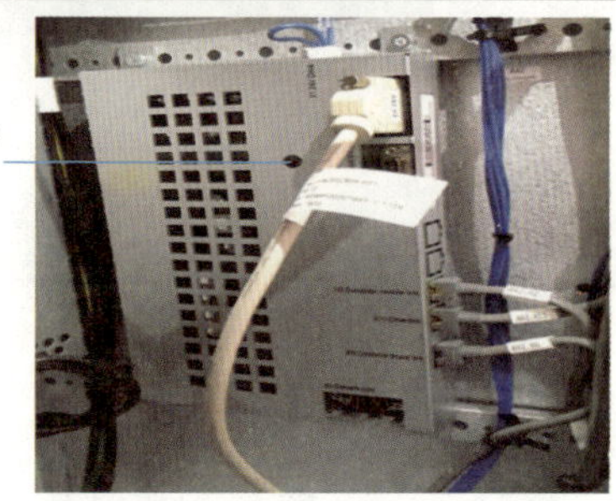
LED 状态指示灯的状态及含义		
LED 灯名称	LED 灯状态	含义
状态 LED	红色长亮	启动期间，表示正在上电中
		运行期间，轴计算机无法初始化基本的硬件
	红色闪烁	启动期间，建立与主计算机的连接并将程序加载到轴计算机
		运行期间，与主计算机的连接丢失、主计算机启动问题或者 RobotWare 安装问题
	绿色闪烁	启动期间，轴计算机程序启动并连接外围单元
		运行期间，与外围单元的连接丢失或者 RobotWare 启动问题
	绿色长亮	启动期间，启动过程中
		运行期间，正常运行
	不亮	轴计算机没有电或者内部错误（硬件/固件）

（5）系统电源模块的故障诊断见表 5-2-16。

表 5-2-16　系统电源模块的故障诊断

操作步骤说明	图示
系统电源模块为控制柜里的模块提供直流电源，位于控制柜的左下方位置，如右图所示	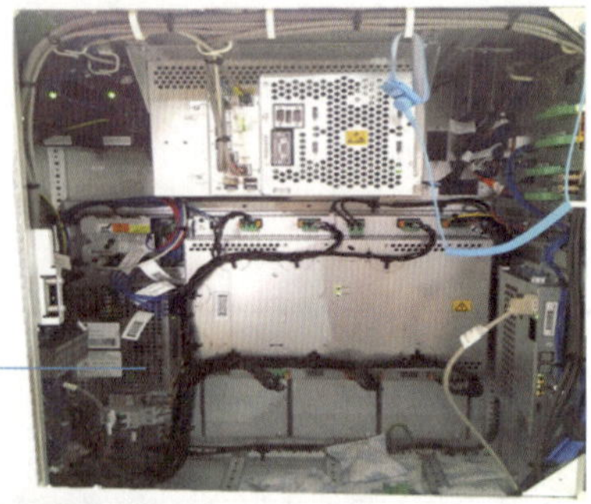
LED 状态指示灯位于系统电源模块的右边的位置，如右图所示	

LED 状态指示灯的状态及含义

LED 灯名称	LED 灯状态	含义
Epwr	绿色闪烁	串行通信错误，检查与主计算机的通信连接
	绿色长亮	运行正常
	红色闪烁	系统上电自检中
	红色长亮	出现串行通信错误以外的错误
EN1	长亮	信号 ENABLE1=1 且 RS 通信正常
AS1	长亮	自动停止安全链 1 正常
AS2	长亮	自动停止安全链 2 正常
GS1	长亮	常规停止安全链 1 正常
GS2	长亮	常规停止安全链 2 正常
SS1	长亮	上级停止安全链 1 正常
SS2	长亮	上级停止安全链 2 正常
ES1	长亮	紧急停止安全链 1 正常
ES2	长亮	紧急停止安全链 2 正常

（6）电源分配模块的故障诊断见表 5-2-17。

表 5-2-17　电源分配模块的故障诊断

操作步骤说明	图示
电源分配模块为控制柜里的模块分配直流电源，位于控制柜的左侧位置，如右图所示	电源分配模块 
LED 状态指示灯位于电源分配模块的中下方位置，如右图所示	LED状态指示灯 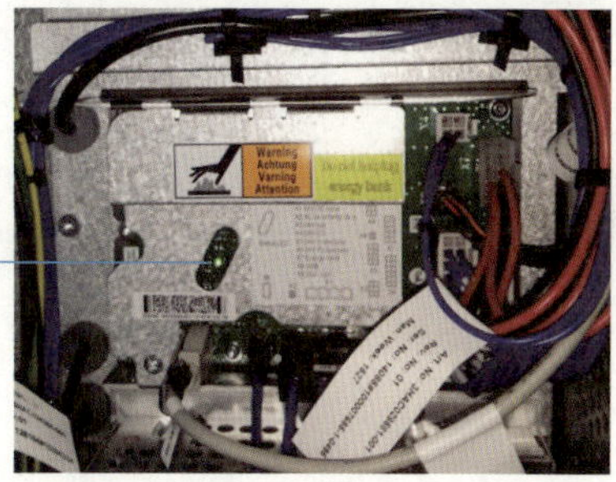

LED 状态指示灯的状态及含义		
LED 灯名称	LED 灯状态	含义
状态 LED	绿色长亮	正常
	熄灭	直流电源输出异常或输入异常

（7）用户 I/O 电源模块的故障诊断见表 5-2-18。

表 5-2-18　用户 I/O 电源模块的故障诊断

操作步骤说明	图示
用户 I/O 电源模块为控制柜里的 I/O 模块提供直流电源，位于控制柜的左上方位置，如右图所示	用户I/O模块 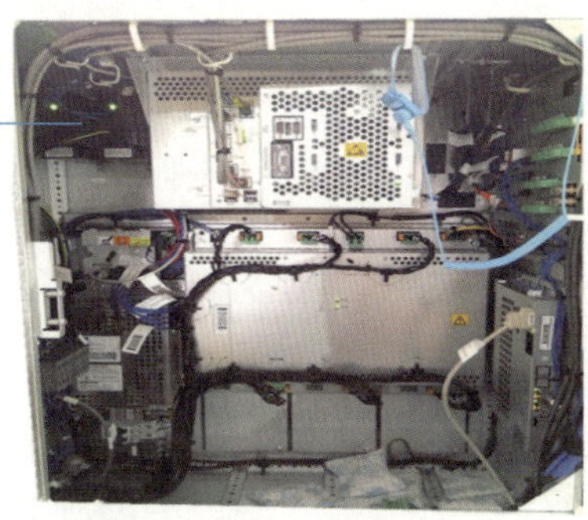

续表

<table>
<tr><th colspan="3">操作步骤说明</th><th colspan="2">图示</th></tr>
<tr><td colspan="3">LED 状态指示灯位于用户 I/O 电源模块的中间靠上位置，如右图所示</td><td colspan="2">
</td></tr>
<tr><td colspan="5">LED 状态指示灯的状态及含义</td></tr>
<tr><td>LED 灯名称</td><td colspan="2">LED 灯状态</td><td colspan="2">含义</td></tr>
<tr><td rowspan="2">状态 LED</td><td colspan="2">绿色长亮</td><td colspan="2">正常</td></tr>
<tr><td colspan="2">熄灭</td><td colspan="2">直流电源输出异常或输入异常</td></tr>
</table>

（8）接触器模块的故障诊断见表 5-2-19。

表 5-2-19　接触器模块的故障诊断

<table>
<tr><th colspan="2">操作步骤说明</th><th colspan="2">图示</th></tr>
<tr><td colspan="2">接触器模块用于控制机器人各轴电机的上电与控制机制，位于控制柜的左侧位置，如右图所示</td><td colspan="2">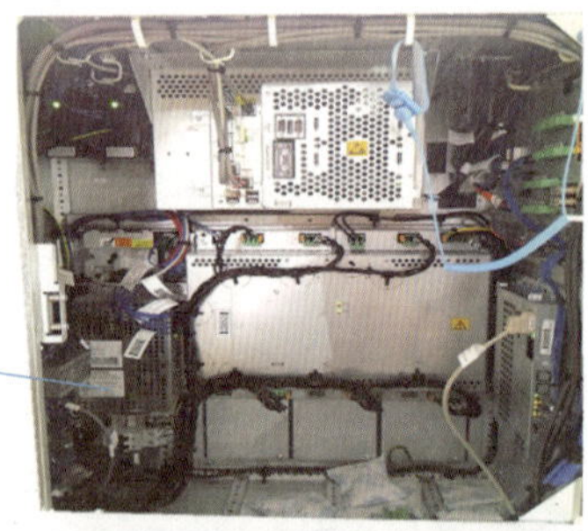
</td></tr>
<tr><td colspan="2">LED 状态指示灯位于接触器模块的右侧位置，如右图所示</td><td colspan="2">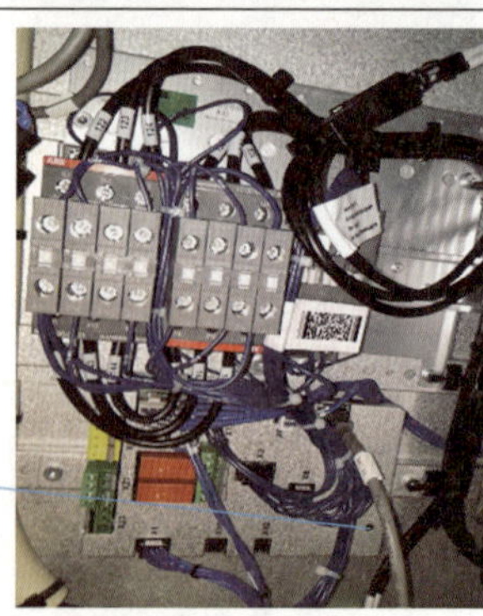
</td></tr>
<tr><td colspan="4">LED 状态指示灯的状态及含义</td></tr>
<tr><td>LED 灯名称</td><td colspan="2">LED 灯状态</td><td>含义</td></tr>
<tr><td rowspan="4">状态 LED</td><td colspan="2">绿色闪烁</td><td>串行通信出错</td></tr>
<tr><td colspan="2">绿色长亮</td><td>正常</td></tr>
<tr><td colspan="2">红色闪烁</td><td>正在上电/自检模式中</td></tr>
<tr><td colspan="2">红色长亮</td><td>出现错误</td></tr>
</table>

（9）ABB 标准 I/O 模块的故障诊断见表 5-2-20。

表 5-2-20　ABB 标准 I/O 模块的故障诊断

<table>
<tr><th colspan="2">操作步骤说明</th><th>图示</th></tr>
<tr><td colspan="2">ABB 标准 I/O 模块是用于机器人与外部设备进行通信的模块，位于控制柜的门上，如右图所示。这里以 DSQC652 模块为例进行说明</td><td rowspan="2">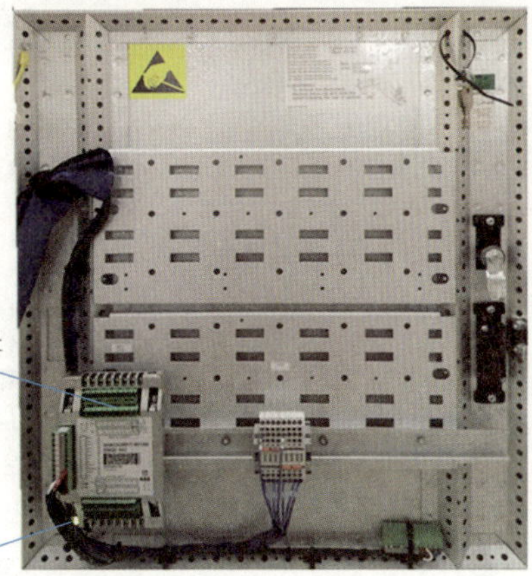
</td></tr>
<tr><td colspan="2">LED 状态指示灯位于 ABB 标准 I/O 模块的左下位置，如右图所示</td></tr>
<tr><td colspan="3">LED 状态指示灯的状态及含义</td></tr>
<tr><td>LED 灯名称</td><td>LED 灯状态</td><td>含义</td></tr>
<tr><td rowspan="6">MS</td><td>熄灭</td><td>无电源输入</td></tr>
<tr><td>绿色长亮</td><td>正常</td></tr>
<tr><td>绿色闪烁</td><td>请求根据示教器相关的报警信息提示，检查系统参数是否有问题</td></tr>
<tr><td>红色闪烁</td><td>可恢复的轻微故障，根据示教器的提示信息进行处理</td></tr>
<tr><td>红色长亮</td><td>出现不可恢复的故障</td></tr>
<tr><td>红/绿闪烁</td><td>自检中</td></tr>
<tr><td rowspan="5">NS</td><td>熄灭</td><td>无电源输入或未能完成 Dup_MAC_ID 的测试</td></tr>
<tr><td>绿色长亮</td><td>正常</td></tr>
<tr><td>绿色闪烁</td><td>模块上线了，但是未能建立与其他模块的连接</td></tr>
<tr><td>红色闪烁</td><td>连接超时，请根据示教器的提示信息进行处理</td></tr>
<tr><td>红色长亮</td><td>通信出错，可能原因是 Duplicate MAC_ID 或 Bus_off</td></tr>
</table>

学习活动 7　工业机器人故障代码的查阅技巧

工业机器人本身都有完善的监控与保护机制，当机器人自身模块发生故障时，就会输出对应的故障代码，方便设备管理人员对故障进行诊断与维修。下面以 ABB 工业机器人为对象就故障代码的类型分类与编号规则进行学习，见表 5-2-21。

表 5-2-21　ABB 工业机器人故障代码的类型分类与编号规则

<table>
<tr><th>操作步骤</th><th>图示</th></tr>
<tr><td>1. 了解 ABB 工业机器人故障代码的类型分类。
单击示教器屏幕的状态栏，查看机器人的事件日志。红色的图标表示出错类信息；蓝色的图标为提示类信息；黄色的图标为警告类信息
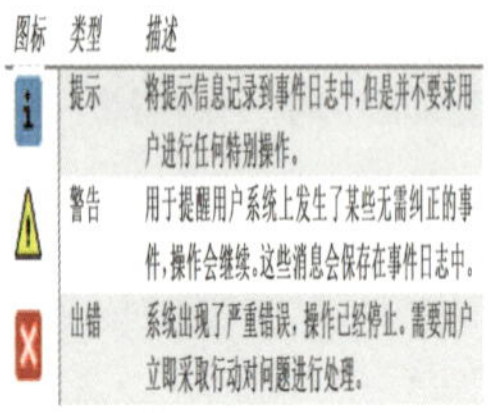

图标	类型	描述
i	提示	将提示信息记录到事件日志中，但是并不要求用户进行任何特别操作。
⚠	警告	用于提醒用户系统上发生了某些无需纠正的事件，操作会继续，这些消息会保存在事件日志中。
✕	出错	系统出现了严重错误，操作已经停止。需要用户立即采取行动对问题进行处理。

</td><td>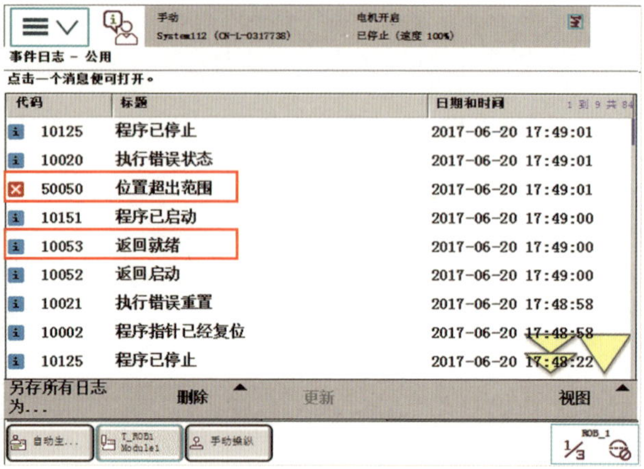

</td></tr>
<tr><td>2. 了解 ABB 工业机器人故障代码的编号规则。
根据不同信息的性质和重要程度，对 ABB 工业机器人的故障代码进行了划分，如右侧所示</td><td>

编号	信息类型	描述
1. ××××	操作	系统内部处理的流程信息
2. ××××	系统	与系统功能、系统状态相关的信息
3.××××	硬件	与系统硬件、机器人本体以及控制器硬件有关的信息
4.××××	RAPID 程序	与 RAPID 指令、数据等有关的信息
5.××××	动作	与控制机器人的移动和定位有关的信息
7.××××	I/O 通信	与输入和输出、数据总线等有关的信息
8.××××	用户自定义	用户通过 RAPID 定义的提示信息
9.××××	功能安全	与功能安全相关的信息

</td></tr>
</table>

续表

<table>
<tr><th>操作步骤</th><th>图示</th></tr>
<tr><td>2. 了解 ABB 工业机器人故障代码的编号规则。
根据不同信息的性质和重要程度，对 ABB 工业机器人的故障代码进行了划分，如右侧所示</td><td>
<table>
<tr><td>11××××</td><td>工艺</td><td>特定工艺应用信息，包括弧焊、点焊和涂胶等
0001～0199 过程自动化应用平台
0200～0399 离散造化应用平台
0400～0599 弧焊
0600～0699 点焊
0700～0799 Bosch
0800～0899 涂胶
1000～1200 取放
1400～1499 生产管理
1500～1549 BullsEye
1550～1599 SmartTac
1600～1699 生产监控
1700～1749 清枪
1750～1799 Navigator
1800～1849 Arcitec
1850～1899 MigRob
1900～2399 PickMaster RC
2400～2449 AristoMig
2500～2599 焊接数据管理</td></tr>
<tr><td>12××××</td><td>配置</td><td>与系统配置有关的信息</td></tr>
<tr><td>13××××</td><td>喷涂</td><td>与喷涂应用有关的信息</td></tr>
<tr><td>15××××</td><td>RAPID</td><td>与 RAPID 相关的信息</td></tr>
<tr><td>17××××</td><td>远程服务</td><td>远程服务相关的信息</td></tr>
</table>
</td></tr>
<tr><td>10125 一般操作的信息提示，不需要特别去处理。
50050 机器人的动作超出范围，要马上排除问题，解决问题后才可再继续正常运行</td><td>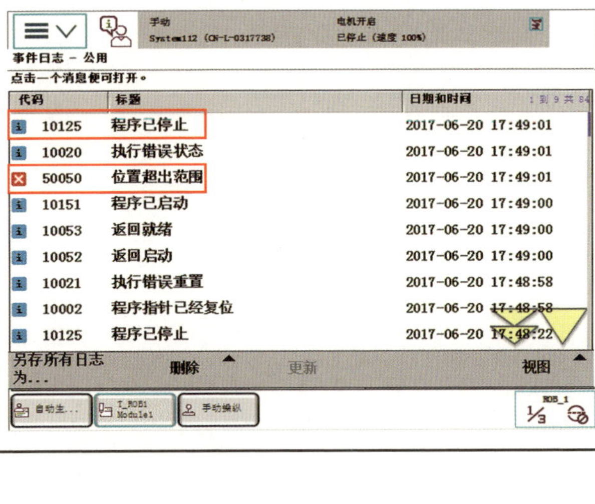
</td></tr>
</table>

【做一做】

表 5-2-22　课中测试

<table>
<tr><td>小组编号：</td><td>小组成员：</td></tr>
<tr><td colspan="2">课　中　做
1. 学生分组检查 ABB 机器人 120 刹车接触器 K44，描述点检方法

2. 学生分组检查 ABB 机器人 120 安全回路，描述点检方法

3. 学生分组检查 ABB 机器人 120 散热风扇，描述点检方法

4. 课中记录</td></tr>
</table>

【评一评】

1. 学习过程自我评价

表 5-2-23　学习过程自评表

班级		姓名		学号		日期	年　月　日			
评价指标						权重/%	等级评定			
							A	B	C	D
信息检索	能有效利用网络资源、工作手册查找有效信息					5				
	能用自己的语言有条理地解释、表述所用知识					5				
	能将查找到的信息有效地转换到工作中					5				
感知工作	是否熟悉工作岗位、认同工作价值					5				
	在工作中，是否获得满足感					5				
参与状态	教师、同学之间是否相互尊重、理解、平等					5				
	教师、同学之间是否保持多向及丰富、适宜的信息交流					5				
	探究学习，自主学习不流于形式，能处理好合作学习和独立思考的关系，做到有效学习					5				
学习方法	能提出有意义的问题或发表个人见解；能按要求正确操作；能够倾听、协作、分享					5				
	能积极参与，在产品加工过程中不断学习，能提高综合运用信息技术的能力					5				
	工作计划、操作技能是否符合规范要求					5				
	是否获得进一步发展的能力					5				
工作过程	遵守管理规程，操作过程符合现场管理要求					5				
	平时上课能按时出勤，每天能及时完成工作任务					5				
	善于多角度思考问题，能主动发现，提出有价值的问题					5				
思维状态	能发现问题、提出问题、分析问题、解决问题、创新问题					5				
自评反馈	能按时按质完成工作任务					5				
	能较好地掌握专业知识点					5				
	具有较强的信息分析能力和理解能力					5				
	具有较为全面严谨的思维能力并能条理明晰地表述成文					5				
自评等级										
有益的经验与做法										
总结反思建议	（通过本任务学习，你获得哪些新知识，下次再做类似任务，你应当有哪些改进？）									
等级评定：A. 好　B. 较好　C. 一般　D. 有待提高										

2. 学习过程三方评价

表 5-2-24　学习活动过程三方评价表

<table>
<tr><td>班级</td><td></td><td>姓名</td><td></td><td>学号</td><td></td><td>日期</td><td>年　月　日</td></tr>
<tr><td colspan="4">评价内容（满分 100 分）</td><td colspan="1">学生自评/分</td><td>同学互评/分</td><td>教师评价/分</td><td>总评/分</td></tr>
<tr><td rowspan="4">专业技能
（60 分）</td><td colspan="3">任务学习完成进度（30 分）</td><td></td><td></td><td></td><td rowspan="8">A（86～100）
B（76～85）
C（60～75）
D（60 以下）</td></tr>
<tr><td colspan="3">对理论知识的掌握程度（10 分）</td><td></td><td></td><td></td></tr>
<tr><td colspan="3">理论知识的应用能力（10 分）</td><td></td><td></td><td></td></tr>
<tr><td colspan="3">改进能力（10 分）</td><td></td><td></td><td></td></tr>
<tr><td rowspan="4">综合素质
（40 分）</td><td colspan="3">遵守现场操作的职业规范（10 分）</td><td></td><td></td><td></td></tr>
<tr><td colspan="3">信息获取的途径（10 分）</td><td></td><td></td><td></td></tr>
<tr><td colspan="3">按时完成学习和工作任务（10 分）</td><td></td><td></td><td></td></tr>
<tr><td colspan="3">团队合作精神（10 分）</td><td></td><td></td><td></td></tr>
<tr><td colspan="4">总分</td><td colspan="4"></td></tr>
<tr><td colspan="5">综合得分
（学生自评 10%、同学互评 10%、教师评价 80%）</td><td colspan="3"></td></tr>
<tr><td>小结建议</td><td colspan="7"></td></tr>
</table>

3. 现场测试考核评价

表 5-2-25　现场测试考核评价表

<table>
<tr><td>班级</td><td></td><td>姓名</td><td></td><td>学号</td><td></td><td>日期</td><td>年　月　日</td></tr>
<tr><td>序号</td><td colspan="4">评价要点</td><td colspan="1">配分/分</td><td>得分/分</td><td>总评/分</td></tr>
<tr><td>1</td><td colspan="4">能查阅资料，正确填写任务导学所提问题</td><td>10</td><td></td><td rowspan="7">A（86～100）
B（76～85）
C（60～75）
D（60 以下）</td></tr>
<tr><td>2</td><td colspan="4">学习任务 5.2，正确理解填写“做一做”，错 1 处扣 2 分</td><td>50</td><td></td></tr>
<tr><td>3</td><td colspan="4">能根据工作要求，对小组成员进行合理分工</td><td>5</td><td></td></tr>
<tr><td>4</td><td colspan="4">能列出工业机器人选型主要技术参数</td><td>10</td><td></td></tr>
<tr><td>5</td><td colspan="4">能遵守劳动纪律，以积极的态度接受工作任务</td><td>5</td><td></td></tr>
<tr><td>6</td><td colspan="4">能积极参与小组讨论、团队间互相合作</td><td>10</td><td></td></tr>
<tr><td>7</td><td colspan="4">能及时完成老师布置的任务</td><td>10</td><td></td></tr>
<tr><td colspan="5">总分</td><td>100</td><td colspan="2"></td></tr>
<tr><td colspan="6">综合得分
（学生自评 10%、同学互评 10%、教师评价 80%）</td><td colspan="2"></td></tr>
<tr><td>小结建议</td><td colspan="7"></td></tr>
</table>

【巩固与提高】

在线测试

参考文献

[1] 叶晖，管小清. 工业机器人实操与应用技巧[M]. 北京：机械工业出版社，2010.

[2] 叶晖，何智勇. 工业机器人工程应用虚拟仿真教程[M]. 北京：机械工业出版社，2014.

[3] 蒋庆斌，陈小艳. 工业机器人现场编程[M]. 北京：机械工业出版社，2014.

[4] 杨金鹏. ABB 工业机器人应用技术[M]. 北京：机械工业出版社，2021.

[5] 李海胜，田东亮，黄俊杰. 工业机器人技术及应用[M]. 上海：同济大学出版社，2021.

[6] 叶晖. 工业机器人故障诊断与预防维护实战教程[M]. 北京：机械工业出版社，2018.